现代食品深加工技术丛书
"十三五"国家重点出版物出版规划项目

功能肽的加工技术与活性评价

汪少芸　主编

科学出版社

北　京

内 容 简 介

本书系统地总结了各类功能肽（抗冻多肽、抗氧化肽、抗菌肽、金属离子螯合肽、免疫活性肽、血管紧张素转化酶抑制肽、风味肽等）的研究进展，着重阐述了这些功能肽的来源、分离纯化、活性评价与实际应用等，并在此基础上归纳总结了功能肽研究与开发的新技术及未来的研究方向和重点。

本书全面细致，具有实用性、实践性和可操作性的特点，以及较好的学术价值，适合从事食品科学、农业科学、食品生物技术的管理人员阅读，也可作为高等院校食品科学、农业科学、生物工程、医药技术专业研究生及教师的参考书。

图书在版编目（CIP）数据

功能肽的加工技术与活性评价/汪少芸主编. —北京：科学出版社，2019.7

（现代食品深加工技术丛书）

"十三五"国家重点出版物出版规划项目

ISBN 978-7-03-061740-8

Ⅰ.①功… Ⅱ.①汪… Ⅲ.①生物活性-肽-食品加工 Ⅳ.①TS205

中国版本图书馆 CIP 数据核字（2019）第 122630 号

责任编辑：贾　超　侯亚薇 / 责任校对：杜子昂
责任印制：吴兆东 / 封面设计：东方人华

科学出版社 出版
北京东黄城根北街 16 号
邮政编码：100717
http://www.sciencep.com

北京虎彩文化传播有限公司 印刷
科学出版社发行　各地新华书店经销
＊

2019 年 7 月第 一 版　　开本：720×1000　1/16
2023 年 6 月第五次印刷　　印张：22 1/2
字数：440 000

定价：128.00 元
（如有印装质量问题，我社负责调换）

丛书编委会

本书编委会

主　　编：汪少芸

副 主 编：田永奇　蔡茜茜

编　　委（以姓名汉语拼音为序）：

陈　旭　陈惠敏　陈声漾　丁　岚

方　菲　何庆燕　胡冬一　李　灵

林舒婷　林炎兰　刘　源　吕　靓

邱文静　翁青霞　武红伟　谢晓丽

徐梁棕　颜阿娜　杨　倩　叶倩雯

张凌拓　赵立娜

丛 书 序

　　食品加工是指直接以农、林、牧、渔业产品为原料进行的谷物磨制、食用油提取、制糖、屠宰及肉类加工、水产品加工、蔬菜加工、水果加工、坚果加工等。食品深加工其实就是食品原料进一步加工，改变了食材的初始状态，例如，把肉做成罐头等。现在我国有机农业尚处于初级阶段，产品单调、初级产品多；而在发达国家，80%都是加工产品和精深加工产品。所以，这也是未来一个很好的发展方向。随着人民生活水平的提高、科学技术的不断进步，功能性的深加工食品将成为我国居民消费的热点，其需求量大、市场前景广阔。

　　改革开放 30 多年来，我国食品产业总产值以年均 10%以上的递增速度持续快速发展，已经成为国民经济中十分重要的独立产业体系，成为集农业、制造业、现代物流服务业于一体的增长最快、最具活力的国民经济支柱产业，成为我国国民经济发展极具潜力的、新的经济增长点。2012 年，我国规模以上食品工业企业 33 692 家，占同期全部工业企业的 10.1%，食品工业总产值达到 8.96 万亿元，同比增长 21.7%，占工业总产值的 9.8%。预计 2020 年食品工业总产值将突破 15 万亿元。随着社会经济的发展，食品产业在保持持续上扬势头的同时，仍将有很大的发展潜力。

　　民以食为天。食品产业是关系到国民营养与健康的民生产业。随着国民经济的发展和人民生活水平的提高，人民对食品工业提出了更高的要求，食品加工的范围和深度不断扩展，所利用的科学技术也越来越先进。现代食品已朝着方便、营养、健康、美味、实惠的方向发展，传统食品现代化、普通食品功能化是食品工业发展的大趋势。新型食品产业又是高技术产业。近些年，具有高技术、高附加值特点的食品精深加工发展尤为迅猛。国内食品加工中小企业多、技术相对落后，导致产品在市场上的竞争力弱。有鉴于此，我们组织国内外食品加工领域的专家、教授，编著了"现代食品深加工技术丛书"。

　　本套丛书由多部专著组成。不仅包括传统的肉品深加工、稻谷深加工、水产品深加工、禽蛋深加工、乳品深加工、水果深加工、蔬菜深加工，还包含了新型食材及其副产品的深加工、功能性成分的分离提取，以及现代食品综合加工利用新技术等。

　　各部专著的作者由工作在食品加工、研究开发第一线的专家担任。所有作者都根据市场的需求，详细论述食品工程中最前沿的相关技术与理念。不求面面俱到，但求精深、透彻，将国际上前沿、先进的理论与技术实践呈现给读者，同时还附有便于读者进一步查阅信息的参考文献。每一部对于大学、科研机构的学生或研究者来说，都是重要的参考。希望能拓宽食品加工领域科研人员和企业技术人员的思路，推进食品技术创新和产品质量提升，提高我国食品的市场竞争力。

中国工程院院士

2014 年 3 月

前　言

　　食品产业是国民经济的支柱产业和保障民生的基础性产业,具有举足轻重的战略地位和作用。随着我国经济的快速发展、民众消费观念的转变,社会公众更多地关注如何"吃得安全、吃得健康",健康管理的内涵也逐渐由"药养"转变为"食养"。基于食品及保健品行业的市场需求,将功能因子加入到饮料、面制品等食品中加工的功能性食品、膳食补充剂等,将在一定程度上起到改善体质、预防疾病的作用。

　　多肽是一种介于氨基酸和蛋白质之间,由 2 个或 2 个以上的 α-氨基酸通过肽键连接在一起而形成的化合物的总称。近年来的科学研究发现,小分子肽作为蛋白质中的功能活性片段,能提供人体生长、发育所需要的营养物质,而且其相对于蛋白质还具备独特的生理活性。功能肽尤其是食源性的功能肽已在近些年的研究中被广泛关注。功能肽显示出多种生物活性,如抗高血压、抗氧化、抗癌、抗炎、免疫调节和降胆固醇等,被认为是增强人类健康的潜在治疗剂,它们作为食品中潜在的功能成分具有很好的应用前景,对改善人民的生活质量有重要意义。

　　本书基于笔者 10 余年来的研究与生产实践,结合国内外最新的相关研究成果,围绕功能肽的加工技术和活性评价方法展开论述。第 1 章和第 2 章论述了功能肽的基本概念、生理功能、吸收机制及制备方法等;第 3 章至第 10 章分别论述了抗冻多肽、抗氧化肽、抗菌肽、金属离子螯合肽、免疫活性肽、血管紧张素转化酶抑制肽、风味肽、降血脂肽、抗血栓肽、高 F 值寡肽的来源、活性评价方法及应用等;第 11 章论述了功能肽研究的新技术及应用展望。

　　本书由福建省食品与海洋生物资源基础与应用研究创新团队带头人汪少芸教授主编。创新团队的田永奇、蔡茜茜、杨倩、陈旭、何庆燕、陈惠敏等参与了部分内容的编写，上海交通大学刘源教授撰写了本书的第9章"风味肽"。

本书由科技部国家重点研发计划专项（2016YFD0400202）资助出版，在编写的过程中得到了多位编者的大力支持。在此，笔者谨向支持本书编写和出版的单位及个人表示衷心的感谢！

由于笔者水平有限，本书难免存在不足之处，恳请读者批评指正。

2019 年 6 月

目　　录

第1章 绪 论

1.1 功能肽简介

众所周知,蛋白质是细胞结构中最重要的有机物质之一,是构成机体组织器官的支架和主要物质,在人体生命活动中起着重要的作用。可以说,蛋白质是生命的物质基础,没有蛋白质就没有生命。氨基酸是蛋白质的基本组成单位。自然界中,从简到繁的各种生物体都是由 20 种氨基酸组成的蛋白质所构成的。各种蛋白质的区别在于其氨基酸的组成、数目、排列顺序和肽链的空间结构的不同。现代生物学在研究蛋白质时发现了一种介于氨基酸和蛋白质之间的生化物质,将其称为肽,它的分子质量比蛋白质小,而比氨基酸大,是蛋白质分子中的一个片段。

小分子肽作为蛋白质中的功能活性片段,能提供人体生长、发育所需要的营养物质,而且其相对于蛋白质还具备独特的生理活性特征:①小分子肽易被人体吸收利用,具有低抗原性或无抗原性。研究发现,小分子肽能以完整的形式被吸收进入人体循环系统,不需要再次消化,也不需要耗费能量。小分子肽的吸收、转化及利用是高效和完全的。小分子肽在体内停留的时间较蛋白质短,很少有机会与产生抗体的细胞接触,刺激机体产生免疫反应。②小分子肽生物活性很高,作用范围广。往往分子质量很小的肽就能引起很大的作用,此外,从细胞到组织器官,都能发现小分子肽的作用。③小分子肽结构易于修饰改造,重新合成。④小分子肽不会引起营养过剩,能有效调节人体营养平衡。

生物体内存在的天然肽类分子维持着机体的正常生命活动,这些参与机体生理活动的肽类分子称为生物活性肽或功能肽。功能肽是由氨基酸以不同的排列组合方式构成的,是 2 个或 2 个以上的 α-氨基酸通过肽键连接在一起而形成的化合物的总称。氨基酸作为肽的基本结构单位,其数目、种类与排列顺序的不同决定了肽纷繁复杂的生物结构与功能。一般来说,依据肽类化合物的不同来源,其又可分为内源性肽和外源性肽。

食物蛋白质作为功能肽的来源已在近些年的研究中被广泛描述。功能肽显示出各种活性,如抗高血压、抗氧化、抗癌、抗炎、免疫调节和降胆固醇等。这些功能肽被认为是增强人类健康的潜在治疗剂,它们作为食品工业中的潜在功能成分具有很好的应用前景,对改善消费者的生活质量有重要意义。

1.2 功能肽的来源

食源性功能肽是指生物体从外界摄入的活性肽，直接或间接来源于食物蛋白质，一般以特定的氨基酸序列存在于膳食蛋白中。蛋白质降解后，这些功能肽被释放，并在该过程中变得具有生理活性。大自然中的蛋白质资源丰富，易于进行工业化生产，并且其中的食源性功能肽安全性较高，因此受到了广泛的关注。

食源性功能肽首次发现于牛奶制品中，目前科研工作者已经对这些产品促进人类健康的潜在作用进行了广泛的研究（Nongonierma et al.，2016）。此外，动物蛋白由于含有高质量的蛋白质也被认为是获得食源性功能肽的良好来源（Udenigwe et al.，2013）。

食源性功能肽按照取材可分为植物蛋白肽、动物蛋白肽、微生物蛋白肽等。根据原料来源的具体种类，常见的植物蛋白肽有大豆肽、玉米肽、小麦肽、荞麦肽、鹰嘴豆肽等（Wu et al.，2002；Ma et al.，2006；Tang et al.，2010；Zhang et al.，2011；Giordani et al.，2014）。动物蛋白肽被研究最多的是乳肽、昆虫肽、肉肽、蛋肽、鱼肽及各种海洋生物肽等（Escudero et al.，2010；Harada et al.，2010；Wu et al.，2010；Najafian et al.，2012；Nongonierma and FitzGerald，2016；Kalina et al.，2018）。微生物蛋白肽常见的有螺旋藻肽、酵母蛋白肽等（de la Hoz et al.，2014；Sun et al.，2016）。表1.1总结了一些已经报道的功能肽，包括了降血压肽、免疫调节肽、抗菌肽、抗氧化肽、抗血栓肽、阿片样肽、阿片样拮抗肽、矿物质吸收肽、降血脂肽等（张贵川和袁昌江，2009）。

表1.1 功能肽实例

作用	原料	蛋白质来源	氨基酸缩写序列
	大豆	大豆蛋白	NWGPLV
	鱼	鱼肌肉蛋白	LKP, IKP, LRP
	肉	肉肌肉蛋白	IKW, LKP
	奶	α-LA, β-CN	WLAHK, LRP, LKP
降血压		α-CN, β-CN, κ-CN	FFVAP, FALPQY, VPP
	鸡蛋	卵铁蛋白	KVREGTTY
		卵清蛋白	FRADHPPL, KVREGTTY
	小麦	小麦醇溶蛋白	IAP
	绿花椰菜	植物蛋白	YPK

续表

作用	原料	蛋白质来源	氨基酸缩写序列
免疫调节	大米	大米白蛋白	GYPMYPLR
	牛乳	乳铁蛋白	RRWQWR
	奶	α-CN，β-CN，κ-CN	TTMPLW
	小麦	小麦蛋白	LAR，QD，QP，HQGI
抗菌抗炎	鹅蛋	卵清蛋白	TAKPEGLSY
	螺旋藻	螺旋藻蛋白	KLVDASHRLATGDVAVRA
抗氧化	奶	β-LG	IIAEK
	鱼	沙丁鱼肌肉蛋白	MY
	奶	α-LA，β-LG	MHIRL，YVEEL，WYSLAMAASDI
抗血栓	苋菜	苋菜蛋白	GP，DEE
阿片活性	小麦	小麦蛋白	GYYPT，YPISL
	奶	α-LA，β-LG，α-CN，β-CN	YVPFPPF
阿片拮抗活性	人乳	β-CN	YPFVEPIPY
促矿物质吸收	鸡蛋	卵清蛋白	DHTKE
降低胆固醇	大豆	大豆球蛋白	LPYPR

注：LA 表示乳白蛋白；CN 表示酪蛋白；LG 表示乳球蛋白。

1.3　功能肽的生理功能

食源性功能肽已被证明有广泛的促进健康的生物活性作用，因此可被认为是功能性食品或营养食品。本节重点阐述食源性功能肽的血管紧张素转化酶抑制、抗氧化、抗菌、免疫调节、抗炎、抗冻及螯合金属离子作用等生物活性。

1.3.1　血管紧张素转化酶抑制活性

肾素-血管紧张素-醛固酮系统被认为是心血管控制和心血管疾病发病机制中主要的加压系统之一。血管紧张素转化酶（ACE）在肾素-血管紧张素系统（RAS）和激肽释放酶-激肽系统（KKS）中发挥作用。ACE 的主要功能有以下两个：一方面，ACE 可以将无活性的十肽血管紧张素 I 转化为具有收缩血管作用的八肽血管紧张素 II，血管紧张素 II 是 RAS 的主要激素效应物，它通过控制血压和参与电解质平衡，还能通过促血管生成，以内分泌、旁分泌和自分泌的方式发挥多效作用。

另一方面，ACE 使缓激肽失活，ACE 去除两个 C 端二肽可导致血管舒缓激肽失活从而增加血压。因此，ACE 成为治疗高血压、心力衰竭和糖尿病肾病的靶标。ACE 因这两种功能而成为治疗高血压、心力衰竭、2 型糖尿病和糖尿病肾病等疾病的理想靶点。ACE 抑制剂能减少血管紧张素 Ⅱ 的生成，并增加缓激肽的活性。因此，抑制 ACE 活性是预防高血压的主要目标（Escudero et al.，2014）。

　　ACE 抑制肽可作为具有抗高血压特性物质的重要天然来源。富含蛋白质的食物，尤其是发酵食品，是 ACE 抑制肽的丰富来源。例如，Moreno-Montoro 等（2018）研究了从发酵脱脂山羊奶的不同超滤级分中分离的发挥 ACE 抑制活性的小分子质量肽，从而进一步提高益生菌发酵食品的功能性，并强化了发酵山羊奶在预防高血压相关的心血管疾病中的潜在益处。Rho 等（2009）通过埃德曼（Edman）降解从发酵大豆提取物中纯化出 ACE 抑制肽，并进一步鉴定出该肽序列为 Leu-Val-Gln-Gly-Ser。此外，可食用的绿色海藻也是 ACE 抑制肽的丰富来源（Pan et al.，2016），还有研究报道了从酪蛋白中分离、鉴定出了新型的 ACE 抑制肽并探究评价了其抑制机制（Tu et al.，2018）。

1.3.2　抗氧化活性

　　生物分子的氧化是所有生物体中必不可少的反应，其过程导致自由基的释放。过量的自由基可能会引起代谢紊乱，对生物系统产生许多有害影响，并引起一些慢性疾病，如动脉粥样硬化、关节炎、糖尿病和癌症等。由于电子的损失和不平衡，这些自由基在人体中表现为高反应性物质，其性质不稳定并且易与其他基团或物质反应，导致细胞和组织严重损伤，甚至导致身体衰老的不可逆损伤（Zhang et al.，2009）。根据所涉及的化学反应的基础，食源性功能肽显示的抗氧化活性可分为两种形式：基于氢原子转移（HAT）的方法和基于电子转移（ET）的方法（Huang et al.，2005）。基于 HAT 的测定是评估肽在竞争性反应中通过供氢来减少自由基的能力。在体外可以通过氧自由基吸收能力（ORAC）实验、总自由基捕获抗氧化剂参数和 β-胡萝卜素漂白实验测定。基于 ET 的测定是评估肽转移一个电子以还原氧化剂的能力，这些反应是 pH 依赖性的。在体外可以通过 2,2′-联氮-双-3-乙基苯并噻唑啉-6-磺酸（ABTS）自由基清除法、铁还原抗氧化能力和 1, 1-二苯基-2-三硝基苯肼（DPPH）自由基清除活性等实验测定。

　　Selamassakul 等（2018）评估四种糙米蛋白水解物的抗氧化能力，液相色谱-电喷雾电离-串联质谱（LC-ESI-MS/MS）获得的结果表明，用菠萝蛋白酶水解糙米蛋白产生具有疏水性或芳香族 N 端残基的低分子质量肽，具有较高的抗氧化活性。由此，通常分子质量较小的肽组分具有更高的抗氧化性能。

　　另外，氨基酸的类型在食源性功能肽的抗氧化活性中也起着重要的作用。芳香族氨基酸（如酪氨酸、色氨酸和苯丙氨酸）可以提供有助于清除自由基性质的质子（Rajapakse et al., 2005）。疏水性氨基酸能够提高肽在水-脂界面的停留能力，从而在脂相中发挥清除自由基的作用（Ranathunga et al., 2006）。酸性氨基酸可利用侧链上的羧基和氨基作为金属离子的螯合剂（Suetsuna et al., 2000）。

1.3.3　抗菌活性

在过去的几十年中，越来越多的致病微生物由于常规抗生素的广泛使用产生了耐药性，与滥用抗生素密切相关的多重耐药菌株的出现缩小了常见抗生素的临床选择，这已对公众健康产生了严重威胁。因此，天然来源的抗微生物物质由于低细胞毒性和高特异性而具有巨大的应用潜力，被认为是前瞻性治疗剂（Holaskova et al., 2015）。

膳食蛋白质产生的抗菌肽显示出几种特征性质：它们的分子质量一般相对较小（20～46 个氨基酸残基），大多数具有碱性（富含赖氨酸或精氨酸）和两亲性。虽然这些抗菌肽的作用机制仍不是众所周知的，但可以明确的是它们的有效性取决于它们在微生物膜内形成通道或孔隙的能力，从而影响微生物合成代谢过程（Castellano et al., 2016）。近期的研究显示，几种新型抗菌肽从两栖类皮肤分泌物中鉴定出来，如在青蛙和小角蟾皮肤毒液中发现的抗菌肽（Evaristo et al., 2015）。

1.3.4　免疫调节活性

近年来，由于慢性疾病和影响健康的其他病例（如微生物感染等病例）逐渐增加，免疫系统的功能引起了更多的关注，免疫系统对于预防和清除感染至关重要。免疫系统分为两个主要功能类别，即先天免疫和适应性免疫。先天免疫，也称为天然免疫或非特异性免疫，通过皮肤、黏膜等屏障，体液中的杀菌物质（细胞因子、干扰素、补体、防御素、白三烯、急性期蛋白和前列腺素）和免疫细胞（巨噬细胞、多形核白细胞、树突状细胞、自然杀伤细胞）防止病原体对机体的侵袭。适应性免疫，也称为特异性免疫或获得性免疫，主要由免疫器官（胸腺、淋巴结和脾脏等）和免疫细胞（淋巴细胞）组成，对潜在危险的外来抗原具有高度特异性。适应性免疫分为两种类型，即细胞介导的免疫反应和抗体介导的（体液）免疫反应。T（淋巴）细胞和 B（淋巴）细胞是适应性免疫中最重要的细胞。免疫系统代表抵抗外来病原体入侵的防线，在身体功能受损之前提供保护。

免疫调节剂是可以通过改变免疫系统的任何部分（包括先天免疫和适应性免疫）来增加、减少或修饰免疫应答的一类物质。目前，许多药物如环孢菌素、他克莫司、糖皮质激素、叶绿醇、马兜铃酸、白花丹素和左旋咪唑已成功应用于调节人类的免疫应答。鉴于免疫调节药物的毒副作用和局限性，利用饮食成分调节免疫功能成为一种可持续的有效策略。食源性免疫调节肽具有天然、健康、安全的优势，吸引了研究者的广泛关注（Chalamaiah et al., 2018）。

免疫调节活性在来自牛奶和奶制品的肽中常常被检测到。研究表明，免疫调节肽分子质量范围广，包括 2~64 个氨基酸，其中小于 3000Da 的是最丰富的。从结构上看，活性肽序列中重复最多的氨基酸是脯氨酸和谷氨酸，酪氨酸和赖氨酸常分别处于 N 端和 C 端，精氨酸也常出现在末端。

乳制品中的酪蛋白和乳清蛋白是研究免疫调节肽的重要来源（Eriksen et al.，2008），其他食物的蛋白质水解物也常被报道有免疫调节的天然功能。Kuan 等（2012）从台湾银线兰中分离出一种新蛋白，研究了其对小鼠腹腔巨噬细胞的免疫调节作用，并总结了潜在的免疫调节机制。Girón-Calle 等（2008）报道了微生物蛋白酶生产鹰嘴豆水解物的研究结果，所获得的肽可以促进人单核细胞 THP-1 细胞的增殖，同样也能抑制人结直肠腺癌细胞（Caco-2 细胞）的增殖。在进一步的研究中，他们评估了使用胃蛋白酶和胰酶的水解产物对 THP-1 和 Caco-2 细胞的增殖作用的影响。结果表明，水解产物抑制 Caco-2 细胞增殖的效率高达 45%，而抑制 THP-1 细胞增殖的效率高达 78%（Girón-Calle et al.，2010）。另外，海洋生物也被证明是免疫调节肽的良好来源（Xue et al.，2015）。

体外和体内的研究证明，免疫调节肽能增强免疫调节因子表达和减少组织损伤，因而这类生物活性物质越来越多地被认为是调节免疫应答的有效物质。未来的研究需要分析这些食源性功能肽发挥免疫调节性质的分子机制，包括所涉及的确切氨基酸序列以及这些肽的分子靶点，目前这些尚未完全阐明。此外，通过动物和临床模型评估免疫调节肽的体内效应的研究不容忽视，以确定任何与免疫调节肽相关的潜在不良影响。

1.3.5　抗炎活性

炎症被认为是人类中风症的触发或风险因素，目前许多有效的药物被用于治疗炎症疾病，并且人们正在不断探索新的药理学靶标。抗炎机制是一种综合性的机制，包括免疫调节、抗氧化和抗菌等作用。值得注意的是，发挥抗炎作用的活性肽应该被纯化以更好地解析结构与活性的关系，并且肽级分的抗炎作用的体内研究在其作为功能性食品成分应用之前也是必要的。目前，人们已经广泛地研究了各种食物来源（如牛奶、鸡蛋、鱼和大豆）的抗炎肽的作用（Zhang et al.，2015）。Kim 等（2016）通过消化水解紫贻贝获得的水解产物研究了高分子质量肽级分（＞5kDa），并发现其通过阻断核因子-κB（NF-κB）和促分裂原活化蛋白激酶（MAPK）信号传导途径抑制促炎因子基因的表达，从而在脂多糖刺激的 RAW264.7 巨噬细胞中表现出抗炎作用。Yu 等（2018）发现母鸡废肌肉水解物在内毒素活化的巨噬细胞样 U937 细胞中表现出白细胞介素 6（IL-6）抑制活性，进一步通过超滤、固相萃取和高效液相色谱的组合方法纯化分离出肽，并利用质谱分析鉴定了 17 种主要的肌肉蛋白中编码的新肽，其中的 7 种显示 IL-6 抑制活性。这些研究表明，食源性功能肽有作为抗炎活性的功能性食品的潜在用途。

1.3.6 抗冻作用

冷冻是长期储存食物最常见的手段之一。然而，在冷冻和解冻期间食品体系中形成的大冰晶会造成永久性组织破坏和细胞结构损伤，其中包括细胞壁的塌陷以及组织物理结构的变化。这些不良变化会导致不可逆的膨胀损失、水果和蔬菜的硬度损失及持水能力丧失等，最终导致解冻后的冷冻食品质量显著下降，降低了消费者对冷冻产品的接受度。因此，保存和保持冷冻食品的质地和营养品质的方法近年来备受关注。

抗冻蛋白（AFP），又称为"冰结构蛋白"，是一类附着在冰晶体表面而抑制冰晶生长和重结晶的活性蛋白质，是生物体为抵御外界寒冷环境应激产生的蛋白质。目前已从海洋鱼类、昆虫、植物、细菌和真菌等生物中分离并鉴定得到抗冻蛋白的结构及基因序列。研究表明，抗冻蛋白具有修饰冰晶形态、抑制重结晶等活性，从而可以有效维持生物体在低温环境下的正常生命活动。然而，天然分离纯化得到的抗冻蛋白数量极少，限制了它在工业中的应用前景。当科学家致力于转基因技术以扩大生物体来源的抗冻蛋白产量时，转基因抗冻蛋白在食品应用中的安全性顾虑又成为广大消费者、欧盟组织和美国食品药品监督管理局（FDA）所共同担忧的焦点。因此，近年来，通过蛋白酶酶解作用获得食品源的结构紧凑的高效抗冻多肽，成为抗冻蛋白的一个研究方向。

Li 等（2018）在最近的一些研究中提出了一种以乳酸乳球菌为宿主的抗冻肽的表达系统，并表明抗冻肽的细胞内表达可以保护乳酸乳球菌的细胞完整性和生理功能。Wang 等（2015）证实了从猪皮胶原蛋白水解产物中获得的分子质量分布在 150~2000Da 之间的肽具有保护嗜热链球菌免于低温损伤的能力。这些研究表明，食源性抗冻肽作为食品冷冻保护剂在冷冻食品工业中具有重要意义。

1.3.7 螯合金属离子作用

金属元素尤其是微量元素对人体具有明显的生理功能和营养作用，对机体的生长代谢必不可少。人们普遍存在缺钙、缺锌、缺铁等现象，因此开发适宜的金属元素补充剂具有重要现实意义。多肽分子可以通过 N 端氨基、C 端羧基、氨基酸侧链以及肽链中的羰基和亚氨基螯合金属离子，使其具有更高的配合率和稳定性，同时其具有生物效价高、吸收快、营养性强等优点以及抗氧化、抗菌、免疫调节、降血脂和降血糖等活性。

根据以往的研究，肽-金属离子螯合物的主要来源有三个方面：一是通过人工制备的金属离子螯合肽与各类金属离子的配合作用来合成螯合物；二是通过动植物源蛋白质酶解获得的具有螯合能力的多肽与各类金属离子的配合作用来制备螯合物；三是从动植物组织中直接提取天然肽-金属离子螯合物。由于构成金属离子螯合肽配基和金属离子不同，螯合物具有不同的组成和结构，从而体现出不同的生物活性功能，不仅能够借助肽类在机体内的吸收机制来提高金属离子的生物利用率，还能具备无机态金属离子所没有的生理生化特性。目前，研究者通过各种方式制备分离得到的金属离子螯合肽在与各类金属离子发生螯合作用后可以作为抑菌剂、抗氧化剂、食品添加剂、化妆品添加剂、动物饲料、有机肥料和人体必需的金属离子补充剂等产品应用到工业化生产中，并且相较于一些无机抗氧化剂、天然抑菌剂或其他类型的金属离子补充剂，金属离子螯合肽具有几乎无毒副作用、更优良的生物学效价、制备成本更为低廉、流程更为简便等优点。金属离子螯合肽具有的商业价值潜力和研究前景，使其日益成为国内外研究的热点。

饮食中矿物质缺乏会导致许多身体器官发生疾病。例如，钙摄入量不足会导致骨骼中的钙释放并增加骨质疏松症的风险。而螯合钙是目前比较流行的钙补充剂，小分子肽或氨基酸可以和钙形成稳定的络合物，其在小肠内不能碱化生成沉淀，促进了钙的吸收。Hou 等（2017）通过荧光光谱、傅里叶变换红外光谱和动态光散射表征了脱盐的鸭蛋清肽-钙螯合物的结构，并通过动物试验得出其促进钙摄取可能经历的三种途径：①脱盐鸭蛋清肽与钙结合形成可溶性螯合物并避免碱化沉淀；②螯合物被肠细胞吸收为小肽；③脱盐的鸭蛋清肽通过与瞬时受体电位香草酸钙 6 通道的相互作用来调节肠细胞的增殖和分化。

1.3.8　阿片活性

阿片样肽又称安神麻醉肽，是一种有激素和神经递质功能的神经活性物质，对中枢神经系统及外周器官均起作用。目前人们广泛认为阿片样肽是全面参与神经系统、内分泌系统及免疫系统的重要物质，又称为神经免疫肽。阿片样肽主要分为内源性阿片样肽和外源性阿片样肽。

内源性阿片样肽是在体内合成，并存在于动物体脑、神经和外周组织中的吗啡样作用物质。外源性阿片样肽是源自外源食物蛋白的阿片样肽，又称外啡肽。大多数食源性阿片样肽源于牛奶蛋白（酪蛋白、α-乳清蛋白、β-乳球蛋白、乳运铁蛋白）、植物蛋白（小麦面筋和菠菜蛋白）或肉类成分（血红蛋白和牛血清白蛋白）（Lister et al.，2015；Trivedi et al.，2016；Wada et al.，2017）。

在体外测定中，外啡肽比内源性阿片样肽有效性高 100～1000 倍，其原因可能是外啡肽分子中的酪氨酸-脯氨酸序列比内源性阿片样肽的特征序列对酶促消化更具抗性（Pihlanto-Leppälä，2000）。从当前的研究可以看出，阿片样肽在神经系统、免疫系统和内分泌系统三者之间架起了一座联系的桥梁，让人们对机体的调节网络有更进一步的认识。阿片样肽结构与活性之间的关系，对胃肠道及其他靶器官的影响和生理意义是近几十年来神经科学领域的研究热点之一。

1.3.9 其他活性

自然界中存在着数万种天然食源性功能肽，除了上述活性外，研究者们还发现了抗癌、抗疲劳、降血糖及具有造血活性等其他作用的功能肽。随着人们对生物活性肽的认知不断深入，近年来科学家逐渐将目光转向功能肽药物的开发。食源性功能肽对于治疗癌症、代谢疾病、心血管疾病，缓解疼痛，调节认知等方面具有重要意义，为此研究者还在不断地发现、分离、纯化新的食源性功能肽类物质（Chen et al.，2013；Liu et al.，2014；Lee et al.，2017）。

1.4 功能肽的吸收机制

营养物质的吸收主要在小肠绒毛的吸收细胞上进行的。当肽和蛋白质经口腔进入胃肠道后，由于胃蛋白酶和小肠黏膜上肽酶的存在，很长一段时间人们都认为蛋白质和多肽在肠道会被彻底水解为氨基酸，然后被吸收。Neway 和 Smith 在1960 年首先提出了小肽可以被完整地转运吸收的观点（Newey et al.，1960）。此后，随着小肽转运载体被克隆，小肽吸收机制、载体的特性以及小肽生理特性的研究也取得了很大进展，进一步验证了小肽在动物体内可以被完整吸收。

功能肽的吸收在人体生理及病理上具有重要意义。通过小肽转运载体吸收小肽从而获得必需氨基酸，可以避免在氨基酸吸收功能发生障碍时机体出现缺乏必需氨基酸等营养失调症状。此外，小肽吸收较氨基酸吸收有诸多优势，如吸收速度快、不易饱和、利用效率高且更能提高蛋白质的合成等，因而具有更高的营养价值。除作为营养成分外，不同分子质量的功能肽可通过不同方式被完整地转运吸收至血液，随后到达靶器官发挥抗氧化、免疫调节、ACE 抑制、抗炎等生理功效。

肠道内多肽摄取的途径有四种：质子偶联的小肽转运载体 1（PepT1）转运途径、细胞穿越肽（CPP）细胞穿透途径、内吞途径和细胞旁路途径（图 1.1）（Gilbert et al.，2008）。PepT1 转运途径是二肽、三肽的主要吸收途径，而对于较大的肽的吸收机制，提出的假设有：亲水性肽利用细胞旁路途径扩散；疏水性肽利用细胞膜的脂质进行扩散或利用上皮细胞的内吞作用进行吸收。细胞穿越肽具有跨细胞膜转位能力，可以像运送货物一样在胞外装载功能肽穿过细胞膜以后再卸载，可转运的分子包括肽、核苷酸、寡核苷酸和蛋白质（庞广昌等，2013）。

下面主要对 PepT1 转运二肽、三肽的机制进行介绍。

1.4.1 PepT1 的分布及结构特点

PepT1 属于载体家族 15（SLC15），目前发现 SLC15 共有 4 个成员，如表 1.2

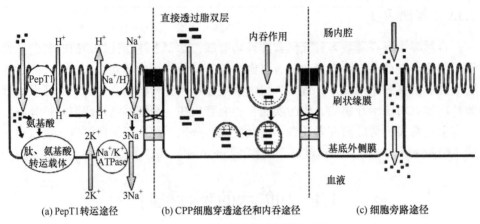

图 1.1　肠道内多肽摄取的潜在途径

所示（Daniel et al.，2004）。转运载体在小肠和肾中对肽的吸收发挥重要作用。PepT1
主要存在于小肠中，属于低亲和力/高容量载体，是食源性肽的主要摄取途径；
PepT2 属于高亲和力/低容量载体，主要在肾、乳腺等组织中表达，具有较高的转
运特异性。1994 年，Fei 等（1994）首次克隆了兔 PepT1 mRNA 全序列。随后，
Liu 等（1995）首次克隆了人 PepT2 基因全序列，并发现其转运肽需要 H^+ 电化学
梯度提供能量。近来，一个原核细胞 H^+ 依赖性肽转运载体 YdgR 被鉴定，其特性
与功能与 PepT1 十分相似，说明肽转运载体是生物从环境中吸收氨基酸营养的基
本机制（Weitz et al.，2007）。

表 1.2　质子偶联小肽转运载体家族

基因	蛋白质	别名	底物	转运类型	组织分布
SLC15A1	PepT1	肽转运载体 1	二肽和三肽，质子	H^+共转运	胃肠道、肾上皮层、溶酶体膜
SLC15A2	PepT2	肽转运载体 2	二肽和三肽，质子	H^+共转运	肾、肺、脑、乳腺、支气管上皮
SLC15A3	PHT2	肽/His 转运载体 2	组氨酸，二肽和三肽，质子	H^+共转运	肺、脾、胸腺、脑、肝、肾上腺、心脏
SLC15A4	PHT1	肽/His 转运载体 1	组氨酸，二肽和三肽，质子	H^+共转运	脑、视网膜、胎盘

图 1.2 展示的是一个来自原核生物希瓦氏菌（*Shewanella oneidensis*）、与哺乳
动物肽转运载体功能及结构高度相似的同类载体蛋白 PepTso（Newstead et al.，
2011）。PepT1 是完整的膜蛋白，哺乳动物的 PepT1 蛋白因种属不同而有所差异，
一般由 701～710 个氨基酸组成，并高度糖基化。PepT1 含有 12 个跨膜区（TMD），

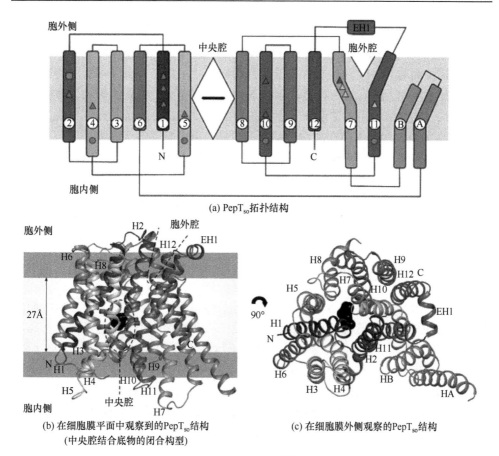

(a) PepT$_{so}$拓扑结构

(b) 在细胞膜平面中观察到的PepT$_{so}$结构
(中央腔结合底物的闭合构型)

(c) 在细胞膜外侧观察的PepT$_{so}$结构

图 1.2 PepT$_{so}$结构

（a）中 1～12 表示 PepT1 的 12 个跨膜区；N 和 C 分别表示蛋白的 N 端和 C 端；A 和 B 表示 PepT$_{so}$额外的 2 个
跨膜区；H1～H12、HA、HB 均表示跨膜螺旋区；EH1 表示细胞膜外螺旋区

N 端和 C 端都在细胞质侧，由跨膜螺旋 TMD 1～6 和 TMD 7～12 分别形成 N 端和 C 端的六螺旋束，聚集而成 "V" 形转运蛋白，以伪双重对称模式垂直定位于细胞膜平面。目前认为，由 TMD 1～6 组成的 N 端含有与小肽摄取和底物结合期间 pH 变化相关的氨基酸残基（Terada et al.，2000a），而 C 端（TMD 7～9）则在决定底物亲和力中发挥重要作用（Fei et al.，1998）。Doring 等（2002）提出兔 PepT1 氨基酸残基 1～59 是底物结合结构域的重要组成部分并与底物的侧链相互作用，氨基酸残基 60～91 对于肽摄取过程中微环境的 pH 变化是至关重要的。

　　利用分子建模研究 PepT1 的结构和功能，其中预测 TMD 7～10 形成肽转运通道的一部分，TMD 1、3 和 5 形成另一部分，每个 TMD 中具有的特定氨基酸残基在底物结合中起重要作用（Bolger et al.，1998）。大量研究表明，底物结合结构域的组氨酸残基在小肽转运中起重要作用。利用组氨酸修饰剂碳酸二乙酯预处理肾刷状缘膜囊泡，其小肽转运功能丧失（Meredith et al., 2000）。人或大鼠 PepT1 中 His-57 和大鼠 His-21 的突变显著降低或消除了 PepT1 的转运活性，因此这两个位点被认为对 PepT1 活性极为重要（Terada et al., 1996; Fei et al., 1997）。免疫染色显示质膜上的转运蛋白数量不受 His-57 或 His-121 突变的影响，表明这两个位点的突变导致蛋白质功能而非蛋白质合成受损（Terada et al., 1996）。兔 PepT1 上 His-57 的突变产生了非功能性转运蛋白，并且 His-57 两侧酪氨酸残基（Tyr-56 或 Tyr-64）的突变也会使转运蛋白失活（Chen et al., 2000）。此外，有研究表明，His-57 对于 H^+ 偶联是必要的，并且相邻的芳香族氨基酸残基通过阳离子-π 相互作用稳定质子上的正电荷。兔 PepT1 上 His-121 的突变导致小肽摄取减少及亲和力下降，其中阴离子底物的亲和力下降最多，表明 His-121 在底物识别及带负电的底物质子化中发挥作用（Chen et al., 2000）。

1.4.2　PepT1 转运机制

PepT1 介导的小肽转运过程与游离氨基酸跨膜转运有本质区别。有机物质的跨膜转运往往与膜两侧的离子梯度偶联，氨基酸和寡糖等小分子营养物质的跨膜转运的主要驱动力是 Na^+ 浓度梯度，而小肽转运是以 H^+ 浓度梯度为原动力。研究者利用双微电极电压钳技术研究注射了 PepT1 cRNA 的卵母细胞对一种常用的、抗水解的、人工合成的模拟二肽 Gly-Sar 的转运过程，发现有 H^+ 内流现象，并且在不同物种来源 PepT1 的试验中，其对小肽的转运均是质子依赖型的（Adibi, 1997; Pan et al., 2001; Chen et al., 2002; Klang et al., 2005; Van et al., 2005）。

PepT1 在小肠中对二肽、三肽的转运过程如图 1.1（a）所示，分为 3 个步骤：①小肠上皮细胞基底外侧膜的 Na^+/K^+-ATPase 通过 Na^+/K^+ 交换，向细胞外泵出 Na^+，产生细胞内外 Na^+ 浓度梯度；②Na^+ 浓度梯度驱动位于细胞刷状缘膜侧的 Na^+/H^+ 交换系统将 H^+ 转运至细胞外，随着细胞外侧 H^+ 浓度上升，细胞内外产生 H^+ 浓度差和负的膜电位；③PepT1 在 H^+ 和 Na^+ 两种梯度的协同作用下，将小肽转运至细胞内。随后，通过 Na^+/H^+ 交换系统再将 H^+ 转运到细胞外，将 Na^+ 置换到细胞内，从而维持细胞膜的质子驱动力，同时也结合细胞膜的 Na^+/K^+-ATPase 酶交换系统，将 Na^+ 转运到细胞外，以维持细胞外到细胞内的 Na^+ 浓度梯度（Newstead et al., 2011）。在小肽和 H^+ 共转运系统中，PepT1 转运电中性和带正电的小肽底物时，H^+ 与底物的摩尔比为 1：1，而转运带负电的小肽底物时，该比值为 2：1（Steel et al., 1997）。

PepT1 在转运过程中的构型变化如图 1.3 所示（Newstead et al., 2011）。PepT1 的 N 端和 C 端螺旋形成一个 V 字形结构向胞外敞开，质子结合位点位于敞口处附近；当载体中央腔被小肽底物填充，同时有 H^+ 结合在敞口位点时，载体发生闭合；紧接着，载体的细胞内侧部分打开，小肽底物和 H^+ 都被释放到细胞内，这时质子结合位点暴露在细胞内侧。

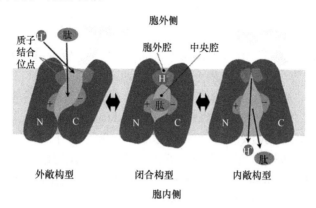

图 1.3 PepT1 在转运过程中的构型变化

1.4.3 PepT1 底物特异性

理论上，PepT1 具有转运所有 400 种二肽和 8000 种三肽的能力。然而，并非所有二肽和三肽均可被 PepT1 转运。Vig 等（2006）以 Gly-Sar 作为参照底物，利用狗肾细胞研究了 PepT1 对 73 种小肽（主要为二肽）的亲和力与转运能力，其中 21 种小肽虽对 PepT1 具有亲和力，却不能激活 PepT1 转运功能，说明其不是 PepT1 的底物。

目前，有两种方法可测定载体-底物亲和力与转运动力学：①利用电压钳技术检测表达了 PepT1 的爪蟾卵母细胞吸收底物的亲和性；②检测表达了 PepT1 的中国仓鼠卵巢细胞（CHO 细胞）对抑制物的吸收，测定抑制了 50% 同位素标记的 $[^3H]$-Gly-Sar 的吸收量。小肽的结构特征对肽转运载体的活性具有显著影响。含 2 个碱性氨基酸残基的小肽（如 Arg-Lys、Lys-Lys、Lys-Trp-Lys 和 Lys-Tyr-Lys）都较难以转运，说明 PepT1 可适应 2 个正电荷，1 个来自于 H^+，另 1 个来自于肽，但不适合 3 个正电荷。Terada 等（2000b）发现，对二肽的 α-氨基进行修饰，如 N-甲基-Gly-Gly 和 N-甲酰-Met-Ala，其对 PepT1 的亲和力远低于原始的二肽 Gly-Gly 和 Met-Ala。PepT1 并不识别肽键，其甚至可以识别并转运 ω氨基脂肪酸——一类由至少 4 个亚甲基连接的具有带正电氨基端和带负电羧基端的小分子。

作为 PepT1 底物的小肽的结构特征总体上可归纳为：①分子大小：只能为二肽或三肽，且 N 端和 C 端的最佳距离为 5.0～6.0Å；②立体化学：L 型对映体以顺式构型组成的肽（L-L）与 PepT1 亲和力最强，不同二肽构型对 PepT1 的亲和力由高到低依次为 L-L、D-L、L-D、D-D；③末端基团：N 端应保持自由氨基，且 N 端具有较大疏水性氨基酸可使 PepT1 转运活性增强；④侧链：大体积的侧链有助于提高底物与 PepT1 的亲和力；⑤电荷：电中性最佳，但允许带少量电荷，

PepT1 对带不同电荷的小肽的亲和力由高到低依次为电中性、带负电荷、带正电荷（Gilbert et al.，2008；刘畅等，2013）。然而，并不是所有符合上述结构特征的小肽均可被转运，如 Trp 是带有大体积疏水侧链的中性氨基酸，但 PepT1 无法转运 Trp-Trp，可能原因是 Trp-Trp 体积太大而无法结合于 PepT1 结合位点。此外，PepT1 对小肽的转运存在物种差异性，如 Lys-Lys 是绵羊 PepT1 的底物，但却不被某些动物（鸡、猪和人）的 PepT1 所转运。一般认为四肽是不被 PepT1 转运的，但转染了羊和鸡 PepT1 的 CHO 细胞可以转运 Met-Gly-Met-Met、Pro-Phe-Gly-Lys 及 Val-Gly-Ser-Glu（Chen et al.，2002a，2002b）。除小肽外，一些肽类似物或肽类药物也可被 PepT1 转运，如头孢菌素类、青霉素、抑氨肽酶、缬氨酸酯药物前体和血管紧张素转化酶抑制剂等。由此可见，PepT1 对底物的亲和力是多种因素交互作用的结果，并不是由单一变量决定的。

参 考 文 献

刘畅, 魏刚, 陆伟跃. 2013. 寡肽转运载体 PepT1 的转运机制及其介导的药物吸收[J]. 中国医药工业杂志, 44(6): 618-624.

庞广昌, 陈庆森, 胡志和, 等. 2013. 蛋白质的消化吸收及其功能评述[J]. 食品科学, 34(9): 375-391.

张贵川, 袁吕江. 2009. 食源性生物活性肽的研究进展[J]. 中国粮油学报, 24(9): 157-162.

Adibi S A. 1997. The oligopeptide transporter(Pept-1) in human intestine: biology and function[J]. Gastroenterology, 113(1): 332-340.

Bolger M B, Haworth I S, Yeung A K, et al. 1998. Structure, function, and molecular modeling approaches to the study of the intestinal dipeptide transporter PepT1[J]. Journal of Pharmaceutical Sciences, 87(11): 1286-1291.

Castellano P, Mora L, Escudero E, et al. 2016. Antilisterial peptides from Spanish dry-cured hams: purification and identification[J]. Food Microbiology, 59: 133-141.

Chalamaiah M, Yu W, Wu J. 2018. Immunomodulatory and anticancer protein hydrolysates(peptides) from food proteins: a review[J]. Food Chemistry, 245: 205-222.

Chen H, Pan Y X, Wong E A, et al. 2002a. Molecular cloning and functional expression of a chicken intestinal peptide transporter(cPepT1)in *Xenopus oocytes* and Chinese hamster ovary cells[J]. Journal of Nutrition, 132(3): 387-393.

Chen H, Pan Y X, Wong E A, et al. 2002b. Characterization and regulation of a cloned ovine gastrointestinal peptide transporter(oPepT1) expressed in a mammalian cell line[J]. Journal of Nutrition, 132(1): 38-42.

Chen X, Cai B, Chen H, et al. 2013. Antiaging activity of low molecular weight peptide from Paphia undulate[J]. Chinese Journal of Oceanology and Limnology, 31(3): 570-580.

Chen X Z, Steel A, Hediger M A. 2000. Functional roles of histidine and tyrosine residues in the H[+]-peptide transporter PepT1[J]. Biochemical and Biophysical Research Communications, 272(3): 726-

730.

Daniel H, Kottra G. 2004. The proton oligopeptide cotransporter family SLC15 in physiology and pharmacology[J]. Pflügers Archiv, 447(5): 610-618.

de la Hoz L, Ponezi A N, Milani R F, et al. 2014. Iron-binding properties of sugar cane yeast peptides[J]. Food Chemistry, 142: 166-169.

Döring F, Martini C, Walter J, et al. 2002. Importance of a small N-terminal region in mammalian peptide transporters for substrate affinity and function[J]. The Journal of Membrane Biology, 186(2): 55-62.

Eriksen E K, Vegarud G E, Langsrud T, et al. 2008. Effect of milk proteins and their hydrolysates on *in vitro* immune responses[J]. Small Ruminant Research, 79(1): 29-37.

Escudero E, Mora L, Toldrá F. 2014. Stability of ACE inhibitory ham peptides against heat treatment and *in vitro* digestion[J]. Food Chemistry, 161: 305-311.

Escudero E, Sentandreu M A, Arihara K, et al. 2010. Angiotensin I-converting enzyme inhibitory peptides generated from *in vitro* gastrointestinal digestion of pork meat[J]. Journal of Agricultural and Food Chemistry, 58(5): 2895-2901.

Evaristo G P C, Pinkse M W H, Chen T, et al. 2015. De novo sequencing of two novel peptides homologous to calcitonin-like peptides, from skin secretion of the Chinese frog, *Odorrana schmackeri*[J]. EuPA Open Proteomics, 8: 157-166.

Fei Y J, Kanai Y, Nussberger S, et al. 1994. Expression cloning of a mammalian proton-coupled oligopeptide transporter[J]. Nature, 368: 563-566.

Fei Y J, Liu J C, Fujita T, et al. 1998. Identification of a potential substrate binding domain in the mammalian peptide transporters PEPT1 and PEPT2 using PEPT1-PEPT2 and PEPT2-PEPT1 chimeras[J]. Biochemical and Biophysical Research Communications, 246(1): 39-44.

Fei Y J, Liu W, Prasad P D, et al. 1997. Identification of the histidyl residue obligatory for the catalytic activity of the human H+/peptide cotransporters PEPT1 and PEPT2[J]. Biochemical, 36(2): 452-460.

Gilbert E R, Wong E A, Webb J K E. 2008. Board-invited review: peptide absorption and utilization: implications for animal nutrition and health[J]. Journal of Animal Science, 86(9): 2135-2155.

Giordani L, Del Pinto T, Vincentini O, et al. 2014. Two wheat decapeptides prevent gliadin-dependent maturation of human dendritic cells[J]. Experimental Cell Research, 321(2): 248-254.

Girón-Calle J, Alaiz M, Vioque J. 2010. Effect of chickpea protein hydrolysates on cell proliferation and *in vitro* bioavailability[J]. Food Research International, 43(5): 1365-1370.

Girón-Calle J, Vioque J, Pedroche J, et al. 2008. Chickpea protein hydrolysate as a substitute for serum in cell culture[J]. Cytotechnology, 57(3): 263-272.

Harada K, Maeda T, Hasegawa Y, et al. 2010. Antioxidant activity of fish sauces including puffer(*Lagocephalus wheeleri*)fish sauce measured by the oxygen radical absorbance capacity method[J]. Molecular Medicine Reports, 3(4): 663-668.

Holaskova E, Galuszka P, Frebort I, et al. 2015. Antimicrobial peptide production and plant-based expression systems for medical and agricultural biotechnology[J]. Biotechnology Advances, 33(6, Part 2): 1005-1023.

Hou T, Liu W, Shi W, et al. 2017. Desalted duck egg white peptides promote calcium uptake by counteracting the adverse effects of phytic acid[J]. Food Chemistry, 219: 428-435.

Huang D, Ou B, Prior R L. 2005. The chemistry behind antioxidant capacity assays[J]. Journal of Agricultural and Food Chemistry, 53(6): 1841-1856.

Kalina R, Gladkikh I, Dmitrenok P, et al. 2018. New APETx-like peptides from sea anemone *Heteractis crispa* modulate ASIC1a channels[J]. Peptides, 104: 41-49.

Kim Y S, Ahn C B, Je J Y. 2016. Anti-inflammatory action of high molecular weight *Mytilus edulis* hydrolysates fraction in LPS-induced RAW264.7 macrophage via NF-κB and MAPK pathways[J]. Food Chemistry, 202: 9-14.

Klang J E, Burnworth L A, Pan Y X, et al. 2005. Functional characterization of a cloned pig intestinal peptide transporter(pPepT1)[J]. Journal of Animal Science, 83(1): 172-181.

Kuan Y C, Lee W T, Hung C L, et al. 2012. Investigating the function of a novel protein from *Anoectochilus formosanus* which induced macrophage differentiation through TLR4-mediated NF-κB activation[J]. International Immunopharmacology, 14(1): 114-120.

Lee Y, Phat C, Hong S C. 2017. Structural diversity of marine cyclic peptides and their molecular mechanisms for anticancer, antibacterial, antifungal, and other clinical applications[J]. Peptides, 95: 94-105.

Li Z, Quan J, Jing L, et al. 2018. Intracellular expression of antifreeze peptides in food grade *Lactococcus lactis* and evaluation of their cryoprotective activity[J]. Journal of Food Science, 83(5): 1311-1320.

Lister J, Fletcher P J, Nobrega J N, et al. 2015. Behavioral effects of food-derived opioid-like peptides in rodents: implications for schizophrenia?[J]. Pharmacology Biochemistry and Behavior, 134: 70-78.

Liu M, Tan H, Zhang X, et al. 2014. Hematopoietic effects and mechanisms of Fufang e'jiao Jiang on radiotherapy and chemotherapy-induced myelosuppressed mice[J]. Journal of Ethnopharmacology, 152(3): 575-584.

Liu W, Liang R, Ramamoorthy S, et al. 1995. Molecular cloning of PEPT 2, a new member of the H$^+$/peptide cotransporter family, from human kidney[J]. Biochimica et Biophysica Acta(BBA) - Biomembranes, 1235(2): 461-466.

Ma M S, Bae I Y, Lee H G, et al. 2006. Purification and identification of angiotensin I -converting enzyme inhibitory peptide from buckwheat(*Fagopyrum esculentum* Moench)[J]. Food Chemistry, 96(1): 36-42.

Meredith D, Boyd C A R. 2000. Structure and function of eukaryotic peptide transporters[J]. Cellular and Molecular Life Sciences, 57(5): 754-778.

Moreno-Montoro M, Jauregi P, Navarro-Alarcón M, et al. 2018. Bioaccessible peptides released by *in vitro* gastrointestinal digestion of fermented goat milks[J]. Analytical and Bioanalytical Chemistry, 410(15): 3597-3606.

Najafian L, Babji A S. 2012. A review of fish-derived antioxidant and antimicrobial peptides: their production, assessment, and applications[J]. Peptides, 33(1): 178-185.

Newey H, Smyth D H. 1960. Intracellular hydrolysis of dipeptides during intestinal absorption[J]. The Journal of Physiology, 152(2): 367-380.

Newstead S, Drew D, Cameron A D, et al. 2011. Crystal structure of a prokaryotic homologue of the mammalian oligopeptide-proton symporters, PepT1 and PepT2[J]. The EMBO Journal, 30(2): 417-426.

Nongonierma A B, FitzGerald R J. 2016. Strategies for the discovery, identification and validation of milk protein-derived bioactive peptides[J]. Trends in Food Science & Technology, 50: 26-43.

Pan S, Wang S, Jing L, et al. 2016. Purification and characterisation of a novel angiotensin- I converting enzyme(ACE)-inhibitory peptide derived from the enzymatic hydrolysate of Enteromorpha clathrata protein[J]. Food Chemistry, 211: 423-430.

Pan Y, Wong E A, Bloomquist J R, et al. 2001. Expression of a cloned ovine gastrointestinal peptide transporter(oPepT1) in Xenopus oocytes induces uptake of oligopeptides in vitro[J]. Journal of Nutrition, 131(4): 1264-1270.

Pihlanto-Leppälä A. 2000. Bioactive peptides derived from bovine whey proteins: opioid and ace-inhibitory peptides[J]. Trends in Food Science & Technology, 11(9): 347-356.

Rajapakse N, Mendis E, Jung W K, et al. 2005. Purification of a radical scavenging peptide from fermented mussel sauce and its antioxidant properties[J]. Food Research International, 38(2): 175-182.

Ranathunga S, Rajapakse N, Kim S K. 2006. Purification and characterization of antioxidative peptide derived from muscle of conger eel(Conger myriaster)[J]. European Food Research and Technology, 222(3): 310-315.

Rho S J, Lee J S, Chung Y I, et al. 2009. Purification and identification of an angiotensin I -converting enzyme inhibitory peptide from fermented soybean extract[J]. Process Biochemistry, 44(4): 490-493.

Selamassakul O, Laohakunjit N, Kerdchoechuen O, et al. 2018. Isolation and characterisation of antioxidative peptides from bromelain-hydrolysed brown rice protein by proteomic technique[J]. Process Biochemistry, 70: 179-187.

Steel A, Nussberger S, Romero M F, et al. 1997. Stoichiometry and pH dependence of the rabbit proton-dependent oligopeptide transporter PepT1[J]. The Journal of Physiology, 498(Pt 3): 563-569.

Suetsuna K, Ukeda H, Ochi H. 2000. Isolation and characterization of free radical scavenging activities peptides derived from casein[J]. The Journal of Nutritional Biochemistry, 11(3): 128-131.

Sun Y, Chang R, Li Q, et al. 2016. Isolation and characterization of an antibacterial peptide from protein hydrolysates of Spirulina platensis[J]. European Food Research and Technology, 242(5): 685-692.

Tang X, He Z, Dai Y, et al. 2010. Peptide fractionation and free radical scavenging activity of zein hydrolysate[J]. Journal of Agricultural and Food Chemistry, 58(1): 587-593.

Terada T, Saito H, Mukai M, et al. 1996. Identification of the histidine residues involved in substrate recognition by a rat H$^+$/peptide cotransporter, PEPT1[J]. FEBS Letters, 394(2): 196-200.

Terada T, Saito H, Sawada K, et al. 2000a. N-terminal halves of rat H$^+$/peptide transporters are responsible for their substrate recognition[J]. Pharmaceutical Research, 17(1): 15-20.

Terada T, Sawada K, Irie M, et al. 2000b. Structural requirements for determining the substrate affinity of peptide transporters PepT1 and PepT2[J]. Pflugers Archiv, 440: 679-684.

Trivedi M, Zhang Y, Lopez-Toledano M, et al. 2016. Differential neurogenic effects of casein-derived opioid peptides on neuronal stem cells: implications for redox-based epigenetic changes[J]. The Journal of Nutritional Biochemistry, 37: 39-46.

Tu M, Wang C, Chen C, et al. 2018. Identification of a novel ACE-inhibitory peptide from casein and evaluation of the inhibitory mechanisms[J]. Food Chemistry, 256: 98-104.

Udenigwe C C, Howard A. 2013. Meat proteome as source of functional biopeptides[J]. Food Research International, 54(1): 1021-1032.

Van L, Pan Y X, Bloomquist J R, et al. 2005. Developmental regulation of a turkey intestinal peptide transporter(PepT1)[J]. Poultry Science, 84(1): 75-82.

Vig B S, Stouch T R, Timoszyk J K, et al. 2006. Human PEPT1 pharmacophore distinguishes between dipeptide transport and binding[J]. Journal of Medicinal Chemistry, 49(12): 3636-3644.

Wada Y, Phinney B S, Weber D, et al. 2017. *In vivo* digestomics of milk proteins in human milk and infant formula using a suckling rat pup model[J]. Peptides, 88: 18-31.

Wang W, Chen M, Wu J, et al. 2015. Hypothermia protection effect of antifreeze peptides from pigskin collagen on freeze-dried *Streptococcus thermophiles* and its possible action mechanism[J]. LWT-Food Science and Technology, 63(2): 878-885.

Weitz D, Harder D, Casagrande F, et al. 2007. Functional and structural characterization of a prokaryotic peptide transporter with features similar to mammalian PEPT1[J]. The Journal of Biological Chemistry, 282(5): 2832-2839.

Wu J, Ding X. 2002. Characterization of inhibition and stability of soy-protein-derived angiotensin I -converting enzyme inhibitory peptides[J]. Food Research International, 35(4): 367-375.

Wu J, Wang Y, Liu H, et al. 2010. Two immunoregulatory peptides with antioxidant activity from tick salivary glands[J]. The Journal of Biological Chemistry, 285(22): 16606-16613.

Xue Z, Li H, Wang X, et al. 2015. A review of the immune molecules in the sea cucumber[J]. Fish & Shellfish Immunology, 44(1): 1-11.

Yu W, Field C J, Wu J. 2018. Purification and identification of anti-inflammatory peptides from spent hen muscle proteins hydrolysate[J]. Food Chemistry, 253: 101-107.

Zhang H, Hu C A A, Kovacs-Nolan J, et al. 2015. Bioactive dietary peptides and amino acids in inflammatory bowel disease[J]. Amino Acids, 47(10): 2127-2141.

Zhang J, Zhang H, Wang L, et al. 2009. Antioxidant activities of the rice endosperm protein hydrolysate: identification of the active peptide[J]. European Food Research and Technology, 229(4): 709-719.

Zhang T, Li Y, Miao M, et al. 2011. Purification and characterisation of a new antioxidant peptide from chickpea(*Cicer arietinum* L.) protein hydrolysates[J]. Food Chemistry, 128(1): 28-33.

第 2 章　多肽的制备方法及分离纯化

2.1　多肽的制备方法

食源性功能肽具有原料来源广、使用安全性高、生物活性高等特点，已成为当今的研究热点，其工业化生产也成为当前食品和医药行业的发展趋势。食源性功能肽的生产主要有五种方法，一是蛋白质分解法，包括酶解法、微生物发酵法、化学水解法等；二是生物提取法，从植物、动物或微生物中直接抽提；三是根据已知的氨基酸序列采用人工合成的方法；四是基因工程合成法；五是化学改性法。

2.1.1　蛋白质分解法

1. 酶解法

酶解法是利用一种或多种特异性蛋白酶或非特异性蛋白酶对蛋白质进行酶解，从而获得小分子肽段的过程。由于蛋白酶对底物具有特异性，且不同蛋白酶的酶切位点也不一样，因此当用不同的酶催化水解同一蛋白质底物时将会获得大小不一的不同肽段。目前广泛应用于蛋白质酶解的蛋白酶主要有胰蛋白酶、胰凝乳蛋白酶、胃蛋白酶、碱性蛋白酶、中性蛋白酶、酸性蛋白酶、木瓜蛋白酶以及复合蛋白酶等。同时，底物环境往往会对酶解过程产生影响，因此工业生产生物活性肽通常会探索研究酶催化水解的最适温度和最佳 pH 等条件，根据对水解产物的水解度（DH）、生物活性等指标对所用蛋白酶进行筛选，以获得满足需求的小分子肽。

1）工艺流程

酶解法制备活性肽的基本步骤如图 2.1 所示，有的是先分离再精制。

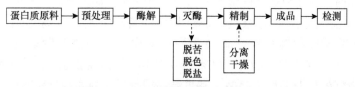

图 2.1　酶解法制备生物活性肽的步骤

对于蛋白质酶解工艺的研究主要集中在四个方面：一是为了研制具有优越加

工功能特性的产物，对新开发的蛋白质资源的酶解工艺进行研究，以期为食品工业提供新的添加剂和配料；二是与新的水解蛋白酶或工艺路线相结合，制备分子质量分布更为集中的肽，例如，Pintado 等通过对水解工艺的改进，制备的乳清蛋白水解物的分子质量分布基本集中在 7500～8000Da 和 4000～4500Da 两部分（Pintado et al.，1999）；三是通过水解工艺的改善，进一步提高抗氧化活性肽得率，并从不同来源的蛋白质获得具有相同功效的生物活性肽，例如，抗氧化活性肽的蛋白质来源有很多，可以从植物蛋白（大豆蛋白、谷物蛋白等）获得，也可以由动物蛋白（乳蛋白、血蛋白、鱼蛋白等）制备出来；四是新式酶解工艺的研究，如把酶解与膜分离技术结合在一起形成连续式水解工艺、应用固定化酶进行水解等。

2）蛋白酶的选择

酶的选择要求酶的专一性强，并且不会随着水解度的提高出现苦味。针对不同底物，选用不同的混合酶，这样能获得较好的氨基酸、二肽、多肽的比例。通常选择胰蛋白酶和胰凝乳蛋白酶的混合物，因为胰蛋白酶能专一性与赖氨酸和精氨酸残基结合，而胰凝乳蛋白酶仅能水解酪氨酸、苯丙氨酸、色氨酸残基的肽键。另外，要制备尽可能多的活性肽类产物，一般不应选用端肽酶，除非要进行必要的修饰而短时间加入，但会增加操作的复杂性。研究表明，一些抑制肽的形成需要 2 种以上的蛋白酶参与水解。因而如何选择符合生产要求的蛋白酶就要根据生物活性肽的结构功能特性来定。

蛋白酶按其来源可分为植物蛋白酶、动物蛋白酶和微生物蛋白酶。这些酶活性部位和化学性质各不相同，能在一定的 pH、温度下内切蛋白质形成多肽链。多种蛋白酶复配使用有可能获得比单一蛋白酶更好的酶解效果。例如，碱性蛋白酶、胰凝乳蛋白酶、胰酶、胃蛋白酶及一些细菌和真菌来源的蛋白酶等复配使用能增加蛋白质利用率，并在一定程度上提高水解度。

3）不同生物活性肽酶解方法举例

抗冻多肽：目前，国内外科研工作者对胶原蛋白的酶解物研究较多，发现胶原多肽蕴藏着显著的抗冻活性。Wang 等（2011）以白鲨（Carcharodon carcharias）鲨鱼皮为原料，通过酶解制备得到纯多肽样品，发现当添加质量浓度为 250mg/mL 的多肽样品时，保加利亚乳杆菌冷冻保存后存活率有显著提高。汪少芸等（2013）以食源性牛皮胶原蛋白为原料，通过相应的酶解工艺，分离得到分子质量为 2107Da 的特异性抗冻多肽。通过蛋白质测序，得到该多肽氨基酸全序列为 GERGFPGERGSPGAQGLQGPR。Cao 等（2016）从猪皮胶原蛋白水解物中，分离得到具有较好的热滞活性（THA）和重结晶抑制活性的冰结合胶原肽，该物质可以提高冰淇淋的玻璃化转变温度。Du 等（2016）研究了鸡肉蛋白水解物在冻融循环中对肌动蛋白的保护作用及其机理，发现其水解物可以显著抑制冰晶的生长。

Wu 等（2015）利用碱性蛋白酶酶解猪皮胶原获得抗冻多肽，并探究抗冻多肽对嗜热链球菌的作用机理，发现抗冻多肽可以保护冻干的细菌胞内 β-半乳糖苷酶和乳酸脱氢酶且会包裹在细胞表面，维持菌体的饱满形态。胶原蛋白富含甘氨酸、丙氨酸、脯氨酸和羟脯氨酸等氨基酸，研究发现抗冻蛋白或冰结构蛋白的抗冻活性与甘氨酸、丙氨酸、苏氨酸、天冬氨酸、丝氨酸都是相关的（Duman et al.，1972），因此这些含量增加的氨基酸可能是提高抗冻多肽抗冻活性的关键，再加上胶原蛋白肽中的脯氨酸、羟脯氨酸及丙氨酸残基的烷基侧链可以提供部分非极性环境，通过疏水作用维持抗冻多肽和水分子之间形成的氢键，使之表现出冰晶抑制效应。

高 F 值寡肽：其酶解制备方法具有一定的专一性，主要采用两种方法，分别是单酶水解和复合酶水解。目前单酶水解法仅应用于牡蛎蛋白和马氏珍珠贝蛋白，采用的水解酶为胰酶；而单酶水解法的不足之处在于，制备得到的酶解液需要经过活性炭吸附和凝胶过滤分离两步纯化才能够得到高 F 值寡肽。复合酶解法是目前制备高 F 值寡肽的主要方法。该方法采用两步酶解，第一步酶解常使用胃蛋白酶、胰蛋白酶、碱性蛋白酶和糜蛋白酶等，目的在于将原料中由芳香族氨基酸构成的肽键切开，使芳香族氨基酸残基尽可能暴露，并把蛋白质降解为多肽混合物；第二步常使用木瓜蛋白酶、风味蛋白酶等，是为了水解已经从肽链中暴露出的芳香族氨基酸，从而生成游离的芳香族氨基酸。复合酶解法的优势在于经过两步酶解得到的酶解液仅需要通过一次脱芳构化就能够得到高 F 值寡肽。表 2.1 列举了部分蛋白酶及其水解肽键专一性（郑明洋，2013）。酶解过程以水解度为指标来控制水解的程度。水解度较小说明蛋白质还未充分水解，酶解程度低；水解度过大则可能导致蛋白质大部分水解，混合物中大量成分为游离氨基酸。

表 2.1　制备高 F 值寡肽的部分蛋白酶及水解肽键专一性

酶的种类	底物	水解条件	水解肽键专一性
嗜碱蛋白酶	玉米醇溶蛋白	$S=1\%$，$E/S=0.2\%$，$T=37℃$，$t=4h$，pH=11.0	水解芳香族氨基酸形成的肽键
蛋白酶 Kerase	葵花蛋白	$S=1\%$，$E/S=1\%$，$T=37℃$，$t=6h$，pH=6.5	水解疏水性大分子氨基酸残基形成的肽键
胰凝乳蛋白酶	玉米醇溶蛋白	$S=3\%$，$E/S=2\%$，$T=37℃$，$t=5h$，pH=8.0	水解芳香族氨基酸或带有较大非极性侧链的氨基酸残基形成的肽键
胃蛋白酶	乳清蛋白	$S=3\%$，$E/S=2\%$，$T=37℃$，$t=5h$，pH=2.0	水解芳香族氨基酸或其他疏水性氨基酸的羧基或氨基形成的肽键
碱性蛋白酶	玉米醇溶蛋白	$S=3\%$，$E/S=2\%$，$T=45℃$，$t=5h$，pH=10.0	水解芳香族氨基酸形成的肽键

续表

酶的种类	底物	水解条件	水解肽键专一性
肌动蛋白酶	玉米醇溶蛋白	$S=1\%$, $E/S=1\%$, $T=37℃$, $t=6h$, pH=6.5	释放芳香族氨基酸
链霉蛋白酶	乳清蛋白	$S=3\%$, $E/S=1\%$, $T=45℃$, $t=7h$, pH=9.0	释放芳香族氨基酸
木瓜蛋白酶	乳清蛋白	$S=3\%$, $E/S=1\%$, $T=37℃$, $t=2h$, pH=6.5	释放芳香族氨基酸

注：S 表示底物浓度；E/S 表示酶底比；T 表示反应温度；t 表示反应时间。

2. 微生物发酵法

微生物发酵法是利用微生物的生化代谢反应将植物体的大分子蛋白转化成小分子蛋白活性肽，是生产生物活性肽和食品级水解蛋白质的一种有效方法。目前，国外主要研究流态型发酵乳制品（酸奶、酸乳饮料等）和干酪，而我国主要研究发酵豆制品和其他发酵食品（葛平珍和周才琼，2014）。微生物发酵法的原料都富含蛋白质，产生的肽类因为发酵条件的控制而有所不同。经发酵法制备的肽类能通过饮食直接被人体消化系统吸收。相比于酶解法，微生物发酵法生产的肽类食用安全性更高，但在实际应用中投入较少。

许多微生物酶已被用于鉴定来自乳蛋白的 ACE 抑制肽。Lisa 等（2015）已经证明，与鼠李糖乳杆菌 PRA331 发酵的牛奶产物相比，干酪乳杆菌 PRA205 发酵的牛奶产物中的肽段 Val-Pro-Pro 和 Ile-Pro-Pro 表现出更强的 ACE 抑制活性。这可能与细胞内肽酶的存在或者与细胞包膜蛋白酶对酪蛋白的特异性有关，或者通过乳酸杆菌中的肽转运系统可能会摄入更多的 Ile-Pro-Pro 与 Val-Pro-Pro。Kefir 肽（Lys-Ala-Val-Pro-Tyr-Pro-Gln，Asn-Leu-His-Leu-Pro-Leu-Pro，Ser-Lys-Val-Leu-Pro-Val-Pro-Gln 和 Tyr-Gln-Lys-Phe-Gln-Tyr）也已被发现具有 ACE 抑制活性（Contreras et al.，2009）。研究者已经确定了一种新的可以产生生物活性 ACE 抑制肽的瑞士乳杆菌菌株，正在考虑将该菌株用于功能性抗高血压发酵乳制品。其他研究显示，选定微生物的共培养物（乳酸菌和酵母）可用于发酵乳中 ACE 抑制肽的产生。不同的乳制品可以作为分离酵母的载体，具有促进发酵期间 ACE 抑制肽产生的潜力。通过这些结果可以推测，共培养的生物体可能会改善 ACE 抑制肽的产生，这可能是由于共培养增强了彼此的生长。乳清蛋白的水解产物也是 ACE 抑制肽的重要来源，微生物发酵中肉类蛋白质的水解程度低于乳蛋白质的水解程度，这可能是由于肉类发酵中使用的乳酸杆菌对肉类蛋白的水解活性差。

利用微生物发酵法制备免疫活性肽也已经有相关的报道。迟晓星等（2012）以脱脂豆粕为原料，控制各种发酵条件，在最优工艺条件下，肽转化率相对较高，肽比率可达 79.33%。张奕等（2015）在实验室利用乳酸菌和酵母菌对新鲜驼乳进行混合发酵，利用超滤、凝胶层析等手段提取分离出 3 个组分，体外培养淋巴细胞结果显示，其中的 2 个组分对小脾淋巴细胞具有显著的刺激作用，同时高效液相色谱-质谱联用（HPLC-MS/MS）检测结果表明，第 3 个组分的三个肽段序列与糖基化依赖的细胞黏附分子-1、乳清酸性蛋白、α-乳清蛋白的部分氨基酸序列吻合。孙冠华等（2013）利用 3-（4,5-二甲基噻唑-2）-2,5-二苯基四氮唑溴盐（MTT）、中性红吞噬、一氧化氮诱生分泌等方法从已获得的瑞士乳杆菌发酵乳来源小肽中筛选出对小鼠腹腔巨噬细胞具有免疫活性的小肽 Gly-Leu-Pro-Asn（GLPN）。研究结果表明，GLPN 在 0.1g/L 质量浓度下对所有指标都能表现出显著的促进作用，而在脂多糖（LPS）作用下，GLPN 质量浓度达到 0.5g/L 也未引起炎症因子的过量表达。刘旺旺等（2015）采用枯草芽孢杆菌、米曲霉以及黑曲霉发酵羊胎盘残留物，利用膜过滤、超滤等方法进一步分离纯化并对各组分进行了免疫细胞增殖能力的研究。结果表明，黑曲霉和枯草芽孢杆菌这两种微生物分别发酵产生的多肽，其原液在浓度为 100μg/mL 时对免疫细胞的刺激指数分别达 24.89%和 22.81%。李旸等（2014）研究了从发酵芝麻粕中提取分离的小肽的小鼠体内免疫活性。试验结果表明，发酵芝麻粕中的四肽在试验设定的高剂量条件下能显著增加脾脏中 T 细胞分化抗原簇 CD4$^+$/CD8$^+$的数量，说明这种小肽能在一定程度上增强机体的免疫活性。

3. 化学水解法

化学水解法是在一定的温度条件下，利用适当浓度的酸或碱溶液处理蛋白质，断裂蛋白质中的肽键，破坏蛋白质的空间结构，最终获得小分子肽的一种方法。常用的酸、碱溶液主要有盐酸、磷酸、氢氧化钠等。主要适用于富含胶原蛋白、角蛋白等结构蛋白的原料处理（Hou et al., 2017）。该方法具有工艺简单、成本低等优点，但酸碱试剂可对氨基酸造成严重损害，降低蛋白质营养价值。例如，酸水解可导致色氨酸完全破坏，甲硫氨酸部分损失，谷氨酰胺转化为谷氨酸，天冬酰胺转化成天冬氨酸；碱水解可导致大多数氨基酸完全破坏。此外，酸碱溶液水解蛋白的作用位点难以确定，对生产的多肽质量较难把控，水解结束后还须将酸碱除去，故很少采用化学水解法来制备免疫活性肽。

2.1.2　生物提取法

生物提取法是利用溶剂将存在于细菌、真菌、动植物等生物体内的各种天然活性肽直接提取出来的方法。制备过程通常是将生物材料浸泡在适当的溶剂中，通过充分溶解、反复离心、调节 pH 等步骤去除原材料中的蛋白质、盐等杂质后，对活性肽粗提液进一步分离纯化，获得目标活性肽（张少斌等，2011）。常用的提取溶剂有水、乙酸、乙酸铵、高氯酸等。

采用生物提取法制备免疫活性肽操作简便，绿色环保，但生物体内天然免疫活性肽的含量低，导致该方法产量低，提取分离纯化成本高，不利于工业化生产。但未来随着基因工程技术的发展，通过转基因技术对生物体进行改造，达到特定肽在体内的高效表达，然后进行活性肽提取，可以降低生产成本，提高活性肽的产量，从而在工业上进行大规模的生产。

2.1.3 人工合成法

人工合成法是实验室常用的一种制备特定氨基酸序列肽段的方法。人工合成法分为液相合成法和固相合成法等。

液相合成法是早期常用的方法，这种方法是在均相溶液中合成多肽。但该法每次合成肽以后都需要对产物分离纯化或结晶以便除去未反应的原料和副产物。这个步骤很耗时，对技术要求也较高。

多肽的合成是一个重复添加氨基酸的过程，固相合成顺序一般从 C 端向 N 端合成。固相合成法的优点是具备在单个容器中进行所有反应的可行性，在偶联步骤之后，可以通过冲洗轻易地除去未反应的试剂和副产物，这就省略了中间体的纯化步骤（Veronika et al., 2015），极大地降低了每步产品提纯的难度。同时，为了防止不良反应的发生，参加反应的氨基酸侧链都是被保护的，而羧基端是游离的，并且在反应之前必须活化。固相合成法是小规模合成由 10～100 个残基组成的肽的最有效的方法。

2.1.4 基因工程合成法

随着生物技术的发展和广泛应用，通过基因工程手段将外源生物活性肽基因转入其他生物体内，以使其能够大量合成并分泌生物活性肽，成为生产生物活性肽的新方法，尤以抗冻多肽应用较多。

1. 鱼类抗冻蛋白或多肽的基因工程

目前，大肠杆菌表达系统是克隆抗冻蛋白或多肽最常用的原核表达体系，其具有从构建到产物纯化周期短、繁殖快、培养条件简单、成本低、产量高等优势（张磊等，2016）。分泌的抗冻蛋白或多肽有两种存在形式，分别为可溶性蛋白和不溶的无活性的包涵体。陈莹等（2017）将大西洋鲑鱼体内的Ⅳ型抗冻蛋白（AFPⅣ）基因和 pET-22b 载体进行拼接，构建得到 pET22b-His6-AFPⅣ重组质粒，传导到大肠杆菌 BL21（DE3）中，通过添加异丙基硫代-β-D-半乳糖苷（IPTG）诱导抗冻蛋白的表达，然后将超声破碎的菌液通过螯合琼脂糖亲和色谱柱分离纯化，收集大量表达的抗冻蛋白。此外，郝凤霞等（2009）用前期构建得到的 pET-32a-

AFP Ⅲ 重组载体转化大肠杆菌 BL21（DE3），表达得到含有 His 标签的抗冻蛋白，经 Ni 柱亲和层析后得到高纯度的 AFP Ⅲ-His 融合抗冻蛋白，并在低浓度条件下对大肠杆菌 DH5α 表现出显著的低温保护活性，提高受试菌的抗冻能力。金海翎等（1995）将构建的美洲拟鲽抗冻多肽基因表达载体导入大肠杆菌中，检测到了融合抗冻多肽，这为实现高效生物防冻剂的规模化生产提供了可能。Yeh 等（2009）通过乳酸菌体系表达 AFP Ⅰ，然后将其添加到冷冻的肉和面团中，发现其可以有效抑制样品中的水分流失，改善样品的品质。张莉等（2017）在乳酸乳球菌中异源表达了抗冻蛋白 SF-P。

　　由于原核表达系统常常会合成没有活性的包涵体，且不具有修饰和加工的能力，因此近年来科研者又广泛利用酵母作为真核表达系统。与原核表达系统相比，其既具有生长繁殖快、稳定性高、纯化操作简便的特点，又能够对表达得到的蛋白质进行翻译后修饰加工，同时外源蛋白的表达量很高（刘忠渊等，2004）。Li 等（2001）利用分泌载体 pGAPZ-α-A 在野生型 X-33 毕赤酵母或蛋白酶缺陷型 SMD1168H 毕赤酵母中表达重组了 C 端含有 6 个 His 标签的鲱鱼 AFP Ⅱ。这种重组蛋白可以自动分泌到培养基中，并适当折叠，与天然鲱鱼抗冻蛋白的功能相同。此外，对菌株进行低温诱导，可以显著增加重组蛋白的产量，这可能是由于较低温度既可以增加细胞活性，又可以增强蛋白质折叠能力。

　　2. 昆虫抗冻蛋白的基因工程

　　昆虫抗冻蛋白的基因工程研究发展迅猛，多种表达载体和宿主菌被用来表达昆虫抗冻蛋白，酵母表达系统也被用来表达富含二硫键的抗冻蛋白（Macauley et al.，2005）。赵干等（2005）先后将新疆荒漠昆虫准噶尔小胸鳖甲（*Microdera punctipenis dzunarica*）中获得的抗冻蛋白 MpAFP5 序列分别和不同的载体进行拼接获得 pGEX-4T-1-MpAFP5 和 pGAPZ-α-A-MpAFP5 重组 DNA，然后分别将它们转化到大肠杆菌 BL21 和酵母细胞 SMD1168 中表达，均分离纯化得到高活性和高产量的小胸鳖甲抗冻蛋白。吕国栋等（2006）以重组 MpAFP5 为对象，分别进行酸碱处理和热处理，发现其具有良好的酸碱稳定性和热稳定性，拓宽了其在产业应用中的潜能。刘忠渊等（2004）参照 DNA 序列数据库（GenBank）中赤翅甲（*Dendroides canadensis*）的抗冻蛋白序列，将人工合成的赤翅甲抗冻蛋白基因克隆到 pGEX-4T-1 载体上，转化大肠杆菌 BL21，成功表达了融合抗冻蛋白，活性检验结果显示，融合抗冻蛋白对细菌具有显著的抗冻保护作用。Gauthier 等（1998）成功地在原核生物体内表达了云杉卷叶蛾抗冻蛋白 337。Leinala 等（2002）在原核生物体内表达得到的云杉卷叶蛾抗冻蛋白 501 的包涵体经过溶解处理和正确折叠后成功复性。Liou 等（2000）通过大肠杆菌表达系统成功克隆并表达了分子质量为 8.5kDa 的黄粉甲抗冻蛋白。

3. 植物抗冻蛋白的基因工程

科研者最早以鱼类和昆虫的抗冻蛋白作为研究对象进行基因工程操作，而植物抗冻蛋白在分类学上与两者的关系遥远、基因结构差异大，外源基因的正确表达具有一定的难度。研究发现植物内源抗冻蛋白基因更加适合在植物体内表达（汪少芸等，2012）。1998 年，Worrall 等（1998）首次发表了关于胡萝卜抗冻蛋白及其基因的文章，标志着第一个植物抗冻蛋白基因的发现，对于植物抗冻基因工程具有重要意义。他们鉴定发现胡萝卜抗冻蛋白具有良好的体外热滞活性和重结晶抑制活性，然后将其导入烟草中表达，测得转基因烟草匀浆液热滞值为 0.35℃。这一结果为植物抗冻基因工程注入新活力，为今后的研究开辟了新途径。Griffith 等（2004）从冬黑麦中鉴定得到两个纯抗冻蛋白组分，分别为 31.7kDa 的 *CHT9* 基因和 24.8kDa 的 *CHT46* 基因，并将其分别转导到大肠杆菌体内表达，显示这两个融合蛋白均有抗冻活性。此外，科研者还在欧白云、冬小麦、沙冬青、卷心菜、欧洲云杉、桃树、唐古特红景天等植物中分离鉴定到抗冻蛋白基因，为植物抗冻蛋白基因工程研究积累了丰富的材料（邓顺阳，2010）。

2.1.5　化学改性法

化学改性法是指通过化学手段向蛋白质中引入某些功能基团或使氨基酸残基侧链基团或多肽链发生聚合、断裂反应，从而导致蛋白质的理化性质、功能性质发生变化（莫文敏等，2000）。最常用的化学改性方法有碱处理、酸处理、酰化作用、去酰胺基、磷酸化作用、糖基化、硫醇化等（姚玉静等，2001，2005；郑建冰等，2007）。Wang 等（2012）将质量比例为 1∶4 的蛋白质与葡聚糖的混合样品溶解于不同 pH 的磷酸盐缓冲液中，在 70～80℃下部分糖基化，发现糖基化后的蛋白质热稳定性提高 8 倍。

抗冻糖蛋白（AFGP）中的糖基不仅含量高，而且是抗冻活性形成的主要基团。但目前制备、纯化 AFGP 存在困难，主要利用化学合成或者化学改性的方法制备纯 AFGP，探究 AFGP 的结构与抗冻活性间的关系（Bang et al.，2013）。因此，近年来国际研究开始致力于开发基于糖基化修饰的抗冻蛋白类似物。例如，一个由 4 个 Ser-Gly-Gly 三肽重复的肽链为骨架并通过 Ser 残基 C 端连接一个半乳糖苷基形成的抗冻肽类似物被发现具有很强的重结晶抑制活性（And et al.，2005）。此外，研究还发现，糖基种类和肽链骨架中糖基化位置及氨基酸残基类型对抗冻活性有着显著的影响作用，如半乳糖基修饰的抗冻肽类似物重结晶抑制活性比甘露糖基修饰的抗冻肽类似物活性强（Tam et al.，2008），而脯氨酸由于具有限制的旋转角可使蛋白质在溶液中具有明显二级结构，因此一些含脯氨酸的抗冻肽类似物具有较强的低温保护活性（Heggemann et al.，2010）。

2.2　多肽的分离纯化

蛋白活性肽是通过降解蛋白质获得的，也是一种两性物质，因此，蛋白质分离纯化方法基本也适用于蛋白活性肽。蛋白质常用的分离纯化方法如表 2.2 所示（戴红等，2002）。

表 2.2　蛋白质分离纯化常用方法的分类

名称	分离方法	分离原理	应用
离心	离心	密度、沉降系数	固液分离
萃取	超临界萃取	溶解性	小分子蛋白质分离
	双三元液相色谱	溶解性	蛋白质分离
	分级盐析	溶解性	蛋白质分离
膜	透析	分子大小	更换缓冲液、脱盐
	超滤	分子大小	浓缩蛋白
	微滤	粒度大小	固液分离、沉淀分离
	电渗透	电荷	脱盐
电泳	分子筛电泳	分子大小	蛋白质分离
	移动界面电泳	电运动性	蛋白质分离
	连续电泳	电运动性	蛋白质分离
	等电点聚焦电泳	等电点差异	蛋白质分离
	凝胶过滤层析	分子大小	蛋白质分离
	离子交换层析	静电力	蛋白质分离
色谱	亲和色谱	特异性结合	抗原、抗体、受体分离
	反相色谱	疏水力	多肽或蛋白质分离
	正相色谱	表面非特异作用力	蛋白质分离
	疏水色谱	疏水力	蛋白质分离
	色谱聚焦	等电点差异	蛋白质分离

目前，分离纯化生物活性多肽最普遍采用的方法有超滤、离子交换层析、凝胶过滤层析、反相高效液相色谱（RP-HPLC）和毛细管电泳（CE）等，并且都取得了很好的效果。

2.2.1 超滤

超滤是以压力为推动力，利用不同孔径超滤膜对液体进行分离的物理筛分过程。其分离相对分子质量为 1000～50 万，孔径为 10～100nm。它能够使大分子溶质和微粒（淀粉、未酶解的蛋白质等）截留在膜表面，而小分子肽类物质和溶剂则在压力的驱动下穿过致密层上的微孔进入膜的另一侧，因而超滤膜可以长期连续使用并保持较恒定的分离效果和产量。与传统工艺相比，超滤不但可以提高产品的纯度、节约溶剂或试剂的使用量，还能够实现连续化分离纯化作业、缩短生产周期（王湛，2000；冯彪，2005）。

2.2.2 离子交换层析

离子交换层析是利用离子交换剂上的可交换离子与周围介质中被分离的各种离子间的亲和力不同的原理，经过交换平衡达到分离目的的一种柱层析色谱法。该法具有灵敏度高、重复性和选择性好、分析速度快等特点，可以同时分析多种离子化合物，是当前最常用的层析法之一。它能去除多肽制备过程中引入的盐类，为多肽的进一步分离纯化提供保障（梁世中，2002）。

2.2.3 凝胶过滤层析

凝胶过滤层析也称为分子排阻层析、分子筛层析或凝胶渗透层析，其根据分子大小，将混合物通过多孔的凝胶床而达到分离目的。Sephadex G-50 凝胶过滤色谱有特定的分子质量分级范围，可将溶质中的分子分成三类：第一类为分子质量大于分级范围上限的分子，它们被完全阻隔在凝胶颗粒网孔之外，从颗粒的间隙中垂直向下运动，所受阻力最小，流程最短，所以最先从柱中洗脱下来。第二类为分子质量在分级范围之间的分子，它们依据分子质量的大小，不同程度地进入凝胶颗粒内部，此分子质量范围内的分子能被有效分离。第三类为分子质量小于分级范围下限的分子，它们均全部进入网孔中，经过流程最长，所受阻力最大，最后才被洗脱。根据此原理可分离分子质量不同的样品，原理如图 2.2 所示（赵永芳，2002）。它的回收率很高，活性不受破坏。使用的凝胶种类主要有交联葡聚糖凝胶、琼脂糖凝胶、聚丙烯酰胺凝胶等。经过几十年实际应用与发展，此法得到不断完善，目前成为一种可靠的分离纯化及测定生物高分子分子质量的方法。其使用过程简便，操作设备简单，结果处理方便，因此应用非常广泛（施良和，1980）。

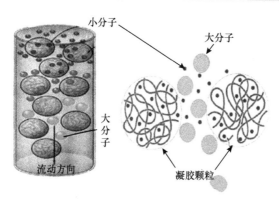

图 2.2　凝胶过滤层析原理示意图

2.2.4　反相高效液相色谱

20 世纪 70 年代中期以来，科学家逐步建立起包括 RP-HPLC 的一整套色谱方法，并运用这些方法在肽的分离纯化、制备、定性定量分析、分子质量测定、肽结构与其色谱保留值关系等方面进行了深入的研究。80 年代以来，HPLC 在肽研究领域得到了广泛应用，取得突破性进展。分离纯化肽的最常用方法是 RP-HPLC（云自厚等，2005）。它具有许多优点：首先，此方法以水为基本组成部分，这符合肽的生物学性质；其次，RP-HPLC 的分辨率比其他分离方法更强，适用范围更广泛。

2.2.5　毛细管电泳

毛细管电泳是近年来发展起来的一种新技术，除了具备凝胶电泳的高分辨率外，还以其快速、定量、重复性好、灵敏度高以及自动化程度高等诸多优点成为蛋白质、多肽乃至其他生物分子分离分析的一项崭新且重要的技术。目前已应用于多肽、蛋白质以及核酸的分离分析、遗传工程产物的鉴定、制药工业、食品工业、农业、水处理、去垢剂和多聚物化学。

近些年来迅速发展起来一项新型分离分析技术——高效毛细管电泳（HPCE），它将电泳方法与色谱技术相结合，具有高效、快速、分析所需样品量少、易自动化等优越性，尤其适用于生物大分子的分析。目前应用高效毛细管电泳分离分析蛋白质、多肽及核酸等生物大分子的研究十分活跃（郭振宇等，1999）。

2.2.6　固定化金属亲和色谱

固定化金属亲和色谱（IMAC）是将过渡金属离子通过配体螯合在固相基质上，金属离子与蛋白水解产物中的特异性氨基酸结合形成相对稳定的复合物，最后以竞争性洗脱方式实现目标金属离子螯合肽的富集与纯化。IMAC 具有亲和选择性高、生物兼容性好、可逆再生等优势，广泛应用于蛋白质和多肽的特异性富集、分离与纯化。因此，IMAC 通常被认为是金属离子螯合肽纯化的第一阶段。羟基磷灰石色谱法也是一种流行的纯化方法，采用羟基磷灰石填充色谱柱，具有较高的分离效率，羟基磷灰石能与钙离子相互作用并与特定肽强烈结合，适用于钙离子螯合肽的分离。

参 考 文 献

陈莹, 安虹霏, 张秋爽, 等. 2017. 大西洋鲑鱼Ⅳ型抗冻蛋白的表达与纯化[J]. 生物技术, 27(3): 218-222.

迟晓星, 张涛, 王楠. 2012. 微生物发酵法制备大豆多肽的研究[J]. 食品科技, (2): 69-72.

邓顺阳. 2010. 黑麦草抗冻蛋白基因的克隆、原核表达及植物转基因研究[D]. 中南林业科技大学硕士学位论文.

冯彪. 2005. 超滤技术处理酪蛋白酶解液的研究[J]. 中国乳品工业, 33(3): 32-34.

葛平珍, 周才琼. 2014. 食源性活性肽制备与分离纯化的研究进展[J]. 食品工业科技, 35(4): 363-368.

郭振宇, 吴贤汉. 1999. 肽类常用的分析技术[J]. 海洋科学, (2): 28-31.

郝凤霞, 胡文革, 康壮丽, 等. 2009. 鱼源Ⅲ型抗冻蛋白的生物学活性[J]. 石河子大学学报(自然科学版), 27(6): 666-670.

李旸, 张莉, 陈文帮, 等. 2014. 发酵芝麻粕小肽体内抗氧化和免疫活性[J]. 食品科学, 35(19): 251-254.

梁世中. 2002. 生物工程设备[M]. 北京: 中国轻工业出版社.

刘旺旺, 侯银臣, 王皓, 等. 2015. 不同菌种发酵羊胎盘残留物制备活性肽研究比较[J]. 食品工业, (8): 149-153.

刘忠渊, 张富春, 毛新芳, 等. 2004. 利用毕赤酵母表达外源蛋白的研究[J]. 生物技术, 14(1): 56-58.

莫文敏, 曾庆孝. 2000. 蛋白质改性研究进展[J]. 食品科学, 21(6): 6-10.

施良和. 1980. 凝胶色谱法[M]. 北京: 科学出版社.

孙冠华, 占东升, 马鋆镠, 等. 2013. 瑞士乳杆菌发酵乳中生物活性小肽的免疫功能特性研究[J]. 中国乳品工业, 41(9): 4-7.

汪少芸, 李晓坤, 周焱富, 等. 2012. 抗冻蛋白的作用机制及基因工程研究进展[J]. 食品科学技术学报, 30(2): 58-63.

汪少芸, 赵立娜, 周焱富, 等. 2013. 食源性明胶多肽的制备、分离及其抗冻活性[J]. 食品科学, 34(9): 135-139.

王湛. 2000. 膜分离技术基础[M]. 北京: 化学工业出版社.

姚玉静, 杨晓泉, 唐传核, 等. 2005. 酰化对大豆分离蛋白水合性质的影响[J]. 食品与机械, 22(4): 19-21.

姚玉静, 杨晓泉, 张新会. 2001. 大豆分离蛋白的磷酸化改性研究[J]. 食品与发酵工业, 27(10): 5-8.

云自厚, 欧阳津, 张晓彤. 2005. 液相色谱检测方法[M]. 北京: 化学工业出版社.

张磊, 吕英, 宋玉, 等. 2016. FGF20 原核表达载体构建及在大肠杆菌中优化表达[J]. 生物技术,

26(5): 438-443.

张莉, 吴金鸿, 汪少芸, 等. 2017. 重组抗冻肽在乳酸乳球菌中表达及其抗冻活性研究[J]. 食品与机械, 33(10): 123-127.

张少斌, 张力, 梁玉金, 等. 2011. 生物活性肽制备方法的研究进展[J]. 黑龙江畜牧兽医, (11): 39-41.

张奕, 余兰, 肖雪筠, 等. 2015. 新疆发酵驼乳免疫活性肽的分离鉴定[J]. 中国乳品工业, 43(11): 12-14.

赵干, 马纪, 薛娜, 等. 2005. 新疆准噶尔小胸鳖甲抗冻蛋白基因的克隆和抗冻活性分析[J]. 昆虫学报, 48(5): 667-673.

赵谋明, 任娇艳, 崔春, 等. 2005. 活性炭静态吸附草鱼蛋白水解物中氨基酸特性的研究[J]. 食品与机械, (6): 13-16.

赵永芳. 2002. 生物化学技术原理及应用[M]. 北京: 科学出版社.

郑建冰, 王立, 易翠平, 等. 2007. 大米蛋白酸法脱酰胺改性及对蛋白性质的影响[J]. 食品工业科技, (2): 102-105.

郑明洋. 2013. 玉米高 F 值寡肽的制备及生理功能研究[D]. 济南大学硕士学位论文.

And S L, Ben R N. 2005. C-linked galactosyl serine AFGP analogues as potent recrystallization inhibitors[J]. Organic Letters, 7(12): 2385-2388.

Bang J K, Lee J H, Murugan R N, et al. 2013. Antifreeze peptides and glycopeptides, and their derivatives: potential uses in biotechnology[J]. Marine Drugs, 11(6): 2013-2041.

Cao H, Zhao Y, Zhu Y B, et al. 2016. Antifreeze and cryoprotective activities of ice-binding collagen peptides from pig skin[J]. Food Chemistry, 194: 1245-1253.

Chen D, Liu Z, Huang W, et al. 2013. Purification and characterisation of a zinc-binding peptide from oyster protein hydrolysate[J]. Journal of Functional Foods, 5(2): 689-697.

Contreras M D M, Carrón R, Montero M J, et al. 2009. Novel casein-derived peptides with antihypertensive activity[J]. International Dairy Journal, 19(10): 566-573.

Du L, Betti M. 2016. Chicken collagen hydrolysate cryoprotection of natural actomyosin: mechanism studies during freeze-thaw cycles and simulated digestion[J]. Food Chemistry, 211: 791-802.

Duman J G, Devries A L. 1972. Freezing behavior of aqueous solutions of glycoproteins from the blood of an Antarctic fish[J]. Cryobiology, 9(5): 469-472.

Gauthier S Y, Kay C M, Sykes B D, et al. 1998. Disulfide bond mapping and structural characterization of spruce budworm antifreeze protein[J]. European Journal of Biochemistry, 258(2): 445-453.

Griffith M, Yaish M W. 2004. Antifreeze proteins in overwintering plants: a tale of two activities[J]. Trends in Plant Science, 9(8): 399-405.

Heggemann C, Budke C, Majer Z, et al. 2010. Antifreeze glycopeptide analogues: microwave-enhanced synthesis and functional studies[J]. Amino Acids, 38(1): 213-222.

Hou Y, Wu Z, Dai Z, et al. 2017. Protein hydrolysates in animal nutrition: industrial production, bioactive peptides, and functional significance[J]. Journal of Animal Science and Biotechnology, 8(3): 513-525.

Leinala E K, Davies P L, Doucet D, et al. 2002. A β-helical antifreeze protein isoform with increased activity[J]. Journal of Biological Chemistry, 277(36): 33349-33352.

Li Z, Xiong F, Lin Q, et al. 2001. Low-temperature increases the yield of biologically active herring antifreeze protein in *Pichia pastoris*[J]. Protein Expression and Purification, 21(3): 438-445.

Liou Y C, Daley M E, Graham L A, et al. 2000. Folding and structural characterization of highly disulfide-bonded beetle antifreeze protein produced in bacteria[J]. Protein Expression and Purification, 19(1): 148-157.

Lisa S, Giuseppina S R, Davide T. 2015. Impact of non-starter lactobacilli on release of peptides with angiotensin-converting enzyme inhibitory and antioxidant activities during bovine milk fermentation[J]. Food Microbiology, 51: 108-116.

Maede V, Els-Heindl S, Beck-Sickinger A G. 2015. ChemInform abstract: automated solid-phase peptide synthesis to obtain therapeutic peptides[J]. Cheminform, 46(6): 1197-1212.

Pintado M E, Pintado A E, Malcata F X. 1999. Controlled whey protein hydrolysis using two alternative proteases[J]. Journal of Food Engineering, 42(1): 1-13.

Tam R Y, Ferreira S S, Czechura P, et al. 2008. Hydration index—a better parameter for explaining small molecule hydration in inhibition of ice recrystallization[J]. Journal of the American Chemical Society, 130(51): 17494-17501.

Wang Q, Ismail B. 2012. Effect of Maillard-induced glycosylation on the nutritional quality, solubility, thermal stability and molecular configuration of whey protein[J]. International Dairy Journal, 25(2): 112-122.

Wang S Y, Zhao J, Xu Z B, et al. 2011. Preparation, partial isolation of antifreeze peptides from fish gelatin with hypothermia protection activity[J]. Applied Mechanics and Materials, 140(2): 411-415.

Wu J H, Rong Y Z, Wang S Y, et al. 2015. Isolation and characterisation of sericin antifreeze peptides and molecular dynamics modelling of their ice-binding interaction[J]. Food Chemistry, 174(1): 621-629.

Yeh C M, Kao B Y, Peng H J. 2009. Production of a recombinant type I antifreeze protein analogue by *L. lactis* and its applications on frozen meat and frozen dough[J]. Journal of Agricultural and Food Chemistry, 57(14): 6216-6223.

第3章 抗冻多肽

3.1 抗冻多肽概述

低温环境会对细胞造成一系列损伤，包括细胞脱水、细胞膜破裂、内容物泄漏等，导致细胞不可逆的损伤或者死亡，因此生物体为抵御外界寒冷环境，会应激性产生一种特殊的蛋白质——抗冻蛋白。自20世纪发现以来，研究对象遍及海洋鱼类、昆虫、植物、细菌和真菌等，并鉴定得到抗冻蛋白的基因序列以及结构。抗冻蛋白是一类冰结构蛋白，也称热滞蛋白或温度迟滞蛋白，具有特殊的功能，包括热滞效应、修饰冰晶形态作用、重结晶抑制效应和细胞膜保护活性等，从而能够有效保护低温环境下生物体的正常生活。

有研究发现，抗冻蛋白的抗冻活性片断只存在于局部的特异多肽链结构域中，并非整体蛋白质在起作用（Kun et al., 2007；Takashi et al., 2008）。抗冻多肽不仅具有良好的抗冻活性，而且理化性质较为稳定，与抗冻蛋白相比具有较多的应用优势。这种特异性的高活性抗冻多肽，已成为抗冻蛋白新的研究方向。本节重点对抗冻蛋白的来源、分类、特性、作用机理等进行概述。

3.1.1 抗冻蛋白的来源

根据来源的不同，抗冻蛋白可分为鱼类抗冻蛋白、昆虫抗冻蛋白、植物抗冻蛋白、细菌和真菌抗冻蛋白。

1. 鱼类抗冻蛋白

Dearies（1969）首先从南极海鱼博氏南冰䲢及南极鳕鱼的血液中发现了抗冻蛋白，其可通过非依数性形式降低溶液冰点，帮助极地鱼类抵御冷冻损伤。随后又从几种硬骨鱼（如齿鱼类、贝氏肩鰧）及北半球高纬度海域中的鱼（如大西洋鳕、北鳕）体内鉴定得到抗冻蛋白。

2. 昆虫抗冻蛋白

目前，已知大量的昆虫能产生抗冻蛋白，而仅有少数几种昆虫抗冻蛋白的结构是已知的，包括黄粉虫、翅甲虫、美洲脊胸长蝽、云杉卷叶蛾和准噶尔小胸鳖甲等。昆虫抗冻蛋白的分子质量通常为7～20kDa，无糖基，含有丰富的半胱氨酸、丝氨酸、苏氨酸，并且其二级结构通常为 β 折叠（Li et al.，2005）。此外昆虫抗冻蛋白中有 40%～59%的氨基酸残基能形成氢键，这对其发挥高抗冻活性有非常重要的贡献。一般而言，昆虫抗冻蛋白的抗冻活性显著高于鱼类抗冻蛋白，且分子结构也有所差异，这可能与冬季陆地的温度更低有关。例如，Graether 等（2004）从黄粉虫体内分离得到的抗冻蛋白的活性比鱼类抗冻蛋白高出 100 多倍。赵干等（2005）发现生活在新疆荒漠极端环境中的准噶尔小胸鳖甲体内具有高抗冻保护作用的抗冻蛋白，帮助其能够度过-50℃的寒冷冬季。在此基础上，邱立明等（2009）对抗冻蛋白基因 *MpAFP149* 所编码蛋白 MpAFP149 进行分析，分别从氨基酸组成、理化性质、二级与三级结构和功能、进化关系等方面进行预测。

3. 植物抗冻蛋白

植物抗冻蛋白研究起步晚，目前已对 30 余种植物材料进行分析，研究范围涉及裸子植物、被子植物、蕨类植物和苔藓植物（费云标等，1994；郭惠红等，2003）。Griffith 等（1994）首次从叶片质外体分离纯化得到 7 个具有显著抗冻活性的多肽，富含谷氨酸/谷氨酰胺、天冬氨酸/天冬酰胺、丝氨酸、苏氨酸等。Kontogiorgos 等（2007）通过圆二色谱法证实具有重结晶抑制活性的热稳定性蛋白的二级结构由 β 折叠和无规则卷曲构成。植物抗冻蛋白可以存在于植物体各部分，包括种子、茎、冠、树皮、树枝、花蕾、叶柄、叶片、花朵、浆果、根和块茎。通常能产生抗冻蛋白的植物主要生长在低温环境，如高山高寒区和高纬度地区，常见的有高山雪莲、黑麦草、冬小麦、沙冬青等。虽然植物抗冻蛋白的热滞活性较低，通常为 0.2～0.4℃，但它们表现出较强的冰晶重结晶抑制活性，避免大体积冰晶对细胞产生致死性的机械损伤。例如，冬黑麦抗冻蛋白浓度在低达 25μg/L 的情况下仍表现出良好的重结晶抑制活性（Hassasroudsari et al.，2012）。胡萝卜抗冻蛋白（CaAFP）由一系列串珠状富含 11 个亮氨酸的重复序列组成，这与多聚半乳糖酸酶抑制蛋白的编码序列有很高的同源性。它是具有一种或两种异构体的糖蛋白，其分子质量为 34～36kDa，热滞活性为 0.35℃，并且具有强亲水区域，能通过氢键和水分子发生紧密结合（Li et al.，2005）。

4. 细菌和真菌抗冻蛋白

目前，细菌、真菌的抗冻蛋白仅在南极和北极的少量菌株中发现。有研究者从加拿大北极地区的植物根系中发现一种能合成和分泌具有抗冻活性蛋白质的根瘤菌（Sun et al.，1995），使得其能够在-20℃和-50℃的极端低温环境下存活，并且能在 5℃下正常繁殖。通过证实发现这种抗冻蛋白是一种糖脂蛋白，分子质量为 164kDa，并且可以通过相互聚集发挥抗冻功能。这一发现为利用细菌诱导产生内源性抗冻蛋白的工作奠定了基础。Yamashita 等（2002）从南极洲的 130 种菌株中筛选了 6 种能产生抗冻蛋白的菌株。在这 6 种菌株中，抗冻活性最高的是从细菌 *Moraxella* sp.中分离得到的分子质量为 52kDa 的脂蛋白。

有研究报道，真菌、平菇、金针菇和云芝的细胞提取物具有热滞活性，嗜冷担子菌的细胞液中存在 3 种热滞活性蛋白质（THPs），它们的 N 端氨基酸序列各异，在 THPs 溶液中形成的冰晶形态似"石器时代的刀"，显著区别于抗冻蛋白溶液中形成的六边形冰晶体（Venketesh et al.，2008）。

3.1.2 抗冻蛋白的分类

抗冻蛋白广泛地分布于各类生物体中，尽管不同来源的抗冻蛋白的抗冻功能与机理是相似的，但其结构和活性却存在很大差异。目前，科研者对鱼类抗冻蛋白的研究是最为深入及完整的。鱼类抗冻蛋白根据其氨基酸的组成和结构来分，大致分为六种：抗冻糖蛋白（AFGPs）、Ⅰ型抗冻蛋白（AFP Ⅰ）、Ⅱ型抗冻蛋白（AFP Ⅱ）、Ⅲ型抗冻蛋白（AFP Ⅲ）、Ⅳ型抗冻蛋白（AFP Ⅳ）及高活性抗冻蛋白，其结构如图 3.1 所示。

抗冻糖蛋白　　Ⅰ型抗冻蛋白　Ⅱ型抗冻蛋白　Ⅲ型抗冻蛋白　Ⅳ型抗冻蛋白　高活性抗冻蛋白

图 3.1　六种鱼类抗冻蛋白结构图

1. 抗冻糖蛋白

AFGPs 是最早被提取的抗冻蛋白，它为几种南极硬骨鱼类和北鳕所特有，由 3 个肽糖单位＋Ala—Ala—Thr＋以不同重复度串联形成肽链，且发现糖基团通常都是抗冻活性基团，如对糖基团进行修饰或去除就会导致抗冻活性的损失（Davies et al.，1990）。AFGPs 分子质量为 2.5～33.7kDa，其三级结构是延伸的杆状结构。在溶液中 AFGPs 会自发形成一种奇特的构象（左手-折叠螺旋），这种独特的构象保证 AFGPs 多肽链中的双糖基团朝向溶液，相对疏水的丙氨酸朝向碳骨架，有利于 AFGPs 的亲水基团与水分子之间形成氢键，从而阻止溶液中形成较大的冰晶（Franks et al.，1978；Chen et al.，1997；田云等，2002）。

2. Ⅰ型抗冻蛋白

AFP Ⅰ 主要存在于美洲拟鲽、短角床杜父鱼和其他一些北方硬骨鱼类中（Prathalingam et al.，2006）。AFP Ⅰ 是 3～4 个小肽的聚合物，这些小肽分别由 11

个氨基酸组成，富含丙氨酸，分子质量为3.3~4.5kDa，是结构最简单的抗冻蛋白（汪少芸等，2011）。X射线晶体结构研究发现，AFP Ⅰ的二级结构均为双亲α螺旋，即亲水性氨基酸侧链位于螺旋轴的一侧，疏水性氨基酸侧链位于另一侧。该结构给予AFP Ⅰ中的亲水性氨基酸较大的自由摆动能力，可以与不同的冰晶表面结合，从而抑制冰晶的生长（Graether et al.，2001）。

3. Ⅱ型抗冻蛋白

AFP Ⅱ多存在于海渡鸦、胡爪鱼和鲱鱼等动物的血清中。结构特征表现为半胱氨酸含量较高，约为8%，而且约一半能形成二硫键。研究证明，用巯基乙醇或者二硫苏糖醇破坏其二硫键，其热滞活性便会丧失，因此，可以说二硫键对AFP Ⅱ分子的抗冻活性起着关键作用。AFP Ⅱ的二级结构含有少量的α螺旋和β折叠，以及大量的无规结构（孙琳杰等，2008）。AFP Ⅱ是鱼类抗冻蛋白中分子质量最大的一类，为11~24kDa，它也是唯一在蛋白质序列库中查出与已知蛋白（C型凝集素碳水化合物）具有同源性的抗冻蛋白（汪少芸等，2011）。

4. Ⅲ型抗冻蛋白

X射线和核磁共振技术证明，AFP Ⅲ是一种三级结构呈现球状的抗冻蛋白，分子质量为6.5~14kDa，主要分布在几种Zoarcoid科的鱼中，如大头鳗鲡和狼鱼。AFP Ⅲ二级结构主要由9个β折叠组成，其中1个游离在外，另外8个β折叠组成三明治夹心结构。由于AFP Ⅲ中的亲水残基可以形成多个氢键，氢键的形成使AFP Ⅲ和冰晶之间的结合力增强。其作用机理可以用表面互补模型来阐述，即抗冻蛋白表面与冰晶平面能够互补，疏水残基被暴露，使抗冻蛋白与冰晶之间形成范德瓦耳斯力，而且疏水基团对氢键也有一定的保护作用，从而抑制冰晶的生长（Jia et al.，1996）。

5. Ⅳ型抗冻蛋白

AFP Ⅳ是Deng等（1998）从多棘杜父鱼中纯化的一种新型抗冻蛋白。其分子质量为12.3kDa，一级结构由108个氨基酸组成，且含有高达17%的谷氨酰胺，焦谷氨酰基团封闭了其N端。圆二色谱分析表明，该蛋白结构和载脂酰蛋白类似，含有较多的α螺旋结构，且这些α螺旋具有双亲性，4个α螺旋反向平行排列折叠成一个螺旋束，使得亲水基团向外，疏水基团向内，亲水基的表面可与冰晶结合，鱼可以把它作为一种屏障，阻止冰晶从皮肤表面渗入。研究发现，该抗冻蛋白的序列与膜载脂蛋白极度相似，该蛋白很有可能是由膜载脂蛋白进化而来的（李芳等，2003）。

6. 高活性抗冻蛋白

Marshall 等（2004）从冬鲽鱼中分离得到一种高活性抗冻蛋白，它的活性和分子质量都比其他类型的抗冻蛋白高，能够让冬鲽鱼的生存极限温度降为-1.9℃。

3.1.3 抗冻蛋白的特性

1. 冰晶形态效应

抗冻蛋白具有改变冰晶形态的效应，抑制冰晶常态方向上的生长，导致冰晶呈现不同的形态（Charles et al., 1984；Wilson et al., 2002）。如图 3.2 所示，在纯水体系中，冰晶主要沿 a 轴方向生长且形成扁圆状；在低浓度抗冻蛋白体系中，冰晶沿 a 轴方向生长受抑制且形成六棱柱形；在高浓度抗冻蛋白体系中，冰晶沿 c 轴方向生长且最终形成针形或六角双锥体形（纪瑞庆，2015）。有研究发现，鱼类 AFP Ⅰ、AFP Ⅱ、AFP Ⅲ 和冰晶作用后，可以使冰晶呈六角双锥体形，降低由冰晶产生的机械应力对细胞膜造成的损伤，保护细胞结构的完整性（Chao et al., 1995）。

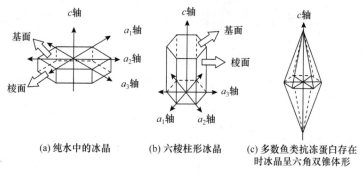

(a) 纯水中的冰晶　　　(b) 六棱柱形冰晶　　　(c) 多数鱼类抗冻蛋白存在
时冰晶呈六角双锥体形

图 3.2　溶液中冰晶的形状

2. 热滞活性

抗冻蛋白具有热滞活性，能特异地吸附于冰晶表面，阻止冰晶生长，进而非依数性地降低水溶液冰点，但对熔点影响甚微，导致熔点与冰点之间出现差值，差值越大抗冻活性越高，这一现象称为抗冻蛋白的热滞活性（孙琳杰，2008）。而且一般来说，热滞活性与抗冻蛋白浓度、肽链长度和一些低分子质量溶质有关。高分子质量的抗冻糖蛋白热滞活性高于低分子质量的抗冻糖蛋白；抗冻蛋白的热滞活性会随着其浓度的升高而增大；山梨醇、甘油和柠檬酸盐等一些低分子质量的醇类及无机盐类可以辅助抗冻蛋白及多肽，提高其热滞活性值（冯从经等，2007）。抗冻蛋白降低血清、植物体液或水溶液冰点的效率比一般无机盐溶质（如 NaCl）要高。目前研究结果认为，抗冻蛋白通过 Kelvin 效应（Raymond et al., 1977）抑制冰晶的生长，即抗冻蛋白可以结合到冰晶的表面，使结合点附近的冰面弯曲，冰晶表面积和表面张力增大，使局部冰晶曲率也增大，破坏体系的平衡状态，造成水分子在热力学上不能再结合到冰晶上，降低体系的冰点，因此冰晶必须在更低的温度下才能继续生长。

　　3. 重结晶抑制效应

　　溶液中的冰晶在恒温条件下会逐渐改变尺寸，小冰晶不断聚集形成大冰晶，这种现象称为重结晶，可能的原因是冰晶的表面曲率发生改变。重结晶多发生于温度在 0℃ 范围内波动时或者冰点以下物质处于玻璃态回暖的阶段（Knight et al.，1995）。抗冻蛋白在范德瓦耳斯力、疏水相互作用和氢键作用下，可以吸附到冰晶界面上抑制冰晶生长并降低冰点，改变冰晶间自发的生长分配趋势，使得体系形成体积小且均匀的晶粒，缓解大体积冰晶对有机体引起的机械损伤，起到保护细胞免受结冰伤害的作用，如图 3.3 所示（Daley et al.，2002；Baardsnes et al.，2003）。对于耐冻植物和昆虫来说，重结晶抑制效应可能比热滞活性更为重要。

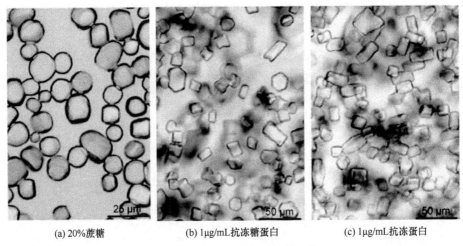

(a) 20%蔗糖　　　　　　(b) 1μg/mL抗冻糖蛋白　　　　　(c) 1μg/mL抗冻蛋白

图 3.3　抗冻蛋白重结晶抑制活性

　　4. 保护细胞膜

　　有研究已经证实，细胞膜脂双层在低温下会发生相变，此时若在体系中添加鱼类抗冻蛋白，其与细胞膜脂双层间会存在特异性结合，提高细胞膜的相变温度，降低细胞膜的渗透性，阻止离子渗漏，还能改变酰基链的分子包装，保持类脂体的稳定，提高细胞膜的稳定性，从而起到抗冻作用（Lee et al.，1992；鲍丽丽等，1995）。此外，抗冻蛋白还可以抑制玻璃化损伤，有文献推测这是抗冻蛋白通过阻断 Ca^{2+} 和 K^+ 离子通道，起到保护细胞膜的作用（韩永斌等，2003）。

5. 降低过冷点

过冷点低于动植物体液的临界温度是动植物致死的主要原因，然而在气温低于–25℃的寒带地区，许多生物还能正常生存，而不被冰冻所伤害，这是由于动植物体内能合成抗冻蛋白，它能改变原生质体的过冷状态，达到降低过冷点的效果，提高生物体的抗寒能力（汪少芸等，2011）。

3.1.4　抗冻蛋白的作用机理

抗冻蛋白自发现以来，引起科研工作者的极大兴趣，为什么这种蛋白质具有低温保护活性？为何可以抑制冰晶生长和重结晶？它是如何与冰晶结合的？这些疑问至今仍未完全解开。由于抗冻蛋白来源广泛和结构复杂，目前，关于抗冻蛋白的作用机理尚不清楚，但是已经有很多相关的假设与猜想，比较受到认可的学说有吸附抑制学说、晶格匹配模型、偶极子-偶极子假说模型、晶格占有模型和表面互补模型等（汪少芸等，2012）。

1. 吸附抑制学说

吸附抑制学说最早由 Raymond 和 Devires 在 1977 年提出。他们认为抗冻蛋白吸附在冰晶表面通过 Kelvin 效应抑制其生长。机制模型为：一般晶体生长的方向是垂直于晶体表面的，如果有其他杂质分子吸附于冰生长途径的表面，这就需要再外加一推动力促使冰在杂质间生长。这种生长的结构导致冰晶曲率变大，使边缘的表面积也增大。因冰晶表面张力的影响，增加的表面积改变了体系的平衡状态，从而使冰点降低（李树峰等，2003）。抗冻蛋白积累在冰和水的接触面，通过改变冰晶的形成和生长方式来修饰冰晶生长。

抗冻糖蛋白的二糖链上富含羟基，各羟基之间的距离与冰晶 a 轴上氧之间的距离恰好相吻合，与非抗冻糖蛋白中的极性氨基酸之间距离也恰好吻合。因此可以判断，抗冻蛋白侧链上的氢键与冰晶结合，通过屏障和覆盖作用阻止冰晶生长。而很多试验也验证了抗冻蛋白和冰晶之间确实有氢键存在（胡爱军等，2002）。

新加坡国立大学的研究人员将小冰晶成核技术应用于 AFPⅢ的抗冻机制研究，发现 AFPⅢ可以吸附到小晶核和尘埃颗粒上，从而阻碍冰晶的成核作用，首次从数量上检测了抗冻蛋白的抗冻机制（谢秀杰等，2005）。该试验验证了吸附抑制学说的合理性。

在研究抗冻植物抗冻蛋白活性时，有学者认为抗冻植物形成了一种特殊的控制胞外冰晶形成的机制，即抗冻蛋白和冰核聚物质的协同作用。在植物体内，热滞效应并不明显，而冰晶重结晶抑制效应显著。吸附抑制学说是否适用于植物有待进一步证实（李芳等，2003）。

2. 晶格匹配模型

晶格匹配模型由 Deviles 在 1983 年提出。在晶格匹配模型中，冬季比目鱼 AFP I 的双亲 α 螺旋通过规律排布，在 α 螺旋外侧的 Thr 和 Asx 残基与冰晶棱面结合。在这个特异的冰晶结合棱面晶格匹配模型被鉴定后，研究人员发现该模型好像也适用于部分其他的冰晶表面（冯从经等，2007）。

加拿大 Queen 大学研究者利用 X 射线晶体衍射和核磁共振方法获得了 TmAFP 的晶体结构后，在进行抗冻机制的研究时，给出的机制模型为：在 TmAFP 三棱镜样结构的其中一个侧面上，Thr-Cys-Thr 模体重复出现在每一个 β 折叠中使得 Thr 在二维空间上排成两行，并且这两行 Thr 上羟基氧之间的距离可以很好地与冰的晶格匹配，它们之间的紧密结合阻碍了水与冰晶的接触，从而抑制冰晶的生长（谢秀杰等，2005）。

3. 偶极子-偶极子假说模型

偶极子-偶极子假说模型由 Yang 等在 1988 年提出。此模型认为抗冻蛋白有显著平行于其螺旋轴亲水基团和疏水基团的偶极子。冬季比目鱼的 AFP I 是一种单一的 α 螺旋，冰晶中也存在偶极子。偶极子-偶极子假说就是 AFP I 的偶极子与冰核周围水分子的偶极子产生相互作用，偶极子作为抗冻蛋白与冰晶相互作用起始推动力，双亲性的 α 螺旋经亲水侧链提供相互作用的氢键，而疏水侧链则阻止冰晶的生长（冯从经等，2007）。偶极子-偶极子假说模型很形象地表述了抗冻蛋白和冰晶的作用方式，也为研究抗冻蛋白的作用机制提供了新思路。

4. 晶格占有模型

晶格占有模型由 Knight 等在 1993 年提出。这种模型是从晶格匹配模型演变而来的。晶格占有模型中，抗冻蛋白的某些氢键通过"占有"冰晶表面上氧原子的位置，从而和临近的氧原子同时形成了多个氧键，这样就使氢键数目增加了几倍，结果使抗冻蛋白冰晶之间形成不可逆结合（冯从经等，2007）。

5. 表面互补模型

表面互补模型理论是另一种可以较好解释抗冻蛋白抗冻机理的模型。这种模型也称为受体-配体模型，在该模型中抗冻蛋白是受体，冰是配体（钟鸣等，2010）。该模型认为，抗冻蛋白的冰晶结合位点所形成的表面与冰晶的表面互补。互补表面受其他相互作用力的影响，主要是疏水作用和范德瓦耳斯力，其次是氢键。较强的表面作用力使抗冻蛋白和冰晶形成了不可逆的结合，进而阻止了冰晶生长（樊绍刚等，2009）。

该模型成功地解释了目前已经发现具有极大差异性的抗冻蛋白能与不同形状

的冰晶表面结合的现象，还有一个原因是冰晶含有许多不同的表面，每个表面的拓扑结构和氧原子间距都不相同，抗冻蛋白在与任何一个冰晶表面结合后都将阻止冰晶的生长。冰晶就像配体一样，通过表面互补选择性与不同受体的抗冻蛋白结合，这种表面互补方式可适用于所有抗冻蛋白（樊绍刚等，2009）。

加拿大阿尔伯塔大学的研究人员利用核磁共振方法研究 Thr 侧链的柔韧性时发现在接近冰点温度时，抗冻蛋白-冰晶结合面处的 Thr 以最适与冰晶表面结合的构型存在，非结合面处的 Thr 存在多种构型。由此他们得到的结论是，Thr 排列整齐规则使抗冻蛋白与冰晶表面紧密吻合，这种形态上的互补结合是抑制冰晶生长的关键所在（谢秀杰等，2005）。该结论证实了表面互补理论。

加拿大 Queen 大学的研究者利用定点突变的方法测定了 AFP I 和 LpAFP 与冰晶的结合面。结果表明，当冰结合面的氨基酸被改变后，抗冻蛋白的抗冻活性大大降低，而替换非结合面的氨基酸，对抗冻蛋白的抗冻活性几乎没有影响。该结论进一步证明了抗冻蛋白和冰晶面的互补性及专一性（Yu et al.，2010）。

从我国胡萝卜栽培品种中克隆的 DcAFP 的理论三维结构为一个非常有规律的右手 β 折叠，螺旋的每个 β 环由 LRR 结构域的 24 个氨基酸残基组成，其结构特征主要为保守的 L（包括 I）组成的疏水核心和保守的 P 及 G 组成的 β 转角。在 24 个氨基酸结构域中保守 N 的两侧为亲水性很强的氨基酸密集区，形成一个高度亲水性表面，刚好与冰晶表面形成不完全互补。DcAFP 的 LRR 结构域中高度保守的 N 端对于维持这种冰晶结合表面具有决定性作用（樊绍刚等，2009）。

虽然不同植物抗冻蛋白在 DNA 和氨基酸水平上完全不同，且几乎没有同源性，但却拥有高度相似的高级结构，它们与冰晶结合位点在很大程度上也很相似，都可以通过表面互补模型来较好地解释它们与冰晶之间的相互作用，但植物抗冻蛋白的表面互补模型也存在一些问题，现在还没有办法确定表面互补模型具体含有多少种作用力，而每种作用力的贡献和作用方式仍然需要进一步深入研究（张党权等，2005）。

6. 氢原子结合模型

该模型认为，抗冻蛋白分子一侧相对疏水，另一侧是亲水的，亲水一侧与冰相结合，而疏水一侧与水相作用。从鳗鱼（*Macrozoarces americanus*）中提取的 AFP III 的 0.125nm 晶体结构揭示有一明显两性冰结合位点，在这里相连有 5 个氢原子和冰柱面的两列氧原子相匹配，有很高的冰结合亲和性与专一性。每个抗冻蛋白分子的 14 个非丙氨酸侧链或有利于与冰结合，或有利于螺旋的稳定性。抗冻蛋白在晶体内所呈现的精巧的帽子结构大大增强这种稳定性。N 端帽子结构是由 8 个氢原子（Asp1、Thr2、Ser4、Asp5 和 2 个水分子的氢）组成的有序网。帽子结构内部 Asp1 能增加冰晶与螺旋偶极子作用的稳定性。同时，与游离 N 端距离最近的 Asp5 也可以抵消与螺旋偶极子作用的不稳定性变化（彭淑红等，2003）。

抗冻蛋白-冰结合结构由苏氨酸/天冬氨酸、苏氨酸/天冬酰胺/亮氨酸重复序列组成 4 个相似的冰结合模块（IBM）。IBM 残基牢牢限制形成一个例外的扁平冰结合面，对抗冻蛋白-冰结合面的接近有重大影响。这关键在于苏氨酸和天冬氨酸或天冬酰胺之间保守的丙氨酸的维持作用和冰结合平面的"岭-谷"式拓扑结构。抗冻蛋白-冰结合面相对扁平和链的刚性是抗冻蛋白-冰结合机制的关键。后者维持抗冻蛋白分子结合一致性，前者使得抗冻蛋白与冰表面结合的可能性最大。总之，抗冻蛋白结构的特征有利于与冰的结合和螺旋的稳定性（彭淑红等，2003）。正是抗冻蛋白分子与冰的结合阻止了冰晶的生长，使得抗冻蛋白的作用得以发挥。

7. 刚体能量学说

该学说将抗冻蛋白分子视为小粒子，因此，根据界面能量原理可以认为抗冻蛋白在冰水表面处于平衡位置，并且冰晶的生长过程可以用粒子相互作用的理论观点来解释。在这里，重要的参数是"抗冻蛋白-冰"和"抗冻蛋白-水"界面之间表面能的差异，所用的原则是总表面能最小原理。因此，即使两种界面表面能一样、抗冻蛋白分子与冰水无优先结合，当抗冻蛋白分子存在时，由于冰-水表面积缩减，抗冻蛋白也能强烈吸附冰晶。另外，抗冻蛋白必须与冰晶相匹配，否则水分子就会扩散至界面，随着冰晶的增长同时使蛋白向前推进，水分子在粒子后扩散，推进粒子向前，在溶液中形成冰晶体。通过这种方式，即使超过过冷温度 1℃或更小，也会产生很大的压力。在有抗冻蛋白的溶液中，因为一系列的抗冻蛋白分子永久性地锚定于冰上，所以它们不可能被向前推进。这样，只有当过冷水足以吞没抗冻蛋白分子时，冰晶才能形成。这就有效地阻止了冰晶的形成（彭淑红等，2003）。

8. 亲和相互作用偶联团聚模型

浙江大学科研人员提出了抗冻蛋白在超低温保存机制的新模型，即亲和相互作用偶联团聚模型。该模型认为，抗冻蛋白不仅与冰晶作用，而且与细胞膜和冷冻保护剂中的其他分子发生亲和相互作用。抗冻蛋白在结合冰晶后所暴露的疏水面能够与细胞膜脂双层发生相互作用。事实上，能够和抗冻蛋白或抗冻蛋白-冰晶复合体发生相互作用的分子是广泛存在的。研究表明，AFP Ⅱ 是从 C 类动物凝集素的碳水化合物识别区演化而来的，后者可结合细胞膜上的糖蛋白。体外试验证明，抗冻蛋白活性可通过一系列低分子化合物来增强或减弱。一种含有碳水化合物的细菌抗冻蛋白，既具有抗冻活性，又具有冰核活性；去除碳水化合物部分，冰核活性也随之消失。

当抗冻蛋白-冰晶复合体与其他分子的亲和相互作用达到一定程度时，抗冻蛋白-冰晶复合体就团聚起来，从而使冰核变大，表面自由能降低，冰晶生长被促进，抗冻蛋白呈破坏作用；反之，若亲和相互作用小，抗冻蛋白-冰晶复合体不团聚，抗冻蛋白仅起到抑制重结晶的作用，它有利于超低温保存。按照这个模型，冷冻保护剂的组成和浓度、降温和复温速度、抗冻蛋白类型和浓度、最初冰核数目以及被冻细胞表面特征等等，都可能影响亲和相互作用的强烈程度（钱卓蕾等，2002），从而影响抗冻活性。

3.2　抗冻多肽活性检测和评价方法

抗冻蛋白的活性检测由于过冷现象存在一定的难度。所谓过冷现象，即在一定压力下，溶液温度达到或者低于冰点时仍然不凝固的现象。过冷现象的形成主要是由于溶液体系过纯，形成的冰核多而小，缺少足够大的冰核。如果改变溶液的纯度或外界条件，就能形成足够大的冰核，溶液便开始凝固。例如，抗冻蛋白溶液具有过冷现象，在过冷状态下，降低温度或者用其他方法诱导溶液结冰，然后使温度回升，使部分结冰熔化，保留一个晶核再缓慢升温和降温，诱导冰晶缓慢增大或缩小（邵强等，2005）。

本节重点阐述抗冻多肽活性检测和评价方法。目前抗冻多肽活性检测比较经典的方法有毛细管单晶生长法、纳升渗透压法、冷台-偏振光法、差示扫描量热法等。

3.2.1　毛细管单晶生长法

Devries（1983）采用显微镜观察毛细管内样品的结晶状态来分析抗冻蛋白的活性。将样品封存在玻璃毛细管内，快速冷冻，再通过缓慢升温或降温使冰晶熔化或长大。冰晶开始熔化消失的温度称为熔点，冰晶开始生长的温度称为冰点，冰点与熔点之差即为样品 THA。有抗冻蛋白存在时，随着温度降低，溶液的二次结晶过程则明显滞后。该方法要求仪器对温度的控制精细，在冰核体积足够小的状态下观察冰点和熔点。

3.2.2　纳升渗透压法

纳升渗透压法是利用纳升渗透压计系统借助显微镜观察冰晶生长情况的方法。纳升渗透压计主要由毛细管上样系统、制冷系统、拍照系统及计算机图像处理系统四个部分组成，其构造如图 3.4 所示（Takamichi et al.，2007）。

冰点渗透压计是用来测量溶液冰点下降的精密仪器。它既能缓慢升温、降温，也能够快速升温、降温。纳升渗透压计是冰点渗透压计的一种，与一般渗透压计

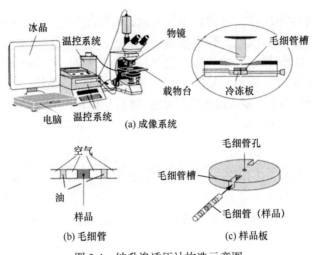

图 3.4　纳升渗透压计构造示意图

相比，纳升渗透压计只需少量样品。研究人员可采用纳升渗透压计测量抗冻蛋白的热滞活性，借助显微镜观察冰晶的增大或缩小（邵强等，2005）。样品板放在渗透压计系统温控显微镜台上，用毛细管向毛细管槽中心加入大约 10μL 样品。通过快速降温使温度降到-40℃，样品快速冷冻。然后温度升高，熔化样品至约 50μm 的冰晶。该系统利用佩尔捷（Peltier）效应在-9～0℃范围内精细地调节温度（误差为 0.01℃）。此外，纳升渗透压法可以观察单冰晶形态，用于分析抗冻蛋白/肽对冰晶形态的影响。

3.2.3　冷台-偏振光法

抗冻蛋白的重结晶抑制活性可通过冷台-偏振光显微镜直接观察，重结晶抑制活性一般采用 Knight 等于 1988 年发展的"液滴冷却"技术，通过迅速冷冻产生冰晶，在低温下用显微镜来检测冰晶的生长（Lu et al.，2002）。该方法用两个圆形载玻片将 2μL 含有 30%蔗糖的液体压扁（三明治状），高浓度蔗糖的作用是避免了界面抑制现象。将载玻片置于已用干冰冷却至-80℃的庚烷中，然后转移至通过循环冷却的-6℃玻璃小盒内，恒温 30～60min 后，显微照相记录。该方法在低温下转移，操作难度可想而知，随着技术的发展，现在用得较多的是带热台的偏光显微镜，程序控温，液氮系统降温，计算机软件采集冰晶形态图片，吹氮气防止空气冷凝影响图像采集。将抗冻蛋白样品与不含稳定剂、抗冻剂的冰淇淋基体混合，取一定量滴加到载玻片上，盖上盖玻片，将载玻片放入热量平台，然后迅速冷却，保持一段时间后用显微镜记录该状态下的冰晶形态。再以一定的速率将样品缓慢升温并做冷热循环后，用显微镜记录冰晶形态（Wang et al.，2009）。这样，通过软件分析冰晶颗粒的大小与均匀程度就可以推断样品的抗冻活性，冰晶颗粒越小、越均匀，说明抗冻蛋白的抗冻活性越高。

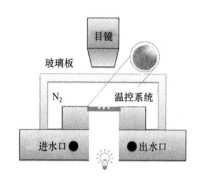

冷台-偏振光显微镜主要由制冷系统、拍照系统及计算机图像处理系统三个部分组成，其构造如图3.5所示（Geng et al.，2017）。

图 3.5　冷台-偏振光显微镜示意图

3.2.4　差示扫描量热法

抗冻蛋白的热滞活性可以通过差示扫描量热法（DSC）测定。DSC 测热滞活性的原理是通过测定溶液体系的结晶过程中吸热、放热变化，判断样品的冰点与熔点，确定真实的结晶起始温度，从而得出样品的热滞活性（张超等，2008）。该方法测定结果比其他方法更加客观准确而且可以得到整个体系中精确的冰晶含量（Zhang et al.，2007）。但其缺点是需要高精度的仪器设备，实验成本较大。Wu 等（2015）采用 DSC 测定丝胶抗冻肽的热滞活性，取得良好的效果。该方法是将 5μL 肽溶液，先以−1℃/min 的速率由室温降至−25℃，平衡 5min，样品结冰固化，然后以 1℃/min 的速率升温至 10℃，平衡 5min，使样品全部熔化，至此可得到体系过冷点、结晶热、样品熔点和熔融热；接下来以−1℃/min 速率降温至−25℃，平衡 5min，样品全部结冰；以 1℃/min 速率升温至 T_{h1}，T_h 表示保留温度，使样品处于部分熔融状态，平衡 5min；再以−1℃/min 的速率降温至−10℃，平衡 5min，样品全部结冰；以 1℃/min 的速率升温至改变的 T_{h2}……，取不同 T_h 重复试验，得到热流图，最后通过软件计算分析获得溶液的热滞活性、冰晶含量等。

3.2.5　低场核磁共振法

低场核磁共振法是一种快速无损的检测技术，它具有测试速度快、灵敏度高、无损、绿色等优点，已经广泛应用于食品品质分析、种子育种、石油勘探、生命科学和橡胶交联密度等领域。该技术主要借助水分子的"无处不在"与"无孔不入"的特性，以水分子为探针，研究样品的物性特征。主要的测试参数包括纵向弛豫时间（T_1）、横向弛豫时间（T_2）、自扩散系数、T_1 加权成像、T_2 加权成像以及质子密度加权成像等。在核磁共振技术中，检测最为广泛的是氢原子，以水为代表。氢原子在自然界丰度极高，由其产生的核磁共振信号很强，容易检测。核磁共振技术基于弛豫时间的差异可快速准确检测出样品中水分的性状以及不同性质水分的含量，以水分子为探针，研究样品的内部物性特征。

抗冻蛋白具有的热滞活性，能使溶液的冰点低于熔点。为了明确抗冻蛋白对冷冻溶液熔化特性的影响，可以通过核磁成像技术来分析抗冻蛋白冷冻液的熔化过程，这种技术可以将移动水的空间分布检测为正质子信号，冰冻抗冻蛋白溶液熔化过程中的信号强度越强表示移动水越多，而固体冰不显示信号。Ba等（2013）曾利用核磁成像技术观察添加抗冻保护剂的冷冻溶液熔化特性，结果发现抗冻添加剂可以显著提高冰熔化速率。

3.2.6　生物体低温保护法

上述测定抗冻蛋白抗冻活性的方法都需要一些精密的仪器设备，操作过程复杂，因此很多学者尝试寻找其他对仪器要求低、操作简单的抗冻活性检测方法，低温保护活性反映抗冻蛋白抗冻活性的方法应运而生。目前，已经形成的低温保护活性检测体系有细菌体系、细胞体系以及酶体系等。

细菌的低温保护活性检测，是在加有抗冻蛋白的菌液低温处理前后，用菌落计数法计算细菌的存活率，存活率越高，抗冻蛋白的低温保护活性越高（吕国栋等，2007）。细胞体系测定法原理与细菌体系相似，都通过低温处理前后存活率的变化来检测抗冻活性，不同的是细胞体系需要测定一些指标从侧面反应细胞的存活，如三磷酸腺苷（ATP）含量、乳酸脱氢酶（LDH）释放量等（Michael et al.，1999；Yu et al.，2008）。同样，细菌体系也可通过光密度（OD）值从侧面反应细菌的存活。600nm处OD值是检测细菌生长的常用方法，细菌的生长状态可用OD值监测，当培养时间相等时，OD值便能相对反映样品中菌的多少。

3.2.7　其他方法

随着科技的发展，分子动力学模拟、量子力学、计算化学等方法广泛应用于物理、化学、生物、材料等各个领域，发展了一系列抗冻多肽的检测方法，如通过分子动力学模拟获取原子尺度的微观机制、模拟计算抗冻肽与冰水分子的作用模型、通过量子力学计算分析抗冻肽与冰水的结合能等，推动了抗冻多肽抗冻活性检测技术的进步。

3.3　抗冻多肽的研究实例及应用

抗冻蛋白具有非依数性降低溶液冰点、使溶液冰点低于熔点、改变冰晶生长轨迹和抑制冰晶重结晶的特性，使得抗冻蛋白具有非常好的商业价值和广泛的应用前景。

3.3.1　抗冻多肽在食品中的应用

食品冷冻工艺、低温冷链物流可有效抑制食品腐败变质，冷冻食品业在食品工业中所占的份额越来越大。虽然冷冻储藏可以最大限度地保持产品的营养价值，但在冷冻储藏中众多食品发生结晶和重结晶现象对细胞组织结构具有破坏作用，造成细胞内汁液流失。水结冰后会导致食品局部渗透压升高，促使细胞内组分的性质发生改变，冻结损伤会使食品淀粉回生和蛋白质变性、在解冻时汁液流失量增加、风味和营养价值下降等，这些现象最终使产品品质受到严重破坏（周素梅等，2001）。

长期以来，人们采用商业抗冻剂降低冷冻产品冷冻损伤导致的品质劣变，并取得一定实效。但是，抗冻剂的种类多种多样，抗冻原理和抗冻效果也不尽相同。目前抗冻效果比较好的抗冻剂有低分子质量的糖醇和糖类、羧酸类、氨基酸类等。但现今工业上冷冻鱼糜主要采用的是对鱼糜蛋白具有很好抗冻效果的商业抗冻剂（即4%蔗糖和4%山梨糖醇的混合物），但这种复合抗冻剂存在甜度和热量较高的不足，违背了"低糖、低热量"的消费趋势，因而寻找可替代的新型抗冻剂具有重要意义。2006年，我国卫生部已将冰结构蛋白列为可用于冷冻食品中的新型食品添加剂（刘晨临等，2002）。作为一类新型的食品添加剂，冰结构蛋白能非依数性降低冰点，可以有效减少低温冻藏食品冰晶形成和抑制冰晶重结晶，从而提高冷冻储藏食品的品质。

1. 在冰淇淋中的应用

冰淇淋中冰晶的大小是影响冰淇淋口感最为关键的因素，冰淇淋中冰晶体越细，口感越细腻。但是在冷藏、运输、销售中温度波动及制冷控制不当易造成冰淇淋中冰晶体发生重结晶现象，使得冰晶变大形成冰渣，从而影响冰淇淋的口感。添加抗冻蛋白可以有效防止冷冻储藏的食品中冰晶的形成。英国的 Unilever 公司将抗冻蛋白添加到冰淇淋中，消除了冰渣，改善了冰淇淋的质量和口味（冯从经等，2007）。玻璃化转变温度（T_g）在冰淇淋冷冻储藏中扮演着重要的角色，因为 T_g 与冰淇淋冷冻储藏过程中的热力学性质密切相关，Zhang 等（2016）从燕麦中分离出燕麦抗冻蛋白（AsAFP），研究发现只要向冰淇淋中添加0.1%的AsAFP就能使冰淇淋的 T_g 由−29.14℃上升到−27.74℃，T_g 提升有利于冰淇淋的冷冻储藏。

Wang 等（2009）通过碱性蛋白酶酶解牛皮胶原蛋白，再通过分离纯化得到了分子质量范围在1600～2400Da的牛皮胶原蛋白源抗冻肽（ISP），再将 ISP 添加到冰淇淋中，经过冻融循环处理后用显微镜观察冰晶生长情况，其结果如图3.6所示。加有 ISP 的冰淇淋样品即便经过25次冻融循环，冰晶仍处于细小且分布均匀的状态，而未加 ISP 的冰淇淋样品冰晶大且不均匀。

2. 在冷冻面团中的应用

冷冻面团技术兴起于20世纪50年代，以解决传统食品货架期短、易老化的难题。然而，在实际情况下，由于长时间冷藏、运输和销售过程中各种因素的影

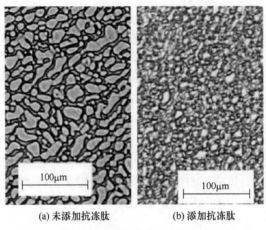

(a) 未添加抗冻肽　　　　　　　　(b) 添加抗冻肽

图 3.6　抗冻肽对冰淇淋中冰晶重结晶的影响

响，冷冻面团的品质发生一定程度的下降。例如，面筋网络结构被破坏，导致酵母细胞死亡,使得面团发酵时间延长以及最终产品比容减小等(Ribotta et al., 2003 ; Jia et al., 2017)。这可能是因为在冷藏与运输过程中，由于温度发生波动，体系发生重结晶现象，易形成大尺寸的冰晶从而破坏面团的网络结构(Yadav et al., 2009); 同时大冰晶会损伤酵母菌细胞膜，使得酵母菌的活性与产气能力下降（ Ribotta et al., 2003 ）。虽然这些问题可以通过在体系中使用添加剂得到一定改善（ Bhattacharya et al., 2003),但是添加剂会改变面团的品质或者其中的挥发性成分，存在一定的安全性问题（ Zhang et al., 2008 ）。食源性抗冻肽就不存在此类问题，而且食源性抗冻肽的加入不仅对冷冻面团能起到低温保护作用，改善冷冻面团品质，还能给冷冻面团带入营养成分。

Chen 等（2016）将猪皮明胶源抗冻肽应用到冷冻面团的低温保护中，通过冻融循环模拟冷冻储藏过程中的温度波动，加速冷冻损伤，建立冷冻模型。通过测定冻融循环后面团的发酵特性和质构特性发现，抗冻多肽的添加对冷冻面团的发酵特性和质构特性均在不同程度上起到很大改善作用。此外，通过低场核磁共振研究发现，加有抗冻肽的冷冻面团在经过 6 次冻融后其内部水分分布还能维持在比较均匀的状态，并且与对照组相比其水分损失量最低，能很好地维持面团中的水分，提升冷冻面团持水力。其结果如图 3.7 所示。

3. 在鱼糜制品中的应用

新鲜的鱼很容易腐败变质，不利于储藏运输，将新鲜鱼加工成冷冻鱼糜，不仅可以延长保质期，方便运输储藏，还可以为鱼糜深加工制品提供原材料（周爱梅等，2003）。鱼糜一词最早起源于日本，是将新鲜的鱼经过预处理后采肉、斩拌、漂洗、脱水，然后包装冷冻储藏。鱼糜可以加工成鱼肉肠、蟹肉棒、鱼丸等。原

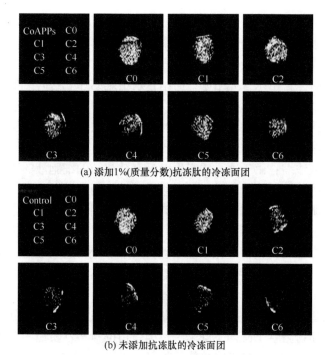

(a) 添加1%(质量分数)抗冻肽的冷冻面团

(b) 未添加抗冻肽的冷冻面团

图 3.7 抗冻肽对冷冻面团的水分分布及持水力的影响

C0～C6 分别表示冻熔了 0～6 次

料鱼种主要以海水鱼为主,有阿拉斯加狭鳕、鳗鱼、沙丁鱼、带鱼、非洲鳕、太平洋无须鳕等,但是随着海洋污染、过度捕捞等问题的出现,海水鱼已不能满足市场对鱼糜制品的需求,淡水鱼自然成为新的替代品(周爱梅,2005;薛勇等,2006)。鱼糜在许多国家和地区广为流传,因其具有低脂高蛋白、食用方便等优点,而深受消费者的喜爱。在我国,鱼糜制品更是具有悠久历史的传统特色美食,典型代表包括福州鱼丸、山东鱼肉饺、江西燕皮、云梦鱼面等(焦道龙,2010)。鱼糜富含肌原纤维蛋白,在冷冻储藏运输过程中肌原纤维蛋白会发生不同程度的变性,从而使鱼糜制品的品质下降。鱼糜蛋白的变性主要由肌球蛋白变性引起,对于其变性机理,目前比较公认的说法有以下 3 种。

(1)冰和结合水之间的相互作用:蛋白质的三级及四级结构是由非极性的疏水键和氢键来维持的。这些键的分布和周围水分子所形成的结构、状态关系十分密切。一般认为,冰晶的生成会导致蛋白质水合层被破坏,从而导致这些非极性键的破坏和新的非极性键的生成。另外,由于冰晶的生成,非极性基团周围的水会丢失,导致疏水键被破坏。此外,由于冰晶之间的相互作用,为了维持结合的稳定结构,氢键的切断和生成就会深入到蛋白质分子内部,从而使蛋白质变性(薛长湖等,2010)。

（2）结合水脱离：肌肉组织中的水分，根据与蛋白质之间的作用力可以分为自由水和结合水。自由水是不受蛋白质束缚的可以自由流动的水，而结合水是被束缚在蛋白质表面的，与蛋白质结合牢固的水分子。当环境温度低于鱼糜蛋白周围溶液的冰点时，自由水首先结冰，而结合水很难结冰。这时，如果环境温度有波动，自由水解冻和冻结对蛋白质几乎没有影响。但是如果环境温度继续下降，结合水也会结冰，结果导致水和蛋白质的关系发生改变，结合水从蛋白质脱离，导致蛋白质变性（薛长湖等，2010）。

（3）细胞液浓缩：由于冰晶的产生，没有被冻结的细胞液的浓度增加，结果必然使液相中的离子浓度增加和 pH 发生变化，从而引起蛋白质变性。这种说法一般被用来说明细胞内外冰的生成量及其生成状态同蛋白质变性之间的关系（薛长湖等，2010）。

鱼糜蛋白变性时，其物理化学性质也会发生变化，这些变化主要表现为蛋白质盐溶性降低、ATP 酶活性降低、巯基含量降低、二硫键含量增加和表面疏水性增加（Benjakul et al., 2003）。

（1）鱼肉蛋白溶解度的变化：在冻藏过程中，肌原纤维蛋白分子因聚集而变性，导致蛋白质盐溶性下降。不同来源鱼肉蛋白的盐溶性蛋白的变化程度有所不同，但是溶解度的变化都呈下降趋势（Benjakul et al., 1997）。

（2）ATP 酶活性的变化：新鲜的鱼肉蛋白是具有 ATP 酶活性的，随着冻藏时间的延长，其 ATP 酶活性也会下降，肌原纤维蛋白的 ATP 酶包括 Ca^{2+}-ATPase、Mg^{2+}-ATPase、Ca^{2+}-Mg^{2+}-ATPase，还有 Mg^{2+}-EGTA-ATPase（EGTA 表示乙二醇二乙醚二胺四乙酸）。这几种酶中，Ca^{2+}-ATPase 是反映肌球蛋白分子是否完整的指标。所以，在研究鱼肉蛋白变性时，通常将 Ca^{2+}-ATPase 活性作为指标（Ruttanapornvareesakul et al., 2006）。

（3）鱼糜蛋白巯基和二硫键的变化：肌球蛋白分子含有活性巯基，活性巯基有三类，分别是 SH1、SH2、SHa。SH1 和 SH2 主要分布在肌球蛋白的头部，与 Ca^{2+}-ATPase 活性有密切的关系。SHa 在轻度酶解肌球蛋白的位置，和肌球蛋白的重链氧化和二聚物的形成有不可分割的关系（Zhang et al., 2012）。但是，还有其他巯基埋藏在肌球蛋白分子的内部。通常巯基总含量包括隐藏在内部的巯基和活性巯基两部分。巯基总含量与 ATP 酶活性相关。研究证明，肌原纤维蛋白在冻藏过程中，巯基会被氧化成二硫键，而二硫键的形成对鱼肉的品质有负面影响（Benjakul et al., 1997; Zhang et al., 2012）。

（4）鱼糜蛋白表面疏水性的变化：鱼肉在冻藏过程中，由于肌原纤维蛋白链展开，原来在蛋白质分子内部的疏水基团暴露出来，从而使鱼肉蛋白质的表面疏水性增加。一般测定表面疏水性的方法是荧光法，选择的荧光剂为 1-苯胺基-8-磺酸。因为该荧光剂可以和疏水氨基酸的残基结合，形成具有荧光的化合物，因此可以通过测定荧光强度的变化来测定表面疏水性的变化（张松等，2007）。

为了提高鱼糜制品的质量，往往会在冷冻鱼糜中添加抗冻剂，防止在冻藏过程中蛋白质发生变性，并提高冷冻鱼糜的凝胶强度，可以说没有抗冻剂，鱼糜生产就无法走向现代工业生产。抗冻肽作为一类新型的抗冻剂，具有"低糖、低热量"的优点，其抗冻效果显著。李晓坤（2013）研究报道了抗冻多肽对鱼糜的低温保护作用，在新鲜制备的鱼糜中添加 2%、4%、8% 抗冻多肽以及 8% 商业抗冻剂（蔗糖和山梨糖醇），在 -18℃ 冻藏，测定二硫键、巯基、表面疏水性、盐溶性蛋白、Ca^{2+}-ATPase 活性在冻藏过程中的变化，进而研究蛋白质的冷冻变性情况。结果表明，抗冻多肽可以抑制二硫键和表面疏水性的增加，阻碍巯基含量、盐溶性蛋白和 Ca^{2+}-ATPase 活性的降低。其中添加 8% 的抗冻多肽的低温保护效果要优于 8% 商业抗冻剂。

4. 在冷冻肉中的应用

冷冻肉在冷冻储藏过程中由于冰晶长大，肉组织原本致密结构会被破坏，使得冷冻肉在解冻后口感下降。此外，在解冻过程中，细胞破裂会导致汁液流失，营养成分损失。肉制品的冷冻、冷藏中，加入抗冻蛋白可以有效减少渗水和抑制冰晶的形成，保持原来的组织结构，减少营养流失（孙琳杰，2008）。据报道，将抗冻糖蛋白于屠宰前注入羔羊体内，宰后肉体经真空包装，在 -20℃ 冻藏 2~16 周，然后解冻，观察肉的冷冻质量。结果发现，无论在屠宰前 1h 还是 24h 注射抗冻糖蛋白，均可有效降低冰晶体的体积和液滴的数量。抗冻糖蛋白终注射浓度达到 0.01μg/kg 时，特别是在宰前 24h 注射，可以获得最小的冰晶体，对冷冻肉保护效果最佳，保护效果如图 3.8 所示（Payne et al.，1995）。

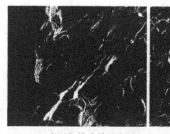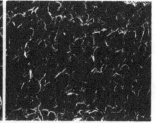

(a) 未添加抗冻糖蛋白　　　　　(b) 添加0.01μg/kg抗冻糖蛋白

图 3.8　冷冻肉片扫描电镜图

5. 在冷冻虾类制品中的应用

冷冻储藏可最大限度地保持虾肉的营养价值，但冻藏过程中产生的冰晶，易使肌肉细胞受损、蛋白质变性，增加解冻时汁液的损失，导致其风味和营养价值下降（Boonsumrej et al.，2007）。据文献报道，吴海潇等（2017）在冻藏过程中，采用卡拉胶寡糖浸泡处理有效降低了冷冻虾仁的解冻汁液损失，且卡拉胶寡糖在保持虾仁质构及色泽、延缓肌原纤维蛋白含量下降和保护 Ca^{2+}-ATPase 活性等方面均具有较好的效果。此外，卡拉胶寡糖处理对冷冻虾仁微观结构的保持作用也较好，同时以较高质量浓度的卡拉胶寡糖处理效果最佳。卡拉胶寡糖的抗冻效果主要基于其具有较强的保水功能，抗冻蛋白、抗冻肽也含有较多的亲水基团，同样具有很强的亲水性，再加上抗冻蛋白、抗冻肽优良的抗冻活性，将其作为冷冻虾类制品的冷冻保护剂，其前景可观。

　　6. 在冷冻贝类制品中的应用

　　贝类肉质细嫩、鲜美，营养丰富，但其水分含量较高，在酶和微生物的作用下易发生劣变。佟长青等（2015）报道将虾夷扇贝柱与含有抗冻蛋白的保鲜剂溶液按 2 : 1（g/mL）的比例混合，浸渍 2min 后冷冻储藏于−20℃冰箱中。虽然冷冻虾夷扇贝柱的感官评分、硬度、弹性、内聚性、耐咀性都在下降，但使用保鲜剂的虾夷扇贝在各种指标上明显高于对照组，因此，使用抗冻蛋白保鲜剂的虾夷扇贝质构变化在冷冻储藏过程中明显优于对照组。保鲜组与对照组的总挥发性氨基氮及细菌总数都在上升，但使用保鲜剂的虾夷扇贝明显低于对照组。保鲜组与对照组的 pH、巯基含量、可溶性蛋白含量改变不大。因此可以确定，含有抗冻蛋白的复合生物保鲜剂，对冷冻储藏虾夷扇贝具有较好的保鲜作用。

3.3.2　抗冻多肽在农业中的应用

　　低温及寒冷影响蔬菜、果树、作物和牧草等农牧业植物生产，可带来不可逆甚至是导致植物死亡的后果。当环境温度低于 0℃时，植物体的胞间隙及木质部的导管和管胞中结冰，细胞内水分发生迁移进入细胞间隙，并不断结冰，导致细胞脱水，致使植物受到冷冻损伤（Pearce et al.，2001）。若植物持续处于低温环境下，植物体内的冰晶为使其表面积最小化，会自动发生再结晶，从而造成冻害加重（王瑞云等，2006）。生长在低温环境下的植物和越冬植物为了适应环境，在形态结构、生长习性和生理生化等方面形成了对低温胁迫的各种反应机制（王瑞云等，2004；Liu et al.，2004）。随着基因组学、分子生物学及生物技术的发展，植物抗低温胁迫机制的研究越来越深入，尤其是近年来发现了一种双功能植物抗冻蛋白，它能直接与冰晶作用，阻止冰晶形成，具有抗冻和抗病双重活性（Griffith et al.，2004）。

　　20 世纪 60 年代末，在不同抗冻蛋白的特性相继报道之后，美、英、中等多国学者纷纷进行抗冻蛋白的应用，但是天然来源的抗冻蛋白受限，获得较难，限制其应用，抗冻蛋白大多处于理论研究范围，因此充分运用到食品中去的条件不成熟。基因工程、分子生物学及生物技术的发展为抗冻蛋白的大规模应用提供了良好的条件，可以通过基因工程的方法将高活性异源的抗冻蛋白或抗冻肽的基因导入目标果蔬中，使之异源表达。这种遗传特性的改良，从根本上增强果蔬在田间的抗寒能力，而且会改善果蔬采后的储藏加工特性。新鲜果蔬储藏时均需有适宜的最低温度，低于此温度常造成果蔬的冰害和冻害。适宜低温点的选择往往取决于储藏对象的耐低温能力。储藏温度若能降低 1℃，就可以明显延长某些果蔬的储藏寿命（冯昌友等，2000）。

果蔬在冻藏和解冻过程中常出现的主要问题有组织软烂、汁液流失、失去原有的形态。造成汁液流失的原因与食品的原料处理、冻结方式、包装、冻藏条件以及解冻方式有关，最关键的因素是冻藏过程中的温度波动导致重结晶。能表达抗冻蛋白的转基因蔬菜可改善这种状况，提高速冻品的质量。这是因为转基因蔬菜在冻结与冻藏中冰晶对细胞和蛋白质的破坏很小，合理解冻后，部分融化的冰晶也会缓慢渗透到细胞内，在蛋白质颗粒周围重新形成水化层，使汁液流失减少，保持了解冻食品的营养成分和原有风味（韩永斌等，2003）。将鱼抗冻蛋白渗入到植物叶和茎的组织中使其冰点降低了 1.8℃以上，在植物悬浮培养细胞低温保存时，抗冻蛋白可起到冰冻保护剂一样的作用，也能降低植物细胞内冰晶形成速度，这表明鱼抗冻蛋白在植物中具有抗冻活性。美国基因工程技术公司在番茄中导入抗冻蛋白基因，降低了细胞内水分的凝固点，培育出的耐寒番茄，在−6℃能存活几个小时，果实冷藏后不变形（代焕琴等，2001）。Huang 等（2002）将赤翅甲抗冻蛋白基因成功导入拟南芥中并在转基因株系细胞提取物中检测到具有热滞活性的抗冻蛋白的表达。

3.3.3 抗冻多肽在医学中的应用

在低温生物学中，抗冻蛋白和抗冻多肽可作为冷冻保护剂用于细胞、组织、器官和生物体的冷冻和低温储存。相关研究表明，鱼类抗冻蛋白可以增强猪和牛的卵母细胞抗冻能力（Rubinsky et al.，1991）。此外，研究者发现对某些脊椎动物和无脊椎动物的完整肝脏、心脏和细胞系进行低温保存时，添加抗冻蛋白不但能延长其保存时间，也能使细胞复苏率、器官移植的成活率提高（Koushafar et al.，1997；Ishine et al.，2000；Wang et al.，2000；Amir et al.，2004）。

在癌症冷冻手术中，抗冻蛋白可作为化学佐剂保护目标组织。Pham 等（1999）还发现向需要冷冻切除的组织中注入抗冻蛋白可以提高手术的成功率，并能降低并发症的发生概率。Muldrew 等（2001）报道在冷冻手术中注入抗冻蛋白进行 2 次冷冻后的手术效果要明显比不加抗冻蛋白的效果要好。

3.3.4 抗冻多肽在仿生抗冻蛋白高分子防冰材料中的应用

自然界霜冻现象普遍存在，并给人们的生活、生产带来极大的不利（Lv et al.，

2014）。制冷设备与空气源热泵等设备蒸发器表面结霜，会降低设备的运行效率，影响设备的正常使用。在风力发电机叶片与机组表面的结冰问题也造成诸多不利影响，叶片表面的结冰现象会导致叶片载荷增大甚至变形，降低叶片使用寿命，还会影响风力发电机组的平衡性，降低发电效率，对机组造成损害（吕健勇等，2014）。有报道表明，风力发电机叶片表面结冰会导致机组年发电率下降高达 50%（Frohboese et al.，2007；Huang et al.，2009）。另外，在进行除冰操作时，冰层的脱落会给机组及现场工作人员造成新的安全隐患。在户外输电设施与通信线路方面，结冰现象同样能造成不可忽视的危害。2008 年，我国南方地区遭遇了罕见的低温冰冻天气，持续低温引起的降水和结冰使输电网络与通信线路以及公路、铁路等运输大动脉受到严重影响。此外，在航空航天领域中，飞机机翼与机身表面的结冰现象会增大飞机负荷，改变飞机飞行的空气动力学行为，容易导致空难等事故的发生（Gent et al.，2000）。因此，对于冷表面上防冰、防霜的研究与应用，制备具有防冰性能的功能性表面材料，就具有极为重要的经济、社会和国防安全意义。

受抗冻蛋白的启发，Bai 根据氧化石墨烯（GO）特有的碳骨架结构，开展了GO 调控冰晶生长的研究。研究发现，GO 不但能有效地抑制冰晶生长和重结晶，而且能修饰冰晶形貌。分子动力学的模拟结果显示，GO 表面具有稳定的类冰水，使得 GO 更倾向于与固态冰形成稳定氢键，从而在大量液态水存在的条件下能够选择性地吸附到冰晶表面。GO 吸附到冰晶表面后，在 GO 间冰晶形成曲面，通过 Gibbs-Thompson 效应抑制冰晶生长，如图 3.9 所示（Bai et al.，2017）。

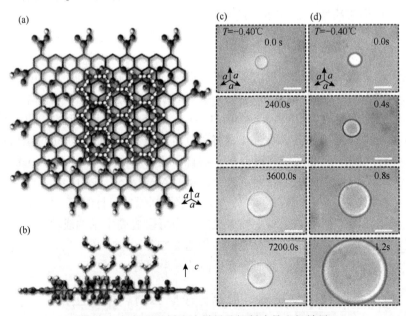

图 3.9　氧化石墨烯防冰材料及抑制冰晶生长效果

（a）氧化石墨烯的特殊排列结构；（b）冰晶生长和修饰冰晶形貌；（c）添加氧化石墨烯；（d）未添加氧化石墨烯

　　根据抗冻蛋白可以通过晶格匹配吸附在冰晶表面抑制冰晶生长的特性,Bai 团队(2017)巧妙设计合成了氧化类石墨化氮化碳量子点,其三级氮原子具有孤对电子,可作为氢键受体,相邻三级氮原子之间的距离与 Ih 型冰晶沿 c 轴方向氧原子间的距离接近。他们巧妙地利用氮化碳这一特性合成了两种石墨化氮化碳的衍生物,其中一种是氧化氮化碳量子点,其结构继承了氮化碳中相邻三级碳间距的特点;另一种是氧化类氮化碳量子点,其结构中大部分 sp^2 杂化的 N 被 C 取代,造成相邻三级氮原子之间的距离增大,而该距离与冰晶晶格的位错更小,更有利于其吸附在冰晶表面(图 3.10)。

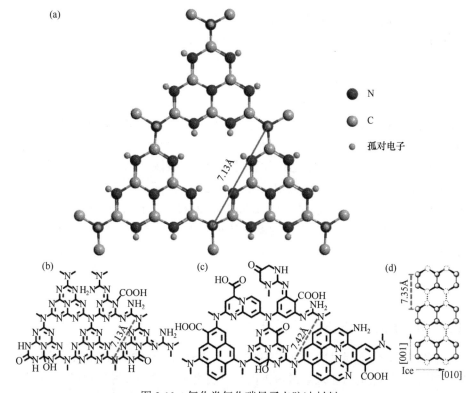

图 3.10　氧化类氮化碳量子点防冰材料

(a)石墨化氮化碳;(b)氧化氮化碳量子点;(c)氧化类氮化碳量子点面内结构;(d)Ih 型冰晶主棱面结构

3.4　抗冻多肽基因及基因工程研究

　　抗冻蛋白具有抗寒性,随着生物技术的发展和广泛应用,利用基因工程将抗冻蛋白基因转入其他生物以使其具有抗冻性一直是科学研究的一个重要方向。

3.4.1　抗冻多肽的基因研究

研究发现，抗冻蛋白是被多基因家族编码的。对鱼类抗冻蛋白基因的研究比较深入，它们都是串联重复的多基因家族。抗冻糖蛋白基因序列中结构基因是 46 个正向串联的同源性片段，每个片段编码一个抗冻糖蛋白和三肽内含子。大多数能够产生抗冻蛋白的生物体内并不只有单一的分子结构，而是有一组异源分子同时具有抗冻活性。Andorfer 等（2000）从 12 月份的赤翅甲（*Dendroides canadensis*）幼虫的 cDNA 文库中，分离到了 10 个可能的抗冻蛋白基因，说明这种抗冻蛋白也是由多基因簇编码的。

有些抗冻蛋白基因在生物体内以多拷贝存在，可以达到 100 个以上。研究证明冬鲽单倍体基因约含 40 个抗冻蛋白基因拷贝，其中 2/3 是正向串联重复排列的，每个重复序列含有 1 个抗冻蛋白基因，几个抗冻蛋白基因的转录方向均相同；其余 1/3 也是相连的，但被不规则的间隔区分开。纽芬兰大洋条鳕（*Macrozoarces americanus*）的基因组约含有 150 个拷贝的抗冻蛋白基因；狼鱼（*Anarhichas lupus*）基因组中也有 80～85 个拷贝的抗冻蛋白基因，其中含有许多不规则相连的基因和较大的串联重复。

抗冻蛋白在生物体内的表达随发育时期的调控或温度和季节变化的影响而改变，这种特性为生物在冰冻环境中获得尽可能多的抗冻蛋白提供了遗传学基础。研究证明，从夏季到冬季抗冻蛋白及其 mRNA 的量可以成倍地增加。冬季比目鱼肝型抗冻蛋白的 mRNA 量可以达到夏季量的几百倍，肾和鳍中抗冻蛋白的 mRNA 量有 5～10 倍的变化（Gong et al.，1996）。云杉色卷蛾（*Choristoneura fumiferana*）幼虫抗冻蛋白转录主要受发育时期的调控，而不受季节性低温调控（Doucet et al.，2010）。

3.4.2　鱼类抗冻蛋白基因工程研究

抗冻蛋白的转基因试验开始于 1986 年（费云标，1992）。Fletcher 等（1992）将北美黄盖鲽抗冻蛋白注入虹鳟鱼体内，发现受试虹鳟鱼可耐受到 $-1.4\sim1.6\,^{\circ}\!C$，且抗冻蛋白没有受体种属特异性。随后 Fletcher 等将北美黄盖鲽抗冻蛋白基因转入南极鲑鱼中，长达 5 年的表达说明南极鲑鱼能够正确表达插入的北美黄盖鲽抗冻蛋白基因，但分泌在血液中的抗冻蛋白前体缺乏必要的酶系统而不能产生成熟的抗冻蛋白分子。Davies 等（1990）用叶圆片法将整合在 Ti 质粒上的美洲拟鲽抗冻蛋白基因导入郁金香、烟草、油菜中，并获得了一定的抗冻能力。Cutler 等（1989）用真空透析法将冬比目鱼抗冻蛋白基因导入马铃薯、拟南芥和油菜中，使植物自然结冰温度降低 $1.8\,^{\circ}\!C$，证实了转抗冻蛋白基因可提高植物的抗寒性。Georges 等（1990）合成冬比目鱼抗冻蛋白基因，构建了含 35S 启动子、抗冻蛋白基因和氯霉素乙酰转移酶基因的载体 pGC51，通过电击法将该质粒导入玉米原生质体，经氯霉素乙酰转移酶分析，抗冻蛋白和氯霉素乙酰转移酶的抗血清蛋白质免疫印迹检测到融合肽的产生。Hightowe 等（1991）将极区鱼的抗冻蛋白基因由农杆菌介导转入烟草和番茄，据报道这种转基因番茄有很强的冷冻耐受性，已进行大田试验。金海翎等（1995）将构建的美洲拟鲽抗冻肽基因表达载体导入 E.coli 中，检测到融合基因。抗冻蛋白基因在原核生物 E.coli 中表达具有重大意义，可通过规模化生产制作一种高效的生物防冻剂。Wallis 等（1997）合成植物凝集素-抗冻蛋白（PHA-AFP）基因，以农杆菌介导该基因转入马铃薯，对马铃薯叶片电解质释放量的分析表明，转基因的蛋白质表达水平与冰冻忍耐程度之间存在相关性。

3.4.3 昆虫抗冻蛋白基因工程研究

越冬昆虫与鱼类相比，面临着更严峻的冰冻威胁，因此昆虫抗冻蛋白活性比鱼类更高。Graham 等（1997）发现黄粉甲虫（*Tenebrio molitor*）抗冻蛋白活性比鱼类要高 100 倍。因此很多人开始尝试将昆虫抗冻蛋白基因导入植物中，培育抗寒植物新品种。Liou 等（2000）和 Graether 等（2000）破译了两种昆虫抗冻蛋白的精确结构，该抗冻蛋白具有特殊的 α 螺旋结构，使某些昆虫能够抵抗–30℃，比鱼类抗冻蛋白还要有效 100 倍，这个发现将有可能应用于开发高抗寒性植物，并且还可能成为冷冻食品加工业的突破。Holmberg（2001）等采用引物重叠延伸法，将云杉蚜虫 *sbwAFP* 基因组成 *CaMV35S-sbwAFP* 胭脂碱合成酶融合基因，采用 T-DNA 双元载体导入烟草中，通过反转录聚合酶链反应（RT-PCR）检测到 *sbwAFP* 的转录，含抗冻蛋白组织提取物具有重结晶抑制效应和热滞效应。刘忠渊等（2005）根据 Genbank 中序列人工合成赤翅甲抗冻蛋白基因，将其克隆到载体 pGEX-4T-1 上，构建融合表达的重组质粒，转化大肠杆菌 BL21 并进行原核表达。抗冻蛋白的生物活性检测表明，赤翅甲的抗冻融合蛋白能够提高细菌的耐寒能力。

最近几年多种表达载体和宿主菌被用来表达昆虫抗冻蛋白，酵母表达系统也被用来表达富含二硫键的昆虫抗冻蛋白（Macauley et al.，2005）。但是到目前为止还没有活性抗冻蛋白的高产表达系统，因此采用基因工程技术获取昆虫抗冻蛋白仍是需要解决的问题。

3.4.4 植物抗冻蛋白基因工程研究

低温冷害不仅会限制农作物的栽种范围，也会造成农作物减产。抗冻蛋白基因工程是使植物获得抗寒性最有效的途径，而率先进入该领域的基因为极区鱼类抗冻蛋白基因。因为鱼类、昆虫和植物在分类学上的关系遥远，外源基因的正确表达有一定困难，转基因植物中即使表达了较高浓度的有活性的抗冻蛋白，转基因植物可能仍无抗冻活性。植物内源抗冻蛋白基因更适合在植物体内表达，因此人们寄希望于植物抗冻蛋白基因的发现和利用。

　　加拿大 Griffith 等（1992）首次报道从经过低温锻炼可忍受细胞外结冰的冬黑麦中发现植物内源性抗冻蛋白，标志着植物抗冻蛋白研究的开始。英国 York 大学 Worrall 等（1998）发表了胡萝卜抗冻蛋白及其基因的论文，标志着第一个植物抗冻蛋白基因的发现，对于植物抗冻基因工程具有重要意义。他们测定了胡萝卜抗冻蛋白的体外热滞活性及重结晶抑制活性，将其 cDNA 连接在表达载体的双 CaMV35S 启动子之后导入烟草，获得正确表达，转基因烟草匀浆液的热滞值为 0.35℃。胡萝卜抗冻蛋白及其基因的发现，为植物抗寒基因工程注入新活力。Meyer 等（1999）用农杆菌介导胡萝卜抗冻蛋白基因重组子转化拟南芥，诱导一系列低温调节蛋白的表达，使未经低温驯化的植株具有较强抗寒能力。尹明安等（2001）构建成功胡萝卜抗冻蛋白的植物表达载体 pBAF，为利用其转化番茄、甜椒等作物奠定试验基础。

参 考 文 献

鲍丽丽, 华泽钊, 任禾盛. 1995. 抗冻蛋白及其对冰晶生长的影响[J]. 上海理工大学学报, 17(2): 51-59.

代焕琴, 郭索娟, 卢存福. 2001. 抗冻蛋白及其在食品工业中的应用[J]. 食品与发酵工业, 27(12): 44-49.

樊绍刚, 张党权, 邓顺阳. 2009. 抗冻蛋白和冰核蛋白对植物抗冻性能的作用机制[J]. 经济林研究, 27(2): 125-130.

费云标. 1992. 抗冻蛋白基因结构与基因工程[J]. 中国生物工程杂志, 12(3): 33-36.

费云标, 孙龙华, 黄涛, 等. 1994. 沙冬青高活性抗冻蛋白的发现[J]. 植物学报, 36(8): 649-650.

冯昌友, 陈建霞. 2002. 大豆蛋白及其在食品工业中的应用[J]. 食品与机械, (2): 21-22.

冯从经, 陆剑锋, 吕文静, 等. 2007. 抗冻蛋白研究进展[J]. 江苏农业学报, 23(5): 481-486.

郭惠红, 高述民, 李凤兰, 等. 2003. 植物抗冻蛋白和抗寒基因表达的调控[J]. 植物生理学报, 39(6): 555-560.

韩永斌, 刘桂玲. 2003. 抗冻蛋白及其在果蔬保鲜中的应用前景[J]. 天然产物研究与开发, 15(4): 373-378.

胡爱军, 郑捷, 丘泰球. 2002. 抗冻蛋白及其在食品中的应用[J]. 西部粮油科技, 27(2): 28-31.

黄永芬, 汪清胤, 付桂荣, 等. 1997. 美洲拟鲽抗冻蛋白基因(afp)导入番茄的研究[J]. 中国生物化学与分子生物学报, 13(4): 418-422.

纪瑞庆. 2015. 酶解法提高大豆抗冻蛋白组分抗冻活性的研究[D]. 天津商业大学硕士学位论文.

焦道龙. 2010. 鲢鱼鱼糜的加工工艺以及相关特性的研究[D]. 合肥工业大学硕士学位论文.

金海翎, 商慧深, 张庆琪, 等. 1995. 美洲拟鲽抗冻肽基因在 E. coli 中的表达[J]. 分子细胞生物学报, 28(1): 77-83.

李芳, 王博, 艾秀莲, 等. 2003. 抗冻蛋白研究进展[J]. 新疆农业科学, 40(6): 349-352.

李树峰, 曹允考, 郝丽, 等. 2003. 抗冻蛋白的研究进展及其应用[J]. 东北农业大学学报, 34(1):

90-94.

李晓坤. 2013. 利用猪皮明胶制备抗冻多肽及其低温保护作用研究[D]. 福州大学硕士学位论文.

刘晨临, 黄晓航, 李光友. 2002. 抗冻蛋白的研究及其在生物技术中的应用[J]. 海洋科学进展, 20(3): 102-109.

刘忠渊, 张富春, 王芸, 等. 2005. 赤翅甲抗冻蛋白基因的原核表达及蛋白生物活性检测[J]. 昆虫学报, 48(2): 179-183.

吕国栋, 马纪. 2007. 检测抗冻蛋白生物学活性两种方法的比较[J]. 新疆大学学报(自然科学版), 24(1): 77-80.

吕健勇, 王健君. 2014. 防冰涂料研究进展[J]. 涂料技术与文摘, (8): 37-41.

彭淑红, 姚鹏程, 徐宁迎. 2003. 抗冻蛋白的特性和作用机制[J]. 生理科学进展, 34(3): 238-240.

钱卓蕾, 王君晖, 边红武, 等. 2002. 抗冻蛋白在超低温保存中作用机制的新模型[J]. 中国细胞生物学学报, 24(4): 224-226.

邱立明, 王艳, 李秀明, 等. 2009. 准噶尔小胸鳖甲抗冻蛋白基因 *MpAFP149* 的生物信息学分析[J]. 生物信息学, 7(4): 314-319.

邵强, 李海峰, 刘国生, 等. 2005. 抗冻蛋白的抗冻活性及其测定方法[J]. 平原大学学报, 22(4): 111-113.

孙琳杰. 2008. 新疆荒漠昆虫抗冻蛋白在酿酒酵母低温保存中的应用[D]. 新疆大学硕士学位论文.

孙琳杰, 李素丽, 马纪, 等. 2008. 新型食品原料——抗冻蛋白[J]. 食品科技, (6): 29-32.

田云, 卢向阳, 张海文. 2002. 抗冻蛋白研究进展[J]. 中国生物工程杂志, 22(6): 38-53.

佟长青, 马慧慧, 李富岭, 等. 2015. 复合保鲜剂对冻藏虾夷扇贝品质的影响[J]. 大连海洋大学学报, 30(3): 314-318.

汪少芸, 李晓坤, 周焱富, 等. 2012. 抗冻蛋白的作用机制及基因工程研究进展[J]. 食品科学技术学报, 30(2): 58-63.

汪少芸, 赵珺, 吴金鸿, 等. 2011. 抗冻蛋白的研究进展及其在食品工业中的应用[J]. 食品科学技术学报, 29(4): 50-57.

王瑞云, 贺润喜, 岳文斌. 2004. 植物抗寒性基因工程研究进展[J]. 中国生态农业学报, (1): 31-34.

王瑞云, 李润植, 孙振元, 等. 2006. 抗冻蛋白与植物低温胁迫反应[J]. 应用生态学报, 17(3): 551-556.

吴海潇, 张宾, 史周荣, 等. 2017. 卡拉胶寡糖对冷冻南美白对虾的抗冻保水作用[J]. 食品科学, 38(7): 260-265.

谢秀杰, 贾宗超, 魏群. 2005. 抗冻蛋白结构与抗冻机制[J]. 中国细胞生物学学报, 27(1): 5-8.

薛长湖, 李乃胜. 2010. 中国海洋水产品现代加工技术与质量安全. 北京: 海洋出版社.

薛勇. 2006. 鳙鱼鱼糜抗冻变性剂及土腥味脱除方法的研究[D]. 中国海洋大学博士学位论文.

尹明安, 崔鸿文, 樊代明, 等. 2001. 胡萝卜抗冻蛋白基因克隆及植物表达载体构建[J]. 西北农林科技大学学报(自然科学版), 29(1): 6-10.

张超, 赵晓燕, 马越. 2008. 使用差示扫描量热仪测定抗冻蛋白热滞活性方法的研究[J]. 生物物理学报, 24(6): 465-473.

张党权, 谭晓风, 乌云塔娜, 等. 2005. 植物抗冻蛋白及其高级结构研究进展[J]. 中南林业科技大学学报, 25(4): 110-114.

张莉, 吴金鸿, 汪少芸, 等. 2017. 重组抗冻肽在乳酸乳球菌中表达及其抗冻活性研究[J]. 食品与机械, 33(10): 123-127.

张松, 彭增起, 周光宏. 2007. 漂洗和抗冻剂在冷冻鱼糜生产中的应用研究[J]. 肉类研究, (1): 29-32.

赵干, 马纪, 薛娜, 等. 2005. 新疆准噶尔小胸鳖甲抗冻蛋白基因的克隆和抗冻活性分析[J]. 昆虫学报, 48(5): 667-673.

钟鸣, 蔡继峰, 文继舫. 2010. 昆虫抗冻蛋白的研究进展[J]. 生物技术通报, 43(10): 8-14.

周爱梅. 2005. 淡水鱼糜抗冻性能及凝胶特性改良的研究[D]. 华南理工大学博士学位论文.

周爱梅, 曾天孝, 刘欣, 等. 2003. 冷冻鱼糜蛋白在冻藏中的物理化学变化及其影响因素[J]. 食品科学, 24(3): 153-157.

周素梅, 廖红. 2001. 未来的食品原料——抗冻蛋白[J]. 冷饮与速冻食品工业, 7(4): 37-38.

Amir G, Horowitz L, Rubinsky B, et al. 2004. Subzero nonfreezing cryopresevation of rat hearts using antifreeze protein Ⅰ and antifreeze protein Ⅲ [J]. Cryobiology, 48(3): 273-282.

Andorfer C A, Duman J G. 2000. Isolation and characterization of cDNA clones encoding antifreeze proteins of the pyrochroid beetle *Dendroides canadensis* [J]. Journal of Insect Physiology, 46(3): 365-372.

Ba Y, Mao Y, Galdino L, et al. 2013. Effects of a type Ⅰ antifreeze protein(AFP) on the melting of frozen AFP and AFP+solute aqueous solutions studied by NMR microimaging experiment[J]. Journal of Biological Physics, 39(1): 131-144.

Baardsnes J, Kuiper M J, Davies P L. 2003. Antifreeze protein dimer: when two ice-binding faces are better than one[J]. Journal of Biological Chemistry, 278(40): 38942-38947.

Bai G, Song Z, Geng H, et al. 2017. Oxidized quasi-carbon nitride quantum dots inhibit ice growth[J]. Advanced Materials, 29(28): 1-8.

Benjakul S, Seymour T A, Morrissey M T, et al. 1997. Physicochemical changes in pacific whiting muscle proteins during iced storage[J]. Journal of Food Science, 62(4): 729-733.

Benjakul S, Visessanguan W, Tueksuban J. 2003. Changes in physico-chemical properties and gel-forming ability of lizardfish(*Saurida tumbil*) during post-mortem storage in ice[J]. Food Chemistry, 80(4): 535-544.

Bhattacharya M, Langstaff T M, Berzonsky W A. 2003. Effect of frozen storage and freeze-thaw cycles on the rheological and baking properties of frozen doughs[J]. Food Research International, 36(4): 365-372.

Boonsumrej S, Chaiwanichsiri S, Tantratian S, et al. 2007. Effects of freezing and thawing on the quality changes of tiger shrimp(*Penaeus monodon*) frozen by air-blast and cryogenic freezing[J]. Journal of Food Engineering, 80(1): 292-299.

Ceorges F, Saleem M, Cutler A J. 1990. Design and cloning of a synthesis gene for the flounder antifreeze protein and its expression in plant cells[J]. Gene, 91(2): 159-165.

Chao H, DeLuca C I, Davies P L. 1995. Mixing antifreeze protein types changes ice crystal morphology without affecting antifreeze activity[J]. Febs Letters, 357(2): 183-186.

Chen L, Devries A L, Cheng C, et al. 1997. Evolution of antifreeze glycoprotein gene from a trypsinogen gene in Antarctic notothenioid fish[J]. Proceedings of the National Academy of Science of the United States of America, 94(8): 3811-3816.

Chen X, Wu J H, Li L, et al. 2016. The cryoprotective effects of antifreeze peptides from pigskin collagen on texture properties and water mobility of frozen dough subjected to freeze-thaw cycles[J]. European Food Research and Technology, 243(7): 1-8.

Cutler A J, Saleem M, Kendall E, et al. 1989. Winter flounder antifreeze protein improves the cold hardiness of plant tissues[J]. Journal of Plant Physiology, 135(3): 351-354.

Daley M E, Spyracopoulos L, Sykes B D, et al. 2002. Structure and dynamics of a β-helical antifreeze protein[J]. Biochemistry, 41(17): 5515-5525.

Davies P L, Hew C L. 1990. Biochemistry of fish antifreeze proteins[J]. Faseb Journal Official Publication of the Federation of American Societies for Experimental Biology, 4(8): 2460-2468.

Deng G, Laursen R A. 1998. Isolation and characterization of an antifreeze protein from the longhorn sculpin, *Myoxocephalus octodecimspinosis*[J]. Biochimica et Biophysica Acta, 1388(2): 305-314.

Devries A L. 1983. Antifreeze peptides and glycopeptides in cold-water fishes[J]. Annual Review of Physiology, 45: 245-260.

Devries A L, Wohlschlag D E. 1969. Freezing resistance in some Antarctic fishes[J]. Science, 163(3871): 1073-1075.

Doucet D, Tyshenko M G, Davies P L, et al. 2010. A family of expressed antifreeze protein genes from the moth, *Choristoneura fumiferana* [J]. Febs Journal, 269(1): 38-46.

Du L, Betti M. 2016. Chicken collagen hydrolysate cryoprotection of natural actomyosin: mechanism studies during freeze-thaw cycles and simulated digestion[J]. Food Chemistry, 211: 791-802.

Fletcher G L. 1992. Transgenic Fish[M]. Singapore: World Scientific.

Franks F, Morris E R. 1978. Blood glycoprotein from antarctic fish possible conformational origin of antifreeze activity[J]. Biochimica et Biophysica Acta, 540(2): 346-356.

Frohboese P, Anders A. 2007. Effects of icing on wind turbine fatigue loads[J]. Journal of Physics: Conference Series, 75(1): 12061-12073.

Geng H, Liu X, Shi G, et al. 2017. Graphene oxide restricts growth and recrystallization of ice crystals[J]. Angewandte Chemie, 129(4): 1017-1021.

Gent R W, Dart N P, Cansdale J T. 2000. Aircraft icing[J]. Philosophical Transactions Mathematical Physical and Engineering Sciences, 358(1776): 2873-2911.

Gong Z, Ewart K V, Hu Z, et al. 1996. Skin antifreeze protein genes of the winter flounder, *Pleuronectes americanus*, encode distinct and active polypeptides without the secretory signal and prosequences[J]. Journal of Biological Chemistry, 271(8): 4106-4112.

Graether S P, Kuiper M J, Walker V K, et al. 2000. β-helix structure and ice-binding properties of a hyperactive antifreeze protein from an insect[J]. Nature, 406: 325-328.

Graether S P, Slupsky C M, Davies P L, et al. 2001. Structure of type I antifreeze protein and mutants in supercooled water[J]. Biophysical Journal, 81(3): 1677-1683.

Graether S P, Sykes B D. 2004. Cold survival in freeze-intolerant insects: the structure and function of β-helical antifreeze proteins[J]. European Journal of Biochemistry, 271(16): 3285-3296.

Graham L A, Liou Y C, Walker V K, et al. 1997. Hyperactive antifreeze protein from beetles[J]. Nature, 388(6644): 727-728.

Griffith M, Ala P, Hon W C, et al. 1992. Antifreeze protein produced endogenously in winter rye leaves[J]. Plant Physiol, 100(2): 593-596.

Griffith M, Yaish M W. 2004. Antifreeze proteins in overwintering plants: a tale of two activities[J]. Trends in Plant Science, 9(8): 399-405.

Hassasroudsari M, Goff H D. 2012. Ice structuring proteins from plants: mechanism of action and food application[J]. Food Research International, 46(1): 425-436.

Hightower R, Cathy B, Ranela D. 1991. Expression of antifreeze protein in transgenic plants[J]. Plant Molecular Biology, 17(5): 1013-1021.

Holmberg N, Farrés J, Bailey J E, et al. 2001. Targeted expression of a synthetic codon optimized gene, encoding the spruce budworm antifreeze protein, leads to accumulation of antifreeze activity in the apoplasts of transgenic tobacco[J]. Gene, 275(1): 115-124.

Hon W C, Griffith M, Chong P, et al. 1994. Extraction and isolation of antifreeze proteins from winter rye(*Secale cereale* L.)leaves[J]. Plant Physiology, 104(3): 971-980.

Huang L, Liu Z, Liu Y, et al. 2009. Experimental study on frost release on fin-and-tube heat exchangers by use of a novel anti-frosting paint[J]. Experimental Thermal and Fluid Science, 33(7): 1049-1054.

Huang T, Nicodemus J, Zarka D G, et al. 2002. Expression of an insect(*Dendroides canadensis*) antifreeze protein in arabidopsis thaliana, results in a decrease in plant freezing temperature[J]. Plant Molecular Biology, 50(3): 333-344.

Ishine N, Rubinsky B, Lee C Y. 2000. Transplantation of mammalian livers following freezing: vascular damage and functional recovery[J]. Cryobiology, 40(1): 84-89.

Jia C, Yang W, Yang Z, et al. 2017. Study of the mechanism of improvement due to waxy wheat flour addition on the quality of frozen dough bread[J]. Journal of Cereal Science, 75: 10-16.

Jia Z, Deluca C I, Chao H, et al. 1996. Structural basis for the binding of a globular antifreeze protein to ice[J]. Nature, 384(6606): 285-288.

Knight C A, Devries A L, Oolman L D. 1984. Fish antifreeze protein and the freezing and recrystallization of ice[J]. Nature, 308(5956): 295-296.

Knight C A, Hallett J, Devries A L. 1988. Solute effects on ice recrystallization: an assessment technique[J]. Cryobiology, 25(1): 55-60.

Knight C A, Wen D, Laursen R A. 1995. Nonequilibrium antifreeze peptides and the recrystallization of ice[J]. Cryobiology, 32(1): 23-34.

Kontogiorgos V, Regand A, Yada R Y, et al. 2007. Isolation and characterization of ice structuring proteins from cold-acclimated winter wheat grass extract for recry stallization inhibition frozen foods[J]. Journal of Food Biochemistry, 31(2): 139-160.

Koushafar H, Rubinsky B. 1997. Effect of antifreeze proteins on frozen primary prostatic adenocarcinoma cells[J]. Urology, 49(3): 421-425.

Kun H, Mastai Y. 2007. Activity of short segments of type I antifreeze protein[J]. Peptide Science, 88(6): 807-814.

Lee C Y, Rubinsky B, Fletcher G L. 1992. Hypothermic preservation of whole mammalian organs with antifreeze proteins[J]. Cryo Letters, 13(1): 59-66.

Li J, Ma J, Zhang F C. 2005. Recent advances in research of antifreeze proteins[J]. Chinese Journal of Biochemistry Molecular Biology, 21(6): 717-722.

Liou Y C, Tocilj A, Davies P L, et al. 2000. Mimicry of ice structure by surface hydroxyls and water of a β-helix antifreeze protein[J]. Nature, 406(6793): 322-324.

Liu H, Zhu Z, Lü G. 2004. Effect of low temperature stress on chilling tolerance and protective system against active oxygen of grafted watermelon[J]. Chinese Journal of Applied Ecology, 15(4): 659-662.

Lu S S, Inada T, Yabe A, et al. 2002. Microscale study of poly(vinyl alcohol) as an effective additive for inhibiting recrystallization in ice slurries[J]. International Journal of Refrigeration, 25: 562-568.

Lv J, Song Y, Jiang L, et al. 2014. Bio-inspired strategies for anti-icing[J]. Acs Nano, 8(4): 3152-3169.

Macauley P S, Fazenda M L, Harvey L M, et al. 2005. Heterologous protein production using the *Pichia pastoris* expression system[J]. Yeast, 22(4): 249-270.

Marshall C B, Fletcher G L, Davies P L. 2004. Hyperactive antifreeze protein in a fish[J]. Nature, 429(6988): 153.

Meyer K, Keil M, Naldrett M J. 1999. A leucine-rich repeat protein of carrot that exhibits antifreeze activity[J]. Febs Letters, 447(2): 171-178.

Michael W, Robert W, Ron B, et al. 1999. Purification, immunolocalization, cryoprotective, and antifreeze activity of PCA60: a dehydrin from peach(*Prunus persica*)[J]. Physiologia Plantarum, 105(4): 600-608.

Muldrew K, Rewcastle J, Donnelly B J, et al. 2001. Flounder antifreeze peptides increase the efficacy of cryosurgery[J]. Cryobiology, 42(3): 182-189.

Payne S R, Young O A. 1995. Effects of pre-slaughter administration of antifreeze proteins on frozen meat quality[J]. Meat Science, 41(2): 147-155.

Pearce R S. 2001. Plant freezing and damage[J]. Annals of Botany, 87(4): 417-424.

Pham L, Dahiya R, Rubinsky B. 1999. An *in vivo* study of antifreeze protein adjuvant cryosurgery[J]. Cryobiology, 38(2): 169-175.

Prathalingam N S, Holt W V, Revell S G, et al. 2006. Impact of antifreeze proteins and antifreeze glycoproteins on bovine sperm during freeze-thaw[J]. Theriogenology, 66(8): 1894-1900.

Raymond J A, Devries A L. 1977. Adsorption inhibition as a mechanism of freezing resistance in polar fishes[J]. Proceedings of the National Academy of Sciences of the United States of America, 74(6): 2589-2593.

Ribotta P D, Leon A E, Anon M C. 2003. Effects of yeast freezing in frozen dough[J]. Cereal Chemistry, 80(4): 454-458.

Rubinsky B, Arav A, Fletcher G L. 1991. Hypothermic protection a fundamental property of "antifreeze" proteins[J]. Biochemical and Biophysical Research Communications, 80(2): 566-571.

Ruttanapornvareesakul Y, Ikeda M, Hara K, et al. 2006. Concentration-dependent suppressive effect of shrimp head protein hydrolysate on dehydration-induced denaturation of lizardfish myofibrils[J]. Bioresource Technology, 97(5): 762-769.

Sun X, Griffith M, Pasternak J J, et al. 1995. Low temperature growth, freezing survival, and production of antifreeze protein by the plant growth promoting rhizobacterium *Pseudomonas putida* GR12-2[J]. Canadian Journal of Microbiology, 41(9): 776-784.

Takamichi M, Nishimiya Y, Miura A, et al. 2007. Effect of annealing time of an ice crystal on the activity of type Ⅲ antifreeze protein[J]. Febs Journal, 274(24): 6469-6476.

Takashi N, Yoshimichi H. 2008. Interaction among the twelve-residue segment of antifreeze protein type Ⅰ, or its mutants, water and a hexagonal ice crystal[J]. Molecular Simulation, 34(6): 591-610.

Venketesh S, Dayananda C. 2008. Properties, potentials, and prospects of antifreeze proteins[J]. Critical Reviews in Biotechnology, 28(1): 57-82.

Wallis J G, Wang H, Guerra D J. 1997. Expression of a synthetic antifreeze protein in potato reduces electrolyte release at freezing temperatures[J]. Plant Molecular Biology, 5(3): 323-330.

Wang J H. 2000. A comprehensive evaluation of the effects and mechanisms of antifreeze proteins during low-temperature preservation[J]. Cryobiology, 41(1): 1-9.

Wang S Y, Damodaran S. 2009. Optimisation of hydrolysis conditions and fractionation of peptide cryoprotectants from gelatin hydrolysate[J]. Food Chemistry, 115(2): 620-630.

Wang W L, Wu J H, Wang S Y. 2015. Hypothermia protection effect of antifreeze peptides from pigskin collagen on freeze-dried *Streptococcus thermophiles* and its possible action mechanism[J]. LWT - Food Science and Technology, 63(2): 878-885.

Wilson P W, Gould M, Devries A L. 2002. Hexagonal shaped ice spicules in frozen antifreeze protein solutions[J]. Cryobiology, 44(3): 240-250.

Worrall D, Elias L, Ashford D, et al. 1998. A carrot leucine-rich-repeat protein that inhibits ice recrystallization[J]. Science, 282(5386): 115-117.

Wu J H, Rong Y Z, Wang S Y, et al. 2015. Isolation and characterisation of sericin antifreeze peptides and molecular dynamics modelling of their ice-binding interaction[J]. Food Chemistry, 174(1): 621-629.

Yadav D N, Patki P E, Sharma G K, et al. 2009. Role of ingredients and processing variables on the quality retention in frozen bread doughs: a review[J]. Journal of Food Science and Technology, 46(1): 12-20.

Yamashita Y, Nakamura N, Omiya K, et al. 2002. Identification of an antifreeze lipoprotein from *Moraxella* sp. of Antarctic origin[J]. Bioscience, Biotechnology, and Biochemistry, 66(2): 239-247.

Yeh S, Moffatt B A, Griffith M, et al. 2000. Chitinase genes responsive to cold encode antifreeze proteins in winter cereals[J]. Plant Physiology, 124(3): 1251-1263.

Yu H, Yoshiyuki N, Shuichiro M, et al. 2008. Hypothermic preservation effect on mammalian cells of type Ⅲ antifreeze proteins from notched-fin eelpout[J]. Cryobiology, 57(1): 46-51.

Yu S O, Brown A, Middleton A J, et al. 2010. Ice restructuring inhibition activities in antifreeze proteins with distinct differences in thermal hysteresis[J]. Cryobiology, 61(3): 327-334.

Zhang C, Zhang H, Wang L, et al. 2008. Effect of carrot(*Daucus carota*) antifreeze proteins on texture properties of frozen dough and volatile compounds of crumb[J]. LWT-Food Science and Technology, 41(6): 1029-1036.

Zhang C, Zhang H, Wang L. 2007. Effect of carrot(*Daucus carota*) antifreeze proteins on the fermentation capacity of frozen dough[J]. Food Research International, 40(6): 763-769.

Zhang Y N, Zhao L, Liu H, et al. 2012. Effect of eel head protein hydrolysates on the denaturation of grass carp surimi during frozen storage[J]. Procedia Engineering, 37: 223-228.

Zhang Y, Zhang H, Ding X, et al. 2016. Purification and identification of antifreeze protein from cold-acclimated oat(*Avena sativa* L.) and the cryoprotective activities in ice cream[J]. Food and Bioprocess Technology, 9(10): 1746-1755.

第4章 抗氧化肽

4.1 抗氧化肽的概述

抗氧化肽是具有抗氧化活性的肽类物质。一般而言，抗氧化肽含有 2~20 个氨基酸残基（Zhang et al., 2011；Zhuang et al., 2013）。抗氧化肽具有特殊生理功能，主要来源于微生物、植物和动物。抗氧化肽是一种特殊的蛋白片段，这些片段不仅具有营养功能价值，而且对细胞生理代谢起到调节作用，影响机体健康。尽管抗氧化肽在母体蛋白序列内无活性，但是通过蛋白水解或发酵，能够将其具有活性的肽片段释放出来，这些活性片段对人体健康产生较大的影响，如影响心血管、免疫和神经系统（Bhat et al., 2015）。蛋白质中活性中心被包埋，通过蛋白酶水解蛋白，可将蛋白质的氨基酸序列切割，使活性中心暴露，表现抗氧化活性。

蛋白质在人体中的重要性越来越受到人们的关注。过去人们普遍认为，蛋白质是人体不可或缺的营养物质，并且蛋白质只有被水解成游离氨基酸才能被生物吸收利用。但是，有研究表明，寡肽能完整地被人体吸收，进入血液循环。肽吸收的耗能低而且不参与氨基酸制剂吸收竞争，甚至寡肽吸收速度大于游离氨基酸吸收速度，吸收效率高（黄艳青等，2014）。有学者发现，膳食中的蛋白质是通过在体内水解成小分子肽段而发挥其生物活性作用的。Korhonen 等（2003）是第一个报道生物活性肽的研究者，其文章指出酪蛋白磷酸肽能够促进佝偻病幼儿的维生素 D 骨钙化。此后，生物活性肽的研究及应用快速发展，研究者研究了多肽的多种生物活性，其中抗氧化活性肽受到研究者广泛关注。

抗氧化剂在食品中已得到广泛的应用，其通过保持产品的质量和确保食品的安全性，延长货架期。合成抗氧化剂[丁基羟基茴香醚（BHA）、二丁基羟基甲苯（BHT）和没食子酸丙酯]已经被广泛用作食品添加剂,但其安全性受到质疑(Prestat et al., 2010)。使用天然食品以及健康成分作为食品添加剂成为食品行业的主要趋势之一。此外，随着人们越来越了解和重视饮食在人类健康中的作用，人们希望能够使用食物来源的天然抗氧化剂代替合成抗氧化剂，获得健康而安全的食品。草药和香料中的许多天然抗氧化成分已得到广泛研究。其中，草药和香料提取物迷迭香及维生素 C 提取工艺成熟，被广泛应用到食品和化工行业中。流行病学相关研究表明，水果和蔬菜中的抗氧化剂（维生素 C、维生素 E、类胡萝卜素和酚类化合物）能够预防由氧化应激引起的慢性疾病（Martínez et al.，2013）。大多数基于膳食的抗氧化剂（如硒、α-生育酚和维生素 C）对减少体内活性氧（ROS）含量有着不可忽略的重要作用。除了生物体内的天然抗氧化剂，植物和动物通过酶解等方法获得的肽，如大豆、牛奶、鱼类的酶解肽，均表现出较好的抗氧化活性（张莉莉等，2007；Harada et al.，2010；闭秋华等，2012）。

4.1.1 抗氧化肽与健康

1. 自由基

自由基外层轨道含有不对称电子，独立存在的原子、原子团或分子性质很活泼。人体内部环境以及受外界刺激如辐射等都可能生成自由基。自由基种类与实例如表 4.1 所示。

表 4.1　自由基种类与实例

自由基类型	例子
以氢为中心	氢原子自由基（H·）
以碳为中心	三氯甲基自由基（CCl_3·）
以硫为中心	谷胱甘肽巯基自由基（GS·）
以氧为中心	超氧化物自由基（O_2^-·），羟基自由基（·OH），脂质过氧化物自由基（·OOR）
电子离域	苯氧基自由基（C_6H_5O·，电子离解成苯环），一氧化氮自由基（NO·）

2. 自由基与人体健康

人体正常的生理代谢会产生活性氧、氧化代谢副产物和其他自由基，如羟基自由基、过氧化自由基、超氧阴离子和过氧亚硝酸盐（$ONOO^-$）。除了内源性自由基外，当人体受到外界环境刺激时（如烟草、辐射、毒素、过量矿物质和空气污染），体内的活性氧就会增多。有氧生物在生命进化过程中，产生了内源性抗氧化系统，以防止氧化损伤。内源性抗氧化系统抗氧化效果取决于许多因素，如饮食、情绪等。人体维持氧化物和内源性抗氧化系统之间的平衡尤为重要（Girgih et al.，2014）。然而，这种平衡随着年龄的增长而改变，年龄越大，营养素的吸收能力越差。因此，血浆和细胞抗氧化能力降低，内源性抗氧化系统防御能力变差（Elmadfa et al.，2008）。此外，这种平衡也受制于其他因素，如疲劳、饮食高脂肪食品和摄入过多热量，这是因为在这些情况下机体的免疫力会降低，容易发生氧化应激。氧化应激会损伤细胞膜，使蛋白质氧化，同时也会损伤 DNA、RNA 等（Marian et al.，2007）。细胞损伤引发机体或组织衰老（Stadtman，2004；Marian et al.，2007）和多种疾病，如癌症（Marian et al., 2006）、帕金森病（Laszlo et al., 2004）等。此外，羟基自由基与 DNA 的嘌呤碱、嘧啶碱及脱氧核糖发生作用，引起 DNA 致癌性突变（Marian et al., 2004；Goodman et al., 2011）。通过摄入外源性抗氧化剂能增强机体的抗氧化能力，保护机体，促进健康。目前使用较为广泛的抗氧化补充剂有 α-生育酚、维生素 C 或植物来源的抗氧化化合物，如植物化学物质和提取物（异黄酮、叶黄素、番茄红素、绿茶和葡萄籽提取物）。将抗氧化肽添加到这些补充剂中是食品抗氧化剂的一个新的发展趋势，这些肽在食品或保健品中的应用前景十分广阔（Samaranayaka, 1961）。

3. 细胞氧化机理

1）蛋白质氧化机理

蛋白质的氧化是由自由基引起的，这个过程从热化学的观点来看是放热过程。肽类物质氧化反应主要是因为在促氧化剂（Cu^+ 和 Fe^{2+}）介导下，过氧化氢分解产生羟基自由基。两种氧化途径：A 骨架氧化（图 4.1）和 B 侧链氧化。

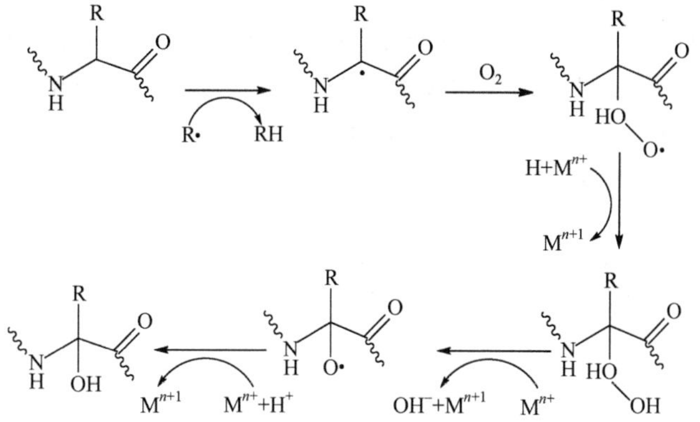

图 4.1　自由基引发蛋白骨架氧化作用示意图

骨架氧化是通过氢自由基的 α-碳取代引起的，形成以碳为中心的自由基。在有氧条件下，该自由基转化为过氧自由基。在没有氧或肽键断裂的情况下，蛋白质氧化还可通过二酰胺或 α-酰胺化途径实现蛋白质交联（图 4.2）。肽键断裂使得羰基暴露，因而蛋白质更容易被氧化。另外，肽自身的自由基可以从其他肽碳骨架上夺取氢，从而形成另一个以碳为中心的自由基，因此，自由基就可以在蛋白质之间传播，引发氧化（Rauk et al., 2000）。

氨基酸侧链的氧化很大程度上与它们的结构有关。虽然大多数侧链氨基酸容易被氧化，但目前为止，只有部分氨基酸的氧化产物得到表征。这些氨基酸包括甲硫氨酸、半胱氨酸、组氨酸、酪氨酸、苯丙氨酸、色氨酸、苏氨酸、精氨酸、脯氨酸和谷氨酸。例如，含硫氨基酸（甲硫氨酸、半胱氨酸）在相对温和的条件

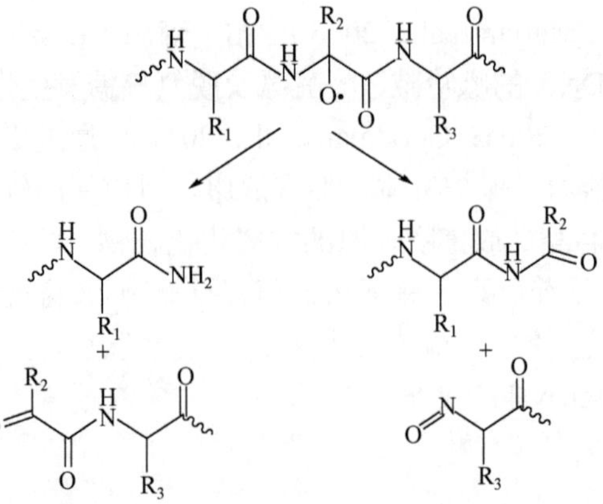

图 4.2　自由基介导引起的蛋白质裂解和引入羰基

下容易氧化，产生二硫化物和甲硫氨酸亚砜。有人提出甲硫氨酸通过自身氧化，消耗环境中的氧，从而保护机体，是机体氧化损伤的缓冲剂，甲硫氨酸亚砜还原酶的存在证明了这一点。

　　氧化的一个重要过程——过亚硝酸盐对酪氨酸残基的不可逆硝化，如图 4.3 所示。硝化作用产生的 3-硝基酪氨酸可以通过磷酸化/去磷酸化阻断蛋白质激活/失活转换，从而损害细胞活性机制。此外，酪氨酸苯环上的硝基使其更具亲水性，可以改变蛋白质的三级结构和折叠模式。

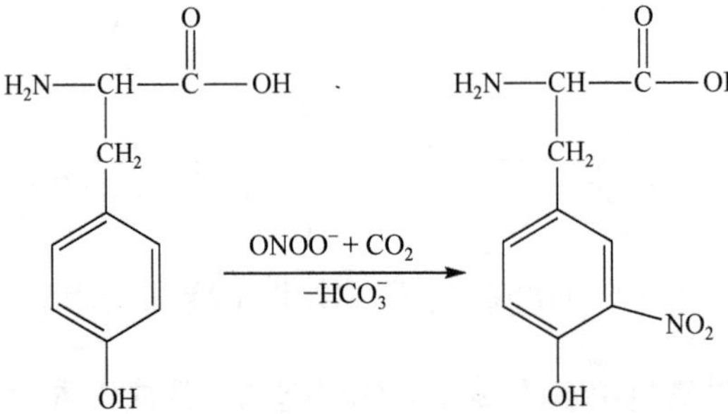

图 4.3　过氧亚硝基阴离子介导的酪氨酸硝化

2）脂质过氧化机理

　　自由基，特别是羟基自由基，由于其分子小，能够渗入脂双层内，可以与不饱和脂肪酸链发生反应，释放脂质过氧化产物或游离脂肪酸。原则上，自由基攻击脂质，生成以碳为中心的自由基烯丙基碳。该自由基在分子氧存在下会反应生成过氧自由基。自由基可以传递，即可以继续穿过脂双层，在另一个脂质链上形成自由基。其反应过程如下：

$$LH + \cdot R \longrightarrow L \cdot + RH$$

$$L \cdot + O_2 \longrightarrow LOO \cdot$$

$$LOO \cdot + LH \longrightarrow LOOH + L \cdot$$

式中，LH 表示脂质链，·R 表示一个自由基。通过减少自由基、两个脂质衍生自由基相互反应或添加抗氧化剂可以终止自由基传递链。

脂质过氧化产生很多不利影响，包括膜流动性的变化、膜结构的改变。此外，脂质过氧化通过直接转移与膜相关蛋白的自由基氧化修饰蛋白质。蛋白质氧化能够改变蛋白的三级结构，损害蛋白功能。

3）DNA 氧化机理

DNA 是自由基攻击的另一个重要靶点，能致使老年神经退行性疾病（如阿尔茨海默病）。最常见的氧化 DNA 碱基产物是 8-羟基-2-脱氧鸟苷，这是羟基自由基攻击 DNA 的结果。DNA 碱基的氧化导致转录机制的改变，过度激活如二磷酸腺苷（ADP）-核糖聚合酶使能量过度消耗。

4. 氧化应激与疾病

1）心血管疾病

氧化应激会促使机体产生心血管疾病，包括动脉粥样硬化、高血压和心力衰竭（Takahashi et al., 2003）。这些疾病主要是由内皮功能障碍引起的，表现出多种病理状态，包括改变屏障性质、降低内皮细胞的抗炎作用和抗凝作用（Cai et al., 2000）。内皮层的血管内层分泌血管扩张剂———一氧化氮（NO），能降低细胞渗透性，具有抗增殖、抗炎作用。体内产生的活性氧可通过抑制内皮型一氧化氮合酶（eNOS）表达而降低 NO 的生物利用度、限制 eNOS 的底物或辅因子（Wilcox et al., 1997）、改变细胞信号通路（Pou et al., 1992）或简单降解 NO（Shimokawa et al., 1991）。NO 的生物利用度降低会导致血管收缩，使更多白细胞渗透到内皮下层，导致动脉粥样硬化。此外，活性氧容易氧化低密度脂蛋白（LDL）以产生氧化型低密度脂蛋白（OX-LDL）。OX-LDL 容易被内皮下白细胞衍生的巨噬细胞吸收，形成脂肪细胞，促使动脉粥样硬化斑块的生成。活性氧降解 NO 和形成 OX-LDL 促使高血压的产生（Lakshmi et al., 2009）。研究表明，多不饱和脂肪酸与食品抗氧化剂一起食用可降低动物发生动脉粥样硬化的概率（Eilertsen et al., 2011）。

2）神经退行性疾病

神经退行性疾病以神经系统中神经元结构和功能逐渐丧失，最终导致神经元死亡为主要特征，是一类进行性发展的致死性复杂疾病，包括阿尔茨海默病（AD）、帕金森病（PD）和肌萎缩侧索硬化（ALS）。大脑细胞中 DNA/RNA 的氧化损伤导致脑内蛋白羟基化、羧基化和硝化（Elmadfa et al., 2008）。这种氧化应激会导致神经性病变或神经元细胞死亡。脂质过氧化产物中的丙烯醛和 HNE 通过迈克尔加成使赖氨酸、半胱氨酸和组氨酸交联，引起中毒。蛋白质的这种修饰将会损害内源性抗氧化酶，并导致活性氧含量增加。活性氧浓度的增加进一步导致 DNA/RNA 和蛋白质突变。食物中的抗氧化剂能延缓或预防这类疾病的发生（Butterfield et al., 2002）。

3）癌症

人体中的细胞在机体需要时快速增殖，并被新的细胞替代。癌症是由体内异常细胞的失控性生长引起的。癌症的发展分为三个阶段：起始、促进和进展。在起始阶段，正常细胞活性受到外源性和内源性因素（致癌物）的刺激。致癌物会在体内产生活性氧，破坏细胞结构和功能，从而形成癌细胞（Kim, 2013）。在促进阶段，癌细胞将比周围的正常细胞生长速度快，使周围细胞营养供应不足。进展阶段的一大特点在于癌细胞的快速分裂，侵袭性增加和转移。研究发现，机体解毒系统和 DNA 修复系统能够终止起始和进展阶段，而活性氧诱导的 DNA 突变可使体内的机体解毒系统和 DNA 修复系统失去作用（Visconti et al., 2009）。

许多机构，如美国国家科学研究委员会和美国癌症协会，强调健康饮食习惯在预防癌症中的重要性。一些食物含有能清除自由基的活性成分，能起到抗氧化的作用，具有预防癌症的功能。虽然这一说法仍然存在争议，但很少有研究表明食物来源的抗氧化剂与癌症预防之间没有相关性（Annema et al., 2011）。

5. 内源性抗氧化系统

在健康生命个体中，活性氧与内源性抗氧化系统之间相互制约平衡。内源性抗氧化系统主要包括一些内源性酶，如超氧化物歧化酶（SOD）、过氧化氢酶（CAT）、谷胱甘肽过氧化物酶（GSH-Px）以及各种内源性氨基酸或肽。肌肉中的内源性肽，如谷胱甘肽（γ-Glu-Cys-Gly, GSH）、肌肽（β-丙氨酰-L-组氨酸）、鹅肌肽（β-丙氨酰-L-1-甲基组氨酸）和吗啡（β-丙氨酰-L-3-甲基组氨酸），也可起到抗氧化作用（Chan et al., 1994）。

在体内，自由基是不可逆的。在线粒体的电子链反应中，氧的部分还原产生超氧阴离子自由基，超氧阴离子自由基与其氢过氧化自由基（·OOH）存在平衡关系。

在细胞代谢中，可以通过内源性抗氧化系统将代谢产物转化为氧化中间产物（氧及其自由基被还原为水分子）。例如，在线粒体中，内源性抗氧化系统将氧化中间体转化为水，并一直保留在线粒体中。在细胞代谢过程中，线粒体是超氧化物形成地点，所形成的超氧化物被 SOD 转化为过氧化氢（H_2O_2），CAT、GSH-Px 和其他过氧化物酶将 H_2O_2 转化为水。但是，这些转化并不都能顺利完成，超氧阴离子与 H_2O_2 反应生成羟基自由基，其活性高于超氧阴离子。此外，H_2O_2 在没有金属离子的情况下是非常稳定的，当有过渡金属存在的情况下，过渡金属有助于形成单线态氧和其他活性氧（Rodrigo et al.，2011）。

除了酶的抗氧化系统，内源性抗氧化肽和非酶/非蛋白抗氧化剂也有助于增强细胞抗氧化能力。GSH 是一种电子供体，在催化剂 GSH-Px 存在的情况下通过减少脂质过氧化物来保护细胞免受自由基的损伤。大多数脊椎动物的骨骼肌含有组氨酸的二肽，如肌肽、鹅肌肽和蛇肉肽。它们结构相似，因此可能具有相似的生物学活性。肌肽和鹅肌肽具有自由基清除活性和金属离子螯合能力（Kang et al.，2002）。在氧化应激下，它们在大鼠骨骼肌的体内和体外表现出抗氧化活性（Nagasawa et al.，2001）。

6. 食物源抗氧化肽与内源性抗氧化系统的作用

在一定条件下，维生素 C 和 α-生育酚等抗氧化剂起到促氧化作用，促进氧化反应，制约了它们的抗氧化效果。而外源抗氧化剂可以提高内源性抗氧化剂的抗氧化作用。一些食物来源的抗氧化剂，如黄酮类化合物、橄榄油酚类和姜黄素，对内源性抗氧化剂有积极的影响。此外，研究表明，鸡蛋、牛奶和植物中的蛋白质水解物，在氧化应激情况下能够增加细胞内的抗氧化酶或抗氧化肽的含量。

内源性抗氧化肽 GSH 是一种三肽，能够保护细胞免受氧化损伤。GSH 的合成不仅受其合成酶的限制，还受含硫氨基酸（半胱氨酸和甲硫氨酸）的供应和代谢影响（Kim et al.，2003）。特别是半胱氨酸，它是 GSH 合成的限制性氨基酸，也是合成抗氧化有机酸牛磺酸的前体。此外，半胱氨酸还可以恢复 γ-谷氨酰半胱氨酸连接酶（γ-GCL）的活性，γ-GCL 是 GSH 合成的限速酶。

肌肽和鹅肌肽是在骨骼肌中形成的两种基于组氨酸的抗氧化二肽。合成肽时，β-丙氨酸和组氨酸是前体，并且当这些氨基酸通过饮食添加时它们的浓度增加（Chan et al.，1994）。迄今，关于比较含硫氨基酸或组氨酸以游离形式或存在于肽的形式影响内源性抗氧化系统的抗氧化效率，报道得比较少。然而比较其影响内源性抗氧化系统的抗氧化效率有利于了解含有这些氨基酸的生物活性肽对内源性抗氧化系统活性的影响。例如，Bounous 等（1989）报道称小鼠中乳清蛋白的半胱氨酸比游离半胱氨酸或酪蛋白更有利于提高 GSH 合成效率。研究结果表明，这些氨基酸存在于多肽的特定序列中，可以提高内源性抗氧化系统的抗氧化活性。总之，补充具有自由基清除活性和提高内源性抗氧化系统活性的外源性肽是免受氧化应激损伤的好方法。

4.1.2　抗氧化肽的抗氧化机理及影响因素

1. 抗氧化肽的抗氧化机理

抗氧化肽清除 ROS 和自由基的机理有（Dai et al.，2010）：①通过抗氧化肽的肽键和羟基提供氢原子或电子，清除缺少氢离子或电子的自由基，如 ROS、活性氮（RNS）和自由基，以消除其对生物分子的破坏作用；②通过抑制某些促氧化酶和螯合参与催化自由基生成的过渡金属离子来抑制 ROS、RNS 和自由基形成；③上调内源性抗氧化剂，如谷胱甘肽、维生素 C、超氧化物歧化酶和过氧化氢酶，或调节细胞生理生化反应的抗氧化酶联防御功能（Vattem et al., 2005），抗氧化肽通过抑制自由基对细胞器的破坏，而阻止慢性疾病的发展（Girgih et al., 2014）。超氧自由基产生 ROS 和其他自由基，转化为过氧化氢，内源性抗氧化剂（包括超氧化物歧化酶、过氧化氢酶、谷胱甘肽）能够将其分解为无害的代谢产物，如水和氧。

据报道，许多蛋白质经过消化后产生的肽具有抗氧化活性，它可以通过清除活性氧簇、螯合促氧化过渡态金属、还原氢过氧化物等多种途径来抑制氧化，而这些抗氧化机制在很大程度上取决于其氨基酸的组成。

2. 影响多肽抗氧化活性的因素

多肽抗氧化作用过程较为复杂，影响多肽抗氧化活性的因素有很多，其活性与其分子质量、疏水性、氨基酸组成和氨基酸序列有关（Sarmadi et al., 2010）。

1）分子质量

肽分子质量是决定其生物活性的关键因素之一。通常，大多数抗氧化肽具有 2～20 个氨基酸，比它们的亲本蛋白质分子（20～50 个氨基酸）有更强的抗氧化活性。这可能是因为低分子质量的肽比其庞大的亲本蛋白质更容易接近脂质自由基，并能抑制自由基介导的脂质过氧化。例如，鳕鱼蛋白水解产物的四个不同分子质量的组分（5～10kDa、3～5kDa、1～3kDa 和＜1kDa）中，低分子质量组分（1～3kDa）具有较高的抗氧化活性，然而分子质量＜1kDa 的组分表现出最弱的抗氧化活性（Kim et al., 2007）。类似地，猪蛋白水解物的自由基清除活性随着水解度的增加而增加，但当水解度达到一定值时（85%），自由基清除活性反而降低了（Li et al., 2007）。在蛋白质水解过程中，具有抗氧化活性的肽组分从不具备抗氧化活性的亲本蛋白质中释放出来。过度水解反而使抗氧化活性肽降解，从而降低其抗氧化活性。因此，应控制水解条件，优化水解程度，以释放抗氧化肽。

在食品加工中，抗氧化肽可以在乳液体系中的脂滴周围形成保护膜，防止自由基的渗透或扩散，阻止脂质氧化。为了形成保护膜，抗氧化肽应具有完整的抗氧化结构，过度水解会导致游离氨基酸或小肽不能形成这种保护膜（Peña-Ramos et al., 2004）。

2）疏水性

一些研究表明，具有疏水氨基酸的肽有更高的自由基清除活性、金属螯合活性和抑制脂质过氧化作用。肽的疏水-亲水平衡有助于食品中水脂界面，特别是疏水氨基酸对脂溶性自由基的清除。肽中的疏水氨基酸也有助于清除疏水性细胞氧化靶标，如长链脂肪酸。此外，肽的疏水-亲水平衡有助于细胞膜渗透，清除自由基以防止线粒体氧化。组氨酸具有金属螯合活性、脂质过氧化自由基清除和供氢能力（Chan et al.，1994）。然而，组氨酸的抗氧化活性取决于其溶解度。在大多数抗氧化肽的序列中，超过 40%肽序列含有疏水氨基酸（亮氨酸和丙氨酸）。

3）氨基酸组成

氨基酸组成对多肽抗氧化活性起到关键性的作用，某些氨基酸是抗氧化肽的活性位点。此类氨基酸主要包括：①环类氨基酸（Ghassem et al.，2017）：含苯环的氨基酸（如色氨酸、酪氨酸和苯丙氨酸）能够为自由基提供质子，减缓自由基链式反应；此外，此类氨基酸能够通过共振作用，维持自身稳定。②酸性氨基酸：酸性氨基酸（如天冬氨酸和谷氨酸）带负电，可以和金属离子相互作用（如螯合作用），形成复合物，抑制氧化。③碱性氨基酸：碱性氨基酸组氨酸由于咪唑基的降解，使得其具有自由基清除能力；赖氨酸是电子受体，能够接受不饱和脂肪酸氧化过程中产生的自由基的电子（张晖等，2013）。

4）氨基酸序列

除了存在特异性氨基酸之外，氨基酸在肽序列中的位置也是至关重要的。肽的氨基酸序列取决于蛋白质来源、蛋白酶特异性、蛋白质水解程度和水解条件。N 端和 C 端氨基酸对其抗氧化活性有很大影响。例如，N 端的疏水氨基酸能够增加肽的抗氧化活性（Elias et al.，2008）。C 端氨基酸的净电荷能够预测肽的抗氧化活性。在大多数抗氧化肽中，C 端氨基酸常为色氨酸、谷氨酸、亮氨酸、异亮氨酸、甲硫氨酸、缬氨酸和酪氨酸。

蛋白质序列中氨基酸的位置决定了其到达细胞中产生自由基的相关位点（如线粒体）的能力。例如，有报道称 Szeto Schiller（SS）肽可渗透细胞，靶向线粒体，保护线粒体免受细胞氧化。SS 肽的这种功能归因于它们有独特的结构域，并含有芳香族和碱性氨基酸（Zhao et al.，2004）。一些抗氧化肽的这种能力使得它们比其他亲脂性抗氧化剂（如维生素 E）更能有效清除细胞中的自由基（Hazel S，2006）。

4.2　抗氧化肽的体内外活性评价方法

抗氧化肽具有清除自由基及抑制脂质过氧化等功能特性，同时，在维持机体自由基平衡、提高机体抵抗衰老能力与抵抗疾病等方面具有重要的作用。因此，评价多肽的抗氧化活性使之能更好应用于食品、化妆品等领域具有一定的意义。

多肽的抗氧化活性一般是通过体外抗氧化和体内抗氧化两个方面来评估。本节主要阐述抗氧化肽的体内、体外抗氧化活性评价测定的原理及操作步骤。

4.2.1　体外抗氧化活性

目前，抗氧化肽的体外抗氧化活性主要是通过测定自由基清除能力、总抗氧化能力、金属螯合能力、还原力和脂类物质过氧化抑制能力等进行评估（王瑞雪等，2011）。表 4.2 列举了几种多肽及其使用的体外抗氧化活性表征方法（Najafian et al., 2012）。

表 4.2　用于测定多肽抗氧化活性的体外分析法

多肽来源	体外抗氧化分析方法	参考文献
鲭鱼片	DPPH 自由基清除活性、还原力、脂质过氧化抑制活性（亚油酸体系）	Wu et al., 2003
海鳗（肌肉）	亚油酸过氧化抑制活性、羟基自由基清除活性	Ranathunga et al., 2006
黄色条纹鲹	DPPH 自由基清除活性、还原力、金属螯合力	Klompong et al., 2007
圆鲹（肌肉）	DPPH 自由基清除活性、还原力、亚铁离子螯合力、亚油酸过氧化抑制活性	Thiansilakul et al., 2010
金枪鱼	DPPH 自由基清除活性、金属螯合力、ABTS 自由基清除活性	Nalinanon et al., 2011
金枪鱼骨	DPPH 自由基清除活性、超氧阴离子自由基清除活性、亚油酸过氧化抑制活性	Je et al., 2007
太平洋鳕鱼	DPPH 自由基清除活性、ORAC、亚铁离子螯合力、亚油酸过氧化抑制活性	Samaranayaka et al., 2008
鲶鱼分离蛋白	金属螯合力、DPPH 自由基清除活性、FRAP、ORAC、罗非鱼肉 TBARS 抑制活性	Theodore et al., 2008

注：DPPH 表示 1,1-二苯基-2-三硝基苯肼；ABTS 表示 2,2′-联氮-双(3-乙基苯并噻唑啉-6-磺酸)；ORAC 表示氧自由基吸收能力；FRAP 表示铁离子还原/抗氧化能力；TBARS 表示硫代巴比妥酸反应物。

自由基清除活性的表征通常是人工建立自由基体系，测定经抗氧化肽作用后体系中自由基的数量变化来衡量多肽的抗氧化活性。常用的自由基发生体系主要有 DPPH 自由基、羟基自由基、超氧阴离子自由基等。总抗氧化能力的检测通常采用 ABTS 法和 ORAC 法测定，这两种方法是目前应用较多的方法。ABTS 法测定多肽的抗氧化活性是通过抗氧化肽与自由基反应后体系颜色变化来确定的。ORAC 法是测定抗氧化肽对荧光素钠（FL）和自由基产生剂 2,2′-偶氮二（2-甲基丙基脒）二盐酸盐（AAPH）体系荧光强度的变化，荧光强度变化反映自由基的破坏程度，抗氧化肽能够抑制自由基引起的荧光变化，根据荧光变化可确定 ORAC

值，ORAC 值越大，则抗氧化活性越强。脂质过氧化抑制活性测定通常采用硫代巴比妥酸（TBA）法和硫氰酸铁法（亚油酸自氧化法）。TBA 法通过测定脂质过氧化产物丙二醛与 TBA 形成高灵敏的荧光复合物来检测脂质过氧化水平；亚油酸自氧化法是基于亚油酸极易被氧化生成过氧化物，过氧化物与 Fe^{2+} 和硫氰酸铵作用形成红色的硫氰酸铁。抗氧化肽则可抑制或延缓体系过氧化物的生成，通过比色测定过氧化物生成量，即可反映多肽的抗氧化活性。抗氧化肽在各体系中的抗氧化活性测定方法如下。

1. DPPH 自由基清除活性

DPPH 自由基清除活性测定较为方便，被广泛用于多肽抗氧化活性的评估。不同来源的抗氧化肽，其 DPPH 自由基清除活性有所不同，在一定的浓度范围内一般呈剂量依赖性。彭惠惠等（2013）从固态发酵芝麻粕中分离出 3 种分子质量不同的小肽，分别为三肽、四肽和六肽，在多肽浓度为 1mg/mL 时，它们的 DPPH 自由基清除率分别为 90%、90% 和 80%；刘淇等（2012）研究了鳕鱼皮胶原蛋白肽的抗氧化活性，在多肽浓度为 30mg/mL 时，DPPH 自由基清除率为 73.84%；Naqash 等（2011）研究表明鲥鱼骨多肽在浓度为 1.5mg/mL 时，DPPH 自由基清除率为 40.1%；张玉峰等（2014）研究脱脂椰子种皮多肽的 DPPH 自由基清除活性，结果表明在多肽浓度为 100μg/mL 时，其 DPPH 自由基清除率为 90.61%。抗氧化肽的 DPPH 自由基清除活性测定原理及步骤如下。

1）原理

DPPH 自由基是一种稳定的自由基，其结构中心氮桥一侧氮原子上有一个未成对电子，其乙醇溶液显紫色，在 517nm 波长处有最大吸收。自由基清除剂则可与 DPPH 自由基上的孤对电子配对，使 DPPH 自由基被快速清除导致颜色变浅。其褪色程度与接受电子的数量呈线性相关（Sharma et al.，2009）。

2）步骤

取不同浓度抗氧化肽溶液 1mL 与 1mL 使用 95% 乙醇配制的浓度为 0.1mmol/L 的 DPPH 溶液充分混匀为样品组；使用 1mL 95% 乙醇溶液代替 DPPH 溶液为样品参比组；空白组为 1mL DPPH 溶液与 1mL 95% 乙醇溶液。室温避光静置 30min 后，测定 517nm 波长处吸光度，通过测定样品组、样品参比组及空白组的吸光度，即可求得多肽样品的 DPPH 自由基清除活性（Wu et al.，2003）。

2. 羟基自由基清除活性

羟基自由基是体内最活泼的活性氧，其氧原子上有一个未配对的电子，具有较强的夺电子能力。当羟基自由基攻击机体时会导致脂质过氧化、核酸断裂、蛋白质解聚与聚合、多糖解聚，引起机体衰老、损伤（Zhang and Ren，2009）。研究表明，天然黄茧丝蛋白肽（包立军等，2017）、核桃蛋白肽（李丽等，2017）、沙丁鱼抗氧化肽（李亚会等，2016）等具有羟基自由基清除活性。因此，测定多肽的羟基自由基清除活性可反映其抗氧化作用。抗氧化肽的羟基自由基清除活性测定原理与操作步骤如下（Zhang et al.，2012）。

1）原理

H_2O_2 与 Fe^{2+} 混合后通过芬顿（Fenton）反应产生羟基自由基，羟基自由基可进攻水杨酸分子上的苯环，生成有色产物 2,3-二羟基苯甲酸，其在 510nm 处的吸光度与羟基自由基的数量成正比。在反应体系中加入具有清除羟基自由基活性的抗氧化肽时，抗氧化肽便会与水杨酸竞争，使有色产物的生成量减少。通过测定反应体系与空白液在 510nm 波长处吸光度，便可评估抗氧化肽的羟基自由基清除活性。

2）步骤

1mL 多肽样品溶液与 0.3mL 浓度为 8mmol/L 的 $FeSO_4$、1mL 浓度为 3mmol/L 的水杨酸以及 0.25mL 浓度为 20mmol/L 的 H_2O_2 混匀，37℃保温 30min 后用流水冷却，加入 0.45mL 蒸馏水，3000g 离心 10min 后，测定 510nm 波长下的吸光度。以蒸馏水代替样品作为空白组。通过测定样品组及空白组的吸光度，即可求得抗氧化肽的羟基自由基清除活性。

3. 超氧阴离子清除活性

超氧阴离子自由基的产生与生命过程息息相关，是细胞内氧气被单电子还原后最先产生的一类含氧的高活性物质（Finkel，1998）。超氧阴离子自由基在超氧化物歧化酶的歧化作用下可生成 H_2O_2，H_2O_2 会对 NO_x 家族蛋白的活性产生调控，进而调节细胞增殖、分化、衰老、凋亡等活动。当机体产生过量超氧阴离子自由基后，可以激活细胞的自噬或凋亡信号通路，导致细胞死亡，最终引发多种疾病（Dickinson and Chang，2012）。研究表明，珍珠贝多肽（蒲月华等，2016）、鸡蛋清蛋白肽（吴晖等，2011）等具有超氧阴离子自由基清除活性。抗氧化肽的超氧阴离子自由基清除活性测定原理与步骤如下（邓乾春，2005）。

1）原理

邻苯三酚在 pH 8.2 的弱碱性介质中会氧化分解产生超氧阴离子自由基，随着反应的推进，超氧阴离子自由基会不断积累，最终导致反应液在 325nm 波长处的吸光度在反应开始后 5min 之内随反应时间的推进而线性增大。抗氧化肽可清除超氧阴离子自由基，阻止中间产物的积累，使得反应体系在 325nm 波长处的吸光度降低。利用这一特点，采用光化学法可分析抗氧化肽的超氧阴离子自由基清除活性。

2）步骤

取 0.1mL 样品溶液加到 2.8mL 浓度为 0.1mol/L、pH 8.2 的 Tris-HCl 缓冲溶液中，以蒸馏水代替样品作为空白组。振荡混匀后，于 25℃水浴中保温 10min，之后加入浓度为 3mmol/L 经 25℃水浴预热的邻苯三酚溶液 0.1mL，迅速混匀并开始计时，每隔 30s 在 325nm 波长处测定吸光度，0.2mL 去离子水加入 2.8mL Tris-HCl 缓冲溶液中用于调零。反应 3min 后，以吸光度随时间变化做回归方程，曲线斜率为邻苯三酚自氧化速率（V，ΔA/min，A 表示吸光度），通过所得对照组 $V_{对照}$ 及样品组 $V_{样品}$，即可得出多肽样品的超氧阴离子清除活性。

4. ABTS 自由基清除活性

ABTS 法检测化合物的抗氧化活性主要是通过直接电子转移还原或氢原子转移猝灭自由基这两种机制进行的（Prior et al.，2005），该法具有操作简便、快捷等特点，对于大批量样品的抗氧化活性测定尤为适宜。抗氧化肽的 ABTS 自由基清除活性测定原理和步骤如下。

1）原理

ABTS 在过硫酸钾等氧化剂的氧化作用下会形成蓝绿色的单阳离子自由基 $ABTS^+\cdot$。抗氧化剂则会抑制 $ABTS^+\cdot$ 的形成。测定 734nm 波长处 $ABTS^+\cdot$ 的吸光度，即可计算出抗氧化肽的总抗氧化能力（Wang et al.，2012）。

2）步骤

将浓度为 7mmol/L 的 ABTS 储存母液与浓度为 2.45mmol/L 的过硫酸钾溶液临用前等体积混合，于室温放置 16h，之后用浓度为 5mmol/L、pH 7.4 磷酸盐缓冲液稀释至 734nm 波长处吸光度为 0.70±0.02，即得 ABTS 自由基溶液。ABTS 自由基溶液与不同浓度的多肽样品等体积混合，室温下反应 10min 后，以浓度为 5mmol/L、pH 7.4 的磷酸盐缓冲液调零，于 734nm 波长下测定吸光度，以蒸馏水代替样品作为空白组，通过测定空白组吸光度及样品组吸光度，即可求出抗氧化肽的 ABTS 自由基清除活性（Wang et al.，2012）。

5. 氧自由基吸收能力

ORAC 分析法是目前被普遍接受的检测抗氧化能力的标准评价方法。该法具有接近机体生理条件、操作简单、认可度和灵敏度高、准确性和重现性好、高通量、不易受人为因素干扰等优点，被广泛用于食品、保健品、药品及医学领域（殷健等，2013）。抗氧化肽 ORAC 测定具体操作如下。

ORAC 测定在 pH 7.4、浓度为 75mmol/L 的磷酸盐缓冲液体系中进行，将 20μL 抗氧化肽液或一定浓度梯度的维生素 E 水溶性类似物（Trolox）标准品加入 96 孔黑色酶标板，再向孔中加入 200μL 浓度为 0.96μmol/L 的荧光素钠，37℃温育 10min

后迅速加入 20μL 浓度为 119mmol/L AAPH 溶液以启动反应。在激发波长和发射波长分别为 485nm 与 538nm 条件下测定反应体系的荧光强度,每 3min 测定 1 次。ORAC 值用每克抗氧化肽等同于 Trolox 的微摩尔当量（TE）来表示,单位为 μmol TE/g（Jensen et al., 2014）。

6. 金属螯合力

金属螯合力作为抗氧化活性的评价方法被广泛报道使用。大量研究表明（Guo et al., 2013；Lin et al., 2015；廉雯蕾, 2015；赵聪等, 2018）,小分子肽具有良好的金属螯合活性,且其螯合力与抗氧化活性具有一定的相关性。抗氧化肽的金属螯合力测定方法如下。

不同浓度抗氧化肽样品溶液 1mL 与 4.7mL 蒸馏水和 0.1mL 浓度为 2mmol/L 的 $FeCl_2$ 溶液混合后,加入 0.2mL 浓度为 5mmol/L 菲咯嗪溶液剧烈混匀,使用 1mL 蒸馏水取代样品作为空白组,1mL 样品加入 5mL 蒸馏水作为样品参比组,于室温下静置反应 20min 后测定 562nm 下吸光度,通过测定所得样品组、样品参比组及空白组的吸光度,即可求出抗氧化肽的金属螯合力（Dinis et al., 1994）。

7. 还原力

在限定条件的情况下,样品的还原力与其抗氧化能力呈正相关。在反应体系中,测定反应物在 700nm 波长下的吸光度,即可评价多肽的抗氧化能力（王丽华等, 2008）。吸光度与还原力呈正相关,吸光度越大,则还原力越强,即多肽的抗氧化能力越强,抗氧化肽的还原力测定方法如下（Gülcin et al., 2005）。

1mL 多肽样品溶液与 2.5mL 浓度为 0.2mol/L、pH 6.6 的磷酸盐缓冲液、2.5mL 1% $K_3[Fe(CN)_6]$ 混合后,于 50℃保温 20min,之后加入 2.5mL 10%三氯乙酸,混匀,3000r/min 离心 10min。取上清液 2.5mL 加入 2.5mL 蒸馏水和 0.5mL 1%的 $FeCl_3$ 溶液,空白组用 1mL 蒸馏水代替样品,室温静置 10min 后,于 700nm 波长下测吸光度。

8. 脂质过氧化抑制活性

脂质过氧化会产生大量自由基,引发自由基链式反应,进一步加速油脂的酸败。在生物体系中,脂质过氧化通过多不饱和脂肪酸中亚甲基碳上的氢原子被自由基夺取,进而启动一系列的自由基链式反应,生成醛、酮和其他潜在的有毒物质（Niki, 2010；Winczura.et al, 2012）。因此,脂质过氧化的抑制作用也是衡量多肽抗氧化活性的一个重要指标。抗氧化肽的脂质过氧化抑制活性测定通常采用亚油酸体系,使用硫氰酸铁（FTC）法进行,其测定原理与具体步骤如下（Mitsuda et al., 1966；Osawa and Namiki, 1981）。

1）原理

FTC 比色法是基于在酸性条件下脂质氧化形成的过氧化物可将 Fe^{2+} 氧化成 Fe^{3+}，Fe^{3+} 与硫氰酸根离子形成的红色络合物在 480～515nm 内有最大吸收。通常用 500nm 波长处吸光度的大小表示物质抗脂质过氧化的能力，吸光度越小，表明物质的抗脂质过氧化能力越强。

2）步骤

取 1mL 样品于试管中，依次加入 2mL 95%乙醇、26μL 亚油酸和 2mL 浓度为 50mmol/L、pH 7.0 磷酸盐缓冲液，充分振荡混匀后，于 40℃恒温避光放置。每 24h 测定一次体系过氧化程度。空白组用 1mL 蒸馏水代替样品。之后取 0.1mL 反应混合液与 4.7mL 75%乙醇溶液、0.1mL 30%硫氰酸铵混匀后，加入 0.1mL 使用 3.5% HCl 溶液配制的浓度为 20mmol/L 的 $FeCl_2$ 溶液，混匀后计时 3min，测定反应体系在 500nm 波长的吸光度。

此外，还可采用硫代巴比妥酸法（Peñaramos et al.，2001）和亚油酸残余值（Chen et al.，1996）等来测定抗氧化肽的脂质过氧化抑制活性。

9. 细胞抗氧化活性

抗氧化肽的体外抗氧化活性评估除了通过试剂反应产生不同的自由基，还可采用细胞试验建立氧化损伤模型。细胞试验通常是用 HepG2、Caco-2 等细胞，使用乙醇、H_2O_2 诱导细胞产生氧化应激，并使用多肽处理后，测定分析细胞的存活率、胞内活性氧水平、胞内相关蛋白酶及抗氧化相关因子的表达等来表征多肽的细胞抗氧化活性。且在评价多肽的细胞抗氧化活性前，会对细胞毒性进行测定，以确定后续试验所需的多肽浓度和剂量。

1）细胞毒性

细胞毒性通常是通过流式细胞仪测定细胞的凋亡状况或使用 3-（4,5-二甲基-2-噻唑）-2,5-二苯基四氮唑溴盐（MTT）法测定细胞的存活率。MTT 法测定物质对细胞毒性的原理和步骤如下。

原理：活细胞线粒体中的琥珀酸脱氢酶能使外源性 MTT 还原为水不溶性的蓝紫色结晶甲臜并沉积在细胞中，死细胞则没有该功能。二甲基亚砜（DMSO）可溶解细胞中的甲臜，用酶联免疫检测仪在 570nm 波长处测定其吸光度，可间接反映活细胞数量。在一定细胞数范围内，MTT 结晶生成量与活细胞数成正比。

步骤：取对数生长期细胞计数并配制成 10^5 个/mL 的细胞悬液。将 100μL 细胞悬液加入 96 孔板各内孔中，外孔各加入 100μL 磷酸盐缓冲液，放置于 CO_2 细胞培养箱中 37℃、5% CO_2 条件下培养 24h。吸弃旧培养液，在每个细胞培养孔中加入 100μL 不同浓度样品并设置复孔。培养 24h 后，每孔中加入质量浓度为 5mg/mL 的 MTT，培养 4h。吸弃旧培养液，每孔加入 150μL DMSO，37℃恒温振荡 30min。置于酶标仪中 570nm 波长处测定光密度。以相同体积细胞培养液代替样品溶液作为对照组。通过测定空白组、样品组以及对照组的光密度，即可求出细胞的存活率。根据细胞的存活率，便可确定细胞试验所用的抗氧化肽浓度和剂量。

2）细胞内抗氧化试验

根据细胞毒性所确定的多肽浓度和剂量，可采用细胞内抗氧化试验（CAA）来测定多肽的细胞抗氧化活性。其原理是 2′,7′-二氯荧光素双乙酸盐（DCFH-DA）本身没有荧光，可以自由穿过细胞膜，进入细胞后，DCFH-DA 被细胞内的酯酶水解生成 DCFH。而 DCFH 不能透过细胞膜，使得探针被装载到细胞内。细胞内的活性氧可以氧化无荧光的 DCFH 生成有荧光的 DCF。因此，通过测定荧光强度可以检测胞内活性氧水平，反映细胞的受损程度以及多肽的抗氧化活性。

操作步骤：

取对数生长期的细胞接种于 96 孔板中，接种密度 10^4 个/孔，细胞悬液加入量为 100μL，于 37℃、5% CO_2 的条件下培养 24 h。吸弃旧培养液，用磷酸盐缓冲液清洗一次，加入含 25μmol/L DCFH-DA 的样品溶液 100μL，培养 1h。吸弃旧培养液后，每孔加入浓度为 600μmol/L 的 AAPH 溶液 100μL，迅速置于酶标仪中读数，设定激发波长 538nm，发射波长 485nm，每 5min 测定一次。对所得结果进行面积积分，得到样品的曲线下积分面积（$\int SA$）、对照组的曲线下积分面积（$\int CA$），即可求得多肽样品的 CAA 活性。

样品的半数效应浓度（EC_{50}）以 lg（fa/fu）对 lgρ 的中效原理来计算，这里 fa 表示样品作用效应（CAA unit），fu 表示 1–CAA unit，ρ 表示抗氧化肽的质量浓度（mg/L）。EC_{50} 值以 3 次平行试验计算得出，将 EC_{50} 值转化为 CAA 值，以每克样品中相当于 Trolox 的微摩尔当量来表示，单位为 μmol TE/g。

3）胞内相关蛋白的表达

为了进一步分析抗氧化肽的抗氧化机制，通常会通过蛋白质印迹（WB）分析相关蛋白的表达。如通过细胞凋亡途径分析 Bax、Bcl-2 和 Cleaved caspase-3 的表达状况，Bcl-2 水平升高、Bax 和 Cleaved caspase-3 水平降低，通常表明细胞对凋亡的抵抗性增强，即抗氧化肽能保护细胞免受氧化应激损伤（Lee et al., 2012）。

4.2.2　体内抗氧化活性

抗氧化肽的体内抗氧化活性评估，通常是通过动物试验以大鼠或小鼠为对象，使用四氯化碳或酒精等介导肝损伤，探究经抗氧化肽处理后小鼠血清中谷丙转氨酶（ALT）、天冬氨酸转氨酶（AST）及肝组织中丙二醛（MDA）、甘油三酯（TG）、谷胱甘肽过氧化物酶（GSH-Px）、超氧化物歧化酶（SOD）、CAT 等抗氧化酶活性的变化并结合肝组织进行病理学镜检来综合评价抗氧化肽的体内抗氧化活性。四氯化碳和酒精介导肝损伤的机理如下。

1. 四氯化碳肝损伤

四氯化碳经肝微粒体酶活化成为三氯甲烷自由基（$CCl_3\cdot$）与蛋白质共价结合导致蛋白合成障碍、脂质分解代谢紊乱，引起肝细胞内 TG 的蓄积。$CCl_3\cdot$也能迅速与 O_2 结合转化为过氧化三氯甲烷自由基（$CCl_3O_2\cdot$）导致脂质过氧化，从而引起细胞膜的变性损伤，致使酶渗漏及各种类型的细胞病变，甚至坏死。

2. 酒精肝损伤

机体大量摄入乙醇后，乙醇在乙醇脱氢酶的催化下大量脱氢氧化，使三羧酸循环受阻和脂肪酸氧化减弱而影响脂肪代谢，致使脂肪在肝细胞内沉积。同时乙醇能激活氧分子，产生氧自由基导致肝细胞膜的脂质过氧化及体内还原型谷胱甘肽的耗竭。

一般情况下，肝细胞受损或肝功能异常时，血清中 ALT、AST 含量会升高，测定 AST 和 ALT 水平可指示机体肝脏的健康状况（Lee et al.，2012；Liu et al.，2014；Cai et al.，2015，2017）；MDA 是细胞膜脂质过氧化产物，当肝细胞受损或肝功能代谢紊乱时，组织中 MDA 和 TG 含量会有所上升，测定肝组织中 MDA 和 TG 含量的变化，可间接反映机体脂肪代谢及细胞氧化损伤状况（石娟等，2011；Cheng et al.，2014；Cai et al.，2015）；GSH-Px 可催化谷胱甘肽氧化或与 H_2O_2 反应，减轻或阻断超氧阴离子自由基和 H_2O_2 所引发的脂质过氧化作用，还可阻断脂氢过氧化物（LOOH）所引发的自由基二级反应，减少 LOOH 对机体的损害（周玫和陈瑗，1985）；SOD 和 CAT 是机体抵抗自由基介导氧化应激损伤的第一道防线，SOD 可将超氧阴离子自由基转化为 H_2O_2 和 O_2，CAT 可进一步将 H_2O_2 分解成 H_2O 和 O_2，还可猝灭细胞膜上的氢过氧化物阻断细胞膜的脂质过氧化，SOD、CAT 活性变化与肝脏脂质过氧化有关，当肝损伤后组织中 SOD、CAT 活性会降低（Faremi et al.，2008）。

抗氧化肽的肝保护作用机制是通过抗脂质过氧化，保护细胞组织结构；通过增强肝脏的解毒功能及促进肝脏对毒物的排泄作用，减少毒物对肝细胞的损害；还可通过调整机体代谢，促进 RNA、蛋白质的合成，使肝功能得以恢复。Lee 等（2012）以鸭皮副产物为原料，酶解后经反相高效液相色谱分离出一个氨基酸序列为 His-Thr-Val-Gln-Cys-Met-Phe-Gln 具有细胞保护活性的抗氧化肽，且发现鸭皮抗氧化肽对酒精介导的肝损伤有保护作用，可降低血清和肝脏中 ALT 和 AST 水平，提高肝脏中 CAT、SOD 和 GSH-Px 等抗氧化酶的活性。彭维兵等（2011）采用四氯化碳致小鼠肝损伤，对小鼠连续灌胃花生肽，结果表明，小鼠血清中 ALT、AST 活性降低，乳酸脱氢酶（LDH）和组织中 SOD、GSH-Px 的活性提高。石燕玲等（2008）的研究表明，灵芝肽可降低小鼠血清中 AST、ALT 的水平和肝脏中 MDA 的含量，提高肝脏中 SOD 的活性与 GSH 水平，且肝组织病理学镜检结果与正常组接近。因此，通过分析相关指标的变化，可反映抗氧化肽的肝保护活性，进而表征多肽的体内抗氧化活性。

以四氯化碳介导小鼠肝损伤模型为例，介绍抗氧化肽肝保护试验操作流程。

1. 试验动物

成年大鼠或小鼠，性别单一（应全为雄性或全为雌性）。大鼠体重为（200 ± 20）g，每组（10 ± 2）只，小鼠体重为（20 ± 2）g，每组 $10\sim15$ 只。选取试验动物后应给予 $1\sim2$ 周试验环境的适应时间。

2. 剂量分组及受试样品给予时间

试验通常设 $2\sim3$ 个剂量组、1 个空白对照组和 1 个模型对照组，以人体推荐量的 5 倍（大鼠）或 10 倍（小鼠）为其中的一个剂量组，另两个剂量组结合实际情况设置。用四氯化碳介导肝损伤模型，可以灌胃或腹腔注射造模。大鼠灌胃的四氯化碳用食用植物油稀释至浓度为 1%，灌胃剂量大约为 5mL/kg 体重。小鼠灌胃的四氯化碳用食用植物油稀释至浓度为 2%，灌胃剂量大约为 5mL/kg 体重。根据试验需要可设置阳性对照。受试样品给予时间则视实际情况而定，一般为 $3\sim4$ 周，必要时可延长。

3. 试验步骤

灌胃前对动物进行称量，根据体重调整样品剂量。受试组每日经灌胃给予抗氧化肽，空白对照组和模型对照组给予蒸馏水。试验样品干预最后一次灌胃 1h 后，各组试验动物均禁食，不禁水，24h 后，称量，摘眼球取血，并断颈处死，取肝脏进行生化和病理组织学检测。取血时应根据试验需要添加抗凝剂，如试验使用血清（浆）应加入 50µL 肝素溶液，1500r/min 离心 10min 后取上清。

4. 生化指标测定

生化指标有 AST、ALT、SOD、CAT、GSH-Px、TG、MDA 等，其活性和含量的测定可选用全自动生化分析仪或试剂盒提供的方法进行测定。

5. 肝脏病理组织检测

取鼠肝脏左叶，用 10%福尔马林固定，从肝左叶中部做横切面取材，常规病理制片（石蜡包埋，苏木精-伊红染色）。从肝脏的一端视野开始记录细胞的病理变化，用 40 倍物镜连续观察整个组织切片。可见小叶中心性肝细胞气球样变、脂肪变性、胞浆凝聚、肝细胞水样变性和细胞坏死等。

4.3 抗氧化肽的研究实例及应用

食源性抗氧化肽作为一种天然来源的生物活性肽，分子质量较小，容易透过细胞膜被人体吸收利用，且具有较高的安全性，在吸收速率和生物学功能上具有优异性，在食品、化妆品、医药工业中具有潜在的开发、利用价值。本节主要介绍一些抗氧化肽研究实例并对其潜在的应用做了分类。

4.3.1 抗氧化肽在食品体系中的应用

随着经济的发展、生活水平的提高，人们不在满足于温饱转而开始追求健康、优质的饮食，关注食品的营养成分、食品中的添加剂、储藏保质期、热量等。其中，油脂氧化问题深受企业及消费者的关注，油脂氧化不仅破坏食品体系的稳定性，降低食品品质，且对人体健康具有不利的影响，越来越多的证据表明心血管疾病的增加与油脂的链式反应有关（Erdmann et al., 2008）。而添加人工合成的BHT、BHA、特丁基对苯二酚（TBHQ）等抗氧化剂尽管能够抑制油脂氧化，增加食品体系的稳定性，但这些合成的抗氧化剂存在潜在的安全问题。因此，天然来源的、能够抑制油脂氧化酸败的抗氧化剂引起人们的极大关注。

近年来，有研究表明，一些植物和动物来源的蛋白质抗氧化肽在食品体系中，尤其是在肉制品中具有抑制油脂和蛋白质氧化、防止食品酸败的功效，对保持食品的新鲜度和营养价值具有重要的作用。Hirose 等（1999）研究报道，蛋白肽不仅可以清除自由基，还可作为保护膜围绕在脂质颗粒周围以防止脂质氧化引发剂的启动。赵立娜等（2012）研究表明茶渣蛋白肽具有较强的抗氧化活性，能够抑制油脂氧化，1mg/mL 的茶渣蛋白肽对亚油酸氧化抑制效果可与 BHT 相媲美，且将茶渣蛋白肽添加到鸡肉制品中可降低鸡肉储藏过程中的过氧化物值（POV）和硫代巴比妥酸反应物值（TBARS）。其可能作用机理（图 4.4）是茶渣蛋白肽可提供氢原子与自由基结合，稳定或终止自由基进一步参与反应，同时，在脂质体周围可形成物理屏障，阻断脂质氧化（赵立娜和汪少芸，2013）。董士远等（2009）将鲢鱼抗氧化肽添加到鲅鱼肉中，在 2℃中储藏 12d，通过测定冷藏期间鲅鱼肉中游离脂肪酸含量、二级氧化产物生成量、POV 及多烯指数等的变化，表明鲢鱼抗氧化肽可抑制储藏过程中鲅鱼肉脂质氧化初级产物和二级产物的生成，可抑制多烯不饱和脂肪酸的降解，可提高鲅鱼肉的脂质氧化抑制效果。

此外，Wang 等（2005）研究表明马铃薯蛋白肽对熟牛肉饼中脂肪氧化具有较强的抑制作用，添加马铃薯蛋白肽后牛肉饼的 POV 和 TBARS 分别降低了 74.5%

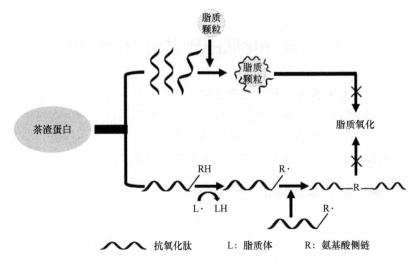

图 4.4　茶渣蛋白肽在脂-肉体系中抑制脂质氧化的可能作用机制

和 50.3%。王晶等（2009）通过酶解制备玉米蛋白肽，并将玉米蛋白肽加入熟肉糜中，探究玉米蛋白肽对生肉糜脂肪氧化的抑制作用，表明添加 2%的鱼糜蛋白肽能够抑制生肉糜的脂肪氧化，可抑制肉糜高铁肌红蛋的形成，保持肉糜鲜红的色泽，其抗氧化效果与 0.02%的 BHA 相当，同时还表明，玉米蛋白肽对熟肉糜中的脂肪氧化具有抑制作用，可延缓肉糜氧化。Rajapakse 等（2005）从鱿鱼肌肉蛋白中分离纯化得到 2 个氨基酸序列分别为 Asn-Ala-Asp-Phe-Gly-Leu-Asn-Gly-Leu-Glu-Gly-Leu-Ala 和 Asn-Gly-Leu-Glu-Gly-Leu-Lys 的抗氧化肽，可阻断亚油酸氧化的链式反应，且效果与人工合成的抗氧化剂 BHT 相当。Jung 等（2007）和 Qian 等（2008）制备的抗氧化肽不仅具有较强的自由基清除能力且其抗多不饱和脂肪酸氧化的效果优于维生素 C 和维生素 E。彭新颜等（2015）以猪的熟肉糜为材料，通过测定 4℃冷藏过程中肉糜的 TBARS、POV、总巯基和羰基含量等并结合感官评定，探究蓝点马鲛鱼鱼皮抗氧化肽对熟肉糜脂肪和蛋白质氧化的抑制效果，结果表明，蓝点马鲛鱼鱼皮抗氧化肽段 Ⅱ 对肉糜氧化抑制效果较明显，能够降低肉糜的 TBARS、POV，降低羰基含量和减少巯基的损失，且能够保持熟肉糜鲜红的色泽，抑制异味、酸败味的发生，提高肉糜的整体感官评价，是潜在的食源性抗氧化剂。

　　尽管抗氧化肽构效关系尚未彻底阐明，但目前研究报道的抗氧化肽在脂-肉体系中抑制油脂氧化的可能作用机理主要包括以下几方面（Kim and Wijesekara，2010；Himaya et al.，2012；Udenigwe and Aluko，2012）：①多肽链中含有较多的疏水性氨基酸，如缬氨酸、亮氨酸等，具有很强的乳化能力，当油溶性的自由基攻击脂肪酸，对脂肪酸尤其是亚油酸进行破坏时，抗氧化肽可通过非极性脂肪烃链作用于不饱和脂肪酸，阻断脂肪酸脂质过氧化的连锁反应；②抗氧化肽与金属离子形成复合物，使催化反应的催化剂失去作用，从而阻断油脂自动氧化的进程；③抗氧化肽通过抑制氧化酶或过氧化酶活性的协同作用来阻断油脂氧化。

随着健康饮食观念的深入，高品质的食品将成为人们追求的目标。将抗氧化肽作为食品添加剂、膳食补充剂，充分发挥多肽和抗氧化对人体的双重营养功效，拓展功能性食品领域，有利于高附加值产品的开发，具有广阔的应用前景和显著的经济、社会效益。

4.3.2 抗氧化肽在护肤品工业中的应用

1. 辐射损伤修复

氧化、紫外线 A（UVA）、紫外线 B（UVB）照射等会使人的皮肤出现干燥、老化、色素沉着、纹理粗糙、发皱、缺乏弹性等现象。其中，关于皮肤老化的原因之一是自由基的作用。紫外线照射可以在机体和皮肤中产生多种自由基，引起皮肤损伤和衰老。此外，紫外线照射通过氧化作用会使皮肤表皮细胞损伤，引起细胞周期阻滞，若损伤的细胞在周期阻滞期间无法修复，则发生凋亡（Griffiths et al.，1998；Svobodova et al.，2006）。因而，及时清除或抑制由辐射等引起的自由基，对减缓皮肤衰老、保持皮肤光泽具有一定的作用。而大量研究表明，生物活性肽对保护皮肤免受辐射损伤、光老化等具有潜在的作用。

1）对皮肤细胞的修复

周先艳（2016）研究报道鳕鱼皮胶原蛋白肽对人皮肤成纤维细胞（HSF）具有一定的增殖能力，且对紫外辐照损伤的 HSF 具有保护作用。Liu 等（2009）通过 DNA 碎片测定检测 UVB 照射对人永生化表皮细胞（HaCaT）凋亡的影响，使用电子自旋共振（ESR）检测 HaCaT 细胞胞内 ROS 的形成，并结合蛋白质印迹法和 RT-PCR 测定 CAT、SOD 等抗氧化酶及环氧合酶-2（COX-2）、p-NF-κB/p65 等相关分子的表达状况，表明栉孔扇贝多肽可通过清除 ROS，增加 SOD、CAT 等抗氧化酶的表达，抑制 NF-κB 和 COX-2 的激活，使 HaCaT 细胞免受紫外辐射损伤。谢靖等（2011）采用流式细胞术检测扇贝多肽对 HSF 细胞周期的影响，使用蛋白质印迹法测定 p53 和 p21Cip1 蛋白表达量并结合 DCFH-DA 探针测定 HSF 内 ROS 的变化，表明 5.69mmol/L 的扇贝多肽可有效缓解由 UVB 照射引起的 HSF G1 期阻滞，降低 p53 和 p21Cip1 蛋白的表达，这是通过抑制 ROS-p53-p21Cip1 途径来实现的。

2）对动物皮肤的修复

巫春旭（2017）将 Balb/c 小鼠背部剃毛，经外涂给药处理后进行 UVA 和 UVB 照射建模，UVA 和 UVB 累积辐照剂量分别为 91.2J/cm^2 和 9.12J/cm^2。试验结束后，观察并拍照记录各组小鼠皮肤外观，测定各组小鼠背部皮肤厚度，通过小鼠皮肤组织进行 HE、Gomori's 醛品红染色，透射电镜观察小鼠皮肤组织，小鼠皮肤组织中 MDA 含量，金属基质蛋白酶 MMP-1 和 MMP-3 含量，SOD、GSH-Px、CAT 等抗氧化酶活性，肿瘤坏死因子-α（TNF-α）、IL-1β 和 IL-6 等相关炎症因子含量的测定来评价罗仙子抗氧化肽对 UV 诱导小鼠皮肤光老化模型的保护作用，结果表明罗仙子抗氧化肽对小鼠皮肤光老化具有保护作用。

王洁昀（2009）研究表明骨胶原抗氧化肽喂养剂量为 10～25g/kg 时，可显著提高小鼠皮肤的总抗氧化能力及皮肤中抗氧化酶的活性，降低小鼠体内 ROS 水平和 MDA 含量，对小鼠皮肤老化损伤具有修复作用。吴琼等（2015）使用 2940nm 铒点阵激光照射大鼠背部皮肤构建创伤模型，并使用不同浓度林蛙皮多肽处理创面，通过观察大鼠背部皮肤形态学变化，统计创面愈合率，RT-PCR 检测皮肤组织中 Flg mRNA 和 Krt-14 mRNA 水平的差异（*Flg* 基因编码的蛋白质可参与表皮屏障功能的建立，*Krt-14* 基因编码的蛋白质可参与上皮细胞骨架的形成）来评估林蛙皮多肽对大鼠背部皮肤激光损伤愈合作用，表明林蛙皮多肽对大鼠背部皮肤激光损伤的修复作用是通过促进损伤细胞中 Flg mRNA 和 Krt-14 mRNA 的表达来发挥的，且呈剂量依赖性。

2. 烫伤、溃疡修复

皮肤烫伤、溃疡也是一种常见的皮肤损伤形式。皮肤烫伤后，氧化应激反应随之产生，过量的 ROS 会导致烫伤创面再损伤，形成水肿、炎症反应和器官损伤，严重者甚至产生休克（Parihar et al.，2008）。此外，过度氧化应激反应与炎症反应会相互促进，使伤口发生恶性循环导致创面坏死，不利于创面愈合。研究表明，抗氧化肽除了在紫外辐射引起的皮肤损伤中具有修复作用，在皮肤烫伤、溃疡、创面感染等方面也具有修复作用。

张曼等（2012）使用清洁级 NIH 小鼠，腹腔注射剂量为 1mL/kg 的戊巴比妥，麻醉去毛后，用手术刀切取小鼠背部皮肤，直径为 2.0cm，建立皮肤溃疡模型。于造模当日起，分别外用浓度为 4μg/mL、0.4μg/mL、0.04μg/mL 的蝎毒多肽，每天 1 次，连续 9d，结果表明蝎毒多肽对皮肤创伤溃疡愈合具有较好的促进作用。牛琼等（2012）分别以大鼠和家兔为试验动物，通过打孔器在大鼠和家兔背部脊柱中心设计大小为 5cm×5cm 的创面，并通过肌肉注射、外用涂抹鹿茸多肽等方式处理后，观察创面愈合情况，结果表明鹿茸多肽能够促进大鼠和家兔创伤皮肤组织的愈合。秦迪等（2018）通过细胞迁移试验，将 HaCaT 细胞接种于培养板中融合后，通过划痕模拟伤口，使用 D-Hank's 缓冲液清洗，之后加入 2mL 浓度为 100mg/L 天然活性抗氧化肽 AOP$_1$，总共培养 48h，且从 0h 开始每隔 6h 一次，用显微镜观察伤口愈合情况，经 Jmicro Vision 软件分析，结果表明 AOP$_1$ 能促进细胞迁移和增殖；使用 H$_2$O$_2$ 介导 HaCaT 细胞和小鼠皮肤成纤维（L929）细胞的氧化应激，并用 DCFH-DA 荧光探针测定胞内 ROS 水平,结果表明 AOP₁ 能显著降低 HaCaT 细胞和 L929 细胞内 ROS 的含量;使用浓度为 10g/L 的 Na₂S 对小鼠背部脱毛处理后,通过腹腔注射剂量为 10mL/kg 的水合氯醛麻醉剂,之后使用经水浴加热后直径为 1cm 的铜柱紧贴小鼠皮肤建立烫伤模型,通过创面愈合分析、生化指标测定、组织病理学切片观察,结果表明 AOP₁ 可减轻烫伤引起的小鼠皮肤组织中的氧化应激反应,能促进烫伤创面的愈合修复,且具有创面愈合时间短、愈合率高、结痂面积小等特点,对皮肤烫伤修复具有潜在的应用价值。

3. 美白保湿

黑色素是决定皮肤颜色的主要色素,也是美白类护肤品或化妆品研究的重要靶点。酪氨酸酶则是黑素生成的限速酶,其表达数量和活性对黑素生成速度和产量具有决定作用。皮肤中的酪氨酸被酪氨酸酶作用后形成黑色素,会使皮肤变黑并产生色斑等(王白强和曾晓军,2002)。因此,通过探究黑素细胞及黑素生物的合成调控机制,研究生物活性物质的抗氧化、美白保湿功效成为近几年来科学研究的热点之一。其中,关于多肽在抗氧化、美白保湿等方面的研究报道也不乏。

宋永相等(2009)研究表明海洋活性胶原肽(MACP)具有较好的 ·OH、O^{2-}· 清除活性及酪氨酸酶抑制活性,其对 ·OH、O^{2-}· 清除活性的半数致死浓度(IC_{50})分别为 1.42mg/mL、14.40mg/mL,可与天然抗氧化剂维生素 C 和人工合成抗氧化剂 TBHQ 相媲美,且 MACP 对酪氨酸酶抑制活性是熊果苷的 1/70,且小分子质量 MACP 的抗氧化活性与酪氨酸酶抑制活性呈正相关。王奕等(2007)研究证实了日本刺参胶原肽能显著清除 O^{2-}· 和 ·OH,能促进 B16 黑素瘤细胞增殖,可抑制酪氨酸酶活性进而抑制 B16 细胞黑素的合成,表明刺参胶原肽抑制黑色素合成的主要途径可能是通过有效的自由基清除能力来实现的,在化妆品应用方面,可以将其开发成一种美白剂。Zhuang 等(2009)以抗氧化活性为监测指标,通过酶解得到水母胶原肽,表明分子质量(M_w)为 1kDa$<M_w<$3kDa 的水母胶原肽具有最强的酪氨酸酶抑制活性,其活性抑制机理可能与水母胶原肽抗氧化活性及金属离子螯合特性有关。李明等(2017)使用大孔吸附树脂(DA201-C 型),经超滤膜及葡聚糖凝胶色谱(Sephadex G-10)分离纯化得到羊胎盘抗氧化肽,并将羊胎盘抗氧化肽加入护肤乳液和润肤晚霜中,供 15 名志愿者持续使用 60d。采用 MC750 型皮肤测试仪评价羊胎盘抗氧化肽护肤乳液和润肤晚霜对皮肤的保湿和弹性功效,结果表明,羊胎盘抗氧化肽护肤乳液和润肤晚霜可减少皮肤的水分流失,增加角质层含水量,提升皮肤弹性指数,具有较好的保湿和提升皮肤弹性的功效。李幸(2014)利用异硫氰酸荧光素标记胶原肽进行体外透皮吸收试验,采用荧光显微镜观察胶原肽的透皮过程,结果表明小分子质量胶原肽可快速透过角质层屏障进入皮肤,且小分子质量的胶原肽可与透皮速度慢、分子质量较大的胶原蛋白

共同作用，对皮肤起到保湿护肤的效果；通过颈背部皮下注射 D-半乳糖制造小鼠皮肤干燥、衰老的模型，以甘油为阳性对照，探讨分子质量较小的胶原肽对皮肤的保湿功效，结果表明小分子质量的胶原肽可有效提高衰老皮肤的水分和胶原含量，有效修复衰老皮肤粗糙、松弛、皱纹、胶原纤维减少、排列紊乱等现象；并将分子质量小于 1kD 的胶原肽制成符合国家标准质量规定单一保湿成分的润肤霜产品，经试验表明该保湿霜能显著提高小鼠皮肤中水分和羟脯氨酸含量，可有效抑制透明质酸的流失，对保持皮肤水润、健康具有良好的效果。

因此，将抗氧化肽作为护肤因子添加到护肤品或化妆品中，对皮肤保持光泽、抵抗衰老、美白保湿、促进伤口愈合等大有裨益，在护肤品、化妆品行业中的应用具有良好的开发前景和潜在价值。

4.3.3　抗氧化肽在医药工业中的应用

氧化是细胞生存所需的一种生理机制。机体的正常呼吸及不平衡的饮食习惯（如摄入过多的动物脂、烟熏食品、酒精，少食蔬菜等）会产生大量的活性氧。活性氧包括自由基形式的活性氧（如超氧阴离子自由基、羟基自由基等）和非自由基形式的活性氧（如过氧化氢和单线态氧）。正常情况下，活性氧处于产生与消除的平衡状态，低浓度活性氧对机体参与免疫调节，信号传导，细胞增殖、分化、凋亡等具有重要的作用。但当机体遇到有害因素的刺激或处于病理状态时，活性氧就会大幅度增加，活性氧的积累超过一定数量，且它们的活性大于 SOD、CAT 等抗氧化酶的活性时，可引起类脂膜、胞内蛋白、DNA 及酶的氧化，使机体氧化酶系统与非酶氧化物质失衡，处于氧化应激状态，并引发糖尿病、癌症、神经退行性疾病及炎症反应等（梁方方和郑兰红，2017；杨战等，2018）。且越来越多的研究证实许多疾病与活性氧的形成有关（Najafian，2012），如图 4.5 所示。

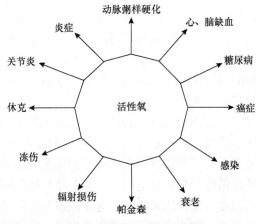

图 4.5　活性氧所引发的疾病

抗氧化剂可通过消除活性氧或上调 Ⅱ 相解毒酶及其他抗氧化酶的表达,使机体免受氧化应激损伤,通过使用抗氧化剂来维持人体健康及预防与治疗疾病被人们所追求。抗氧化肽作为天然来源的抗氧化剂,适量摄入不仅能够抵抗氧化损伤,有效清除体内多余的活性氧,抑制脂质过氧化,保护细胞和线粒体的正常结构与功能,有效预防疾病发生,还具有抗炎、免疫调节、抗疲劳、抗癌等功效,且具有来源广、安全性高、易吸收等特性。因此,近年来,不同来源且在抗炎、保肝、抗疲劳、抗癌等医药中具有潜在应用价值的抗氧化肽被广泛报道,成为国内外的研究热点。

1. 抗炎、肝保护药物

Kang 等(2012)从海藻蛋白水解物中分离纯化得到 2 个氨基酸序列分别为 Pro-Gly-Trp-Asn-Gln-Trp-Phe-Leu 和 Val-Glu-Val-Leu-Pro-Pro-Ala-Glu-Leu 的抗氧化肽,研究发现这 2 个多肽对 HepG2 和 CYP2E1 细胞由酒精介导的氧化损伤具有保护作用。Lin 等(2012)的研究表明大马哈鱼鱼皮胶原蛋白肽可提高机体抗氧化能力和改善脂肪代谢,对大鼠早期酒精性肝损伤具有保护作用。何传波等(2018)研究表明鲍鱼内脏肽具有抗氧化活性,可显著增强受伤小鼠体内 SOD 活性和提高 GSH 含量,降低 MDA 和蛋白质羰基含量,提高小鼠脾脏、胸腺指数,具有免疫调节活性。王双玉等(2007)通过酶解玉米醇溶蛋白制备玉米抗氧化肽,表明玉米抗氧化肽可抵抗酒精所致的肝脏脂质过氧化反应,清除酒精在肝脏中产生的自由基,减轻酒精对肝细胞的损伤,对小鼠酒精性肝损伤有一定保护作用。Rahman 等(2018)研究报道一种来源于解淀粉芽孢杆菌的氨基酸序列为 APKGVQGPNG 的新型抗氧化肽,可通过提升血红素氧合酶-1(HO-1)的水平,提高 RAW264.7 细胞 Nrf2 的核转录和抗氧化反应元件基因的表达,降低细胞内一氧化氮和活性氧水平,维持细胞稳态,保护细胞免受氧化应激。付岩松等(2010)研究报道米糠抗氧化肽可提高机体的自由基清除能力、机体的抗氧化酶活性,抵抗脂质过氧化反应,显著提高由 D-半乳糖致衰小鼠的抗氧化能力,减轻肝线粒体损伤。Choi 等(2017)研究表明芽孢杆菌低聚肽对脂多糖诱导的 RAW264.7 细胞中一氧化氮产生、一氧化氮合酶和环氧合酶-2 的表达具有较强的抑制作用,可减弱 NF-κB 和丝裂原活化蛋白激酶以及肿瘤坏死因子-α、白介素-6 和白介素-1β 的表达,具有抗炎效应,在生物医疗产业具有应用价值。

2. 抗疲劳药物

"自由基学说"认为,剧烈或长时间的疲劳运动,会破坏机体氧化与抗氧化系统的平衡,使机体产生大量的活性氧自由基。若自由基不能及时清除,则会加速蛋白质和脂质的氧化,加快机体的疲劳(Sjödin et al., 1990),通常表现为血糖降低、肝糖原被大量消耗、机体缺氧、乳酸堆积、尿素氮含量增加、肌酸激酶（CK）含量增加、乳酸脱氢酶（LDH）活性降低等。因此，抗氧化肽的抗疲劳功效评价一般是通过测定这些生化指标和运动耐力试验进行测定。生化指标通常包括以下几类：①能量物质，如肝糖原、肌糖原、血糖、磷酸肌酸；②代谢调节物质，如激素、酶；③代谢产物，如血清中的乳酸和尿素氮等。运动耐力试验是指测定机体持续运动至力竭的时间，有动物游泳、爬杆试验等，是反映机体抗疲劳能力增强最直接、最客观的指标。

近年来，有相关研究表明大豆肽、乳清肽、鱼蛋白肽和猪脾脏蛋白肽等抗氧化活性肽是良好的、具有缓解疲劳作用的物质。由于抗氧化肽具有吸收速度快、效率高等特点，可为机体提供氮源，缓解运动机体疲劳，可有效消除疲劳代谢物的积累，抑制乳酸的积累以及降低血清尿素氮在运动机体内的含量，可通过清除机体的自由基以及促进抗氧化物质之间的协同作用增强机体的抗疲劳作用，在治疗慢性疲劳综合症等方面具有潜在的作用（刘晶等，2012；陈星星等，2015）。

游丽君（2010）研究表明泥鳅蛋白抗氧化肽可提高小鼠体内抗氧化酶的活性，提高小鼠耐力，延长游泳的力竭时间，清除血液中乳酸和血清尿素氮的积累，延缓机体葡萄糖和肝糖原的消耗，具有抗疲劳功效，且泥鳅蛋白肽的抗氧化与抗疲劳活性密切相关。Wang 等（2008）从猪脾脏中分离出一个氨基酸序列为 Pro-Thr-Thr-Lys-Thr-Tyr-Phe-Pro-His-Phe 的十肽 CMS001，对雄性 Balb/c 小鼠腹腔注射不同剂量的 CMS001，通过分析肝糖原储备、尿素氮水平、血液中乳酸水平、骨骼肌和心肌线粒体、肌浆网超微结构的完整性、自由基代谢产物和抗氧化剂酶的水平等，发现 CMS001 可缓解机体疲劳，降低血清中尿素氮和乳酸水平，减少肝糖原的消耗，降低 MDA 含量，提高 SOD 活性，减少由脂质过氧化和自由基引起的损伤。Liu 等（2011）给小鼠口服经植物乳杆菌 TUST200209 发酵得到的乳清蛋白肽，表明乳清蛋白肽可缓解疲劳，延长小鼠游泳的力竭时间，且抗疲劳活性与抗氧化活性相关。此外，胡小军等（2017）将小鼠置于体积为（50×50×40）cm^3、水深为 30cm、水温为 25℃的小泳池中，采用小鼠力竭游泳时间来评估鱿鱼抗氧化肽的抗疲劳作用，表明鱿鱼抗氧化肽具有抗疲劳的功效。苏永昌等（2013）研究了罗非鱼多肽饮料的抗氧化、抗疲劳作用，表明多肽复配饮料可增强小鼠体内抗氧化能力，使小鼠负重游泳时间延长，具有抗疲劳和抗氧化的双重功效。王勇刚等（2007）研究表明鱼精蛋白肽具有较强的羟基自由基清除能力，可缓解大鼠运动疲劳，其抗疲劳能力与抗氧化活性有关。因而，抗氧化肽在抗疲劳等药物中具有潜在的应用价值。

3. 抗癌药物

抗氧化肽除了具有抗疲劳的功效以外，还有研究证实泥鳅蛋白抗氧化肽、鱿鱼抗氧化肽、血蛤肌肉蛋白肽、毛蚶抗氧化肽等对癌细胞具有增殖抑制作用，如表 4.3 所示。因此，将抗氧化肽应用在癌症预防及治疗药物的开发中具有潜在的价值，不仅可以减少患者体内的氧化应激损伤，提供机体所需能量，还对癌细胞的增殖具有一定的抑制作用。

表 4.3　抗氧化肽抗癌细胞增殖活性

抗氧化肽名称	癌细胞名称	增殖抑制 EC_{50} 值	参考文献
泥鳅蛋白抗氧化肽	肝癌细胞 HepG2	16.69mg/mL	游丽君，2010
泥鳅蛋白抗氧化肽	结肠癌细胞 Caco-2	9.92mg/mL	游丽君，2010
泥鳅蛋白抗氧化肽	乳腺癌细胞 MCF-7	15.91mg/mL	游丽君，2010
鱿鱼抗氧化肽	胃癌细胞 SGC-7901	21.10mg/mL	胡小军，2017
牡蛎抗氧化肽	人结肠癌细胞 HT-29	90.31μg/mL	Umayaparvathi et al.，2014
血蛤肌肉蛋白肽	人前列腺癌细胞 PC-3	1.99mg/mL	Chi et al.，2015
血蛤肌肉蛋白肽	人前列腺癌细胞 DU-145	2.80mg/mL	Chi et al.，2015
血蛤肌肉蛋白肽	人肺癌细胞 H-1299	3.30mg/mL	Chi et al.，2015
血蛤肌肉蛋白肽	宫颈癌细胞 HeLa	2.54mg/mL	Chi et al.，2015
毛蚶抗氧化肽	肝癌细胞 HepG2	10.1μg/mL	Chen et al.，2013
毛蚶抗氧化肽	人结肠癌细胞 HT-29	10.5μg/mL	Chen et al.，2013
毛蚶抗氧化肽	宫颈癌细胞 HeLa	10.8μg/mL	Chen et al.，2013
鹰嘴豆多肽	乳腺癌细胞 MCF-7	2.38μmol/L	Xue et al.，2015
鹰嘴豆多肽	人乳腺癌细胞 MDA-MB-231	1.50μmol/L	Xue et al.，2015

注：EC_{50} 表示半数效应浓度。

随着人们生活节奏的加快，饮食不规律、睡眠不足、生活压力、不良的习惯等多种因素导致许多人处于亚健康状态。因此，具有缓解疲劳、延缓机体衰老、增强机体免疫力等功效的保健品越来越受人们的重视。食源性抗氧化肽作为一种天然来源的生物活性肽，具有安全性高、分子质量小、易吸收、活性强等特点，在吸收速率及生物学功能上具有优异性，因而，具有潜在的开发价值。且随着生命科学的发展和生物学作用机制的深入研究，抗氧化肽的构效关系将更加明确，抗氧化肽在食品工业、化妆品、医药等领域将得到广泛应用，将抗氧化肽用于开发药物或作为保健品的功能因子将引发热潮，成为食品研究和高科技产业的前沿与热点，在医药领域将具有很好的发展前景和优势。

参 考 文 献

包立军, 彭云武, 孙敏瑞, 等. 2017. 天然黄茧丝蛋白多肽的抗氧化活性研究[J]. 陕西农业科学, 63(11): 38-40.

闭秋华, 孙宁, 白文娟, 等. 2012. 水牛奶乳清蛋白制备抗氧化活性肽工艺的研究[J]. 食品科技, (6): 89-94.

陈星星, 胡晓, 李来好, 等. 2015. 抗疲劳肽的研究进展[J]. 食品工业科技, 36(4): 365-369.

邓乾春, 陈春艳, 潘雪梅, 等. 2005. 白果活性蛋白的酶法水解及抗氧化活性研究[J]. 农业工程学报, 21(11): 155-159.

董士远, 刘尊英, 赵元晖, 等. 2009. 鲢鱼抗氧化肽对冷藏鲅鱼肉脂质氧化的影响[J]. 中国海洋大学学报(自然科学版), 39(2): 233-237.

付岩松, 罗霞, 张心昱, 等. 2010. 米糠抗氧化肽对 D-半乳糖致衰小鼠肝线粒体的保护[J]. 食品工业科技, 31(6): 310-312.

何传波, 邵杰, 魏好程, 等. 2018. 鲍内脏蛋白肽抗氧化和免疫调节活性[J]. 食品科学, 39(5): 206-212.

胡小军, 江敏, 王标诗, 等. 2017. 鱿鱼蛋白抗氧化肽的稳定性及抗疲劳和抗癌活性[J]. 食品工业科技, 38(16): 60-64.

黄艳青, 王松刚, 房文红, 等. 2014. 寡肽的功能及其在水产养殖中的应用[J]. 科学养鱼, V30(10): 90.

李丽, 阮金兰, 钱伟亮, 等. 2017. 多指标评价核桃蛋白及多肽的抗氧化活性[J]. 食品研究与开发, 38(3): 1-4.

李明, 姜惠敏, 曹光群, 等. 2017. 酶解羊胎盘抗氧化肽的分离及在护肤品中的应用[J]. 日用化学工业, 47(8): 446-451.

李幸. 2014. 鳕鱼皮胶原肽保湿护肤效果的研究[D]. 中国海洋大学硕士学位论文.

李亚会, 吉薇, 吉宏武, 等. 2016. 远东拟沙丁鱼抗氧化肽对 Caco-2 细胞氧化应激损伤的影响[J]. 广东海洋大学学报, 36(6): 94-99.

廉雯蕾. 2015. 脱酰胺-酶解法制备米蛋白肽及其亚铁螯合物的研究[D]. 江南大学硕士学位论文.

梁方方, 郑兰红. 2017. 海洋生物抗氧化肽的综合应用研究进展[J]. 食品工业, 38(10): 236-239.

刘晶, 苗颖, 赵征, 等. 2012. 抗氧化作用延缓疲劳的研究进展[J]. 中国乳品工业, 40(1): 42-45.

刘淇, 李慧, 赵玲, 等. 2012. 鳕鱼皮胶原蛋白肽的功能特性及抗氧化活性[J]. 食品工业科技, (1): 135-137.

牛琼, 杨欣建, 刘黎军. 2012. 鹿茸多肽促进皮肤创面愈合的实验研究[J]. 现代中西医结合杂志, 21(16): 1732-1733.

彭惠惠, 李吕木, 钱坤, 等. 2013. 发酵芝麻粕中芝麻小肽的分离纯化及其体外抗氧化活性[J]. 食品科学, 34(9): 66-69.

彭维兵, 何秋霞, 刘可春, 等. 花生肽对四氯化碳致小鼠肝损伤的保护作用[J]. 中国食物与营养, 17(9): 71-73.

彭新颜, 孟婉静, 周夕冉, 等. 2015. 蓝点马鲛鱼皮抗氧化肽段对熟肉糜脂肪和蛋白氧化抑制作用的研究[J]. 水产学报, 39(11): 1730-1741.

蒲月华, 邓旗, 杨萍, 等. 2016. 珍珠贝多肽体外抗氧化活性的研究[J]. 食品科技, (11): 124-128.

秦迪, 张慧杰, 杨希营, 等. 2018. 抗氧化肽 AOP1 对小鼠皮肤烫伤创面愈合修复的影响[J]. 中国药理学通报, 34(2): 225-231.

石娟, 赵煜, 雷杨, 等. 2011. 黄精粗多糖抗疲劳抗氧化作用的研究[J]. 时珍国医国药, 22(6): 1409-1410.

石燕玲, 何慧, 梁润生, 等. 2008. 灵芝肽对小鼠半乳糖胺致肝损伤的保护作用[J]. 食品科学, 29(5): 416-419.

宋永相, 孙谧, 王跃军, 等. 2009. 海洋活性胶原肽的抗氧化性及对酪氨酸酶的抑制作用与初步分离研究[J]. 中国食品学报, 9(5): 7-13.

苏永昌, 刘淑集, 王茵, 等. 2013. 罗非鱼多肽饮料的制备及抗氧化抗疲劳作用[J]. 福建水产, 35(2): 112-117.

王白强, 曾晓军. 2002. 酪氨酸酶活性的抑制研究及皮肤美白化妆品的研制[J]. 福建轻纺, (7): 1-6.

王洁昀. 2009. 微波辅助水解制备骨胶原肽及其抗皮肤 UVB 损伤的研究[D]. 江南大学硕士学位论文.

王晶, 孔保华, 熊幼翎, 等. 2009. 玉米蛋白酶水解物对生肉糜脂肪氧化的抑制研究[J]. 中国粮油学报, 24(2): 63-66.

王晶, 孔保华. 2009. 玉米蛋白抗氧化肽的制备及其在熟肉糜中的应用[J]. 肉类研究, (11): 42-47.

王丽华, 段玉峰, 马艳丽, 等. 2008. 槐花多糖的提取工艺及抗氧化活性研究[J]. 西北农林科技大学学报(自然科学版), 36(8): 213-217.

王瑞雪, 孙洋, 钱方. 2011. 抗氧化肽及其研究进展[J]. 食品科技, (5): 83-86.

王双玉, 李坤, 阚国仕, 等. 2007. 玉米抗氧化肽的制备及其对小鼠急性酒精性肝损伤的保护作用[J]. 食品研究与开发, (3): 29-33.

王奕, 王静凤, 张瑾, 等. 2007. 日本刺参胶原肽对 B16 黑素瘤细胞黑素合成的影响[J]. 营养学报, (4): 401-404.

王勇刚, 朱锋荣, 韩福森, 等. 2007. 鱼精多肽在抗氧化和抗疲劳方面的作用研究[J]. 食品科技, (7): 245-248.

巫春旭. 2017. 罗仙子抗氧化肽的制备及对皮肤光老化预防作用研究[D]. 广东药科大学硕士学位论文.

吴晖, 任尧, 李晓凤. 2011. 鸭蛋清蛋白多肽体外抗氧化活性的研究[J]. 食品工业科技, 32(7): 91-95.

吴琼, 薛寒, 李强, 等. 2015. 林蛙皮多肽对大鼠皮肤激光损伤的修复作用[J]. 吉林农业大学学报, 37(5): 617-621.

谢靖, 韩彦弢, 姜国湖, 等. 2011. 扇贝多肽抑制中波紫外线导致的人皮肤成纤维细胞周期阻滞[J]. 中国海洋药物, 30(2): 53-57.

杨战, 杨宝山, 颜炳柱, 等. 2018. Keap1-Nrf2-ARE 抗氧化通路与肝脏疾病的研究进展[J]. 肝脏, 23(3): 266-268.

殷健, 李万芳, 王爱平, 等. 2013. 氧自由基吸收能力分析法的发展和应用[J]. 中国食品卫生杂志, 25(1): 97-101.

游丽君. 2010. 泥鳅蛋白抗氧化肽的分离纯化及抗疲劳、抗癌功效研究[D]. 华南理工大学博士学位论文.

张晖, 唐文婷, 王立, 等. 2013. 抗氧化肽的构效关系研究进展[J]. 食品与生物技术学报, 32(7): 673-679.

张莉莉, 严群芳, 王恬. 2007. 大豆生物活性肽的分离及其抗氧化活性研究[J]. 食品科学, 28(5): 208-211.

张曼, 顾少菊, 孔天翰, 等. 2012. 蝎毒多肽促进创伤皮肤溃疡愈合的实验研究[J]. 中国医药导报, 9(10): 22-23.

张玉锋, 段岢君, 王威, 等. 2014. 脱脂椰子种皮多肽的抗氧化活性研究[J]. 中国粮油学报, 29(8): 65-68.

赵聪, 程晨, 尹诗语, 等. 2018. 基于亚铁螯合能力的灰树花蛋白酶解工艺优化及其抗氧化活性[J]. 食品科学, 39(2): 73-79.

赵立娜, 汪少芸, 江勇, 等. 2013. 茶渣蛋白有限酶解条件优化及在脂-肉中的应用[J]. 中国食品学报, 13(5): 92-99.

赵立娜, 汪少芸, 饶平凡, 等. 2012. 茶渣蛋白的提取、有限酶解及抗氧化性质研究[J]. 中国食品学报, 12(2): 53-60.

周玫, 陈瑗. 1985. 谷胱甘肽过氧化物酶[J]. 生命的化学, (4): 17-18.

周先艳. 2016. 鳕鱼皮胶原蛋白水解液体外模拟消化研究及抗氧化肽的分离纯化[D]. 昆明理工大学硕士学位论文.

Annema N, Heyworth J S, Mcnaughton S A, et al. 2011. Fruit and vegetable consumption and the risk of proximal colon, distal colon, and rectal cancers in a case-control study in western Australia[J]. Journal of the American Dietetic Association, 111(10): 1479-1490.

Bhat Z F, Kumar S, Bhat H F. 2015. Bioactive peptides of animal origin: a review[J]. Journal of Food Science and Technology, 52(9): 1-16.

Bounous G, Batist G, Gold P. 1989. Immunoenhancing property of dietary whey protein in mice: role of glutathion[J]. Clinical and Investigative Medicine. Medecine Clinique et Experimentale, 12(3): 154-161.

Butterfield D A, Castegna A, Lauderback C M, et al. 2002. Evidence that amyloid β-peptide-induced lipid peroxidation and its sequelae in Alzheimer's disease brain contribute to neuronal death[J]. Neurobiology of Aging, 23(5): 655-664.

Butterfield D, Castegna A, Pocernich C, et al. 2002. Nutritional approaches to combat oxidative stress in Alzheimer's disease[J]. Journal of Nutritional Biochemistry, 13(8): 444-461.

Cai H, Harrison D G. 2000. Endothelial dysfunction in cardiovascular diseases: the role of oxidant stress[J]. Circulation Research, 87(10): 840-844.

Cai X X, Huang Q M, Wang S Y. 2015a. Isolation of a novel lutein-protein complex from *Chlorella vulgaris* and its functional properties[J]. Food and Function, 6(6): 1893-1899.

Cai X X, Yan A N, Fu N Y, et al. 2017. *In vitro* antioxidant activities of enzymatic hydrolysate from *Schizochytrium* sp. and its hepatoprotective effects on acute alcohol-induced liver injury *in vivo*[J]. Marine Drugs, 15(4): 1-13.

Cai X X, Yang Q, Wang S Y. 2015b. Antioxidant and hepatoprotective effects of a pigment-protein complex from *Chlorella vulgaris* on carbon tetrachloride-induced liver damage *in vivo*[J]. RSC Advances, 5(116): 96097-96104.

Chan K M, Decker E A. 1994. Endogenous skeletal muscle antioxidants[J]. Critical Reviews in Food and Science and Nutrition, 34(4): 403-426.

Chen H M, Muramoto K, Yamauchi F, et al. 1996. Antioxidant activity of designed peptides based on the antioxidative peptide isolated from digests of a soybean protein[J]. Journal of Agricultural and Food Chemistry, 44(9): 2619-2623.

Chen L L, Song L Y, Li T F , et al. 2013. A new antiproliferative and antioxidant peptide isolated from arca subcrenata[J]. Marine Drugs, 11(6): 1800-1814.

Cheng N, Du B, Wang Y, et al. 2014. Antioxidant properties of jujube honey and its protective effects against chronic alcohol-induced liver damage in mice[J]. Food and Function, 5(5): 900-908.

Chi C F, Hu F Y, Wang B, et al. 2015. Antioxidant and anticancer peptides from the protein hydrolysate of blood clam(*Tegillarca granosa*) muscle[J]. Journal of Functional Foods, 15: 301-313.

Dai J, Mumper R J. 2010. Plant phenolics: extraction, analysis and their antioxidant and anticancer properties[J]. Molecules, 15(10): 7313-7352.

Dickinson B C, Chang C J. 2012. Chemistry and biology of reactive oxygen species in signaling or stress responses[J]. Nature Chemical Biology, 7(8): 504-511.

Dinis T C, Madeira V M, Almeida L M. 1994. Action of phenolic derivatives(acetaminophen, salicylate, and 5-aminosalicylate) as inhibitors of membrane lipid peroxidation and as peroxyl radical scavengers[J]. Archives of Biochemistry and Biophysics, 315(1): 161-169.

Duthie S J, Jenkinson A M, Crozier A, et al. 2006. The effects of cranberry juice consumption on antioxidant status and biomarkers relating to heart disease and cancer in healthy human volunteers[J]. European Journal of Nutrition, 45(2): 113-122.

Eilertsen K, Mæhre H K, Cludts K, et al. 2011. Dietary enrichment of apolipoprotein E-deficient mice with extra virgin olive oil in combination with seal oil inhibits atherogenesis[J]. Lipids in Health and Disease, 10(1): 41-48.

Elias R J, Kellerby S S, Decker E A. 2008. Antioxidant activity of proteins and peptides[J]. Critical Reviews in Food Science and Nutrition, 48(5): 430-441.

Elmadfa I, Meyer A L. 2008. Body composition, changing physiological functions and nutrient requirements of the elderly [J]. Annals of Nutrition and Metabolism, 52(S1): 2-5.

Emerit J, Edeas M, Bricaire F. 2004. Neurodegenerative diseases and oxidative stress[J]. Biomedicine and Pharmacotherapy, 58(1): 39-46.

Erdmann K, Cheung B W Y, Schröder, H. 2008. The possible roles of food-derived bioactive peptides in reducing the risk of cardiovascular disease[J]. Journal of Nutritional Biochemistry, 19(10): 643-654.

Faremi T Y, Suru S M , Fafunso M A, et al. 2008. Hepatoprotective potentials of *Phyllanthus amarus* against ethanol-induced oxidative stress in rats[J]. Food and Chemical Toxicology, 46(8): 2658-2664.

Finkel T. 1998. Oxygen radicals and signaling[J]. Current Opinion in Cell Biology, 10(2): 248-253.

Ghassem M, Arihara K, Mohammadi S, et al. 2017. Identification of two novel antioxidant peptides from edible bird's nest(*Aerodramus fuciphagus*) protein hydrolysates[J]. Food and Function, 8(5): 2046-2052.

Girgih A T, He R, Malomo S, et al. 2014. Structural and functional characterization of hemp seed(*Cannabis sativa* L.) protein-derived antioxidant and antihypertensive peptides[J]. Journal of Functional Foods, 6(1): 384-394.

Goodman M, Bostick R M, Kucuk O, et al. 2011. Clinical trials of antioxidants as cancer prevention agents: past, present, and future[J]. Free Radical Biology and Medicine, 51(5): 1068-1084.

Griffiths H R, Mistry P, Herbert K E, et al. 1998. Molecular and cellular effects of ultraviolet light-induced genotoxicity[J]. CRC Critical Reviews in Clinical Laboratory Sciences, 35(3): 189-237.

Gülcin I, Alici H A, Cesur M. 2005. Determination of *in vitro* antioxidant and radical scavenging activities of propofol [J]. Chemical and Pharmaceutical Bulletin, 53(3): 281-285.

Guo L, Hou H, Li B, et al. 2013. Preparation, isolation and identification of iron-chelating peptides derived from Alaska pollock skin[J]. Process Biochemistry, 48(5-6): 988-993.

Harada K, Maeda T, Hasegawa Y, et al. 2010. Antioxidant activity of fish sauces including puffer(*Lagocephalus wheeleri*) fish sauce measured by the oxygen radical absorbance capacity method[J]. Molecular Medicine Reports, 3(4): 663-668.

Hazel S. 2006. Cell-permeable, mitochondrial-targeted, peptide antioxidants[J]. The AAPS Journal, 8(2): E277-E283.

Himaya S W A, Ryu B M, Ngo D H, et al. 2012. Peptide isolated from Japanese flounder skin gelatin protects against cellular oxidative damage[J]. Journal of Agricultural and Food Chemistry, 60(36): 9112-9119.

Hirose A, Miyashita K. 1999. Inhibitory effect of proteins and their hydolysates on the oxidation of triacylglycerols containing docosahexaenoic acids in emulsion[J]. Nippon Shokuhin Kogyo Gakkaishi, 46(12): 799-805.

Janson J C, Rydén L. 1991. Protein purification: principles, high-resolution methods, and applications[J]. Food Chemistry, 41(3): 361-363.

Je J Y, Byun Q H G, Kim S K. 2007. Purification and characterization of an antioxidant peptide obtained from tuna backbone protein by enzymatic hydrolysis[J]. Process Biochemistry, 42(5): 840-846.

Jensen I J, Dort J, Eilertsen K E. 2014. Proximate composition, antihypertensive and antioxidative properties of the semimembranosus muscle from pork and beef after cooking and *in vitro* digestion[J]. Meat Science, 96(2): 916-921.

Jensen I J, Eilertsen K E, Mæhre H K, et al. 2013. Health effects of antioxidative and antihypertensive peptides from marine resources// Kim S K. Marine Proteins and Peptides[M]. Hoboken, USA：John Wiley & Sons Inc.

Jung W K, Qian Z J, Lee S H, et al. 2007. Free radical scavenging activity of a novel antioxidative peptide isolated from *in vitro* gastrointestinal digests of *Mytilus coruscus*[J]. Journal of Medicinal Food, 10(1): 197-202.

Kang J H, Kim K S, Choi S Y, et al. 2002. Carnosine and related dipeptides protect human ceruloplasmin against peroxyl radical-mediated modification[J]. Molecules and Cells, 13(3): 498-502.

Kang K H, Qian Z J, Ryu B M, et al. 2012. Antioxidant peptides from protein hydrolysate of microalgae navicula incerta and their protective effects in Hepg2/CYP2E1 cells induced by ethanol[J]. Phytotherapy Research, 26(10): 1555-1563.

Kim S K, Wijesekara I. 2010. Development and biological activities of marine-derived bioactive peptides: a review[J]. Journal of Functional Foods, 2(1): 1-9.

Kim S Y, Je J Y, Kim S K. 2007. Purification and characterization of antioxidant peptide from hoki(*Johnius belengerii*) frame protein by gastrointestinal digestion[J]. The Journal of Nutritional Biochemistry, 18(1): 31-38.

Kim Y G, Sang K K, Kwon J W, et al. 2003. Effects of cysteine on amino acid concentrations and transsulfuration enzyme activities in rat liver with protein-calorie malnutrition[J]. Life Sciences, 72(10): 1171-1181.

Klompong V, Benjakul S, Kantachote D, et al. 2007. Antioxidative activity and functional properties of protein hydrolysate of yellow stripe trevally(*Selaroides leptolepis*) as influenced by the degree of hydrolysis and enzyme type[J]. Food Chemistry, 102(4): 1317-1327.

Korhonen H, Pihlanto A. 2003. Food-derived bioactive peptides-opportunities for designing future foods[J]. Current Pharmaceutical Design, 9(16): 1297-1308.

Lakshmi S V, Padmaja G, Kuppusamy P, et al. 2009. Oxidative stress in cardiovascular disease[J]. Indian Journal of Biochemistry and Biophysics, 46(6): 421-440.

Laszlo Tretter I S, Adam-Vizi V. 2004. Initiation of neuronal damage by complex ideficiency[J]. Neurochemical Research, 29(3): 569-577.

Lee S J, Kim Y S, Hwang J W, et al. 2012. Purification and characterization of a novel antioxidative peptide from duck skin by-products that protects liver against oxidative damage[J]. Food Research International, 49(1): 285-295.

Li B, Chen F, Wang X, et al. 2007. Isolation and identification of antioxidative peptides from porcine collagen hydrolysate by consecutive chromatography and electrospray ionization-mass spectrometry[J]. Food Chemistry, 102(4): 1135-1143.

Lin B, Zhang F, Yu Y, et al. 2012. Marine collagen peptides protect against early alcoholic liver injury in rats[J]. British Journal of Nutrition, 107(8): 1160-1166.

Lin H M, Deng S G, Huang S B. 2015. Antioxidant activities of ferrous-chelating peptides isolated from five types of low-value fish protein hydrolysates[J]. Journal of Food Biochemistry, 38(6): 627-633.

Liu J, Miao Y, Zhao Z, et al. 2011. Retard of whey hydrolysates supplementation on swimming exercise-induced fatigue in mice[J]. Asian Journal of Animal and Veterinary Advances, 6(12): 1214-1223.

Liu Q, Tian G, Yan H, et al. 2014. Characterization of polysaccharides with antioxidant and hepatoprotective activities from the wild edible mushroom russula vinosa lindblad[J]. Journal of Agricultural and Food Chemistry, 62(35): 8858-8866.

Liu X, Shi S, Ye J, et al. 2009. Effect of polypeptide from *Chlamys farreri* on UVB-induced ROS/NF-κB/COX-2 activation and apoptosis in HaCaT cells[J]. Journal of Photochemistry and Photobiology B: Biology, 96(2): 109-116.

Martínez M L, Penci M C, Ixtaina V, et al. 2013. Effect of natural and synthetic antioxidants on the oxidative stability of walnut oil under different storage conditions[J]. LWT-food Science and Technology, 51(1): 44-50.

Mitsuda H, Yasumoto K, Iwami K. 1966. Antioxidative action of indole compounds during the autoxidation of linoleic acid[J]. Nipponyo Shokuryo Gakkaishi, 19(3): 210-214.

Nagasawa T, Yonekura T, Nishizawa N, et al. 2001. *In vitro* and *in vivo* inhibition of muscle lipid and protein oxidation by carnosine[J]. Molecular and Cellular Biochemistry, 225(1-2): 29-34.

Najafian L, Babji A S. 2012. A review of fish-derived antioxidant and antimicrobial peptides: their production, assessment, and applications[J]. Peptides, 33(1): 178-185.

Nalinanon S, Benjakul S, Kishimura H, et al. 2011. Functionalities and antioxidant properties of protein hydrolysates from the muscle of ornate threadfin bream treated with pepsin from skipjack tuna[J]. Food Chemistry, 124(4): 1354-1362.

Naqash S Y, Nazeer R A. 2011. Evaluation of bioactive properties of peptide isolated from *Exocoetus volitans* backbone[J]. International Journal of Food Science and Technology, 46(1): 37-43.

Niki E. 2010. Assessment of antioxidant capacity *in vitro* and *in vivo*[J]. Free Radical Biology and Medicine, 49(4): 503-515.

Osawa T, Namiki M. 1981. A novel type of antioxidant isolated from leaf wax of *Eucalyptus* leaves[J]. Agricultural and Biological Chemistry, 45(3): 735-739.

Parihar A, Parihar M S, Milner S, et al. 2008. Oxidative stress and anti-oxidative mobilization in burn injury[J]. Burns, 34(1): 6-17.

Peñaramos E A, Xiong Y L, Arteaga G E. 2004. Fractionation and characterisation for antioxidant activity of hydrolysed whey protein[J]. Journal of the Science of Food and Agriculture, 84(14): 1908-1918.

Peñaramos E A, Xiong Y L. 2001. Antioxidative activity of whey protein hydrolysates in a liposomal system[J]. Journal of Dairy Science, 84(12): 2577-2583.

Pou S, Pou W S, Bredt D S, et al. 1992. Generation of superoxide by purified brain nitric oxide synthase[J]. Journal of Biological Chemistry, 267(34): 24173-24176.

Prestat C J, Brewer M S. 2010. Consumer attitudes toward food safety issues[J]. Journal of Food Safety, 22(2): 67-83.

Prior R L, Wu X L, Schaich K. 2005. Standardized methods for the determination of antioxidant capacity and phenolics in foods and dietary supplements[J]. Journal of Agricultural and Food Chemistry, 53(10):4290-4302.

Qian Z J, Jung W K, Kim S K. 2008. Free radical scavenging activity of a novel antioxidative peptide purified from hydrolysate of bullfrog skin, *Rana catesbeiana* Shaw[J]. Bioresource Technology, 99(6): 1690-1698.

Rahman M S, Hee Choi Y, Seok Choi Y, et al. 2018. A novel antioxidant peptide, purified from *Bacillus amyloliquefaciens*, showed strong antioxidant potential via Nrf-2 mediated heme oxygenase-1 expression[J]. Food Chemistry, 239: 502-510.

Rajapakse N, Mendis E, Byun H G, et al. 2005. Purification and *in vitro* antioxidative effects of giant squid muscle peptides on free radical-mediated oxidative systems[J]. Journal of Nutritional Biochemistry, 16(9): 562-569.

Ranathunga S, Rajapakse S, Kim S K. 2006. Purification and characterization of antioxidative peptide derived from muscle of conger eel(*Conger myriaster*)[J]. European Food Research and Technology, 222(3-4): 310-315.

Rauk A, Armstrong D A. 2000. Influence of β-sheet structure on the susceptibility of proteins to backbone oxidative damage: preference for αc-centered radical formation at glycine residues of antiparallel β-sheets[J]. Journal of the American Chemical Society, 122(17): 4185-4192.

Rodrigo R, Miranda A, Vergara L. 2011. Modulation of endogenous antioxidant system by wine polyphenols in human disease[J]. Clinica Chimica Acta, 412(5-6): 410-424.

Samaranayaka A G P. 1961. Pacific hake(*Merluccius productus*) fish protein hydrolysates with antioxidative properties[D]. University of British Columbia.

Samaranayaka A G P, Li-Chan E C Y. 2008. Autolysis-assisted production of fish protein hydrolysates with antioxidant properties from Pacific hake(*Merluccius productus*)[J]. Food Chemistry, 107(2):

768-776.

Sarmadi B H, Ismail A. 2010. Antioxidative peptides from food proteins: a review[J]. Peptides, 31(10): 1949-1956.

Sharma O P, Bhat T K. 2009. DPPH antioxidant assay revisited[J]. Food Chemistry, 113(4): 1202-1205.

Shimokawa H, Flavahan N A, Vanhoutte P M. 1991. Loss of endothelial pertussis toxin-sensitive G protein function in atherosclerotic porcine coronary arteries[J]. Circulation, 83(2): 652-660.

Sjödin B, Hellsten W Y, Apple F S. 1990. Biochemical mechanisms for oxygen free radical formation during exercise[J]. Sports Medicine, 10(4): 236-254.

Stadtman E R. 2004. Role of oxidant species in aging[J]. Current Medicinal Chemistry, 11(9): 1105-1112.

Svobodova A, Walterova D, Vostalova J. 2006. Ultraviolet light induced alteration to the skin[J]. Biomedical Papers of the Medical Faculty of the University Palacky, 150(1): 25-38.

Takahashi H, Hara K. 2003. Cardiovascular diseases and oxidative stress[J]. Rinsho Byori the Japanese Journal of Clinical Pathology, 51(2): 133-139.

Theodore A E, Raghavan S, Kristinsson H G. 2008. Antioxidative activity of protein hydrolysates prepared from alkaline-aided channel catfish protein isolates[J]. Journal of Agricultural and Food Chemistry, 56(16): 7459-7466.

Thiansilakul Y, Benjakul S, Shahidi F. 2010. Antioxidative activity of protein hydrolysate from round scad muscle using alcalase and flavourzyme[J]. Journal of Food Biochemistry, 31(2): 266-287.

Udenigwe C C, Aluko R E. 2012. Food protein-derived bioactive peptides: production, processing, and potential health benefits[J]. Journal of Food Science, 77(1): R11-R24.

Umayaparvathi S, Arumugam M, Meenakshi S, et al. 2014. Purification and characterization of antioxidant peptides from oyster(*Saccostrea cucullata*)hydrolysate and the anticancer activity of hydrolysate on human colon cancer cell lines[J]. International Journal of Peptide Research and Therapeutics, 20(2): 231-243.

Valko M, Izakovic M, Mazur M, et al. 2004. Role of oxygen radicals in DNA damage and cancer incidence[J]. Molecular and Cellular Biochemistry, 266: 37-56.

Valko M, Leibfritz D, Moncol J, et al. 2007. Free radicals and antioxidants in normal physiological functions and human disease[J]. The International Journal of Biochemistry and Cell Biology, 39(1): 44-84.

Valko M, Rhodes C J, Moncol J, et al. 2006. Free radicals, metals and antioxidants in oxidative stress-induced cancer[J]. Chemico-Biological Interactions, 160(1): 1-40.

Vattem D A, Ghaedian R, Shetty K. 2005. Enhancing health benefits of berries through phenolic antioxidant enrichment: focus on cranberry[J]. Asia Pacific Journal of Clinical Nutrition, 14(2): 120-130.

Visconti R, Grieco D. 2009. New insights on oxidative stress in cancer[J]. Current Opinion in Drug Discovery and Development, 12(2): 240-245.

Wang B, Li Z R, Chi C F, et al. 2012. Preparation and evaluation of antioxidant peptides from ethanol-soluble proteins hydrolysate of *Sphyrna lewini* muscle[J]. Peptides, 36(2): 240-250.

Wang L L, Xiong Y L. 2005. Inhibition of lipid oxidation in cooked beef patties by hydrolyzed potato protein is related to its reducing and radical scavenging ability[J]. Journal of Agricultural and Food

Chemistry, 53(23): 9186-9192.

Wang L, Zhang H L, Lu R, et al. 2008. The decapeptide CMS001 enhances swimming endurance in mice[J]. Peptides, 29(7): 1176-1182.

Wilcox J N, Subramanian R R, Sundell C L, et al. 1997. Expression of multiple isoforms of nitric oxide synthase in normal and atherosclerotic vessels[J]. Arteriosclerosis Thrombosis and Vascular Biology, 17(11): 2479-2488.

Winczura A, Zdżalik D, Tudek B. 2012. Damage of DNA and proteins by major lipid peroxidation products in genome stability[J]. Free Radical Research, 46(4): 442-459.

Wu H C, Chen H M, Shiau C Y. 2003. Free amino acids and peptides as related to antioxidant properties in protein hydrolysates of mackerel(*Scomber austriasicus*)[J]. Food Research International, 36(9): 949-957.

Xue Z H, Wen H C, Zhai L J, et al. 2015. Antioxidant activity and antiproliferative effect of a bioactive peptide from chickpea(*Cicer arietinum* L.)[J]. Food Research International, 77: 75-81.

You L J, Ren J Y, Yang B, et al. 2012. Antifatigue activities of loach protein hydrolysates with different antioxidant activities[J]. Journal of Agricultural and Food Chemistry, 60(50): 12324-12331.

Yun H C, Cho S S, Simkhada J R, et al. 2017. A novel multifunctional peptide oligomer of bacitracin with possible bioindustrial and therapeutic applications from a Korean food-source *Bacillus* strain[J]. PloS One, 12(5): 1-18.

Zhang H, Ren F Z. 2009. Advances in determination of hydroxyl and superoxide radicals[J]. Spectroscopy and Spectral Analysis, 29(4): 1093-1099.

Zhang T, Li Y, Miao M, et al. 2011. Purification and characterisation of a new antioxidant peptide from chickpea(*Cicer arietinum* L.) protein hydrolysates[J]. Food Chemistry, 128(1): 28-33.

Zhang Y F, Duan X, Zhuang Y L. 2012. Purification and characterization of novel antioxidant peptides from enzymatic hydrolysates of tilapia(*Oreochromis niloticus)* skin gelatin[J]. Peptides, 38(1): 13-21.

Zhao K, Zhao G M, Wu D, et al. 2004. Cell-permeable peptide antioxidants targeted to inner mitochondrial membrane inhibit mitochondrial swelling, oxidative cell death, and reperfusion injury[J]. Journal of Biological Chemistry, 279(33): 34682-34690.

Zhuang Y L, Zhao X, Li B F. 2009. Optimization of antioxidant activity by response surface methodology in hydrolysates of jellyfish(*Rhopilema esculentum*)umbrella collagen[J]. Journal of Zhejiang University(Science B), 8: 572-579.

第5章 抗 菌 肽

抗生素发现的"黄金时代"早已过去，然而抗生素的过敏反应、微生物的耐药性、环境污染等问题迫使人们寻找新型的"抗生素"。抗菌肽（AMP）又名宿主防御肽（HDP），是指能杀灭或抑制微生物生长的寡肽和多肽，包括大分子蛋白质或多肽水解形成的肽和非核糖体合成的肽类物质。在过去的几十年中，已经有超过3000种抗菌肽被发现，范围涉及动物、植物、真菌和细菌。虽然这些抗菌肽在结构上有一些共同特点，如一般为强阳离子性、热稳定性好、含有30~60个氨基酸线性或环状结构，但它们的序列、活性和靶点却有很大的不同。抗菌肽抗菌谱广且对多重耐药菌有杀伤作用，有着广阔的开发前景。

5.1 抗菌肽概述

1922年，科学家发现的人类溶菌酶，代表着第一个抗菌肽的发现。自从20世纪80年代以来，抗菌肽引起了很多研究人员的关注。抗菌肽是一种防御分子，分布于各种生命形式中，它们的主要作用是杀死入侵的病原体（细菌、真菌、一些寄生虫和病毒）。最近的研究表明，抗菌肽对一些耐药菌具有杀灭或抑制作用。目前，抗菌肽广泛用于医药、食品保鲜和农业中。大多数天然抗菌肽是运用色谱技术从细菌、真菌、植物和动物中分离得到的。表5.1列出了1922~2015年发现的部分抗菌肽（Wang，2017）。在20世纪80年代之前，抗菌肽研究的第一波浪潮导致人们发现几种非基因编码的肽抗生素。第二波浪潮开始于20世纪80年代，这一时期人们发现了基因编码的抗菌肽及其作用机制。2000年左右，研究已报道了抗菌肽的其他功能特性，如免疫调节等。更详细的抗菌肽发现情况可在抗菌肽数据库网站（APD，http://aps.unmc.edu/AP/timeline.php）查阅。

表 5.1 发现重要抗菌肽的时间表

年份	抗菌肽名称	重要的影响
1922	人类溶菌酶	首个抗菌蛋白，标志着先天免疫的开始
1928	乳酸链球菌素 A	1983年欧盟批准的和1988年美国食品和药品监督管理局（FDA）批准第一种羊毛硫细菌素类型的食品防腐剂

续表

年份	抗菌肽名称	重要的影响
1939	短杆菌肽 A	第一个在膜中形成离子通道并且临床使用的含 D-氨基酸的线型肽
1944	短杆菌肽 S	在苏联临床上使用的第一种环肽抗生素，用于治疗伤口
1947	多黏菌素	被认为是治疗耐药革兰氏阴性菌感染的最后手段
1967	丙甲甘肽	第一个被认为是"桶板模型"抗菌机制的真菌来源的哌珀霉素
1973	植物 kalata B1	在非洲用于协助分娩，1999 年报道了它的抗菌活性和环状结构
1981	昆虫天蚕素	开创了与昆虫中发现 Toll 信号通路有关的先天免疫研究的新浪潮
1985	人类 α-防御素	从哺乳动物中分离出来的第一个 α-防御素
1986	达托霉素（克必信）	2003 年由 FDA 批准作为肽抗生素，用于治疗由革兰氏阳性菌引起的危及生命的脂肽的感染
1987	铃蟾肽	一种广泛研究和探索的用于临床的两栖动物肽模型
1988	人类组蛋白	富含组氨酸的抗菌肽家族
1988	牛（白细胞）抗菌肽	第一个 cathelicidin 类型的抗菌肽
1989	蜜蜂抗菌肽	第一个富含脯氨酸的抗菌肽，核糖体是它的可能靶点
1991	牛 β-防御素	第一个 β-防御素
1992	片球菌素 PA-1	用作食品防腐剂的 IIa 类细菌素
1992	microcin J25	有一个不同寻常的套索结构
1996	人源性组织蛋白酶 LL-37	研究最透彻的人类组织蛋白酶；由光和维生素 D 诱导表达；免疫调节和其他活性也已被研究
1996	蟾蜍抗菌肽 buforin II	一个证据充分的 DNA 结合肽
1997	tunicate styelin A	来自海洋的高度修饰的抗菌肽
1998	人颗粒溶素	T 细胞中也包含抗菌肽
1999	猴 θ-防御素（RTD-1）	非人类灵长类中唯一的环状抗菌肽
2000	人血栓素	第一个抗菌趋化因子
2001	鱼皮素 1	第一个来自肥大细胞的抗菌素
2002	人类核糖核酸酶 7	人尿路中含量最丰富的抗菌肽
2004	植物甜味蛋白	基于 γ-核心结构域的具有抗菌活性的非碳水化合物肽甜味剂（比蔗糖甜 500～2000 倍）
2005	真菌菌丝霉素	有潜在的医疗用途
2010	昆虫 lucifensin	苍蝇 Lucilia sericata 药用蛆抗菌因子的关键组成部分
2012	人类 KAMP-19	人眼中富含甘氨酸的抗菌肽，第一个具有非 αβ 三维结构的人类抗菌肽
2014	细菌性黑霉素 A	含有两种氨基酸的最短脂肽

年份	抗菌肽名称	重要的影响
2015	泰斯巴汀	使用 i-Chip 技术从无法培养的细菌中分离出新肽类抗生素
2015	细菌 cOB1	性信息素以 22pg/mL 的最低抑菌浓度（MIC）抑制肠道中的多药耐药粪肠球菌 V583

5.1.1 抗菌肽的来源

1. 来源于植物的抗菌肽

植物不具备哺乳动物机体内的特异性免疫系统，在其生长过程中遭受病原微生物侵袭时，非特异性免疫系统的作用显得尤为重要（Salas et al.，2015）。而抗菌肽就是该系统发挥防御作用的一类重要分子。植物机体在遭受生物侵袭或非生物条件刺激时，能迅速产生一类对入侵病原微生物具有抑制或杀灭作用的活性成分——抗菌肽（Zeitler et al.，2013）。植物抗菌肽一直是研究的重点领域，根据氨基酸序列及其二级结构的不同，植物抗菌肽分为 9 类，包括植物防御素、硫堇、转脂蛋白、橡胶素、打结素、富含甘氨酸肽、发夹抗菌肽、环肽和蜕皮素，如表 5.2 所示。

表 5.2　植物抗菌肽的分类

序号	植物抗菌肽	氨基酸数量	半胱氨酸数量	举例
1	植物防御素	78	4、6 或 8	NaD1，PhD1，Rs-AFP1
2	硫堇	13	4、6 或 8	Tu-AMP1，Cp-thionin II
3	转脂蛋白	3	2、4 或 8	Cc-LTP1，LTP110
4	橡胶素	6	8 或 10	Pn-AMP1，WAMP-1
5	打结素	4	6	PAFP-S，Mj-AMP2
6	富含甘氨酸肽	5	0、1 或 6	Shepherin I，Pg-AMP1
7	发夹抗菌肽	3	4	MBP-1，EcAMP1
8	环肽	160	6	Kalata B1，Cliotide 20
9	蜕皮素	6	12	Snakin-1，Snakin-Z

2. 来源于昆虫的抗菌肽

昆虫不像高等动物那样具备高效、专一的免疫体系，不具备 B 淋巴细胞、T 淋巴细胞系统，也不具备免疫球蛋白及其补体成分。然而，昆虫在长期的演化过程中形成了其自身独特的免疫体系。抗菌肽是天然免疫体系的重要组成部分。昆虫是目前分离出最多抗菌肽的种类，最早被分离鉴定的抗菌肽为惜古比天蚕抗菌多肽——天蚕素。除了这类天蚕素抗菌肽，此后在昆虫中还发现了昆虫防御素、富含脯氨酸残基的蜜蜂抗菌肽、富含甘氨酸的抗菌肽蚕蛾素等（Ramanathan et al., 2002）。

3. 来源于哺乳动物的抗菌肽

目前，在哺乳动物中发现的抗菌肽根据氨基酸的数量、半胱氨酸的位置以及二硫键连接方式的不同主要有 defensins 和 cathelicidin 两类（Ramanathan et al., 2002）。迄今已从不同的物种中分离得到多种 α-防御素、β-防御素和 θ-防御素。例如，cathelicidin 是哺乳动物中的一大类抗菌肽，由于分子中都含有与卡塞林（cathelin，一种猪的白细胞中分离的蛋白质，分子质量为 12kDa 左右，其前体肽包含一个高度保守域）非常相似的一段结构，被命名为 cathelicidin。现在，人们已在人、马、牛、绵羊等哺乳动物中发现了多种 cathelicidin 家族的抗菌肽（Buletp et al., 2004）。

4. 来源于两栖动物的抗菌肽

两栖类动物皮肤分泌物中存在的大量皮肤活性肽具有多样的生物学活性，其中大多数多肽类物质具有一定的抗微生物活性，在进化上是一类非常古老而有效的天然防御物质，也被归类于抗菌肽（Rollins-Smithl, 2009）。自从 Zasloff（1987）在非洲爪蟾（Xenopus laevi）的皮肤中发现了小分子抗菌肽——爪蟾抗菌肽以来，越来越多的抗菌肽从两栖动物中分离鉴定出来。颇有意思的是，在非洲爪蟾一种蟾蜍的皮肤中就有十多种抗菌肽，不仅在皮肤颗粒腺中表达，而且存在于胃黏膜和小肠道细胞中。据不完全统计，目前已从无尾两栖的 8 个属约 40 多种动物的皮肤中提取出了数百种抗菌肽（Vanhoye et al., 2003）。

5. 来源于鱼类的抗菌肽

鱼类生活在富含各种微生物的水环境中。抗菌肽是它们在受到损伤或病原入侵时迅速防御和杀伤入侵物质的重要的非特异先天免疫因子（韩杰和孟军，2007）。1986 年，Lazarovici 首次从 Pardachirus marmoratus 中分离到一种含有 35 个氨基酸残基的抗菌肽——豹鲻毒素。该肽是离子型神经毒素，由该肽衍生出一系列具有比蜂毒素抗菌活性更强、溶血活性更低的抗菌活性肽。还有来源于杂交斑纹鲈鱼皮肤的抗菌肽、海鳗的抗菌肽（lamprey corticostatin-related peptide）等（Nogae and Silphaduang, 2003）。

6. 来源于微生物的抗菌肽

微生物来源抗菌肽被学者分为源自细菌的抗菌肽——细菌素和源自病毒的抗菌

肽两大类。细菌素是一类由革兰氏阳性菌和革兰氏阴性菌核糖体合成的具有抑菌活性的小分子多肽，在各种环境条件下和细菌的各个生长阶段均能发挥抗菌作用。研究表明，微生物来源的抗菌肽的种类和数量相对较少，且细菌素的种类多于病毒来源的抗菌肽。革兰氏阳性菌可产生糖肽、脂肽和环形肽等典型窄谱抗菌肽，如乳链菌肽、多黏菌素、杆菌肽等；其中，短杆菌肽 S 和多黏菌素为一类带有高正电荷的两亲性抗菌肽。据报道，多黏类芽孢杆菌 CP7 菌株能够产生包括抗革兰氏阳性菌的 cpacin 抗菌肽在内的多种抗菌活性物质，是一种具有广谱抗病原菌活性的拮抗性细菌（Sumi et al., 2015）。资料显示，目前已发现病毒源抗菌肽种类相对较少。其中，慢病毒跨膜蛋白 C 端富含精氨酸的抗菌肽为一种具有抗菌活性和细胞毒性的强两亲性多肽（Zhao et al., 2008）。源自丙型肝炎病毒（HCV）NS5A 的 α 螺旋肽可以使其在细胞外和细胞内感染颗粒失活，对 HCV 的从头感染及其进行性感染具有阻碍和控制作用（Li et al., 2011）。

7. 人工合成的抗菌肽

资料显示，尽管天然抗菌肽在多种动物的特定组织中广泛存在，但含量较低，化学合成成本又较高，制约着抗菌肽进一步的开发和应用。随着基因工程技术的发展和成熟，采用基因工程手段实现重组抗菌肽的生物合成正逐渐成为抗菌蛋白研究的重要途径之一。近年来，相关学者借助计算机生物信息预测等相关软件辅助技术，设计和优化抗菌蛋白编码序列，获得一系列改良型重组抗菌肽/抗菌蛋白，并在临床试验中逐渐应用开来（Brogden N K and Brogden K A，2011）。杨丽敏等（2013）采用 Java 技术，对 NCBI 数据库中已有的抗菌肽序列重新进行剪接，并利用计算机技术对获得的新型抗菌肽的活性和功能进行模拟预测，大幅降低了天然抗菌肽/抗菌蛋白的改造成本。为解决部分抗菌肽空间结构不稳定和具有溶血活性等相关问题，研究人员尝试通过替换抗菌肽分子内的部分氨基酸、改造其分子结构等方法进行相关试验研究，以增强其抗菌活性、减少其免疫反应。Hicks 等（2013）研究发现，一些含有由两种非天然氨基酸四氢异喹啉羧酸和八氢吲哚-2-羧酸组成的二肽单元肽链能与细菌细胞膜的不同组成部分相结合，从而发挥较强的杀菌效果。另有研究发现，改变抗菌肽中某些氨基酸的含量也能进一步增强抗菌肽的杀菌活性，并且还能抑制溶血反应（Azmi et al., 2016）。

5.1.2 抗菌肽的二级结构分类

天然抗菌肽一般是阳离子型、带有净正电荷的小分子多肽，在菌膜模拟环境条件下，抗菌肽会表现出不同的二级结构，二级结构的产生为抗菌肽发挥抗菌作用提供基础。

1. α 螺旋型抗菌肽

α 螺旋是一个近乎完美的水脂两亲性结构（武庆平，2002），即带正电荷的亲水性氨基酸分布在螺旋轴的一边，其对立面是疏水性氨基酸组成的疏水区，螺旋度的变化会影响其抗菌活性。α 螺旋型抗菌肽主要包括天蚕素、爪蟾抗菌肽等（金元宝和刘晓萌，2010）。使用圆二色谱可以对抗菌肽的二级结构做分析，圆二色谱显示 α 螺旋型抗菌肽在 192nm 附近有 1 个正峰，在 208nm、222nm 处呈现 2 个负峰。

2. β 折叠型抗菌肽

β 折叠型抗菌肽在氨基酸组成上多含有半胱氨酸，可以形成分子内二硫键。在抗菌肽家族中防御素及许多富含脯氨酸的抗菌肽都具有 β 折叠的二级结构。圆二色谱图中，β 折叠在 216~218nm 有 1 个负峰，在 185~200nm 有 1 个强的正峰。鲎素是一个经典的折叠型抗菌肽，来源于鲎的红细胞，它是由 18 个氨基酸组成的肽，在序列 3~8 和 16~11 之间构成反平行折叠结构，残基 3 和残基 16 以及残基 7 和残基 12 之间各形成 1 个二硫键（魏照征等，2011）。

3. 环形结构抗菌肽

环形结构抗菌肽中的环形结构由序列中的一个单键维持，环形结构抗菌肽在抗菌肽家族中不太多见，它可能具有 α 螺旋结构、β 折叠结构。该类抗菌肽抗菌谱广，能对抗细菌和真菌。通过核磁共振技术测定结构发现，其具有反平行 β 折叠结构，序列 11 位和 18 位间形成二硫键，通过二硫键稳定整个结构（张昊等，2010）。

4. 伸展性螺旋结构类抗菌肽

伸展性螺旋结构类抗菌肽缺少二级结构，一级结构中多含有某一种或几种氨基酸，如脯氨酸、甘氨酸等，不含半胱氨酸，通常呈线形。在富含脯氨酸的昆虫抗菌肽分子中，脯氨酸含量通常大于 25%，并且分子中常同时含有精氨酸和赖氨酸。富含脯氨酸的抗菌肽一级结构中有多个特征性的 Pro-Arg-Pro 结构域。某些富含脯氨酸的抗菌肽，在特定位置的氨基酸残基上还存在 O-糖基化结构。

5.1.3　抗菌肽活性

抗菌肽结构的多样性从某种程度上决定了其生物学活性的多样性。研究表明，抗菌肽不仅对革兰氏阳性菌和革兰氏阴性菌具有较高的抗菌活性，而且对部分真菌、病毒、肿瘤细胞和原虫等具有一定的选择性杀伤作用；但其对正常的哺乳动物细胞未见明显毒副作用。

1. 广谱抗细菌活性

在琼脂糖弥散法抑菌活性测定试验中，抗菌肽可同时抑制一种或多种混合常见革兰氏细菌（如大肠杆菌、金黄色葡萄球菌、铜绿假单胞菌等）生长（Miao et al.，2014）。抗菌肽拥有比传统抗生素抗菌谱更广的抑菌活性，引起了研究人员越来越多的关注。兔肠源抗菌蛋白对 9 种测试菌株的杀菌率为 78%～98%，具有较强的抗菌效果（Liu et al.，2007）。Wang 和 Ren（2013）在天蚕素多肽分子生物活性的研究中发现，天蚕素多肽分子可有效抑制标准大肠埃希菌株（ATCC25922）及多重耐药菌株（临床分离株）的生长；尽管天蚕素多肽分子对大肠埃希氏菌多重耐药菌株（临床分离株）的抑制效果相对较弱，但其抑菌活性可保持 10h 以上，有效持续时间比多种抗生素更长。有研究表明，鸡源 fowlicidin-3 抗菌肽酵母重组表达产物对致病性大肠杆菌 K99、鸡白痢沙门氏菌和金黄色葡萄球菌 Cowan I 等均具有抑杀作用（Li et al.，2011）。

2. 抗真菌活性

抗菌肽不仅对细菌具有广谱抗菌的作用，对一些真菌也有一定抑杀作用。Fehlbaum 等（1994）从果蝇中分离出与富含半胱氨酸的抗菌肽 γ-硫堇及 Rs-AFP II 具有高度同源性的抗真菌肽 drosomycin，它显示出强大的抗真菌活性，但对细菌无活性。此外，已发现的还有东北大黑鳃金龟幼虫抗真菌肽 holotricin III（Cespedes et al.，2012）、鳞翅目昆虫抗真菌肽 heliomicin 和白蚁死亡素 termicin 等（Zhang and Shang，2016）。另有资料表明，某些昆虫源抗菌肽不仅可有效防治某些特殊植物性真菌病，还可以使某些谷类作物的产量增加。

3. 抗病毒活性

目前临床应用的抗病毒药物均有不同程度的毒副作用，寻找更加安全且有效的抗病毒药物是研究人员长期关注的焦点。目前研究中发现的大多数抗菌肽对包膜病毒的杀灭效果优于无包膜病毒（Cespedes et al.，2012）。资料显示，哺乳动物 defensin 家族和两栖动物 magainin 家族、brevinin-1 家族、maximins 家族等抗菌肽对单纯疱疹病毒、人类免疫缺陷病毒、流感病毒等包膜病毒均有一定灭活作用（Wilson et al.，2013）。还有研究表明，重组表达的 α-防御素和 β-防御素，对包膜和非包膜病毒均具有抗病毒活性（Kang et al.，2014）。

4. 抗肿瘤活性

鉴于抗菌肽具有理化性质稳定、抗菌谱较广且不易引发细菌产生耐药性等优点，相关学者对抗菌肽的早期研究主要致力于将其开发为新一代高效抗菌药物。近年来，随着人类对抗菌肽的逐步研究和探索，一些抗菌肽在体内和体外的试验中所表现出的抗肿瘤活性引起国内外专家学者的日益关注。人们在肿瘤治疗的研究中发现，多数化疗药物在消除癌细胞的同时也会对正常细胞造成一定程度的损伤，具有较强毒副作用。研究表明，从果蝇幼虫中分离获得的富含甘氨酸的抗菌肽 SK84 对多种癌细胞系（人白血病 THP-1、肝癌 HepG2 和乳腺癌 MCF-7 细胞）的增殖均有特异性抑制作用，且无溶血活性（Lu et al.，2010）。这表明，抗菌肽不仅可以特异性地抑制某些肿瘤细胞的生长，而且不会损伤机体的正常细胞。因此，抗菌肽在今后的研究中有可能成为一种新型的抗肿瘤药物。

5.1.4　抗菌机制

近年来，相关学者针对抗菌肽的抗菌机制开展了大量研究，但仍未能完全阐明。研究资料表明，抗菌肽对微生物的广谱抗菌作用可能与其细胞膜通透性、核酸复制及蛋白质等物质的生物合成有关。

1. 胞外杀菌作用机制

研究表明，阳离子抗菌肽通过静电相互作用先结合在表面带负电荷的细胞膜上，破坏细胞膜的完整性并诱使其产生孔隙，致使细胞的内容物外溢而死亡。破膜型抗菌肽的作用机制假说主要有以下四种：桶板模型、毯式模型、环孔模型、凝聚模型。

1）桶板模型

桶板模型是 Ehrenstein 和 Lecar 在 1977 年提出的，而抗菌肽作用于细胞膜的作用方式由 Oren 等于 1998 年阐明（王兴顺等，2012）。即结合于细胞膜表面的抗菌肽相互聚合，以多聚体形式插入细胞膜脂双层中，形成横跨细胞膜的离子通道。离子通道形成后外界的水分可渗入细胞内部，细胞质也可渗透到外部。由于失去能量，严重时细胞膜就会崩解而导致细胞死亡。采用桶板模型机制发挥作用的抗菌肽，一般包含两亲或疏水性的 α 螺旋、β 折叠结构，或同时含有这些结构。

2）毯式模型

毯式模型是由 Pouny 等（1992）提出的，即抗菌肽平行于细胞膜排列，如同一张地毯覆盖于磷脂膜外表面。与其他模型一样，阳离子抗菌肽通过静电作用结合细胞膜，覆盖在脂双层上。当抗菌肽浓度达到临界值时，被覆盖区域的细胞膜因稳定性降低而出现显著的弯曲从而破裂，此过程中不形成通道。以毯式模型发挥作用的抗菌肽分子多含 β 折叠结构。从蛾血淋巴中提取的抗菌肽 cecropin P1，采用偏光衰减全反射傅里叶变换红外光谱技术进行研究发现，这种肽最初不进入疏水环境而是平贴在细胞膜表面，从而形成不稳定的磷脂胞膜，导致膜破坏。

3）环孔模型

环孔模型是由 Matsuzaki 等（1995）提出的，该模型即抗菌肽与细胞膜表面结合后，其疏水区的移位可使细胞膜疏水中心形成裂口，并引发磷脂单分子层向内弯曲，直至孔道形成。与桶板模型不同的是抗菌肽始终与磷脂膜头部相结合，两者共同形成跨膜孔道。

4）凝聚模型

凝聚模型是由 Wu 等（1999）首次提出的，即结合于细胞膜表面的抗菌肽通过自身结构的改变，与磷脂分子形成类似胶束状的复合物，以凝聚物形式跨越细胞膜，形成穿孔。与环孔模型不同，在此模型中抗菌肽没有特定的取向。Leontiadou 等（2006）运用多肽的移位脂双层和分子动力学机理模拟爪蟾抗菌肽 MG-12 肽脂质间的相互作用证实了这个模型。凝聚模型注重了抗菌肽与膜结合的动态过程，但结合过程中抗菌肽没有特定取向，这就难以说明抗菌肽的两亲性 α 螺旋结构与其功能之间的关系。

不同抗菌肽胞膜渗透的作用模型虽然有所不同，但最终都作用在细胞膜上，引起阳离子等胞质内容物大量渗漏，胞外水分大量内流，使细胞不能保持正常的渗透压而引起细胞迅速死亡。图 5.1 是各模型的模式图（Nguyen et al.，2011）。如图 5.1 所示，胞膜渗透的整个过程最初是抗菌肽吸附到细菌细胞膜上，这些过程并不是各自独立的过程。在经典的抗菌肽破坏细胞膜的模型中，当膜上抗菌肽的

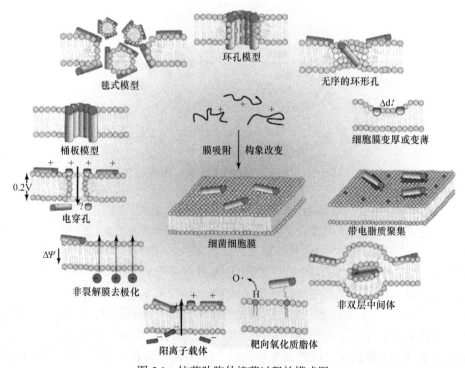

图 5.1　抗菌肽胞外抑菌过程的模式图

Δd*t* 表示变厚或变薄的细胞膜与正常细胞膜之间的差值；ΔΨ 表示电位差

浓度达到临界值时就会插入脂质膜内，形成孔道，形成桶板模型。抗菌肽覆盖在膜周围，裂解膜形成毯式模型或插入到膜内形成环孔模型，抗菌肽在孔内有时是无序的，又可形成无序的环形孔。细胞膜的厚薄受抗菌肽的影响而被修改，在特定条件下抗菌肽可诱导膜形成非双层中间体。抗菌肽吸附在膜上增加膜特异性，抗菌肽以氧化磷脂的方式与膜结合形成阳离子肽，在膜两侧形成电位差而不破坏膜结构。或者相反，在分子电穿孔模型中，肽在膜外单个积累，以增加膜电位的临界值，电位超过临界值时各种小分子抗菌肽能快速渗透进入膜内侧。

2. 抗菌肽胞内作用机制

在胞内靶点的作用机制中，抗菌肽也需要先通过静电作用与细菌胞膜相互吸引而结合。抗菌肽穿透质膜后在胞内累积，通过与胞内靶点的特异性结合干扰细胞正常代谢，达到抑制、杀灭细菌的目的。抗菌肽主要通过以下几个方面发挥胞内攻击作用：①与核酸物质结合，阻断 DNA 复制、RNA 合成；②影响蛋白质合成；③抑制隔膜、细胞壁合成，阻碍细胞分裂；④抑制胞内酶的活性。其机制模式如图 5.2 所示（Brogden，2005）。

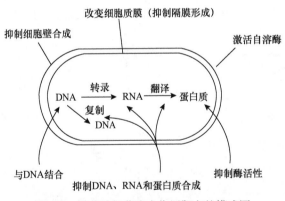

图 5.2 抗菌肽细菌胞内作用靶点的模式图

1）与核酸结合，阻断 DNA 复制和 RNA 合成

一些抗菌肽能与核酸结合，阻碍 DNA 复制。Marchand 等（2006）的体外试验表明，indolicidin 是牛中性粒细胞来源的抗菌肽，仅由 13 个氨基酸残基组成，富含脯氨酸和色氨酸，可与单链、双链 DNA 共价结合，干扰 DNA-HIV 整合酶复合物的形成，抑制人类免疫缺陷病毒（HIV-1）整合酶的催化活性。在此基础上，Nan 等（2009）通过对 indolicidin 的修饰，发现其类似物 IN-3 和 IN-4 也可以透过大肠杆菌质膜，在胞质内积累，并与 DNA 分子结合。郝刚等（2010）在抗菌肽 buforin II 结合大肠杆菌核酸的研究中指出，与 DNA 结合的肽首先吸附基本氨基酸的磷酸基团，然后依靠静电引力使肽插入 DNA 双链的凹槽中，从而干扰苯丙

氨酸和核酸碱基的合成。此外，其他昆虫抗菌肽也可以与核酸结合。例如，刘忠渊等（2008）用光谱分析增色效应试验证实新疆家蚕抗菌肽 cecropin-XJ 可与溴化乙锭竞争性地结合金黄色葡萄球菌染色体 DNA。

2）影响蛋白质合成

发挥胞内损伤作用的某些抗菌肽可在阻碍 DNA 复制、RNA 合成的同时抑制蛋白质合成。因为当抗菌肽阻断 DNA 和 RNA 的合成后，蛋白质的翻译因缺少模板而会同时受到抑制；反之，当参与基因复制、转录的蛋白质合成受抑制时，核酸的合成也会受到影响。Castle 等（1999）研究发现，源于昆虫的富含脯氨酸抗菌肽 apidaecins 与大肠杆菌共孵育 1h 后，DNA 合成速率降低。Zhou 等（2011）对抗菌肽 apidaecins 的进一步研究发现，apidaecins 能竞争性地结合大肠杆菌细胞膜蛋白异构体，抑制细胞分裂蛋白酶 FTSH 的活性，并增强细胞浆蛋白 UDP-3-*O*-酰基-*N*-乙酰氨基脱乙酰基酶的活性，从而使磷脂双分子层失去平衡。另外，Yenugu 等（2004）发现用抗菌肽 HE2alpha、HE2beta1 或 HE2beta2 处理大肠杆菌后也能抑制大肠杆菌的 DNA、RNA 和蛋白质的合成。通过扫描电子显微镜还可观察到细菌胞膜起皱和细胞内容物泄漏。

3）阻碍细胞分裂

抗菌肽可影响隔膜、细胞壁合成，阻碍细胞分裂。细菌素是由细菌分泌的一类抗菌肽，是抗菌肽家族中的重要一员。细菌素 Lcn972 是乳酸乳球菌 IPLA 972 合成的，含有 66 个氨基酸残基。Martínez 等（2008）研究发现，处于指数生长期的乳酸乳球菌与细菌素 Lcn972 共同孵育后，细菌隔膜的内陷受阻，进一步研究发现，Lcn972 主要通过与众多细胞壁前体中的 lipid II 特异性结合，从而影响隔膜形成，阻碍细胞分裂。lantibiotic 是革兰氏阳性菌分泌的一类细菌肽，乳酸链球菌素又称为乳链菌肽，是目前研究最为清楚的 lantibiotic 类抗菌肽。Hasper 等（2006）的研究证明，乳酸链球菌素不仅可通过细胞膜渗透机制杀灭细菌，还可将 lipid II 从细胞壁合成位点或隔膜处移除，以阻断细胞壁的合成。此后，Bonelli 等（2006）发现 lantibiotic 家族中的细菌素 gallidermin、epidermin 均可通过胞膜攻击作用和抑制细胞壁合成的双重机制杀灭细菌。

4）抑制胞内酶活性

抗菌肽可与酶结合使其失去活性进而抑菌或杀菌。Su 等（2010）对六肽 WRWYCR 进行研究发现，WRWYCR 能够抑制 DNA 修复相关酶的活性，阻碍 DNA 修复，导致 DNA 断裂和染色体分离。苏琦等（2010）研究表明，MccJ25 可抑制呼吸链中琥珀酸盐脱氢酶和 NADH 脱氢酶的活性，改变氧的消耗速率。Vincent 等（2009）的研究发现，由大肠杆菌质粒编码的细菌素 microcin J25 与 RNA 聚合酶结合后，可阻断 RNA 聚合酶中用于合成 RNA 的碱基的运输和合成过程中副产物的排出，从而阻止底物与酶的活性中心结合、抑制 RNA 聚合酶的活性。富含脯氨酸的抗菌肽 apidaecin、L-pyrrhocoricin 和 drosocin 可与 70kD 的细菌分子伴侣 DnaK 特异性结合，通过抑制 DnaK 的 ATPase 活性、阻断蛋白质折叠来杀灭细菌。进一步的研究还显示，当 L-pyrrhocoricin、drosocin 与大肠杆菌共同孵育后，不仅可以降低 ATPase 的活性，也可使细菌中碱性磷酸酶和 β-半乳糖苷酶的活性降低。

5.2　抗菌肽的活性测定和评价方法

抗菌肽是生物体在抵抗病原微生物的一些防御反应过程中产生的一类具有抗菌活性的小分子多肽，其所特有的氨基酸组成与结构可以破坏细菌细胞膜结构，导致其死亡。抗菌肽具有广谱抗菌活性（包括革兰氏阳性菌、革兰氏阴性菌及真菌），对肿瘤细胞、病毒等的生长均有明显杀伤作用，是一类使致病菌难以产生耐药性的新型抗生素。目前，关于抗菌肽的研究主要集中于提取、分离纯化和基因表达等方面。然而，在抗菌肽分离纯化过程中，应如何保证其活性是最为重要的。因此，抗菌肽分离的每一环节都应跟踪测定抗菌肽的活性，否则就失去了分离纯化的意义。

本节主要阐述抗菌肽的体外、体内抗菌活性和细胞毒性（溶血活性）的具体测定与评价方法。

5.2.1　体外抗细菌活性

大量研究已表明，抗菌肽具有广谱的抗细菌活性，其能够抑制或杀灭多种革兰氏阳性菌（常见的为大肠杆菌、铜绿假单胞菌）及革兰氏阴性菌（常见为金黄色葡萄球菌、枯草芽孢杆菌）。但不同抗菌肽的抗菌活性存在较大差异，抗菌谱也明显不同。抗菌肽的体外抗细菌活性测定评价的方法有很多种，其中定性方法主要为琼脂扩散法，包括牛津杯法、平板打孔法及滤纸片法（K-B 法），三者都通过抑菌圈的大小来直观反映其抑菌活性；定量方法主要为酶标比浊法和活菌计数法（潘晓倩等，2014）。

1. 琼脂扩散法

琼脂扩散法的原理：一方面，添加的菌种在适宜的条件下开始生长繁殖；另一方面，抗菌肽溶液呈球面扩散，即随着离中心加液位置距离的增加，抗菌肽质量浓度逐渐变小，在最低抑菌质量浓度处有一条带，在此条带的范围内菌不能生长而呈透明的圆圈，即抑菌圈（Yu et al.，2013）。抑菌圈越大，说明抗菌肽抗菌效果越好，抗菌活性越强。

1）牛津杯法

牛津杯法又称为管碟法，是国内外测定抗生素效价的通用方法。具体方法：细菌平板计数琼脂于 121℃、15min 高压灭菌后倒板，每皿 15mL（下层），凝固后，再将一定浓度的菌悬液与上述培养基（冷却至 45℃）混合均匀，加 5mL 到已经凝固的培养基上（上层）。以无菌操作在培养基表面垂直放上牛津杯（内径 6mm、外径 8mm、高 10mm 的圆形小管），保证其与培养基之间无空隙，再在杯中加入一定质量浓度（0～0.50g/L）的抗菌肽溶液 100μL，以生理盐水作为对照。每组 3 个平板，37℃培养 24h 后观察其抑菌圈大小，取平均值。其中菌液的制备过程为：无菌条件下，将甘油保藏的菌种连续活化 2 次。取活化后的新鲜菌液离心弃去营养肉汤，再用无菌营养肉汤将其稀释至 10^4CFU/mL 备用。

2）平板打孔法

先将灭菌的外径为 8mm 的牛津杯放置在平板中央位置，将一定浓度的菌悬液与灭菌后培养基（冷却至 45℃）混合均匀后倒板，均匀倒在牛津杯周围，每皿 15～20mL。凝固后，用镊子将牛津杯夹出，则形成直径 8mm 的孔洞，孔内注入一定质量浓度（0～0.50g/L）抗菌肽溶液 100μL，以生理盐水作为对照。每组 3 个平板，37℃培养 24h 后观察其抑菌圈大小，取平均值。其中菌悬液的制备过程为：无菌条件下，将甘油保藏的菌种连续活化 2 次。取活化后的新鲜菌液离心弃去营养肉汤，再用无菌营养肉汤将其稀释至 10^4CFU/mL 备用。

3）滤纸片法（K-B 法）

滤纸折叠为 8 层后用打孔器制成直径 6mm 的圆形滤纸片，121℃高温灭菌后干燥备用。灭菌后培养基制成不含菌的平板，待平板凝固后吸取 200μL 菌液均匀涂布于培养基表面。将准备好的滤纸片置于平板中央，吸取一定质量浓度（0～0.50g/L）抗菌肽溶液 100μL，缓慢滴加于滤纸片上，以生理盐水作为对照。每组 3 个平板，37℃培养 24h 后观察其抑菌圈大小，取平均值。其中菌液的制备过程为：无菌条件下，将甘油保藏的菌种连续活化 2 次。取活化后的新鲜菌液离心弃去营养肉汤，再用无菌营养肉汤将其稀释至 10^4CFU/mL 备用。

4）三种琼脂扩散法对抗菌肽抑菌效果的评价

琼脂扩散法中抗菌肽的抗菌作用因为受到其在培养基中扩散情况的影响，且一定质量浓度的抗菌肽在培养基中扩散后，质量浓度变小，不易控制，因此一般情况下只用于定性分析。

大量研究结果表明，从抑菌圈的清晰程度和形状来看，打孔法效果最佳，这可能是因为抗菌肽在孔洞中与琼脂接触面积大，能够更充分均匀地扩散到培养基中，与目标菌相互作用，所得的抑菌圈既规则又清晰。而牛津杯法在放置牛津杯时力度难以掌握，可能造成牛津杯在培养基表面滑动或抗菌肽渗透扩散的不均匀。滤纸片法所得的抑菌圈形状较规则，但由于含药滤纸层全部暴露在空间中，抗菌肽可能会有少部分结晶析出，造成灵敏度偏低（刘春云等，2000；潘晓倩等，2014）。

2. 酶标比浊法

1）具体方法

先制备菌液，其过程为：无菌条件下，将甘油保藏的菌种连续活化 2 次。取活化后的新鲜菌液离心弃去营养肉汤，再用无菌营养肉汤将其稀释至 10^4CFU/mL 备用。之后，取活化后菌液浓度为 10^4CFU/mL 金黄色葡萄球菌菌液，接种于营养肉汤中，加入一定质量浓度（0~0.50g/L）的抗菌肽溶液，在 30℃培养 48h 之后测定菌液 OD_{600nm}，每组做 3 个平行；以添加生理盐水作为对照组。按照式（5.1）计算抑菌率。

$$抑菌率(\%) = \frac{OD_{600nm对照组} - OD_{600nm实验组}}{OD_{600nm对照组}} \times 100\% \qquad (5.1)$$

2）酶标比浊法对抗菌肽抑菌效果的评价

当抗菌肽质量浓度低于合适范围时，对腐败菌没有起到明显的抑制作用；在合适范围内，抑菌率随抗菌肽质量浓度的增加而显著提高；此后抑菌率随抗菌肽质量浓度的增加而缓慢提高。用酶标比浊法测出的样品抗菌效力比用琼脂扩散法要大些，这可能与抗菌肽在琼脂中的渗透性有关（马建凤等，2010），即抗菌肽在琼脂中的渗透作用有限，而在液体状态下抗菌肽能与目标菌作用更充分。

酶标比浊法是基于菌悬液浊度与其 OD 值具有一定相关性的原理而设计的，该方法与传统分光光度计测定菌悬液 OD 值相比具有快速、准确和高通量的优点。其不仅能减少因菌悬液的沉降而造成的随机误差，且酶标板上有 96 个小孔，可在短时间内测定多个样品（陈默等，2009）。但该方法也具有一定的局限性，如菌液缓冲体系的不均一、不稳定，终止时间的控制等细微变化均会影响测定结果，致使结果的重现性较差（董卫星等，2012）。

3. 活菌计数法

1）具体方法

分别吸取 10^4CFU/mL 的细菌培养物 500μL 于无菌的 Eppendorf 管中，一管为实验管，另一管为对照管。实验管中分别加入一定浓度（0~0.50g/L）的抗菌肽 500μL，总体积为 1mL；对照管中加入等体积的无菌生理盐水，每组做 3 个平行。各管混匀后，放在 37℃条件下振荡孵育 1h 后分别作 10、10^2、10^3 倍稀释，每个稀释度分别取 100μL 涂布于平板计数琼脂上，37℃培养 24h 后观察并记录每板上的菌落数量。根据稀释度和涂布接种量计算出每管原液中的细菌数量，按照式（5.2）计算抑菌率。

$$抑菌率(\%) = \frac{对照管细菌数量 - 实验管细菌数量}{对照管细菌数量} \times 100\% \qquad (5.2)$$

2）活菌计数法对抗菌肽抑菌效果的评价

随抗菌肽质量浓度的增加，其抑菌率先显著提高，而后缓慢提高。与酶标比浊法相比，活菌计数法测定抗菌肽抑菌活性时的灵敏度更高，在较低质量浓度时已经表现出一定抑菌作用。这可能是因为此方法检测过程中，抗菌肽会与目标菌在未添加培养基的情况下相互作用一段时间，有相关研究（解学魁等，2001）表明，抗菌物质与目标菌相互作用时间越长，抑菌率越大。

4. 标准微量稀释法

1）具体方法

用灭菌蒸馏水溶解抗菌肽，再用 Mueller-Hinton（MH）肉汤培养基对其进行稀释，稀释度以 5μg/mL 为中心进行系列稀释，终浓度为 160μg/mL、80μg/mL、40μg/mL、20μg/mL、10μg/mL、5μg/mL、2.5μg/mL、1.25μg/mL、0.625μg/mL、0.3125μg/mL，于聚苯乙烯 U 型微量板每孔加入 100μL。将以 MH 培养基培养的处于对数生长期的 3 种标准菌分别用无菌生理盐水稀释至 0.5 麦氏标准浓度单位（1.5×10^8 CFU/mL），将这种菌液再稀释 10 倍，使终浓度达到 10^7 CFU/mL 后，作为接种菌液。在 U 型微量板上，每孔加入 5μL 菌液，最终接菌量为 10^4 CFU/孔。菌液要求在配制后 15min 内接种，在每块微量板上，第 12 孔为不含药物的培养基，作为细菌生长的对照。（35±1）℃生化培养箱孵育 16～18h 后观察结果（邬晓勇等，2011）。

2）标准微量稀释法对抗菌肽抑菌效果的评价

标准微量稀释法在确认用于对照的未添加抗菌肽的培养基有细菌生长后，将肉眼观察到没有细菌生长的培养孔中的药物浓度定为最低抑菌浓度，其判断生长抑制标准为肉眼观察未发现培养液混浊或出现沉淀现象。标准微量稀释法可以定量反映抗菌肽的生物活性。

滤纸片法抑菌实验对于抗菌肽来说并不理想。因为抗菌肽的分子结构较抗生素来说比较复杂，分子质量比较大，并且实现其生物活性还需要其具有特定的空间结构，而琼脂板由于其网状结构的特点并不能使抗菌肽快速扩散到周围，使得抑菌圈并不明显，有时还会在抑菌圈内出现菌斑，从而容易得出错误结论。因此，相比滤纸片法和琼脂扩散法而言，标准微量稀释法克服了抗菌肽因分子结构复杂而无法快速扩散的问题，使抗菌肽直接与测试菌接触，快速得出抑菌结果。

5.2.2　体外抗真菌活性

许多抗菌肽具有良好的抗真菌作用，Mg^{2+}、Ca^{2+} 及温度均会影响其抗真菌能力。常见的真菌菌株为白假丝酵母及克柔假丝酵母。在体外抗细菌活性测定评价的方法中琼脂扩散法、酶标比浊法以及活菌计数法同样适用于测定评价体外抗真菌活性，步骤中有所不同的是使用的致病菌应换成常见真菌，以及需要注意真菌所适应的环境条件。

另外，测定体外抗真菌活性的方法还有微量稀释法：将常见真菌在葡萄糖马铃薯肉汤培养基中培养 72h，并用 RPMI-1640 液体培养基稀释至浓度为（1～3）×10^3CFU/mL，然后加入圆底 96 孔板中（100μL/孔），再加入经过 2 倍稀释的系列多肽样品（100μL/孔），37℃孵育 24h（赵连静，2013）。

5.2.3　细胞毒性（溶血活性）

抗菌肽的溶血活性是用对人正常红细胞的溶血活性来检测的。用抗菌肽没有引起溶血的最低浓度，即最低溶血浓度，来量化比较抗菌肽溶血活性。抗菌肽对正常细胞的毒性用对人胚胎干细胞的杀伤力来检测，用引起半数细胞死亡的抗菌肽的浓度，即半数致死浓度，来量化比较抗菌肽的细胞毒性。抗菌肽类似物对胚胎干细胞的毒性趋势和其溶血活性一致（谭娟娟，2012）。所以，一般其溶血活性被用来测定抗菌肽对人正常细胞的毒性，其结果用最低溶血浓度来表示。

具体操作方法为：用乙二胺四乙酸二钾抗凝管预先采集人体血液，1000r/min 离心 5min，用 PBS 缓冲液（NaCl 137mmoL/L，KCl 2.7mmoL/L，Na_2HPO_4 10mmoL/L，KH_2PO_4 2mmoL/L）清洗 2 遍，然后用 PBS 缓冲液将其稀释为 2%（体积分数）的血红细胞后备用。将用 PBS 缓冲液 2 倍稀释后的系列多肽样品加入圆底 96 孔板中（70μL/孔），阳性和阴性对照组分别加入等体积的 PBS 缓冲液和蒸馏水，再将稀释备用的血红细胞加入 96 孔板中（70μL/孔），37℃孵育 1h。孔板经 3000r/min 离心 10min 后，取 90μL 上清液转移至平底 96 孔板中，利用酶标仪于 540nm 条件下测定红细胞溶血释放的血红素的吸光度（赵连静，2013）。

5.2.4　抗菌肽在体内抗菌活性和毒性评价方法

目前对抗菌肽的研究主要集中于体外试验。对体外研究成熟的抗菌肽必须进一步进行体内试验，体内研究能够为抗菌肽应用于临床奠定重要基础。而目前抗菌肽体内研究主要集中于体内抗菌活性和体内毒性的试验。

1. 抗菌肽体内抗菌活性

通过抗菌肽体外研究了解其抗菌谱，进一步考察其在体内的抗菌效果时，选取并构建恰当的动物模型是体内活性研究的关键。

1）模型设计及动物试验原则

建立细菌感染动物模型时要遵循以下原则（施新猷，1989）：①相似性：人工复制的动物模型应尽可能与人类的自发性细菌感染相似。②重复性：理想的感染模型应稳定、可重复，甚至可以标准化。③可靠性：模型应该能够反映临床上感染情况的病理和症状，同时还要求一定的动物数量来保证模型具有统计学意义。④生物安全性：保证不会造成感染传播、不会对操作人员健康造成威胁，并且可控制。⑤易行性与经济性：所采用的方法应尽量做到容易执行和合乎经济原则。在试验动物管理中，环境调控、日常饲养管理及动物试验等方面均应考虑动物福利。同时，动物试验时应遵循"3R"原则，即减少试验动物数、替代试验动物和优化动物试验方法（孙忠超和贾幼陵，2014）。目前，用于抗菌肽体内研究的模型动物主要是鼠科类，而使用最多的是小鼠。小鼠由于个体小，生长繁殖快，饲养管理方便，有明确的质量控制标准，品种和品系多，对于多种病原体和毒素具有易感性，反应极为灵敏，并且遗传背景研究详尽，个体差异小，试验结果精确可靠，还可根据试验要求任意选择品种、年龄、体重、性别等，因此被广泛采用。

2）接种途径

建立细菌感染小鼠模型时，最关键的问题是接种致病菌，接种量一般因小鼠体重、菌株及接种途径的不同而不同，在进行抗菌肽体内活性研究前必须探索出合适的接种途径和接种细菌量（张琳等，2015）。目前常用接种途径有以下几种：腹腔注射、静脉注射、皮下接种、鼻腔接种、伤口涂抹接种以及其他特殊方式等。

3）模型鉴定

细菌感染小鼠模型的鉴定方法一般为在特定时间对模型组小鼠进行外周血白细胞计数、肝脾等器官的病理切片或细菌培养等方法（汪丽佩和张婷，2011），同时大量文献一致认为若是致死模型，还可根据模型组小鼠在特定时间全部死亡来界定（Benincasa et al.，2003；Wang et al.，2014）。

4）常用细菌感染小鼠模型及试验方法

（1）急性腹膜炎模型：细菌性腹膜炎是临床上腹部手术、创伤或腹腔感染的常见并发症，可引起机体多系统的衰竭，最终导致死亡。急性腹膜炎小鼠模型有3种建立方法，分别为大肠埃希氏菌致小鼠急性细菌性腹膜炎、乙酸致小鼠试验性腹膜炎和肠球菌小鼠毒力相关性腹膜炎（汪丽佩和张婷，2011）。应用于抗菌肽体内疗效研究时常用第一种方法。同时，也可应用其他致病菌建立模型，如耐甲氧西林的金黄色葡萄球菌和铜绿假单胞菌等（Benincasa et al.，2003）。抗菌肽对小鼠腹膜炎模型疗效的试验方法主要有以下两种：腹腔注射接种，腹腔注射给药；腹腔注射接种，尾静脉注射给药。

（2）菌血症模型：菌血症是指外界细菌经体表或感染入口进入血液造成的病症，在机体血液内繁殖并随血流在全身播散，最终引起全身性感染，并引发各种炎症而导致死亡。小鼠的菌血症模型也是抗菌肽体内研究的常用模型，普遍采用腹腔注射接种和腹腔注射给药的方法。抗菌肽对小鼠菌血症模型的试验方法主要是腹腔注射接种，腹腔注射给药。菌血症模型通常反映的是抗菌肽短时间对细菌的抑杀作用，动物血液中的细菌量作为评价指标体现了动物全身性感染程度，也能够反映抗菌肽治疗作用的强度大小，同时也是抗菌肽动物体内量效关系研究的常用方法之一。

（3）伤口感染模型：创伤造成各种不同形式的伤口，如裂伤、割伤、刺伤、盲管伤、穿通伤等，会引起不同类型的感染，其感染程度与伤口的大小、深浅、污染程度等密切相关，严重者会出现高热、昏迷等全身性中毒症状。伤口细菌感染在临床上较为普遍，抗菌肽对伤口细菌感染模型影响的研究一方面能够为临床研究提供依据，另一方面能够拓展抗菌肽体内应用范围。小鼠的伤口细菌感染模型通常是在小鼠的背部，通过割、刮或烫的方法建立伤口，然后在伤口处接种细菌形成感染模型，再采用不同方式应用抗菌肽考察其抗菌活性。该模型为抗菌肽局部作用研究模型，在体内作用效果研究中较为直观，可以根据观察伤口愈合情况和计数伤口处细菌量变化的方法双重评价其体内抗菌活性。同时，该模型适合用于抗菌肽剂型和联合用药的体内探讨，也能够用于抗菌肽促进伤口愈合能力研究。但是这种方法模型稳定性和重复性略差，且对环境条件及操作的要求也较高，对它的使用有一定的限制性。

（4）器官感染模型：器官细菌感染在临床上也较为普遍，大致可分为呼吸系统感染、手术部位感染、泌尿系统感染、生殖器官感染等。抗菌肽也可应用于器官细菌性感染模型研究。器官感染模型接种方式一般较为特殊，给药途径多样化，但是应用时首先需要评价抗菌肽的治疗量是否对目标器官有毒性作用，在确保无毒害后方可试验。此外，抗菌肽对此模型作用效果的评价除了计数靶器官细菌变化情况外，还可以将测试器官制成病理切片，通过观察切片的组织细胞变化情况更直观地评价抗菌肽的作用效果。

（5）其他模型：抗菌肽体内研究还见于其他小鼠模型，如梗阻性黄疸模型等。除此之外，抗菌肽的体内抗菌活性研究不单局限于鼠类，还拓展于其他动物模型，如家禽球虫病模型、成年羊肺泡溶血性曼氏杆菌感染模型等。

2. 抗菌肽体内毒性评价

1）半数致死量的测定

体内毒性评价是药物应用于体内活性研究必不可少的步骤。一般常用于抗菌肽体内急性毒性评价的方法是测定半数致死量（LD_{50}）。该方法有助于减少所需试验次数，减少量度极端情况所带来的问题，也能与最低有效剂量（ED_{50}）结合计算出治疗指数。同时，这个指标能够直观反映药物的药效、毒性或效价。LD_{50} 通常与受试动物体重有关，测定抗菌肽的 LD_{50} 一般选用小鼠。LD_{50} 越大，表明安全范围越大。采用的方式主要有小鼠腹腔注射、尾静脉注射以及灌胃 3 种途径。

2）其他评价方法

除了上述毒性评价方法，还有其他方法。例如，Aranha 等（2004）以评级的方法评价抗菌肽乳酸链球菌素以治疗量对雌性大鼠反复阴道内给药的毒性，通过考察阴道上皮细胞的形态学变化和测定血液中血清生化参数进行毒性评级。Gupta 等（2014）以果蝇为模型对象研究了抗菌肽 LR14 的毒性程度，不断提高给肽量，通过观察抗菌肽对果蝇发育周期、质量及大小的影响程度，发现 LR14 在 10mg/mL 剂量时不引起毒性，在 10～15mg/mL 时引起不同程度的毒性，在 15mg/mL 以上时具有杀虫功效。

5.3　抗菌肽的研究实例及应用

抗菌肽是哺乳动物、植物、昆虫等生物具有的不同结构性质的生物活性分子，其具有多种抗细菌、抗真菌、抗病毒甚至抗癌活性，因此它的生物学特性可用于治疗和预防应用。随着抗菌肽研究的不断深入，人们发现抗菌肽具有广谱抗菌活性，主要能抑制或杀灭多种革兰氏阳性菌、革兰氏阴性菌以及真菌等。此外，抗菌肽分子质量小，还具有良好的热稳定性，更易消化和吸收，能提高机体免疫力，不易产抗药性，所以在食品、农业和畜牧业、医疗行业等方面有巨大应用潜力。

5.3.1　抗菌肽在食品行业中的应用

传统物理和化学方法对食源性致病微生物的控制存在局限性，这促进了安全、广谱的天然生物制剂（如抗菌肽、纳他霉素、蜂胶、真菌多糖等）的开发和研究，特别是抗菌肽受到了更多的关注，已被用于食品腐败和食源性致病微生物的控制，且取得了显著效果（Luciana，2009）。食品的安全性和保质期在食品工业中非常重要，都受致病菌和腐败菌发生率的影响，这些微生物可能通过多种途径污染食物。人们已经采用了多种方法来防止这些微生物在食物中的生长，包括使用合成和天然抗菌剂。但是，由于化学品可能对环境和人类健康造成负面影响，要避免使用合成试剂。因此，非常需要天然来源的新型抗菌剂。

1. 微生物源添加剂

Zhang 等（2018）发现胰蛋白酶处理的枯草芽孢杆菌培养物与未用酶处理的枯草芽孢杆菌培养物相比能更有效地抑制巨峰葡萄表面真菌（黑曲霉和产黄青霉）

的生长。葡萄在世界各地广泛种植，是人类最重要的水果之一，因为它含有丰富的维生素、类胡萝卜素和酚类物质，以及具有酸甜的口感而广受人们喜爱。但新鲜的葡萄容易软化，尤其易受真菌污染而腐败变质，因此延长葡萄的保质期是亟待解决的难题。枯草芽孢杆菌可作为生物防治剂，用于杀害田间作物、蔬菜和水果中的腐败真菌等。此外，枯草芽孢杆菌能产生抗真菌蛋白，包括细菌素、脂肽、肽抗生素和肽等，其水解产物含有 36 种抗真菌肽，抑制霉菌生长和 β-1,3-葡聚糖合酶活性，通过抑制呼吸和叶轴褐变，维持葡萄坚硬，保持其在储存过程中的新鲜度、营养和感官质量，可用作葡萄保存中的潜在生物防治剂。枯草芽孢杆菌培养物（BC）抑制了霉菌的生长，对黑曲霉和产黄青霉抑菌圈直径分别为 13.7mm、11.8mm，然而枯草芽孢杆菌的胰蛋白酶产物（TH）对黑曲霉和产黄青霉抑菌圈直径分别为 14.9mm 和 12.8mm。这些结果表明来自 BC 的 TH 中的低分子质量物质具有抗真菌作用。

2. 动物源添加剂

王巧巧等（2017）将鲫鱼鱼鳞酶解得到酶解液，利用葡聚糖凝胶 G-25 层析得抑菌组分——鱼鳞抗菌肽，发现鱼鳞抗菌肽对革兰氏阳性菌（金黄色葡萄球菌、枯草芽孢杆菌）和革兰氏阴性菌（希瓦氏菌、大肠杆菌、副溶血性弧菌、沙门氏菌等）均具有较强的抑菌活性。此外，所得的鱼鳞抗菌肽对希瓦氏菌和假单胞菌最低抑菌浓度为 1.56μg/mL，比其他试验菌的抑菌效果好，将其运用于鳙鱼鱼块的保鲜，结果表明，其能有效抑制鱼块中细菌的生长，稳定鱼肉的感官品质和色泽，为其运用于淡水鱼的保鲜提供了理论基础。Sedaghati 等（2016）将牛 β-酪蛋白经纤维蛋白溶酶水解生成多肽，利用反向高效液相色谱分析活性肽，研究了抗菌肽对大肠杆菌和金黄色葡萄球菌（均为致病菌）、干酪乳杆菌和嗜酸乳杆菌（均为益生菌）的作用，鉴定出 8 种具有抑制革兰氏阳性菌和革兰氏阴性菌的抗菌肽，可以作为抗生素和食品防腐剂的替代品与潜在的食品添加剂。Caputo 等（2015）通过向莫扎里拉奶酪添加牛乳铁蛋白水解物（LFH，一种食品级蛋白肽），防止由荧光假单胞菌引起的干酪变质（莫扎里拉奶酪需要在冷藏条件下保存，打开包装易变成蓝色，即变质），由此改善这种新鲜奶酪的品质，延长莫扎里拉奶酪的货架期，而不改变其生产工艺。莫扎里拉奶酪在 4℃条件下储存 14d，LFH 对荧光假单胞菌菌数的影响情况如图 5.3 所示，冷藏前 3d 菌数没有显著变化，从第 5d 开始，无 LFH 的样品菌数比用 LFH 处理的样品高 1 个 CFU/mL，证明在冷藏期间 LFH 处理莫扎里拉奶酪样品显著延迟了荧光假单胞菌的生长。

3. 植物源添加剂

人们对植物蛋白给予了很多关注，一直致力于确定可替代的可再生植物蛋白

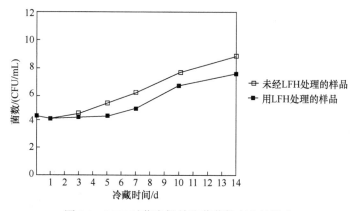

图 5.3 LFH 对荧光假单胞菌菌数变化的影响

和可持续生产抗菌肽的高效植物蛋白水解系统。Kobbi 等（2018）将紫花苜蓿蛋白质水解产生新型肽，它可引起英诺克李斯特的形态变化并通过不可逆的膜损伤破坏细胞完整性，此抗菌肽的作用机制可能是通过引起 K+ 释放，增加膜通透性而显著改变了膜细胞的完整性。目前，在通过天然产品进行食品安全保护的情况下，使用来自植物蛋白的抗菌肽作为储存食品的防腐剂具有重大意义。de Castro 等（2016）将三种不同来源的蛋白质（即大豆分离蛋白、牛乳清蛋白和卵清蛋白），使用风味酶进行水解分别形成单独水解物、二元或三元混合物，以验证所获得的水解产物的抗菌活性。研究发现在一定浓度下，大豆分离蛋白、牛乳清蛋白的二元水解混合物对金黄色葡萄球菌的抑菌率大于 48%，由此看出同时水解不同来源蛋白质的混合物能获得具有协同抑制致病菌的肽。该抗菌肽因具有高度特异性，易于在环境中降解，毒性低，具有在食品工业中作为天然和安全添加剂的应用潜力。

4. 食品营养

熊清权等（2012）用新鲜牛乳为原料提取酪蛋白，以金黄色葡萄球菌、大肠杆菌、沙门氏菌的抑菌圈直径为衡量指标，筛选木瓜蛋白酶用于水解牛乳酪蛋白。使用大孔吸附树脂将其酶解物分离成 4 个组分，其中 75%乙醇洗脱组分对金黄色葡萄球菌和大肠杆菌高度敏感，对沙门氏菌中度敏感，且它与其他洗脱组分存在显著性差异。再用凝胶过滤色谱分离成 4 个色谱峰，将抑菌效果好的 2 个峰的水解物冷冻干燥后制备成抗菌肽粉乳基料，乳基料可以作为基础营养原料用于乳品、饮料及医疗等行业，缓解了我国对乳基料的需求。

骆驼奶可以通过乳酸菌发酵生产发酵骆驼奶。发酵骆驼奶是东非沙漠和半沙漠地区人们的自然膳食。据报道，发酵骆驼奶可以改善消费者的健康状况，具有抗菌、抗氧化、抗癌、抗高血压和抗糖尿病活性，用于治疗许多疾病，如肺结核、黄疸、哮喘和贫血等。Belal 等（2018）采用植物乳杆菌发酵伊拉克骆驼奶，发酵的骆驼奶会产生低分子质量的抗菌肽，对革兰氏阳性菌和革兰氏阴性菌，包括大肠杆菌、单核细胞增生李斯特菌、金黄色葡萄球菌和鼠伤寒沙门氏菌，均表现出抑制活性，通过增强发酵乳中蛋白质的抗菌活性，减少细菌感染的威胁，保护消费者健康。

5. 食品包装

有效治疗微生物感染始于 20 世纪初发现青霉素。然而，在这个发现后不久，一些菌株对这些抗菌剂产生抗性，为解决这个问题，将新型抗菌剂与高效主动包装技术结合使用已变得越来越流行。食源性抗菌肽可以通过化学技术（如共价键合）或物理技术（如逐层组装）固定或连接到固体材料上。

Pintado 等（2009）研究了乳酸、苹果酸和柠檬酸与乳酸链球菌素的联合抑制作用，与只加乳酸链球菌素相比，联合使用具有更高的抗菌活性，添加苹果酸（3%，质量浓度）的乳酸链球菌素抑菌圈为（4.00±0.92）mm。因此，使用苹果酸和乳酸链球菌素制备抗菌薄膜能有效控制单核细胞增生李斯特菌的生长。聚羟基脂肪酸酯材料因具有很好的生物相容性得到广泛应用。娄秋莉等（2016）用聚羟基脂肪酸酯塑料为基质，与乳酸链球菌素混合制备出具有安全性、持久抗菌的塑料薄膜，解决了传统材料的污染难题，为塑料薄膜的制备提供了新思路。

Plácido 等（2017）发现，苏云金芽孢杆菌 Cry1Ab16 毒素衍生的新型肽能够抑制不同大肠杆菌菌株的生长，最低抑菌浓度范围为 15.62～31.25μg/mL，最低杀菌浓度（MBC）为 250μg/mL，表现出潜在的抗菌活性。如图 5.4 所示，与对照（未用肽处理的细菌）相比，原子力显微镜图像显示 Cry1Ab16 毒素衍生肽处理的细菌膜发生了显著变化，从平坦、光滑的结构改变为球状或起泡形态，在处理过程

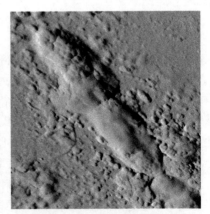

(a) 对照　　　　　　　　　　(b) 在 MIC 下 Cry1Ab16 毒素衍生肽处理 24h

图 5.4　Cry1Ab16 毒素衍生肽处理对大肠杆菌 ATCC 25922 的形态学影响

中发生了剧烈变形情况。该肽可与槚如树胶形成可食用膜，展现出可用于开发具有抗菌活性的生物材料和抵抗食源性病原体的抗菌潜力。

5.3.2　抗菌肽在农业和畜牧业中的应用

抗菌肽由于其独特的优点，在农业和畜牧业中都有良好的应用。农业上，抗菌肽在培育抗病品种的同时也能延长农产品保存期；畜牧业上，它可以杀灭动物体内病原菌，提高免疫力，改善动物生产性能等，而且添加的抗菌肽安全无残留，不会对动物产生危害，也不会造成环境污染，为养殖业带来可观的经济效益。

1. 动物源抗菌肽应用

天蚕素是从动物蚕蛹中分离的一种抗菌肽，李波等（2015）主要筛选得到高效分泌表达天蚕素的枯草芽孢杆菌宿主菌，使用最佳菌株为供试菌株，以天蚕素表达量为指标，通过响应面优化发酵条件，将天蚕素发酵液通过纯化得到天蚕素，研究表明，其对革兰氏阳性菌与革兰氏阴性菌均有一定的抑制作用。将天蚕素运用到断奶仔猪日粮中，在不加饲用抗生素情形下，仔猪仍有很好的生长性能，腹泻率低，免疫功能良好，由此表明，天蚕素这种动物抗菌肽可取代饲用抗生素，具有很好的应用前景。畜牧业生产注重效率、安全性和可持续性，如今面临两大挑战，即植酸磷的利用率低和滥用抗生素。有研究者将植酸酶和抗菌肽用作饲料添加剂，例如，Wang 等（2017）将人工合成的植酸酶-乳铁蛋白肽融合基因转入水稻，能整合在水稻的基因组中并能稳定地遗传和表达。初步抗菌试验表明，融合蛋白肠激酶水解产物可以抑制大肠杆菌的生长，说明该肽具有提高饲料植酸磷有效性、提高牲畜免疫力、减少抗生素使用的潜力。

2. 植物源抗菌肽应用

Mcclean 等（2014）评估了四种已知抗高血压活性的食源性多肽（大麦肽、大豆肽、α-酪蛋白肽、α-玉米醇溶蛋白肽）对病原微生物的抗菌活性，使用大肠杆菌、金黄色葡萄球菌、黄体微球菌、酵母和白色念珠菌为试验菌，来自 α-酪蛋白和大豆的肽能抑制四种被测微生物的生长，其活性与氨苄西林活性类似，大麦肽能抑制三种细菌的生长，而 α-玉米醇溶蛋白肽无抑菌活性。此外，大多数具有抗菌活性的肽已被表征为具有总体正电荷和至少30%相对较短的疏水性残基（10～50 个残基），表明食源性肽可以通过多种机制发挥有益作用。由微生物而造成的植物死亡会导致农业减产，引起农民和农业产业广泛的关注。阳离子抗菌肽是活细胞用于抵御各种病原体且普遍存在的小分子多肽。它的两亲性质能导致细胞裂解，还能调节动物模型的信号通路和细胞过程。Goyal 等（2013）在马铃薯中导入阳离子抗菌肽基因，使转基因马铃薯能抵抗真菌和细菌病原体，能抑制其对生物和非生物胁迫物的过敏和活性氧反应，延缓花芽的发育和延长营养期。

5.3.3　抗菌肽在医疗行业中的应用

　　抗药性是医学治疗的一个主要问题，抗菌肽可能在未来解决这个问题。作为克服传统抗生素细菌耐药性的潜在候选药物，抗菌肽目前备受关注。因为它能够迅速杀死广谱的病原微生物并调节先天和适应性免疫，但目前发展还较为缓慢。抗生素耐药性的发展是令人担忧的，限制抗生素的使用对疾病的治疗尤为重要。为了克服抗生素耐药性的问题，具有天然抗菌性能的肽在疾病治疗中得到应用。

　　1. 动物源抗菌肽应用

　　在中药中，蟾蜍和蛙皮用于患者皮肤的感染部位以治疗痈疮，动物型抗菌肽显示出良好的抑制致病微生物生长的潜力。Mariela 等（2017）从巴塔哥尼亚青蛙皮肤中分离的一种抗菌肽是富含甘氨酸和亮氨酸的肽，对大肠杆菌和肺炎链球菌的 MIC 和 MBC 分别为 62.5μg/mL 和 125μg/mL，具有较强的抗大肠杆菌活性，细胞毒性研究表明，该肽在真核细胞的 MIC 下具有可接受的耐受性水平，说明对哺乳动物细胞显示低的细胞毒性。Wang 等（2002）从中药里常用的幼蝉中分离出一种新型有效的抗真菌肽，在含马铃薯葡萄糖琼脂的培养皿中进行对灰葡萄孢菌、花生酸枝孢霉、尖孢镰刀菌、立枯丝核菌和鸡腿蘑的抗真菌活性的测定，表明幼蝉抗菌肽对多种真菌具有抗菌活性，此类昆虫抗菌肽在防御微生物寄生虫方面发挥重要作用，并且可以用于治疗细菌感染。

　　2. 微生物源抗菌肽应用

　　由于细菌对各种常规抗生素耐药性的增加以及对常规癌症治疗的副作用，寻找替代疗法的研究正在增加。乳酸菌从天然来源乳制品中释放的生物活性肽被认为是生物治疗肽的潜在来源。然而，酸奶中肽的释放取决于乳酸菌产生的蛋白酶活性。Sah 等（2016）利用乳酸菌在 4℃储藏 28d 时发酵产生的肽具有抑制细菌和癌细胞生长活性。通过添加或不添加菠萝皮粉（PPP）的益生菌酸奶制备水溶性粗肽提取物。研究表明，添加 PPP 益生菌的酸奶对大肠杆菌和金黄色葡萄球菌的抑菌圈分别为 25.89mm 和 11.72mm，显著高于不添加 PPP 益生菌酸奶。含 PPP 的益生菌酸奶的抗 HT29 结肠癌细胞增殖活性也明显高于不添加 PPP 益生菌酸奶。利用乳制品衍生的生物活性肽开发一种比目前生产的抗菌和抗癌药物更好的替代品具有光明的前途。

5.3.4　抗菌肽在化妆品中的应用

　　美国食品药品监督管理局根据化妆品预期用途将其定义为经摩擦、倾倒、喷洒或其他方式施用于人体的物品，用于清洁、保湿和美化等。皮肤是人体最大的器官，负责抵抗外部环境，保护内部器官。临床和流行病学研究表明，活性氧或活性氮污染以及紫外线辐射环境会对皮肤产生有害影响，并导致内在和外在老化、免疫抑制、炎症甚至癌变。因此，化妆品行业一直在寻找有效成分来预防或减少这些不良后果。此外，人们对天然成分化妆品的需求比以往任何时候都更强烈，现在这被广泛认为是对该行业的严峻挑战。食源性抗菌肽在化妆品配方中作为活性成分很受欢迎，主要从天然来源获得并被认为是绿色成分。

寻常痤疮是一种慢性皮肤病，涉及多种因子的发病机制。痤疮治疗的替代解决方案是由抗生素耐药性所导致的，纯化的蜂毒可作为治疗痤疮的潜在良方。痤疮主要影响青少年，并经常持续到成年期，女性受影响比例高于男性。痤疮的发病机制涉及多种因素，且其发病机制及后续发展尚未完全阐明。然而，越来越多的数据似乎证实其异常与皮脂分泌、毛囊角化、细菌增殖和炎症有关。痤疮主要是由痤疮丙酸杆菌（*Propionibacterium acnes*）导致促炎性细胞因子的产生增多，刺激了滤泡角化细胞水平的粉刺生成，进一步导致皮肤炎症。

Han 等（2013）证实了蜜蜂蜂毒（PBV）的抗菌作用，PBV 的主要活性成分是大量蜂毒肽，具有强烈的抑菌效果，并探讨含蜜蜂蜂毒的化妆品对寻常痤疮患者的疗效。如图 5.5 所示，不同浓度的 PBV 对细菌生长具有抑制作用，PBV 浓度越高，其抗菌活性就越强，呈现浓度依赖性。当 PBV 浓度高于 1.0μg/mL 时，在琼脂上没有发现痤疮丙酸杆菌菌落，完全抑制痤疮丙酸杆菌的生长。未处理细菌的透射电子显微镜和扫描电子显微镜照片显示了正常的痤疮丙酸杆菌多形性结构，而使用 PBV 处理的细菌则失去了表面结构的完整性。与不含 PBV 的化妆品相比，含有 PBV 的化妆品在降低病变数量和皮肤微生物浓度方面具有一定的作用。长期使用含 PBV 的化妆品进行治疗是安全的，PBV 可能是治疗寻常痤疮的良好化合物。

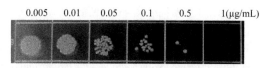

| 0.005 | 0.01 | 0.05 | 0.1 | 0.5 | 1(μg/mL) |

图 5.5　不同浓度 PBV 对痤疮丙酸杆菌的抑制作用

随着科技的进步，抗菌肽作为一种天然小分子蛋白质，抑菌谱广，不会导致病菌耐药性，具有很高的使用价值和良好的发展前景。然而，目前抗菌肽在食品方面的应用发展还不成熟与完善，仍存在一些值得改良与发展的问题。

参 考 文 献

陈默, 王志伟, 胡长鹰, 等. 2009. 酶标仪法快速评价香兰素的抑菌活性[J]. 食品与发酵工业,

35(5): 63-66.

董卫星, 刘淑鑫, 钟丹, 等. 2012. 溶菌酶测定方法的研究进展[J]. 中南药学, 10(1): 58-61.

韩杰, 孟军. 2007. 抗菌肽及其在水生动物中的研究现状[J]. 水利渔业, 27(2): 98-99.

郝刚, 施用晖, 唐亚丽. 2010. 抗菌肽 Buforin Ⅱ 衍生物与大肠杆菌基因组 DNA 的作用机制[J]. 微生物学报, 50(3): 328-333.

李波. 2015. 天蚕素的规模化制备及其在断奶仔猪日粮中的应用研究[D]. 吉林大学博士学位论文.

刘春云, 武廷章, 周大喜, 等. 2000. 凤丹丹皮酚抗菌作用的研究[J]. 生物学杂志, 17(3): 23-24.

刘忠渊, 金芝赛, 郑书涛. 2008. 新疆家蚕抗菌肽抗菌作用的超微结构观察及抗菌机理初探[J]. 动物学杂志, 43(2): 14-20.

娄秋莉. 2016. Nisin 提高可降解塑料的抑菌性及 Nisin 合成途径的新型设计[D]. 福建农林大学硕士学位论文.

马建凤, 刘华钢, 朱丹. 2010. 中药体外抑菌研究的方法学进展[J]. 药物评价研究, 33(1): 42-45.

潘晓倩, 成晓瑜, 张顺亮, 等. 2014. 不同检测方法在抗菌肽抑菌效果评价的比较研究[J]. 肉类研究, (12): 17-20.

施新猷. 1989. 医用实验动物学[M]. 陕西西安: 陕西省科学技术出版社: 220-231.

孙忠超, 贾幼陵. 2014. 论动物福利科学[J]. 动物医学进展, 35(12): 153-157.

谭娟娟. 2012. 抗菌肽的构效关系与活性机理的研究[D]. 吉林大学硕士学位论文.

汪丽佩, 张婷. 2011. 小鼠急性腹膜炎模型建立的方法[J]. 中医临床研究, 3(7): 114-115.

王巧巧. 2017. 鲫鱼鱼鳞抗菌肽的制备、抑菌机理及应用研究[D]. 浙江工商大学硕士学位论文.

邬晓勇, 何钢, 颜军, 等. 2011. 抗菌肽抑菌活性测定方法的研究[J]. 生物学通报, 46(4): 44-47.

解学魁, 陈丽华, 付亚书, 等. 2001. 抗菌制品的抑菌效果检测方法研究[J]. 中国公共卫生, 17(7): 634-635.

熊清权. 2012. 牛乳酪蛋白源抗菌肽粉乳基料的制备研究[D]. 西北农林科技大学硕士学位论文.

张琳, 李瑞芳, 张慧茹, 等. 2015. 抗菌肽 CGA-N46 对皮肤感染克柔念珠菌小鼠的治疗作用[J]. 动物医学进展, 36(6): 111-115.

赵洁, 孙燕, 李晶, 等. 2008. 动物抗菌肽的抗病毒活性[J]. 医学分子生物学杂志, 5(5): 466-469.

赵连静. 2013. 螺旋型抗菌肽的疏水性对抗细菌与抗真菌活性的影响比较[D]. 吉林大学硕士学位论文.

Algboory H L, Muhialdin B J. 2018. Algboory, identification of low molecular weight antimicrobial peptides from Iraqi camel milk fermented with *Lactobacillus plantarum*[J]. PharmaNutrition, 6(2): 69-73.

Aranha C, Gupta S, Reddy K V R. 2014. Contraceptive efficacy of antimicrobial peptide Nisin: *in vitro* and *in vivo* studies[J]. Contraception, 69(4): 333-338.

Azmi F, Skwarczynski M, Toth I. 2016. Towards the development of synthetic antibiotics: designs inspired by natural antimicrobial peptides[J]. Current Medicinal Chemistry, 23(41): 4610-4624.

Benincasa M, Skerlavaj B, Gennaro R, et al. 2003. *In vitro* and *vivo* antimicrobial activity of two α-helical cathelicidin peptides and of their synthetic analogs[J]. Peptides, 24(11): 1723-1731.

Bonelli R R, Schneider T, Sahl H G, et al. 2006. Insights into *in vivo* activities of lantibiotics from gallidermin and epidermin mode-of-action studies[J]. Antimicrobial Agents and Chemotherapy, 50(4): 41449-41457.

Brogden K A. 2005. Antimicrobial peptides: pore formers or metabolic inhibitors in bacteria[J]. Nature Reviews Microbiology, 3(3): 238-250.

Brogden N K, Brogden K A. 2011. Will new generations of modified antimicrobial peptides improve their potential as pharmaceuticals?[J]. International Journal of Antimicrobial Agents, 38(3): 217-225.

Bulet P, Stockin R, Menin L. 2004. Antimicrobial peptides: from inverte-brates to vertebrates[J]. Exercise Immunology Review, 198: 169-184.

Caputo L, Quintieri L, Bianchi D M, et al. 2015. Pepsin-digested bovine lactoferrin prevents Mozzarella cheese blue discoloration caused by *Pseudomonas fluorescens*[J]. Food Microbiology, 46(46): 15-24.

Castle M, Nazarian A, Tempst P, et al. 1999. Lethal effects of apidaecin on *Escherichia coli* involve sequential molecular interactions with diverse targets[J]. Journal of BiologicaII Chemistry, 274(46): 32555-32564.

Cespedes G F, Lorenzón E N, Vicente E F, et al. 2012. Mechanism of action and relationship between structure and biological activity of Ctx-Ha: a new ceratotoxin-like peptide from *Hypsiboas albopunctatus*[J]. Protein and Peptide Letters, 19(6): 596-603.

de Castro R J S, Sato H H. 2016. Simultaneous hydrolysis of proteins from different sources to enhance their antibacterial properties through the synergistic action of bioactive peptides[J]. Biocatalysis and Agricultural Biotechnology, 8: 209-212.

Fehlbaum P, Bulet P, Michaut L, et al. 1994. Insect immunity. Septic injury of *Drosophila* induces the synthesis of a potent antifungal peptide with sequence homology to plant antifungal peptides[J]. Journal of Biological Chemistry, 269(52): 33159-33163.

Gkeka P, Sarkisov L. 2009. Spontaneous formation of a barrel-stave pore in a coarse-grained model of the synthetic LS3 peptide and a DP-PC lipid bilayer[J]. The Journal Physical Chemistry, 113(1): 6-8.

Goyal R K, Hancock R E, Mattoo A K, et al. 2013. Expression of an engineered heterologous antimicrobial peptide in potato alters plant development and mitigates normal abiotic and biotic responses[J]. PloS One, 8(10): e77505.

Gupta R, Sarkar S, Srivastava S. 2014. *In vivo* toxicity assessment of antimicrobial peptides(AMPs LR14)derived from *Lactobacillus plantarum* strain LR/14 in *Drosophila melanogaster*[J]. Probiotics and Antimicrobial Proteins, 6(1): 59-67.

Han S M, Lee K G, Pak S C. 2013. Effects of cosmetics containing purified honeybee(*Apis mellifera* L.) venom on acne vulgaris[J]. Journal of Integrative Medicine, 11(5): 320-326.

Haster H E, Kramer N E, Smith J L, et al. 2006. An alternative bactericidal mechanism of action for lantibiotic peptides that target lipid Ⅱ [J]. Science, 313(5793): 1636-1637.

Hicks R P, Abercrombie J J, Wong R K, et al. 2013. Antimicrobial peptides containing unnatural amino acid exhibit potent bactericidal activity against ESKAPE pathogens[J]. Bioorganic and Medicinal Chemistry Letters, 21(1): 205-214.

Huang Y B, Huang J F, Chen Y X. 2010. α-helical cationic antimicrobial peptides: relationships of structure and function[J]. Protein Cell, 1(2): 143-152.

Kang S J, Park S J, Mishig-Ochir T, et al. 2014. Antimicrobial peptides: therapeutic potentials[J]. Expert Review of Anti-infective Therapy, 12(12): 1477-1486.

Kobbi S, Nedjar N, Chihib N, et al. 2017. Synthesis and antibacterial activity of new peptides from Alfalfa RuBisCO protein hydrolysates and mode of action via a membrane damage mechanism against *Listeria innocua*[J]. Microbial Pathogenesis, 115: 41-49.

Leontiadou H, Mark A E, Marrink S J. 2006. Antimicrobial peptides in action[J]. Journal of the Americal Chemical Society, 128(37): 12156-12161.

Li G R, He L Y, Liu X Y, et al. 2011. Rational design of peptides with anti-HCV/HIV activities and enhanced specificity[J]. Chemical Biology & Drug Design, 78(5): 835-843.

Li R R, He Z Q, Lü Y J, et al. 2011. Optimization of the expression and biological characteristic of antibacterial peptide Fowlicidin-3 and its therapeutic tests on *Escherichia coli* O1 infected chickens[J]. Journal of Nanjing Agricultural University, 34(2): 113-118.

Liu H Z, Wang K Z, Zhu R L, et al. 2007. Isolation and purification of an antimicrobial protein from rabbit small intestine and its antibacterial activity[J]. Acta Laboratorium Animalis Scientia Sinica, 15(4): 253-257.

Lu J, Chen Z W. 2010. Isolation, characterization and anti-cancer activity of SK84, a novel glycine-rich antimicrobial peptide from *Drosophila* virilis[J]. Peptides, 31(1): 44-50.

Luciana J A, Angela F J, Priscila G M, et al. 2009. Nisin bio-technological production and application: a review[J]. Trends in Food Science and Technology, 20: 146-154.

Marani M M, Perez L O, Araujo A R D, et al. 2017. Thaulin-1: the first antimicrobial peptide isolated from the skin of a Patagonian frog *Pleurodema thaul*(Anura: Leptodactylidae: Leiuperinae)with activity against *Escherichia coli*[J]. Gene, 605: 70-80.

Marchand C, Krajewski K, Lee H F, et al. 2006. Covalent binding of the natural antimicrobial peptide indolicidin to DNA abasicsites[J]. Nucleic Acids Research, 34(18): 5157-5165.

Martínez B, Böttiger T, Schneider T, et al. 2008. Specific interaction the unmodified bacteriocin Lactococcin 972 with the cell wall precursor lipid Ⅱ [J]. Applied and Environmental Microbiology, 74(15): 4665-4670.

Matsuzaki K, Murase O, Fujii N, et al. 1996. An antimicrobial peptide, magainin 2, induced rapid flip-flop of phospholipids coupled with pore formation and peptide translocation[J]. Biochemistry, 35(35): 11361-11368.

Matsuzaki K, Murase O, Fujii N, et al.1995. Translocation of a channel-forming antimicrobial peptide, magainin 2, across lipid bilayers by forming a pore[J]. Biochemistry, 34(19): 6521-6526.

Mcclean S, Beggs L B, Welch R W, 2014. Antimicrobial activity of antihypertensive food-derived peptides and selected alanine analogues[J]. Food Chemistry, 146(1): 443-447.

Miao J Y, Ke C, Guo H X, et al. 2014. Extraction, isolation and antibacterial mechanism of antibacterial peptides[J]. Mode Food Science and Technology, 30(1): 233-240.

Nan Y H, Park K H, Park Y, et al. 2009. Investigating the effects of positive charge and hydrophobicity on the cell selectivity, mechanism of action and anti-inflammatory activity of a Trp-rich antimicrobial peptide indolicidin[J]. FEMS Microbiology Letters, 292(1): 134-140.

Nguyen L T, Haney E F, Vogel H J, et al. 2011. The expanding scope of antimicrobial peptide structures and their modes of action[J]. Trends in Biotechnology, 29(9): 464-472.

Noga E J, Silphaduang U. 2003. Piscidins: a novel family of peptide antibiotics from fish[J]. Drug News Perspect, 16(2): 87-92.

Pintado C M, Ferreira M A, Sousa I. 2009. Properties of whey protein-based films containing organic acids and nisin to control *Listeria monocytogenes*[J]. Journal of Food Protection, 72(9): 1891-1896.

Plácido A, Bragança I, Marani M, et al. 2017. Antibacterial activity of novel peptide derived from Cry1Ab16 toxin and development of LbL films for foodborne pathogens control[J]. Materials Science and Engineering C, 75: 503-509.

Pouny Y, Rapaport D, Mor A, et al. 1992. Interaction of antimicrobial dermaseptin and its fluorescently labeled analogues with phospholipid membranes[J]. Biochemistry, 31(49): 12416-12423.

Ramanathan B, Davis E G, Ross C R, et al. 2002. Cathelicidins: microbicidal activity, mechanisms of action, and roles in innate immunity[J]. Microbes and Infection, 4: 361-372.

Rollins-Smith L A. 2009. The role of amphibian antimicrobial peptides in protection of amphibians from pathogens linked to global amphibian declines[J]. Biochimica et Biophysica Acta-Biomembranes, 1788(8): 1593 -1599.

Sah B N P, Vasiljevic T, Mckechnie S, et al. 2016. Antibacterial and antiproliferative peptides in synbiotic yogurt-release and stability during refrigerated storage[J]. Journal of Dairy Science, 99(6): 4233-4242.

Salas C E, Badillocorona J A, Ramírezsotelo G, et al. 2015. Biologically active and antimicrobial peptides from plants[J]. Biomed Research International, 2015: 102129.

Sedaghati M, Ezzatpanah H, Boojar M M A, et al. 2016. Isolation and identification of some antibacterial peptides in the plasmin-digest of β-casein[J]. LWT-Food Science and Technology, 68: 217-225.

Su L Y, Willner D L, Segall A M. 2010. An antimicrobial peptide that targets DNA repair intermediates *in vitro* inhibits *Salmonella* growth within murine macrophages[J]. Antimicrobial Agents and Chemotherapy, 54(5): 1888-1899.

Sumi C D, Yang B W, Yeo I C, et al. 2015. Antimicrobial peptides of the genus *Bacillus*: a new era for antibiotics[J]. Canadian Journal of Microbiology, 61(2): 93-103.

Vanhoye D, Bruston F, Nicolas P, et al. 2003. Antimicrobial peptides from hylid and ranin frogs originated from a 150-million year old ancestral precursor with a conserved signal peptide but a hypermutable antimicrobial domain[J]. European Jouranal of Biochemistry, 270(9): 2068-2081.

Vincent P A, Morero R D. 2009. The structure and biological aspects of peptide antibiotic microcin J25[J]. Current Medicinal Chemistry, 16(5): 538-549.

Wang G S. 2010. Antimicrobial Peptides: Discovery, Design and Novel Therapeutic Strategies[M]. Cambridge, USA: CABI.

Wang H, Ng T B. 2002. Isolation of cicadin, a novel and potent antifungal peptide from dried juvenile cicadas[J]. Peptides, 23(1): 7-11.

Wang W, Ren W H. 2013. Inhibition of *Escherichia coli* growth by cecropin A[J]. Chinese Journal of Zoonoses, 29(6): 533-536.

Wang Y, Chen J B, Zheng X, et al. 2014. Design of novel analogues of short antimicrobial peptide anoplin with improved antimicrobial activity[J]. Journal of Peptide Science, 20(12): 945-951.

Wang Z P, Deng L H, Weng L S, et al. 2017. Transgenic rice expressing a novel phytase-lactoferricin fusion gene to improve phosphorus availability and antibacterial activity[J]. Journal of Integrative Agriculture, 16(4): 774-788.

Wilson S S, Wiens M E, Smith J G. 2013. Antiviral mechanisms of human defensins[J]. Journal of Molecular Biology, 425(24): 4965-4980.

Wu M, Maier E, Benz R, et al. 1999. Mechanism of interaction of different classes of cationic antimicrobial peptides with planar bilayers and with the cytoplasmic membrane of *Escherichia coli*[J]. Biochemistry, 38(22): 7235-7242.

Yang L M, Huang Y, Zhang R J. 2013. Design of new antimicrobial peptides and prediction of its activity and function[J]. Computer and Modernization, 2: 138-142.

Yenugu S, Hamil K G, French F S, et al. 2004. Antimicrobial actions of the human epididymis 2(HE2) protein isoforms, HE2alpha, HE2beta1 and HE2beta2[J]. Reproductive Biology and Endocrinology, 2(1): 61.

Yu L P, Sun B G, Li J, et al. 2013. Characterization of a C-type lysozyme of scophthalmus maximus: expression, activity, and antibacterial effect[J]. Fish & Shellfish Immunology, 34(1): 46-54.

Zasloff M. 1987. Magainins, a class of antimicrobial peptides from *Xenopus* skin: isolation, characterization of two act ive forms, and partial cDNA sequence of a precursor[J]. Proceedings of the National Academy of Sciences of the United States of America, 84(15): 5449-5453.

Zeitler B, Herrera D A, Dangel A, et al. 2013. De-novo design of antimicrobial peptides for plant protection[J]. PLoS One, 8(8): e71687.

Zhang B, Wang J N, Ning S Q, et al. 2018. Peptides derived from tryptic hydrolysate of *Bacillus subtilis* culture suppress fungal spoilage of table grapes[J]. Food Chemistry, 239: 520-528.

Zhang D D, Shang D J. 2016. Potential of antimicrobial peptides as novel anti-infective the rapeutics and application prospect[J]. Chinese Journal of Biochemical, 36(1): 178-182.

Zhao J, Sun Y, Li J, et al. 2008. Antiviral function of animal antimicrobial peptides[J]. Journal of Molecular Cell Biology, 5(5): 466-469.

Zhou Y, Chen W N. 2011. iTRAQ-coupled 2-D LC-MS/MS analysis of membrane protein profile in *Escherichia coli* incubated with apidaecin IB[J]. PLoS One, 6(6): e20442.

第6章 金属离子螯合肽

6.1 金属离子螯合肽概述

金属离子螯合肽是一类能与金属离子发生螯合反应,通过配位键结合生成具有环状结构的金属有机螯合物,且具有多种生物活性功能的肽。根据以往的研究,肽-金属离子螯合物的主要来源有三个方面:一是通过人工制备的金属离子螯合肽与各类金属离子的配合作用来合成螯合物;二是通过动植物源蛋白质酶解获得的具有螯合能力的多肽与各类金属离子的配合作用来制备螯合物;三是从动植物组织中直接提取天然肽-金属离子螯合物。由于构成螯合物的金属离子螯合肽配基和金属离子不同而使其具有不同的组成和结构,从而体现出不同的生物活性功能,不仅能够借助肽类在机体内的吸收机制来提高金属离子的生物利用率,还能具备无机态金属离子所没有的生理生化特性。目前,研究者通过各种方式制备分离得到的金属离子螯合肽在与各类金属离子发生螯合作用后可以作为抑菌剂、抗氧化剂、食品添加剂、化妆品添加剂、动物饲料、有机肥料和人体必需的金属离子补充剂等产品应用到工业化生产中,并且相较于一些无机抗氧化剂、天然抑菌剂或其他类型的金属离子补充剂具有几乎无毒副作用、更优良的生物学效价、制备成本更为低廉、流程更为简便等优点。金属离子螯合肽具有的商业价值潜力和研究前景,使其日益成为国内外研究的热点。

6.1.1 金属离子螯合肽的研究背景

一些金属元素尤其是微量元素,对人体具有明显的营养作用和生理功能,对维持机体的生长、发育、繁衍等生命活动必不可少,它们的需求量虽小,却与机体健康和疾病有着密切关系。金属离子螯合肽已显示出在微量元素调节补充方面的潜在应用性能,研究者发现和鉴定了越来越多的具有促进和增强微量元素生物利用度的螯合肽。

二价营养物质(如钙、锌、铁和铜)具有多种生物学功能。钙是一种人体必不可少的、含量最多的、具有多种重要生理功能的元素,在人体组成元素排序中仅次于碳、氧、氮,对维持人体血液循环和八大系统(消化系统等)的正常运作,以及肌肉、骨骼、牙齿的构成具有极其关键的作用。正常成人体内的钙含量为

1000～1200g，占体重的 1.5%～2.0%，多以无机钙的磷酸盐形式存在于牙齿和骨骼中，还有部分钙离子分布于细胞外液、血液及软组织中，统称为混溶钙池，还有小部分钙可以与蛋白质结合，如钙调蛋白等。另外，钙在细胞代谢、骨骼生长、血液凝固、神经传导、肌肉收缩和心脏功能方面具有重要的作用。钙还具有许多重要的生理功能，如促进细胞增殖、激活多种酶活性、生成钙皂降低肠道刺激以预防结肠癌、参与细胞的信号传导与神经递质的释放等。锌是生物体必需的微量元素之一，对各组织器官的生长和生理功能具有重要的营养与调节功能，被医学界和营养学界誉为"智能元素"和"生命之花"。锌是生物体正常生长发育、遗传繁殖、免疫调节、神经体液调节等重要生理过程中必不可少的物质，也是人体许多酶的组成成分或激活剂，尤其是 DNA 和 RNA 聚合酶，其直接参与核蛋白的合成，对细胞分化、复制等生命过程产生影响，从而影响生长发育。铁是人体内含量最多的微量元素，主要以铁卟啉络合物（血红素）形式存在，在人体中主要负责血红蛋白内的氧气转运。同时，铁是生产血红蛋白的重要基质，需要足够的铁储存才可以实现和保持人体正常水平的血红蛋白。铜作为一种重要元素，无论对于动物还是植物都是必需的微量元素，主要以金属蛋白的形式分布于生物组织中，对于各种酶的辅助因子起着至关重要的作用。生物系统中许多涉及氧的电子传递和氧化还原反应都是由含铜酶催化的。

　　饮食中的矿物质缺乏会导致许多身体器官发生疾病。例如，钙摄入量不足会导致骨骼中的钙释放并增加骨质疏松症的风险。人体缺锌可影响其正常的生长发育，并伴有食欲下降、疲乏无力、偏食厌食、抗感染能力下降、免疫力低下及智力发育不全等一系列临床症状，生物体的各项生理机能均会受到影响，人类畸形儿的产生也与缺锌有着密切关系。缺铁症状主要包括小红细胞低色素性贫血、成人身体活动受损、成人耐力受损以及儿童认知损害等现象。人体缺铜则会引起贫血、毛发异常、骨和动脉异常，以至脑障碍。膳食中矿物质的吸收通常是比较差的，饮食中的许多主食（如谷类、玉米、大米和豆类）通常含有植酸、单宁酸和膳食纤维，这些化学物质在胃肠道中能与钙、锌、铁等离子形成不溶性配合物，由于人类肠道缺少植酸酶而具有很差的生物利用度。肽-金属离子螯合物结构稳定，进入胃肠道后可以避免受食物中的植酸和草酸对金属离子的沉淀和吸附，同时机体对螯合物的吸收是通过肽的吸收通道而不是金属离子吸收通道，可以避免与其他金属离子吸收的拮抗竞争，从而提高其生物利用度。因此金属离子螯合肽是提高金属离子吸收率的主要载体，其避免了不溶性复合物在消化道中的形成，并提高了金属离子的生物利用度。

　　过去的研究已报道了多种食源性金属离子螯合肽，来源包括芝麻、鹰嘴豆、牡蛎、猪血浆、大豆、小麦胚芽、罗非鱼鱼皮、阿拉斯加鳕鱼等多种动植物组织。随着研究的深入，研究人员发现金属离子螯合肽除了具有作为金属离子载体促进矿物质生物利用度的功能外,还具有其他多种活性。张智等(2017)以玉米肽(CP)为参照,研究了玉米肽-锌螯合物(CP-Zn)的结构表征和在小鼠体内抗氧化活性的变化,发现其具有优于 CP 的优良抗氧化活性。赵立娜等(2015)发掘了乳清蛋白与钙离子螯合物的复合保健功效,所得螯合物具有显著的抗氧化活性,为乳清蛋白复合产品的开发提供了试验依据。Liao 等(2016)制备的核桃肽-锌螯合物表现出对多种人癌症细胞系,特别是人乳腺癌细胞(MCF-7)的较强抗增殖能力,并初步证明了诱导 MCF-7 凋亡的抑制途径。Matsukura 等(2000)报道了锌与 L-肌肽络合的螯合物可以保留在胃液中而不被快速解离,并且特异性粘附到溃疡损伤处抑制幽门螺杆菌,锌与 L-肌肽络合的螯合物中的锌被释放以治愈溃疡。霍健聪(2009)利用带鱼副产物为原料,通过亚铁离子螯合修饰制备带鱼下脚料多肽亚铁螯合物,并对其抑菌特性和抑菌机理进行初步研究,通过凝胶层析、高效液相及聚丙烯酰胺凝胶电泳对其有效抑菌成分进行分离纯化和鉴定,在提高资源利用率的同时,为开发应用于食品和饲料加工中的新型天然防腐保鲜剂提供了一定的理论依据。

6.1.2　金属离子螯合肽的螯合模式

目前,研究人员利用紫外光谱、荧光光谱、红外光谱、X 射线衍射和核磁共振分析等技术,对金属离子螯合肽与金属离子的螯合机理进行了初步的研究,得到了螯合物中潜在的多种螯合模式。有研究指出,金属离子螯合肽的羧基、氨基以及侧链都含有很多具有孤对电子的氮、氧、硫原子,在一定条件下可以与金属阳离子通过配位键结合形成络合物。另外,有研究表明,某些特定氨基酸序列,如"天冬酰胺-半胱氨酸-丝氨酸"被认为具有较高的螯合活性,某些特定氨基酸也能显著影响金属离子螯合肽的螯合作用,如天冬氨酸、谷氨酸和组氨酸上的羧基可能是螯合作用的结合位点而显著影响螯合反应(Bao et al.,2008)。此外还发现蛋白质的磷酸化位点与螯合反应有关,酪蛋白的去磷酸化使酪蛋白磷酸肽(CPPs)对锌离子的螯合作用显著降低(Wang et al.,2007)。

1. 磷酸盐基团

CPPs 是最早被发现具有促钙吸收的生物活性肽。据报道,CPPs 和卵黄高磷蛋白磷酸肽肽链中的磷酸化丝氨酸残基能够与钙离子配位结合形成可溶性复合物,CPPs 上的磷酸丝氨酸簇能将钙离子包裹其中,与钙结合形成无定形状态,避免钙在人体肠道内与植酸盐形成沉淀,有效提高机体内钙的吸收利用率。后续的研究发现,CPPs 结构的肽能与钙离子结合形成可溶性复合物。通过改变外界环境,因 CPPs 带电性、带电量及分子质量大小的不同,将影响多肽与金属元素的结合常数和结合位点,同时形成金属螯合物的结构性质也相应发生改变。许多研究人员报道了磷酰基团与钙离子结合性质之间的关系。Sato 等（2014）发现金属离子螯合肽与钙离子的结合与磷酸化丝氨酸基团的存在相关，这一关系呈正相关，并且证明了酪蛋白分子的磷酸盐部分对增强人体小肠吸收钙离子的必要性。磷酸肽的分子大小对金属离子的结合也至关重要，分子质量小于 1kDa 的磷酸化肽片段不能显著地与钙离子发生螯合，而分子质量在 1～3kDa 的磷酸化肽片段则显示出比 CPPs 更高的钙离子结合能力并形成可溶性复合物。

2. 羧基

研究者发现了多种不含磷酸基团的多肽能够通过氨基酸残基的羧基与金属离子结合。Bao 等（2010）研究了大豆蛋白水解物（SPHs）中钙螯合能力和羧基含量之间的关系。结果表明，螯合钙的量随着羧基含量的增加而线性增加，并且最可能的螯合位点是天冬氨酸和谷氨酸的羧基。此外，螯合钙的量也与 SPHs 的分子质量相关，分子质量为 14.4kDa 或 8～9kDa 的肽片段表现出较高的钙螯合能力。除了大豆蛋白水解物，赵立娜等（2014）从乳清蛋白水解产物中分离出了具有显著钙结合能力的特异性多肽，并且该肽的氨基酸序列被确定为"苯丙氨酸-天冬氨酸"。纯化多肽的结构特性表明，天冬氨酸羧基上的氧原子可以通过提供孤对电子与钙形成配位键。Liu 等（2013）也报道了来自小麦胚芽蛋白水解产物的钙离子螯合肽主要由谷氨酸、天冬氨酸、精氨酸和甘氨酸组成，并且紫外光谱和傅里叶变换红外光谱表明，谷氨酸和天冬氨酸羧基上的氧原子参与了多肽与钙离子之间的螯合。虽然已经报道了一些特定的基团是螯合物形成的必需形式，但需要进一步研究金属离子螯合肽的螯合机理，包括肽链上螯合位点的位置、分子结构和动态过程。

6.1.3　金属离子螯合肽的制备

目前多肽金属离子螯合物的制备研究集中在多肽的制备以及多肽与金属元素螯合工艺的研究。随着食品综合利用研究的深入，研究人员也倾向于采用各种不同来源的原料，包括动植物来源、畜乳来源与水生来源，尤其是食品加工过程中产生的下脚料作为多肽的来源，既充分利用了废弃资源，还可以提高原料的附加价值。不同制备工艺条件下制得的金属离子螯合肽的螯合率和生物活性等方面差异较大，因此对金属离子螯合肽制备工艺进行研究具有深远意义。

金属离子螯合肽的制备方法主要有酶解法、溶剂提取法、化学合成法等。溶剂提取法和化学合成法制备多肽进而螯合金属制备多肽金属离子螯合物不仅成本高，也存在化学物质残留等安全性问题，而酶解法具有条件温和、安全性高、成本低、水解过程容易控制等优点，所以采用酶解法制备金属离子螯合肽进而制备多肽金属离子螯合物成为必然趋势。目前对酶解法的研究主要集中在适宜酶种筛选、酶解条件优化以及酶解工艺改良，以获得螯合活性较高的金属离子螯合肽。不同的蛋白酶性质不同，酶切结果即不同，水解蛋白的过程还受料液比、酶解温度、酶解 pH、酶的添加量、酶解时间等多种因素和各因素之间交互作用的影响。原料种类不同，所选择的酶和最佳作用条件自然就有差异，因此确定用于酶解的水产原料的最佳作用条件仍需大量的研究。

蔡冰娜等（2012）采用响应面法优化鳕鱼皮胶原蛋白肽与氯化亚铁进行螯合反应的条件，制备肽亚铁离子螯合产品。最佳螯合工艺条件为胶原蛋白肽与氯化亚铁的质量比 4∶1、小分子肽液质量分数 3.5%、pH 7.0。在此条件下，螯合物得率为 37.31%，与模型的预测值 37.46%接近。高素蕴等（2003）用碱性蛋白酶对分子质量小于 10kDa 的大豆多肽混合物与锌的螯合物制备工艺条件进行优化研究，结果表明最佳螯合条件为多肽反应液浓度 4%，肽锌质量比 2.25∶1，pH 5.0，温度 60℃，时间 40min。研究发现，对螯合反应影响最大的因素是 pH，接着依次是溶剂酸度调节剂和肽锌质量比对锌离子螯合肽的螯合率以及螯合物的得率有较显著影响。汪婵等（2011）以芝麻为原料，以水解度、金属螯合率和抗氧化能力为指标，从木瓜蛋白酶、胰蛋白酶和碱性蛋白酶中筛选出制备金属离子螯合肽的最适酶，并优化酶解芝麻蛋白的工艺，以探索获得高效金属离子螯合肽的酶解条件，得到最佳条件为底物质量浓度 5%（质量分数），酶添加浓度 20μg/g（底物），水解时间 5h，得到的金属离子螯合肽与 Fe^{2+} 的螯合率为 90.9%，与 Zn^{2+} 的螯合率为 93.5%，并初步得出水解度与金属螯合率和抗氧化能力之间的关系。

6.1.4　金属离子螯合肽的来源

过去十几年中，研究已报道了来源于多种食物源蛋白的金属离子螯合肽，包括从不同动植物、乳类和水产资源中获得的能够与多种金属离子发生螯合作用的多肽。特别是从一些低值鱼类和水产加工副产物中水解分离得到的金属离子螯合肽，不仅能够提高副产物的高值化研究和精深加工价值，开发利用其所含的各种天然生物活性成分，还能拓宽多肽金属离子螯合物的功能活性研究，提高水产资源的利用率，有效解决水产品粗加工所产生的副产物废弃造成的环境问题，具有特别重大的意义。

1. 动物性来源

酪蛋白是一种含磷钙的结合蛋白，是哺乳动物（包括牛、羊和人）奶的主要蛋白质，又称为干酪素、酪朊、乳酪素。酪蛋白占牛奶蛋白质的 76%～86%，由比例约为 3∶0.8∶3∶1 的 α_{s1}-酪蛋白、α_{s2}-酪蛋白、β-酪蛋白和 κ-酪蛋白组成（Schmidt，1982），这些蛋白质的主要结构相对接近，其丝氨酸残基都被磷酸化。CPPs 是磷酸化酪蛋白衍生的肽，它可以在体内通过胃肠道蛋白酶消化为 α_{s1}-酪蛋白、α_{s2}-酪蛋白、β-酪蛋白，或者在体外通过胰蛋白酶水解（Kitts et al., 1992；Meisel, 1997；Park et al., 1998；Meisel et al., 1999, 2003）。许多 CPPs 共享着一个高度极性的酸性结构域，并且该结构域由三个磷酸丝氨酸基团和两个谷氨酸残基组成（Meisel et al., 1988），是与钙离子结合的重要位点，在人体肠道 pH 弱碱性环境下呈负电性，可阻止消化酶的进一步分解作用，使 CPPs 不会被进一步水解而在肠中稳定存在，在促进钙吸收和生物利用度方面起着重要作用。基于对预防人体缺钙的显著效果，CPPs 已经作为钙补充剂在工业中规模化生产，并和其他富钙产品共用于婴幼儿配方食品中。

卵黄蛋白是一种高密度糖脂蛋白，是卵生动物卵黄的主要成分。除了能够提供蛋白质及必需氨基酸外，还提供糖类、维生素、磷等多种营养物质，同时具有转运脂肪的功能，因此对胚胎和幼体发育至关重要。与酪蛋白一样，卵黄蛋白也是一种高度磷酸化的蛋白质，含有 123 个丝氨酸残基，占总氨基酸残基的 57.5%。卵黄高磷蛋白的部分碱性氨基酸去磷酸化后得到分子质量为 1～3kDa 的卵黄高磷蛋白磷酸肽（Jiang et al., 2001），与 CPPs 相比这种磷酸肽含有更多丝氨酸残基，并且大部分被磷酸化。与 CPPs 一样，卵黄高磷蛋白磷酸肽含有的连续或不连续的磷酸化丝氨酸可增强其与钙离子的结合能力并提高钙离子的生物利用度（Berrocal et al., 1989；Scholz-Ahrens et al., 1990；Tsuchita et al., 1993；Tsuchita et al., 2001；Ferraretto et al., 2003；Perego et al., 2013）。

动物血液含有丰富的蛋白质、各种盐类和低分子质量化合物。其蛋白质的功能和物理特性，如溶解度、起泡性、乳化性和界面特性，与卵白蛋白和乳清蛋白相当。牛血清蛋白（BSP）是牛血清中的一种球蛋白，包含 583 个氨基酸残基，广泛运用于生化领域、遗传工程、医药研究和医药保健食品开发等方面。Choi 等（2012）选择碱性蛋白酶处理 BSP，并在 3kDa 滤膜下进行超滤，使用离子交换色谱和高效液相色谱从 BSP 的水解产物中分离出了钙离子螯合肽。使用液相层析/电喷物电离和串联质谱鉴定其序列为 Asp-Asn-Leu-Pro-Asn-Pro-Glu-Asp-Arg-Lys-Asn-Tyr-Glu，分子质量为 1603Da。Lee 和 Song（2009）选用风味蛋白酶将猪血浆蛋白水解，使用 YM-3 膜过滤水解产物，再用 Sephadex G-15、高效液相色谱、离子交换层析等方法从水解产物中分离纯化出钙离子螯合肽，并鉴定其序列为 Val-Ser-Gly-Val-Glu-Asp-Val-Asn。

2. 植物性来源

植物性来源的金属离子螯合肽主要来源于植物的种子，种子中的蛋白质含量较高，富含多种氨基酸，是金属离子与多肽螯合的重要结合位点。

大豆蛋白质是食用蛋白质的重要来源，含有大量钙离子亲和力的天冬氨酸及谷氨酸。Lv 等（2010）发现用酶解大豆蛋白（Kumagai et al., 2004；Bao et al.,

2007）获得的大豆蛋白水解物（SPHs）可以通过谷氨酸和天冬氨酸残基的羧基与钙离子结合，形成可溶性 SPH-Ca 复合物（10～30kDa），并且 Caco-2 细胞模型显示 SPH-Ca 对促进钙吸收起到重要作用。此外，通过固定化金属亲和色谱（IMAC-Ca^{2+}）和 RP-HPLC 从 SPHs 中分离出一种钙离子螯合肽，并鉴定其序列为 Asp-Glu-Gly-Glu-Gln-Pro-Phe。芝麻是热带和亚热带油籽作物，能产生高度稳定的油脂和营养蛋白质。Wang 等（2012）研究了用胰蛋白酶处理后的芝麻蛋白水解物的金属螯合能力，使用固定化金属亲和色谱（IMAC-Zn^{2+}）从水解物中分离出金属离子螯合肽。此外，用 RP-HPLC 和 LC-MS/MS 鉴定了其中六种金属离子螯合肽，合成了其中的三种，分别为 Ser-Met、Leu-Ala-Asn 和 Asn-Cys-Ser，并测量了金属离子螯合肽的金属离子螯合能力。特别是 Asn-Cys-Ser 显示出最高的锌离子和铁离子螯合能力，甚至比还原型谷胱甘肽还高。研究结果进一步支持了从芝麻蛋白中获得天然金属离子螯合剂的可行性。

　　向日葵是世界上重要的栽培油籽作物之一，在油脂生产方面排名第四。脱脂后的向日葵籽粕是油脂生产后的主要副产物，蛋白质含量约为 40g/100g，是构成人类膳食蛋白质的最佳来源，利用这些高蛋白的向日葵籽粕生产多种生物活性肽具有重要意义。Megias 等（2008）用胃蛋白酶和胰酶得到来自向日葵籽粕蛋白质的水解产物，通过铜离子固定化亲和层析来纯化铜离子螯合肽，纯化后的螯合肽比亲本蛋白水解产物的抗氧化活性提高了 2.5 倍，并且富含某些氨基酸（如组氨酸和精氨酸）。研究表明，铜离子螯合肽可能在向日葵蛋白质消化的过程中产生，不仅具有良好的抗氧化活性，还有利于提高铜离子的生物利用度。

3. 水生来源

　　水生生物约占全球生物多样性总量的一半，是具有多种生物活性和结构组成的生物活性化合物的来源。一些水生生物成本低，含有丰富的蛋白质，是生产食源性生物活性肽的理想候选原料。另外，水产品粗加工过程中产生的副产物，通常被丢弃而污染环境、浪费资源，对这些富含蛋白质的资源加以精深加工，生成多种副产品，既能产生经济效益又能解决环境污染问题，具有重要的现实意义。过去的研究已经显示，来源于水生生物资源的多肽具有良好的生物功能特性，并且已报道了许多来自水产品和副产物的金属离子螯合肽潜在价值并应用于功能性食品的配方中。

　　罗非鱼是淡水养殖的重要水产物种，是继鲤鱼和鲑鱼养殖后的第三大养殖鱼类。它营养丰富，蛋白质含量高（16%～25%），脂肪含量低（0.5%～3.0%），是人们均衡膳食的组成部分。段秀（2014）以罗非鱼鱼皮为研究对象，用恒温水浴搅拌提取法提取罗非鱼鱼皮胶原蛋白，然后用中性蛋白酶进行水解制备罗非鱼鱼皮胶原蛋白肽，再将其与亚铁盐进行螯合反应，并对所得肽-亚铁离子螯合物的抗氧化和抗菌活性进行了研究。结果表明，螯合物具有较强的 DPPH 自由基、ABTS 自由基和羟基自由基清除能力，对应的 IC_{50} 值分别为 0.84mg/mL、0.52mg/mL 和 0.52mg/mL。另外，螯合物对包括大肠杆菌、沙门氏菌、金黄色葡萄球菌和枯草芽孢杆菌在内的革兰氏阴性菌和革兰氏阳性菌均有一定抑制作用，表明螯合物可能是一种对细菌较为广谱的抗菌剂。

　　饮食是人体钙元素的主要来源，最常见和可信赖的钙来源是牛奶或其他乳制品。然而，一些人因乳糖消化不良而对牛奶过敏，不会喝牛奶。因此，研究者对作为替代品的各种钙补充剂进行了大量研究。阿拉斯加鳕鱼是一种重要的商业鱼类，每年加工的阿拉斯加鳕鱼约 50 万吨。阿拉斯加鳕鱼的骨架和鱼皮是水产品粗加工的副产物，经常被丢弃或用于生产低价值的饲料。Jung 等（2006）选用胃蛋白酶分解阿拉斯加鳕鱼加工废弃的骨架，使用羟基磷灰石亲和层析从水解产物中分离出对钙离子具有高亲和力的金属离子螯合肽，鉴定序列为 Val-Leu-Ser-Gly-Gly-Thr-Thr-Met-Ala-Met-Tyr-Thr-Leu-Val（分子质量 1442Da）。结果表明，阿拉斯加鳕鱼鱼骨架有可能成为具有高钙溶解度的新型营养物质，以供具有乳糖消化不耐症的人食用。

　　虾是最受欢迎的海产品之一，它营养丰富，含有丰富蛋白质、矿物质、维生素和其他生物活性分子。除了新鲜烹饪食用外，大部分虾都加工成虾肉制品，每年都会产生相当数量的加工副产物，主要由头部和身体甲壳组成，但这些废弃物却是生物活性分子的重要来源。Huang 等（2015）用胰蛋白酶水解虾的加工副产物，以螯合力为主要指标，水解度为辅助指标，获得具有最优钙离子螯合活性的水解产物。随后使用超滤膜系统（<1kDa）进行分级，通过离子交换色谱、凝胶色谱和反向高效液相色谱分离纯化出金属离子螯合肽。其结构鉴定为 Thr-Cys-His，纯化的多肽螯合力达到 2.7mmoL/g 蛋白质。结果表明，来源于虾加工副产物蛋白质的金属离子螯合肽具有较高的钙结合性质，并且可以作为食品工业中的天然功能性添加剂。除此之外还有各种各样的食品资源被研究者用于制备金属离子螯合肽，如表 6.1 所示。

表 6.1　制备金属离子螯合肽的生物资源

种类	酶	氨基酸序列	参考文献
酪蛋白	胰蛋白酶	Ser-Ser-Ser-Glu-Glu	Meisel et al., 1988
卵黄高磷蛋白	胰蛋白酶	—	Jiang et al., 2001
乳清蛋白	复合风味蛋白酶	Glu-Gly 或 Gly-Tyr	Huang et al., 2015
牛血清白蛋白	碱性蛋白酶	Asp-Asn-Leu-Pro-Asn-Pro-Glu-Asp-Arg-Lys-Asn-Tyr-Glu	Choi et al., 2012
猪血浆	复合风味蛋白酶	Val-Ser-Gly-Val-Glu-Asp-Val-Asn	Lee et al., 2009

续表

种类	酶	氨基酸序列	参考文献
罗非鱼肉	碱性蛋白酶	Trp-Glu-Trp-Leu-His-Tyr-Trp	Charoenphun et al.，2013
罗非鱼鳞	胃蛋白酶、胰蛋白酶与复合风味蛋白酶	Asp-Gly-Asp-Asp-Gly-Glu-Ala-Gly-Lys-Ile-Gly	Chen et al.，2014
阿拉斯加鳕鱼骨	胃蛋白酶	Val-Leu-Ser-Gly-Gly-Thr-Thr-Met-Ala-Met-Tyr-Thr-Leu-Val	Jung et al.，2006
阿拉斯加鳕鱼皮	胰蛋白酶	Gly-Pro-Ala-Gly-Pro-His- Gly-Pro-Pro-Gly	Guo et al.，2015
虾的下脚料	胰蛋白酶	Thr-Cys-His	Huang et al.，2011
小球藻	复合风味蛋白酶	Asn-Ser-Gly-Cys	Jeon et al.，2010
大豆	蛋白酶 M	Asp-Glu-Gly-Glu-Gln-Pro-Phe-Pro-Phe-Pro	Lv et al.，2013
小麦胚芽蛋白	碱性蛋白酶、复合酶、复合风味蛋白酶、中性蛋白酶、木瓜蛋白酶	—	Liu et al.，2013

6.1.5　金属离子螯合肽的螯合能力测定

测定金属离子螯合肽的螯合活性需要经过科学的方法测试，并且需要针对多肽所螯合的金属离子，选择科学标准化的测量方式。因为使用不同的测定方法、不同的测定条件，所得到的结果大相径庭，难以直接表明金属离子螯合肽的螯合活性，以下介绍几种金属离子螯合肽比较有代表性的测定方法。

1. 铁离子螯合活性

通常，用于量化铁离子螯合肽螯合能力的测定法包括电感耦合等离子体光谱法和比色法。常用的是菲洛嗪（ferrozine）比色法，亚铁离子能够与 ferrozine 形成一种有色的复合物 Fe^{2+}-ferrozine，其可以在波长 562nm 处测量吸光度。在溶液中，ferrozine 只与游离的亚铁离子形成有色复合物，当存在亚铁离子螯合肽时，亚铁离子与多肽络合，使得生成 Fe^{2+}-ferrozine 的量减少，吸光度减弱。因此，金属离子螯合肽的亚铁螯合活性可以表示为与对照相比形成 Fe^{2+}-ferrozine 水平的降低，而且由于 Fe^{3+} 和 ferrozine 之间不能发生反应，所以该方法能够特异性检测亚铁螯合活性。Torres 等（2012）用胃蛋白酶和胰酶水解鹰嘴豆蛋白，分离纯化出具有高活性的亚铁离子螯合肽，并通过测量 Fe^{2+}-ferrozine 的形成量来确定分析金属离子螯合肽的亚铁螯合活性。

计算公式:

$$螯合率(\%) = \frac{A_0 - A_1}{A_1} \times 100\% \tag{6.1}$$

式中, A_0 表示空白组的吸光度; A_1 表示添加亚铁离子螯合肽后的吸光度。

2. 锌离子螯合活性

Wang 等 (2012) 开发了一种使用 EDTA 滴定法测定锌螯合能力的方法。在待测溶液中添加二甲酚橙和环六亚甲基四胺,通过 EDTA 滴定测定总锌。另外,按照乙醇沉淀后得到的螯合物测定与锌离子螯合肽结合的锌含量,从而计算锌离子螯合率。

(1)原理:当指示剂二甲酚橙与溶液中的锌离子结合时,呈现深酒红色。用标准 EDTA 溶液滴定, EDTA 能更好地络合锌离子,使二甲酚橙显示出原本的纯黄色,以所滴定的 EDTA 体积比来测定多肽的螯合率,实验中用环六亚甲基四胺缓冲液维持溶液 pH 为 5~6,在这个范围内,指示剂有最好的显色效果。

(2)螯合锌的测定:取螯合物冻干粉,加去离子水溶解,加入环六亚甲基四胺缓冲液调整 pH,再滴入 3~4 滴 0.2%二甲酚橙显色。用标准 EDTA 溶液滴定,不断摇动锥形瓶,当溶液从酒红色变为纯黄色时,即为滴定终点。记录消耗的 EDTA 体积 V_1。

(3)总锌的测定:取螯合反应过程所加的总锌量,加去离子水溶解,加入环六亚甲基四胺缓冲液调整 pH,再滴入 3~4 滴 0.2%二甲酚橙显色。用标准 EDTA 溶液滴定,不断摇动锥形瓶,当溶液从酒红色变为纯黄色时,即为滴定终点。记录消耗的 EDTA 体积 V_2。

计算公式:

$$螯合率(\%) = \frac{V_1}{V_2} \times 100\% \tag{6.2}$$

式中, V_1 表示螯合锌所消耗的 EDTA 的体积, mL; V_2 表示总锌所消耗的 EDTA 的体积, mL。

3. 钙螯合活性

钙螯合能力的测定采用邻甲酚酞络合比色法测定钙离子含量。钙离子在碱性条件下,与邻甲酚酞络合指示剂反应后呈紫红色,其显色程度与钙离子含量成正相关关系,实验中加入 8-羟基喹啉可消除其他金属离子的干扰,故采用此方法来测定钙含量。

(1)工作液配制按如下方法进行。

乙醇胺-硼酸盐缓冲液:称取 3.6g 硼酸于烧杯中,加入 10mL 去离子水和 10mL

乙醇胺溶液,搅拌至硼酸完全溶解,移液到 100mL 容量瓶中,用乙醇胺溶液定容到 100mL。

邻甲酚酞溶液:称取 80mg 邻甲酚酞络合剂于烧杯中,加入 25mL 蒸馏水和 0.5mL、1mol/L KOH 溶液,搅拌至邻甲酚酞络合剂完全溶解,移液到 100mL 棕色容量瓶中,用去离子水定容到 100mL,最后再加 0.5mL 冰醋酸,摇匀。

8-羟基喹啉溶液:称取 5.0g 8-羟基喹啉于烧杯中,用 95%乙醇搅拌至完全溶解,移液到 100mL 棕色容量瓶中,95%乙醇定容到 100mL。

工作显色液:吸取 6mL 乙醇胺-硼酸盐缓冲液、6mL 邻甲酚酞溶液和 1.8mL 8-羟基喹啉溶液于 100mL 容量瓶中,用去离子水定容至 100mL,现配现用,样品与工作液使用比例为 1:5(体积比),混合均匀后在 570nm 处测定吸光度。

(2)钙标准曲线:取标准钙工作液(10μg/mL)0.0mL、0.2mL、0.4mL、0.6mL、0.8mL、1.0mL 于各个试管中,再向每支试管中加入去离子水补足至 1mL,再加入 5mL 工作显色液,混合均匀,在 570nm 处测定各自吸光度,并绘制标准曲线。

(3)钙螯合力测定:在试管中加入 9mmol/L 的 $CaCl_2$ 溶液 1mL 和 0.2mol/L、pH 8.0 的磷酸盐缓冲液 2mL,混合均匀后再加入 1mg/mL 的样品 1mL,置于 37℃水浴锅中反应 2h 后取出,10000r/min 常温离心 10min,取上清液,采用邻甲酚酞络合比色法测定其钙含量,上清液中的钙含量即为 1mg 样品所螯合的钙含量,记为钙螯合能力。

4. 铜螯合活性

通过使用邻苯二酚紫(PV)作为金属螯合指示剂的方法来评价铜离子螯合肽的螯合活性。将 $CuSO_4$、PV 和吡啶(pH 7.0)混合,PV 与 $CuSO_4$ 的络合物显示为蓝色复合物,其可以在波长为 632nm 下测定吸光度。当金属离子螯合肽存在时,PV 与铜离子解离,颜色变为黄色。此方法与上述提到的亚铁离子螯合能力的测试方法类似。Deborah(2007)研究了来自红豆种子蛋白的生物活性肽,从不同蛋白质组分中获得的活性肽具有抗氧化、抗高血压和螯合活性等。结果指出,来自醇溶蛋白组分的肽具有最高的抗氧化活性和血管紧张素转化酶抑制活性(IC_{50}=0.17mg/mL)。另外,来自谷蛋白组分的肽具有最好的铜离子螯合活性,螯合活性采用 PV 比色法表达。纯化的铜离子螯合物不仅能够提高抗氧化活性,而且可增加微量元素的生物利用度。

上文针对几种常见的金属离子螯合肽螯合活性的常用定量测定方法进行归纳总结,但是在实际的实验操作中还要针对不同的多肽来源、性质和螯合的不同金属离子进行具体调试。一些测定需要在测定之前从样品中分离游离金属离子和不溶性金属盐,可以采用离心、乙醇沉淀或凝胶过滤色谱法等方法分离。

6.2　金属离子螯合肽的结构特征

目前，利用红外光谱及核磁共振等方法对螯合反应的过程进行初步探讨已见诸多报道。一些研究发现，金属离子与肽类的配位发生在氨基、亚氨基或羧基上，以单齿共价键的形式键合；也有报道认为，螯合反应较复杂，涉及金属离子与肽链氨基及羧基的配位结合、金属离子与肽链羧基的离子键结合，还包括肽对金属离子的吸附作用。另外，有研究表明，某些特定氨基酸序列或某些特定氨基酸对肽类与金属离子的螯合起到重要作用，一些氨基酸（如天冬氨酸和谷氨酸）上的羧基等可能是金属离子与肽的结合位点而显著影响螯合反应，组氨酸也被认为是与螯合活性有关的氨基酸。一些小肽或特殊的氨基酸序列，如 Asp-Cys-Ser，被认为具有较高的螯合活性。此外还发现蛋白的磷酸化位点与螯合反应有关，酪蛋白的去磷酸化使 CPPs 对锌离子螯合物的螯合作用活性降低。氨基酸-金属离子螯合物作为一种高效的金属离子补充剂已被广泛研究，而肽与金属离子的螯合机制类似于氨基酸与金属离子的螯合机理，但因肽链中的羧基和亚氨基也可能参与金属离子的配位，故肽-金属离子螯合物在螯合率和稳定性上可能会比氨基酸-金属离子螯合物更高。总之，探索一些具有特定氨基酸序列的高螯合活性的肽，制备其与金属离子的螯合物并探明螯合物结构等研究还有待今后开展，同时肽类同金属离子的螯合机制也需要深入研究。

螯合物的结构对其生物活性起着至关重要的影响。例如，螯合物的氨基酸组成及序列与其抗氧化和抗菌活性紧密相关，其亲疏水性对其抗菌活性有很大影响。夏松养等（2008）发现低值鱼蛋白肽-钙离子螯合物的抗菌活性大小与组分的水溶性和分子中电子中继系统的电子缓冲能力有关。有研究者对牛肝中提取出的低分子质量的肽与铬离子的螯合物在胰岛素信号通道中的行为进行研究，对其氨基酸序列进行了分析，发现该肽可能不是连续序列，其与胰岛素受体的 α-亚基相匹配。另有研究者探讨了三价铁离子与 β-抗原淀粉肽的螯合模式，发现酪氨酸、谷氨酸和天冬氨酸都可以结合三价铁离子，该螯合物的氧化还原活性被认为在阿尔茨海默病的发病机制中起了重要作用。目前，关于螯合物的构效关系鲜见报道，但其重要性不言而喻，一些关键问题亟待解决：首先，肽链中一些表现出特殊生物活性的氨基酸或氨基酸序列虽已有报道但仍有待深入探讨，螯合物的某些活性为一部分序列或某一个氨基酸所特有，故螯合物的这些活性就与这部分序列或氨基酸的含量有关；其次，螯合物上的一些取代基决定了其亲疏水性、溶解性、电负性和其他一些性质，这些性质又对螯合物的生物活性产生影响，因而这些取代基的作用也需要探明；最后，金属离子与肽类的螯合位点、螯合物的空间构型以及肽链上一些特殊位点的结构变化（如磷酸化）对螯合物活性的影响也有待进一步研究。

螯合是一门高新技术。例如，肽-锌离子螯合物是 Zn^{2+} 嵌合在两个肽分子中间的一种新结构形式，肽分子像"蟹钳"一样钳着 Zn^{2+} 形成稳定的螯合结构，由于小肽可通过肠黏膜细胞直接进入血液，使 Zn^{2+} 和小肽一起进入机体而促进人体吸收，进而能有效提高其生物利用率。螯合物的结构对其生物活性起着至关重要的影响，如螯合物的氨基酸组成及序列与其抗氧化和抗菌活性紧密相关、其亲疏水性对其抗菌活性有很大影响。尽管金属螯合肽的结构与活性关系还没有完全确立，但已经发现了几种似乎影响金属螯合活性的结构特征。这些结构特征包括肽分子大小、氨基酸组成和特定的氨基酸序列。

6.2.1 分子大小

研究显示，来自不同原料源获得的金属离子螯合肽的分子质量在一定范围内与显示的螯合活性存在关联，但是这种关联还未能简单地被归纳总结。大多数情况下，分子质量较小的金属离子螯合肽具有较高的螯合活性，其原因是分子质量过大的多肽会导致其内部的活性基团与螯合位点无法最大程度暴露出来，与金属离子的接触概率降低，从而导致螯合率的降低。Torresfuentes 等（2011）从鹰嘴豆中分离出的小肽（<500Da）相对于其他分子质量更大的肽来说表现出更好的螯合活性。王晓萍（2014）分析了小麦胚芽蛋白的酶解液的相对分子质量分布，结果表明，相对分子质量越小，钙离子螯合活性越大（表 6.2）。Wang 等（2012）从芝麻蛋白中得到 6 种与锌离子螯合能力较强的多肽，研究表明这些多肽的分子质量均小于 500Da，但大分子的肽段有时候也会表现出较强的螯合活性。Jiang 等（2010）探究分子质量对钙螯合能力的影响，发现分子质量低于 1kDa 的卵黄高磷蛋白磷酸肽相对于乳清蛋白来说螯合率并没有增强，而是 1~3kDa 肽段的螯合率明显上升。Seth 等（2001）的研究结果表明，与铁螯合能力最强的多肽分子质量多在 10kDa以上。这种结论的矛盾可能是由不同研究中的分离纯化和评估肽段大小的方法不一致导致的。

表 6.2 小麦胚芽蛋白酶解物相对分子质量分布

相对分子质量分布	WGPH/%	F2/%	F1/%
>3000	0.38	0.27	10.83
2000~3000	1.70	2.03	12.65
1000~2000	11.28	13.88	24.90
500~1000	26.57	31.08	28.49
180~500	48.09	42.25	18.79
<180	11.98	10.50	4.33

注：WGPH 表示麦胚蛋白酶解物；F2 表示金属螯合肽；F1 表示未结合肽。

6.2.2　氨基酸组成和序列

CPPs 是目前研究最多的矿质元素结合肽。CPPs 能与矿质元素结合形成可溶性有机磷酸盐，充当矿质元素在体内运输的载体，促进小肠对钙离子和其他矿质元素的吸收。从酪蛋白的酶解物中获得的多种 CPPs，尽管氨基酸序列各异，但大多数具有 Ser-Ser-Ser-Glu-Glu 结构。经证明，这种结构对于发挥其生理功能是必不可少的，CPPs 金属离子螯合物是由 CPPs 的核心部位 Ser-Ser-Ser-Glu-Glu 与金属离子通过共价键作用形成的，氨基酸所带负电荷与金属离子构成配位键，羧基氧原子与金属离子构成离子键。这三种键合结构，缓解金属离子之间的拮抗作用，使 CPPs 金属离子螯合物具有稳定的环状结构，保证其化学稳定性和生物稳定性。不同氨基酸组成的 CPPs 与金属离子的螯合能力不同，这种差异可能与离磷酸丝氨酸簇的结合位点较远的氨基酸残基有关，且不同结构 CPPs 结合钙离子的能力差异大，可能与离磷酸结合位点较远的氨基酸残基的极性有关。

多肽链上氨基酸残基所提供的氨基和羧基也影响金属离子螯合肽的螯合活性。纪晓雯等（2018）为探讨铁离子与酪蛋白螯合肽的螯合机制，对比固定化金属亲和层析及阴离子交换层析初分离，再结合 Sephacryl S-100HR 凝胶过滤层析分离，对酪蛋白肽铁螯合物进行分离纯化，并通过紫外光谱、傅里叶变换红外光谱和液相色谱-质谱联用方法对纯化后多肽结构进行解析。结果表明，亲和层析与凝胶过滤层析法结合分离得到的酪蛋白多肽组分的铁螯合活性高于阴离子交换层析组分，其铁螯合活性可达 39.56μg/mg。紫外光谱和红外光谱检测证明酪蛋白肽和铁离子形成螯合物，羧基位点螯合前后发生变化。质谱鉴定出 3 条肽段，氨基酸序列分别为 HIQKEDVPSER、ITVDDKHYQK 和 TRLHPVQER，肽段中 Glu、Asp、Gln 出现频率高，侧链均含有 C=O 键，推测多肽的羧基位是铁离子的主要螯合位点。张智等（2017）以玉米肽（CP）为参照研究玉米肽-锌螯合物（CP-Zn）的结构表征和体内抗氧化活性变化。采用氨基酸分析、紫外扫描、红外光谱研究结构变化，结构表征中参考 CP、CP-Zn 氨基酸组成，以及紫外吸收光谱、红外吸收光谱的变化，得出 Zn^{2+} 与 CP 分子中的—COOH、—NH_2 及 C=O 进行了配位反应，形成 CP-Zn 螯合物。黄顺丽等（2015）酶解乳清蛋白，通过连续色谱手段分离出强钙螯合活性的肽，再通过结构表征研究其钙螯合性质，采用 DEAE-650M 阴离子交换色谱、Sephadex G-25 凝胶过滤色谱、C_{18} 反向高效液相色谱分离乳清蛋白酶解产物，得到特异性的钙离子螯合肽。采用核磁共振、X 射线衍射、热重-差示扫描量热法、Zeta 电位结构表征分析钙螯合性质。结果发现，钙离子可能被一个或多个 WPH-13（乳清蛋白多肽经分离纯化得到具有强钙螯合力的肽）包裹在中央，主要结合位点是羧基氧和氨基氮，钙离子螯合肽与钙结合后 pH 稳定性和热稳定性提高，抗氧化活性加强。

His、Cys、Asp、Ser 和 Glu 是具有较高螯合活性的氨基酸，特别是对金属离子的螯合具有重要的作用。de la Hoz 等（2014）将酿酒酵母用三种不同的蛋白酶进行水解，再将酶解液经过铁离子螯合层析等手段分离纯化出的多肽进行氨基酸的图谱分析，得出与 Fe^{2+} 螯合的相关氨基酸组成可能为 His、Lys 和 Arg。Chen 等（2014）采用与上述同样的方法从罗非鱼鱼鳞的酶解液中分离出一种可以和钙离子高效螯合的多肽，并采用基质辅助激光解吸电离飞行时间质谱鉴定出该肽的氨基酸序列为 Asp-Gly-Asp-Asp-Gly-Glu-Ala-Gly-Lys-Ile-Gly，研究发现，Asp 和 Gly 这两种氨基酸残基在该多肽中的含量最高，值得提出的是，研究者分别从芝士乳清蛋白、猪血浆和鳕鱼等原料中提取的与钙螯合的多肽氨基酸序列中同样也含有 Asp 残基。Palika 等（2015）从鸡蛋清中分离出一种可以和铁离子螯合的金属离子螯合肽，采用基质辅助激光解吸电离飞行时间质谱得出与铁离子进行配位的主要有关氨基酸为 Ser 和 Asp。Wang 等（2014）也发现了两个具有锌螯合能力较强的多肽片段 Asn-Cys-Ser 和 Ser-Met，分析得出 Ser 和 Cys 含有的羟基与巯基在与锌离子的螯合作用上起着重要的作用。当多肽或蛋白质大量存在这几种氨基酸时，其含有的羧基、氨基及侧链上的巯基等基团上存在的氧、氮、硫原子的孤对电子可能使局部电荷密集，在一定条件下和金属阳离子以配位键结合形成螯合物，制造了一种良好的二价金属螯合环境。

王晓萍（2014）使用碱性蛋白酶酶解小麦胚芽蛋白后，酶解物经过超滤除去不溶性大分子杂质，再通过固定化金属亲和色谱（IMAC-Zn^{2+}）分离得到未吸附肽（WGPH1）和锌离子螯合肽（WGPH2）两个组分。经测定，WGPH2 的金属螯合率为 69.05%，而 WGPH1 的金属螯合率为 3.81%。IMAC-Zn^{2+}可以有效富集麦胚蛋白锌离子螯合物。相对分子质量分析表明，WGPH1 的分子质量大于 2000Da 的比例相对较高，WGPH2 的分子质量集中分布在 180～2000Da，说明大分子质量的肽不容易吸附到固定离子亲和色谱上。氨基酸组成分析显示，经 IMAC-Zn^{2+}分离后，Asp 的含量由 7.95%提高到 14.93%，Glu 的含量由 13.67%提高到 22.64%，固定金属离子亲和色谱高效富集了含 Glu 或 Asp 的锌离子螯合肽。WGPH2 经大孔吸附树脂脱盐得到 WGPH22，再经过反相高效液相色谱分离，收集峰面积最大组分并采用质谱分析得到分子质量为 1221Da 的锌离子螯合肽，验证其锌离子螯合率达到（91.67±0.81）%。

6.2.3　金属离子螯合肽的结构解析

除了氨基酸的序列和组成之外，在螯合过程中多肽的构象、组成和变化也影响着多肽的螯合能力和螯合物的稳定性。Zhao 等（2014）分离出一种与钙离子螯合的序列为 Gly-Tyr 的二肽，通过荧光光谱、傅里叶变换红外光谱、核磁共振等方法对螯合物进行初步结构表征，分析得出该二肽的羧基和氨基在螯合过程中发生了变化，通过提供羧基上氧原子和氨基上氮原子的孤对电子与钙离子配位形成新的化合物，这些带负电的氨基酸残基集中分布在 EF-loop 区域里，钙离子结合到 EF-loop 的 N 端部分，同时氨基酸的侧链也通过螺旋旋转改变其空间位置，重新排列成几乎相互垂直的构象，便于内部的疏水基团暴露出来，获得更多的识别位点。Wang 等（2014）将先前鉴定出的氨基酸序列为 Asn-Cys-Ser 和 Ser-Met 两种多肽进行化学合成，然后与 Zn^{2+} 进行螯合，探究肽和 Zn^{2+} 的螯合机理，通过 pH 电势法和电喷雾电离质谱确定在两分子水的协同作用下锌离子和配位体的比例为1∶1 进行配位，将螯合物和多肽进行红外光谱鉴定，发现在多肽羧基和水的协调作用下，多肽的羧基、羟基和巯基与锌离子形成稳固的配位键，并根据上述结论采用分子模型推测螯合物的具体结构，发现由于多肽的立体位阻关系，螯合物的结构和组成都离不开水分子的参与。Li 等（2002）也发现，L-L 和 D-D 构型的二肽与铜离子形成的螯合物稳定性相近，但是却与 L-D 和 D-L 构型的存在很大差异。同时在一个多肽分子中也会存在多个配位原子，这些配位原子和矿质元素之间以多个配位键相结合，所以生成的螯合物也会以环状的形式出现，形成一种新的构象。研究表明，当锌离子含量丰富时，肽的第 8 个氨基酸侧链上的巯基与锌离子通过配位键形成了八面体的螯合物。在螯合过程中，无论是多肽自身的构象变化还是多肽与矿质元素形成新的构象，都是为了更好地与矿质元素结合形成螯合物，关于这方面的研究还比较少，探明金属离子螯合肽与矿质元素之间的螯合机制还需要进一步的探索。

多肽螯合钙是二价钙离子和多肽形成稳定的双环状结构的螯合物。祝德义等（2005）研究表明，胶原多肽与钙离子既以配位键和离子键的形式结合，还有一定的吸附作用，其中氨基和羧基在螯合反应中起着重要作用。通过研究螯合物与胶原多肽光谱的区别，不仅可以解决螯合物的化学键问题，还可以证明螯合物的产生、组成、结构等。在螯合物的紫外吸收光谱中，过渡金属离子和配位体内部均会吸收可见或紫外区的某一部分波长的光而发生跃迁。螯合物形成时，配位体内部有关轨道的能量改变，螯合物中配位体内部电子跃迁要求的能量与游离配位体不相同，所吸收的光的波长也不相同。胶原多肽的羧基及肽键在波长 220~250nm 有较强的特征吸收峰。与钙结合后，内部电子的跃迁发生变化，所吸收的光波长也发生相应变化，胶原多肽吸收峰发生整体红移，且有新的吸收峰出现。这是因为胶原多肽和钙离子结合后相应原子的价电子发生了不同的跃迁，说明了胶原多肽和钙之间发生了配合反应。周元臻等（2003）研究发现，壳聚糖与钙离子配合后，紫外光谱都发生了红移。螯合物的最大吸收峰强弱也可以判断结合程度的强弱。分光光度法不仅可以判断螯合物的配位比，还能测定螯合物的稳定常数。

红外吸收光谱是一种分子吸收光谱，是研究螯合物结构的重要方法。当样品受到频率连续变化的红外光照射时，分子因吸收了某些频率的辐射后，由其转动或振动运动引起偶极矩的净变化，产生分子振动和转动能级从基态到激发态的跃迁，使相应于这些吸收区域的透射光强度减弱。由于在不同条件下氨基酸的存在形式不同，故其红外光谱结果也有所不同。在胶原多肽溶液中，主要是氨基酸残基之间的酰胺键、侧链或末端氨基和羧基参与配位反应。因此，在红外光谱中必然有氨基的变角振动、伸缩振动和羧基的伸缩振动等变化，引起其吸收峰峰位和峰值的改变。可用羧酸成盐后的非对称与对称伸缩振动的频率之差来衡量金属与氧形成共价键的共价程度，差值越大，共价程度越大，M—O 的配位键越牢固，并且可以通过稳定常数的测定得到证实。氨基酸中 N—H 键的特征吸收峰在形成配合物后会向高频移动，在低频区会出现金属与氮、氧的伸缩振动峰，可以进一步证明氨基和羧基参与了配位，未参与配位的吸收峰位置不变。大量试验表明，根据钙离子螯合肽和肽-钙离子螯合物的红外图谱对比，可以发现—NH_2、—COOH 的吸收峰都发生了明显的位移，说明氨基上的氮原子和羧基上的氧原子均参与了螯合反应。同时氨基酸分析表明，在金属离子螯合肽中酸性氨基酸（如 Asp 和 Thr 等）的含量较高，推测羧基和离子的相互作用很强。由于肽链长短不一且多肽空间结构不同，存在空间位阻情况也不相同，钙离子的结合位点也不尽相同，但一般情况下钙离子与氨基酸末端氨基和羧基容易发生螯合反应，形成双环螯合结构，因此，研究者推测大部分胶原多肽螯合钙的结构式如图 6.1 所示。

随着红外光谱及核磁共振技术的发展，关于金属离子螯合肽与金属离子的螯合过程及结合位点已见诸多报道。研究发现，一些氨基酸基团和残基，如羧基、羰基、含硫巯基，能够促进金属螯合。有研究表明，金属离子与肽类的配位发生在氨基、亚氨基或羧基上，以单齿共价键的形式键合，并发现小肽和钙的结合与肽的羰基有密切关系。含有 Asp、Glu 和 His 残基的金属螯合肽的螯合能力主要与 Asp 和 Glu 上的羧基、His 上的咪唑基有关。Wang 等（2014）认为主要是 Asp 的羧基、肽的亚氨基和 Leu-Ala-Asn 的羰基参与了芝麻肽与锌的螯合。

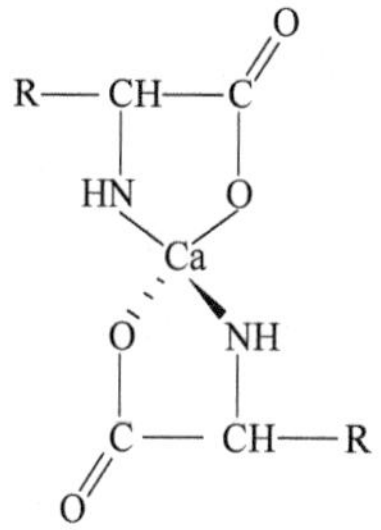

图 6.1　胶原多肽螯合钙的结构式

由罗非鱼蛋白水解得到钙离子螯合肽 Trp-Glu-Trp-Leu-His-Tyr-Trp 的螯合能力主要与 Glu 的羧基和 His 的咪唑基相关。Chen 等（2014）研究指出，牡蛎肽的氨基酸组成、序列及肽分子表面亲水性基团（—OH、—COOH、—NH_2）的分布在牡蛎肽与锌的结合中起着重要的作用。有报道指出，含硫巯基主要与肌肉蛋白肽的螯合铁能力有关，肽段上 Cys 残基相邻的含硫巯基会对其铁螯合能力产生一定亲核性影响。目前，关于金属离子螯合肽构效关系的其他信息仍未明确，如肽链中螯合位点的位置、空间结构及动态过程等，仍需要深入研究。

6.3　金属离子螯合肽的生理活性

近年来，有研究者陆续发现，肽-金属离子螯合物除了具有促进矿物质吸收的活性，还具有抗氧化、抑菌、调节机体免疫功能、降血糖、抗衰老、保肝护肝、抗肿瘤等生理活性，因此在医药和保健食品方面具有十分广泛的用途。

6.3.1　促进矿物质吸收

矿质元素是生命所必需的。常量元素是指在有机体内含量占体重 0.01%以上的元素。这类元素在体内所占比例较大，有机体需要量较多，是构成有机体的必备元素。其他若干种元素被称为微量矿物质或微量元素，因为它们的用量要小得多。虽然微量元素的需求量很小，但是对人体的健康有着很重要的影响。例如，铬离子则可通过葡萄糖耐量因子协同和增强胰岛素作用来影响糖类、脂类、蛋白质及核酸代谢；铁离子是血红蛋白产生以及实现和维持血红蛋白适当水平所必需的足够铁储备的重要底物；锌是大量酶的催化组分，并在许多蛋白质、肽、激素以及细胞因子中具有构效和生物学作用。在大多数情况下，如果食物中的矿物质对人体健康有价值，则须经吸收穿过胃肠黏膜并进入血液，矿质元素尤其是二价金属离子在肠道中会与植酸盐、磷酸盐等抗营养因子生成不溶性沉淀，导致其生物利用率降低。金属离子螯合肽在 pH 呈中性至微碱性的动物小肠末端，能与 Ca^{2+}、Fe^{2+}、Zn^{2+} 等金属离子结合，使小肠内可溶性钙、铁和锌的浓度增加，从而促进这些金属离子的吸收和利用。螯合物具有较好的化学稳定性，易于被肠道吸收，生物效价很高，不仅能满足人们对氨基酸的需求，还能促进金属离子的吸收。

钙是人体必需的营养素，占体重的 1.5%～2.0%，其中大部分以磷酸钙（约99%）的形式存在于骨中，这有助于骨的强度。钙在生命的头几十年不断积累，并达到最佳的骨量峰值，在生命的后期则不断维持积累的骨质量。此外，已知钙是信号转导中的第二信使，并且对于身体的生理功能（如神经传递、肌肉收缩和凝血）而言是必需的。钙吸收不足会导致代谢性骨疾病，如儿童佝偻病和老年人骨质疏松症。尽管血钙水平可以通过骨吸收保持在正常范围内，但饮食摄入是补充钙储存在人体骨骼中的唯一来源，钙的吸收受许多因素的影响，如食物来源的化学基质性质以及个体的营养、代谢和生理状态。

人类最常见的钙存在形式是离子钙，如碳酸钙、乳酸钙和葡糖酸钙。然而，离子钙的缺点是它容易在基础肠道环境中形成钙沉淀，导致膳食钙的吸收和生物利用度严重降低。此外，过量摄入碳酸钙可能导致胃肠道副作用，包括便秘、胃肠胀气和腹胀。近年来，相关报道称肽钙离子螯合物是一种更为合适的补钙剂，认为它克服了离子钙的两个主要限制因素：低浓度时的低吸收和低生物利用度，以及高浓度时的生物毒性。多肽和氨基酸螯合的钙离子在人体消化期间能够保持可溶并且是电中性的。然而，螯合物中钙的吸收取决于其螯合配体，与氨基酸相比，小肽的吸收具有很多的优点，如耗能少、运输速度快、载体不易饱和等。

酪蛋白磷酸肽是从牛奶中提取的磷酸化肽，可与钙螯合形成可溶性和稳定的复合物，证明其能有效促进钙的吸收。因此，肽-金属离子螯合物可能是一种合适的候选物，可作为改善人体胃肠道钙吸收的补充剂。钙吸收是营养研究中最重要的课题之一，它可能受最初存在于食物中或源自胃肠消化的分子的影响。例如，已知肽和乳糖可增强钙吸收，而纤维素、磷酸盐和草酸盐会降低钙吸收。所有这些食物因素似乎都是通过影响钙的溶解度，从而影响肠钙吸收的。

人们身体所需的所有钙都来自饮食，人们普遍认为有两种截然不同的途径参与钙在上皮细胞的吸收：一种是跨细胞的，另一种是细胞间的。第一种钙离子至少穿过两个质膜；后者允许在两个隔室之间直接交换钙离子。Diaz 等（2015）指出，跨细胞通路涉及抵抗浓度梯度的影响发生的从肠屏障的黏膜至浆膜侧的钙吸收。这是一种主动饱和过程，主要发生在十二指肠和空肠中，受维生素 D 等营养因素和生理因素调节。跨细胞钙吸收一般设想为三步过程，包括跨越刷状缘膜（BBM）钙进入细胞、从 BBM 到基底外侧膜（BLM）的跨细胞运动，以及穿过 BLM 的钙挤出。

三种跨细胞钙吸收的假设模型：易化扩散、囊泡运输和跨细胞运输（Khanal et al.，2008）。

（1）通过易化扩散运输钙。在小肠 BBM，钙通过上皮钙通道 TRPV6、TRPV5 和 Cav1.3 进入肠上皮细胞。进入后，钙离子与钙结合蛋白结合（由类固醇激素 1, 25-$(OH)_2D_3$ 诱导的钙结合蛋白），其将钙离子通过细胞质转运至 BLM。最终，钙离子从钙结合蛋白转移到更高亲和力的 Ca^{2+}-ATP 酶或 Na^+/Ca^{2+} 交换蛋白上，最后从肠细胞释放入血液。

（2）通过囊泡运输。钙通道在 BBM 处流入钙离子引发钙富集囊泡的形成，BBM 周围钙浓度的快速增加可以破坏靠近钙通道的肌动蛋白丝并开始形成内吞囊泡，新形成的富含钙的囊泡通过微管运输，并且其中一部分与溶酶体发生融合。据报道，运输囊泡和溶酶体含有高水平的钙结合蛋白。最后，囊泡和溶酶体被递送到 BLM，在那里它们与膜融合，并且钙离子被释放到细胞外介质中。

（3）通过跨细胞运输。钙离子可穿过细胞膜上的通道蛋白进入细胞而被吸收，该模型在胰腺腺泡细胞中得到证实，也可能构成肠细胞中可能的跨细胞通路。正如前面模型中提到的，钙通过钙通道进入肠细胞。钙从 BBM 到 BLM 的转运是独立于钙结合蛋白机制的，是通过内质网中的被动扩散发生的。钙通过 Ca^{2+}-ATP 酶进入内质网，并通过三磷酸肌醇/兰尼碱调节的钙通道释放到 BLM 中。通过 Ca^{2+}-

ATP 酶或 BLM 中存在的 Na^+/Ca^{2+} 交换蛋白将钙挤出至细胞外介质中。细胞内途径除了跨细胞钙转运之外,钙还通过细胞间隙中紧密连接的不可饱和扩散模式(细胞旁路途径)被吸收。当膳食钙充足时,细胞旁路途径在肠的整个长度上起作用并且在更远侧的区域占优势(Wasserman,2004)。该通路由肠腔电化学梯度和细胞间紧密连接的完整性驱动(Tsukita et al.,2001)。以往的试验表明,通过细胞旁路途径发生的钙跨膜转运以受调节的方式发生,并且可能以协调的方式与钙的活性跨细胞运动偶联。紧密连接是位于上皮细胞顶端侧面质膜之间的特殊膜结构域,其通过维持电荷和尺寸选择性而形成穿过肠道上皮的离子、蛋白质和其他大分子的运动屏障。紧密连接蛋白是一种由 24 个成员组成的蛋白质家族,分子质量为 $20\sim27kDa$,已被确定为紧密连接的主要跨膜成分,形成细胞旁路途径的屏障和孔隙。令人感兴趣的是,由 $1,25-(OH)_2-D_3$ 诱导的紧密连接蛋白-2 和紧密连接蛋白-12 在大部分膳食钙被吸收的回肠中表达最丰富。

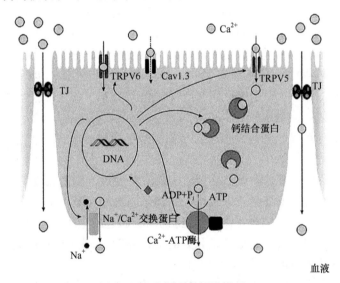

图 6.2　细胞钙吸收假设模型

TRPV6、Cav1.3 和 TRPV5 分别表示不同的钙通道;TJ 表示细胞间紧密连接蛋白

　　目前,两种人类体外肠细胞模型,即 Caco-2 细胞和 HT-29 细胞已被证明可用于研究由钙螯合肽促进的钙吸收,如图 6.2 所示。最初的研究认为,CPPs 的特点是能够结合和溶解钙。过去几十年来出现了许多关于 CPPs 增强肠内钙吸收机制的研究。Ferraretto 等(2001)指出,CPPs 通过与质膜直接相互作用而增强分化的 HT-29 细胞中的钙摄取,但不影响其中存在的受体或离子通道。有关 CPPs 对钙跨膜通量作用方式的建议是,CPPs 可能将自身插入质膜并形成钙选择性通道或通过内吞作用或其他过程快速内化为钙载体肽,并最终增加细胞质中的离子化钙浓度。

此外，Ferraretto 等（2003）阐明，促进 HT-29 细胞钙吸收的 CPPs 依赖于由磷酸化的氨基酸序列和前面的 N 末端部分所赋予的结构构象，其特征在于存在环和 β 转角，这可以使它具有适合插入 HT-29 细胞质膜的物理化学特性。然而，值得注意的是，单独的氨基酸序列没有表现出 Ca^{2+} 摄取效应。这进一步说明了在 HT-29 细胞中的生物效应需要 CPP-Ca^{2+} 复合物的特殊超分子结构，CPPs 聚集体中包含的钙离子直接参与了分化的 HT-29 细胞的矿物质吸收，进一步支持了 CPPs 作为钙向细胞内化 "载体" 的概念。

除 CPPs 外，来自脱盐鸭蛋清、干酪乳清蛋白消化物和大豆蛋白水解物的金属离子螯合肽都可促进钙吸收。Hou 等（2015）报道，脱盐鸭蛋清肽（＜5kDa）通过充当钙载体并与细胞膜相互作用以打开特殊的 Ca^{2+} 通道而促进钙吸收，并且细胞旁路途径可能只起很小的作用。Deborah 等（2007）已经表明，通过与 Caco-2 细胞中的 TRPV6 钙通道的相互作用，源自干酪乳清蛋白消化物的肽可以促进肠道水平的钙吸收增加。此外，1, 25-$(OH)_2$-D_3 处理增强了 Caco-2 细胞对钙的吸收。

目前，肽-金属离子螯合物的吸收机制存在两种假说：①完整吸收假说。即肽-金属离子螯合物被完整吸收进入小肠，并以完整的结构进入循环系统，有别于金属离子的一般吸收机制。②竞争吸收假说。即肽-金属离子螯合物中的金属元素通过竞争形式被吸收，螯合物整体进入消化道后，可防止金属元素在肠道中生成不溶性物质或被吸附在不溶性胶体上，并直接到达小肠刷状缘膜，在吸收位点处分解成离子的形式被吸收。

钙离子与肽结合可形成环状结构的配合物，稳定系数比氨基酸螯合钙高，这不仅有利于钙离子通过螯合物的形式被小肠上皮细胞吸收转运，也能有效地适时释放。有研究认为，在机体内二肽或三肽等寡肽的吸收速度明显优于相同组分的游离氨基酸，两者相比，小肽存在相互独立的转运体制，且有别于氨基酸的输送体系。由于单个氨基酸末端的羧基和氨基同时参与钙螯合反应，形成环状螯合结构后不存在自由羧基，因此无法被机体完整吸收。但是，小肽分子与钙离子发生螯合反应时，由于空间位阻而存在自由羧基，可以直接通过二肽系统被机体完整吸收。

促进金属离子吸收作为肽-金属离子螯合物的一个最重要的功能性成为最受关注的研究热点，对其促吸收的机制已经有较为深入的探索，研究发现金属离子在被人体摄入后，必须借助辅酶的作用转化为有机态，即与氨基酸或肽类等物质形成螯合物来进行吸收、转运、储存和利用。由于机体对蛋白质的需求不是单一地吸收游离氨基酸，小肽也是一种吸收形式，并且小肽和游离氨基酸在体内具有相互独立吸收机制，使得金属离子在和肽类形成有机态后具备一些无机态没有的优势。例如，螯合物结构稳定，避免金属离子在肠道吸收时受其他养分（如植酸）的沉淀或吸附；金属离子在螯合状态下是通过氨基酸和肽的吸收通道被吸收而不是金属离子的吸收通道，从而避免与利用同一通道吸收的其他金属离子拮抗竞争，提高吸收效率；肽-金属离子螯合物是机体吸收和转运金属离子的主要形式，又是机体合成蛋白质过程的中间物质，吸收速度快且可以减少很多生化过程，节约机体能量消耗；另外，与氨基酸转运系统相比，肽吸收具有吸收快、能耗低、效率高、载体不易饱和等优点。

综上所述，肽-金属离子螯合物可以利用机体对肽的吸收而使金属离子在消化道中更容易被吸收，因此具有更高的生物学效价，可作为一种优良的新型金属离子补充剂，研发价值巨大。

6.3.2　抗氧化活性

体内金属离子（如铜离子和铁离子）均含有未配对电子，作为芬顿反应的主要催化剂，是产生自由基的重要来源，能够结合铜离子和铁离子的金属螯合肽可阻断自由基的产生，具有一定的抗氧化活性。肽通过与金属离子螯合，可改变过渡金属的带电状态，阻碍金属与脂类和过氧化物的相互作用，从而实现抗氧化。因此，金属螯合肽也被认为具有一定的抗氧化活性。李华等（2007）通过对比富血红素多肽酶解液、多肽螯合铁及普通铁剂对脂肪过氧化值的影响，发现脂肪中存在铁离子时会使油脂自动氧化加剧，短时间内急速升高脂肪的过氧化值，而多肽螯合铁比富血红素多肽酶解液更容易促进脂肪过氧化，但比 $FeCl_2$ 弱，表明多肽螯合铁有抗氧化的作用。

所有需氧生物的生理过程均会产生自由基，它是维持正常生命活动所产生的。生物体内有多种自由基清除途径，自由基的产生与清除处于动态平衡之中，一旦平衡被破坏，就会危害机体，发生疾病。现代病理学研究表明，自由基与许多疾病有关，如动脉粥样硬化、肝病、糖尿病、机体老化、癌症等。目前由于一些合成抗氧化剂，如 2,6-二叔丁基-4-甲基苯酚、丁基羟基茴香醚和叔丁基对苯二酚等，在动物试验中发现具有一定毒性，以及人们越来越追求绿色环保消费，因而寻找安全、天然的抗氧化剂日益成为研究热点。自由基是含有未成对电子的原子、原子团或分子。生物体内自由基的生成途径主要有三条：①分子氧的单电子还原途径。这一过程产生 O_2^-、$^1O_2$、OH^- 和 H_2O_2。②酶促催化产生自由基。机体细胞液中的一些可溶性酶，如黄嘌呤氧化酶、醛氧化酶、脂氧化酶等都是常见的可产生自由基的酶。③某些生物质自动氧化生成自由基。一些蛋白质、脂类、低分子化合物的自动氧化，过氧化物与某些金属离子的氧化还原均可产生自由基。抗氧化剂清除自由基，依其作用的性质通常分为两大类：第一类为预防性抗氧化剂，这类抗氧化剂可以清除链引发阶段的自由基，如超氧化物歧化酶和过氧化氢酶等以及金属离子络合剂等；第二类是断链型抗氧化剂，可以捕捉自由基反应链中的过氧自由基，阻止或减缓自由基链反应的进行。

体内自由基已被证明是细胞凋亡、衰老和癌变的一个重要的分子理论基础。机体在正常的生化代谢中不断产生自由基，自由基可产生细胞毒害作用，同时机体自身也存在抗氧化系统，及时清除自由基，维持体内的平衡状态。超氧化物歧化酶作为体内抗氧化物中最主要的物质，可以直接抗氧化，达到清除自由基的目的。刘安军等（2006）用不同浓度的丙酮对小鼠肝脏蛋白进行分级提取沉淀，通过 SDS-聚丙烯酰胺梯度凝胶电泳试验寻找正常组和胶铬组的差异表达蛋白质，进而通过基质辅助激光解吸电离飞行时间质谱检测差异蛋白的肽质量指纹，对差异蛋白进行鉴定，通过 SDS-聚丙烯酰胺梯度凝胶电泳试验检测正常组和胶铬组肝脏的活性，研究胶原蛋白多肽-铬(Ⅲ)螯合物对小鼠肝脏蛋白质表达的影响，探讨其抗氧化的机理，结果证明胶原蛋白多肽-铬(Ⅲ)螯合物可以显著提高小鼠肝脏内超氧化物歧化酶的表达，起到抗氧化作用。林慧敏等（2012）为了获得高抗菌、抗氧化活性的带鱼蛋白亚铁螯合肽（Fe-HPH），采用透过分子质量分别为 10kDa、5kDa、3kDa、1kDa 的超滤膜对带鱼蛋白酶解液亚铁螯合物进行分级分离，比较各级分及未分级带鱼蛋白亚铁螯合肽的肽含量及抗菌抗氧化活性。采用正交试验对最佳膜分离条件进行优化，试验结果显示，透过分子质量 3kDa 膜超滤的肽液的抗菌、抗氧化活性最高，其最佳膜分离条件是螯合肽质量分数 30%，温度 35℃，pH 6.5，此时带鱼蛋白酶解液亚铁螯合物超滤液的 DPPH 自由基清除活性为 81.2%（2mg/mL），对金黄色葡萄球菌的抑制率为 91.3%；透过分子质量为 3kDa 的超滤膜为分离高抗菌、抗氧化活性的带鱼蛋白亚铁螯合肽的最佳超滤膜。李颖杰等（2017）以舟山带鱼鱼糜和 $FeCl_2$ 为原料，采用水解-螯合法制备鱼糜亚铁螯合肽 [Fe(Ⅱ)-FPH]。为了保护 Fe(Ⅱ)-FPH 不被空气氧化，选用双层包埋法，以大豆分离蛋白和果胶为壁材制备微胶囊。抗氧化试验结果显示，Fe(Ⅱ)-FPH 微胶囊作为油脂的抗氧化剂具有较强的抗氧化活性，其效果与维生素 E 相当；在试验前 3d，添加 Fe(Ⅱ)-FPH 微胶囊的大豆油过氧化值略高于只添加 Fe(Ⅱ)-FPH 的大豆油，然而 3d 后明显低于只添加 Fe(Ⅱ)-FPH 的大豆油，说明 Fe(Ⅱ)-FPH 微胶囊有一定的缓释能力，壁材能抵御环境中氧分子对芯材螯合物的影响。

6.3.3　抑菌活性

食品在储藏过程中，极易受到微生物污染而腐败变质，采用防腐剂抑制微生物延缓腐败是当今食品保鲜的重要技术之一。防腐剂根据其来源和特性主要分为化学防腐剂和生物防腐剂两大类。在使用过程中，人们逐渐发现不少化学防腐剂会影响人体健康，它的应用越来越受众多国家的限制。生物杀菌素具有高效、无毒、适用性广、性能稳定等优点，逐渐成为食品生物防腐剂研究应用的一个重要方面。生物杀菌素是由微生物代谢产生的抗菌物质，主要是一些有机酸、多肽或前体多肽，分子质量小，结构高度紧密。由于这些物质很容易进入微生物细胞，因而其能很迅速地抑制微生物的生长。近年来发现肽-金属离子螯合物也具有较强的抑菌活性。

姜良萍等（2013）研究了制备工艺中的主要因素对鲢鱼源多肽锌螯合物抑菌活性的影响。以抑菌圈直径为指标，探讨了酶解工艺（蛋白酶种类和酶解时间）和螯合工艺（螯合反应的 pH、多肽与氯化锌的质量比、螯合反应的温度和时间）对多肽锌螯合物抑菌活性的影响。结果表明，酶法水解鲢鱼蛋白制备抑菌型多肽锌螯合物的最佳条件为风味蛋白酶酶解时间 6h、螯合反应 pH 为 6.0、多肽与氯化锌质量比为 2∶1、反应时间 45min、温度 30℃，得到的螯合物对大肠杆菌和金黄色葡萄球菌的抑菌圈直径分别为 12.50mm 和 12.66mm，螯合物得率为 38.67%。因此，鲢鱼源多肽锌螯合物具有较好的抑菌活性，有望作为一种潜在的抗菌剂。霍健聪等（2009）以舟山带鱼副产物为原料，制备多肽亚铁螯合物，并研究多肽亚铁螯合物的抑菌活性。利用风味蛋白酶和动物复合蛋白酶双酶法制备水解液，采用氯化亚铁螯合。以大肠杆菌、金黄色葡萄球菌等为测试菌株，采用牛津杯双层平板法确定多肽亚铁螯合物的抑菌浓度及探讨 pH 和温度对螯合物抑菌活性的影响。所得最佳酶解条件为带鱼副产物蛋白用量 4.1g/100mL，温度 40℃，复合比 1∶1，pH 7。所得带鱼副产物蛋白最佳螯合条件为 pH 7，时间 15min，温度 20℃，抗坏血酸用量 0.1%。抑菌活性试验结果表明，多肽亚铁螯合物对所选取的测试菌株除普通变形杆菌外都有一定抑菌作用，其中对巨大芽孢杆菌抑菌效果最好，是一种对细菌较为广谱的抑菌剂；在酸性条件下抑菌活性仍然较高，但在碱性环境中抑菌活性明显降低；在较低温度下保持抑菌活性，但高温处理后抑菌活性显著降低。谢超等（2009）以未脱脂带鱼副产物为原料酶解制得亚铁螯合肽液，经无水乙醇沉淀可以得到 4 种螯合组分，其中沉淀于 80%乙醇底部的组分抗菌活性最强，它对大肠杆菌、金黄色葡萄球菌、沙门氏菌以及枯草芽孢杆菌都具有抗菌活性，其他 3 个组分无明显的抗菌活性。这些研究都为日后多肽-铁螯合物作为抗菌剂在食品工业中的应用奠定了基础。

蒲传奋等（2015）以玉米醇溶蛋白为原料，制备蛋白肽钙螯合物，并对螯合工艺和螯合物的抗氧化及抗菌特性进行研究。结果表明，螯合温度 30℃、时间 30min、pH 8.0、多肽与氯化钙的质量比 4∶1 时，螯合率可达 60.3%。螯合物的 DPPH 自由基清除率为 85.6%，能明显抑制金黄色葡萄球菌和大肠杆菌。螯合物影响金黄色葡萄球菌的正常生长曲线，通过破坏其细胞膜的完整性发挥作用。林慧敏等（2012）用金黄色葡萄球菌为指示菌研究抑菌机制，Fe(Ⅱ)-SHPH 的最小抑菌浓度为 0.20mg/mL，最小杀菌浓度为 0.26mg/mL，抑菌特性显示 Fe(Ⅱ)-SHPH 主要抑制了金黄色葡萄球菌对数生长期的菌体分裂，Fe(Ⅱ)-SHPH 对金黄色葡萄球菌细胞膜渗透性的影响也较明显，溶液的相对电导率在高浓度情况下（MIC_{50}）随作用时间的延长而逐渐增大，作用 12h 后，其相对电导率增大到 19.4%。流式细胞仪检测 Fe(Ⅱ)-SHPH 作用金黄色葡萄球菌细胞 8h 后，可见 G0/G1 期细胞增多，S 期细胞减少，说明 Fe(Ⅱ)-SHPH 对金黄色葡萄球菌的分裂增殖有一定的抑制作用。

6.3.4　其他活性

肽-金属离子螯合物具有降血糖活性。王秀丽等（2006）观察胶原蛋白多肽（CPCC）-铬(Ⅲ)螯合物的降血糖作用，探讨它降血糖的可能机理。通过腹腔注射四氧嘧啶制造小鼠糖尿病模型，观察血糖、肝糖原、葡萄糖激酶等指标。铬可以增加胰岛素的敏感性，改善糖代谢，从而降低了血液中血糖的浓度。肝脏作为糖代谢的重要器官，肝糖原合成减少，糖异生增多是血糖浓度升高的重要原因。肝糖原试验与肝糖原组织化学染色结果均显示 CPCC 组肝糖原含量与糖尿病模型组相比有显著增加，说明 CPCC 能减少肝糖原分解，使肝糖输出减少，减轻肝脏的胰岛素抵抗，使血糖浓度下降。铬对糖代谢的调节主要通过以下途径：一是通过激活胰岛素与细胞膜间的二硫键，从而提高胰岛素与特异性受体结合而发挥作用；二是铬提高了细胞表面胰岛素受体的数量，从而增强组织对胰岛素的敏感性；三是铬可以提高机体糖原合成酶的活性，从而提高糖原合成作用，抑制糖异生。铬还可以促进葡萄糖通过细胞膜进入细胞内，促进葡萄糖磷酸化和氧化。葡糖激酶是肝细胞的葡萄糖有氧氧化的第一个限速酶，它使葡萄糖磷酸化，生成 6-磷酸葡萄糖，促进葡萄糖的利用和肝糖原的合成。试验结果表明，给予 CPCC 灌胃 4 周后的糖尿病小鼠肝葡糖激酶活性明显提高，表明 CPCC 对糖尿病小鼠有显著的降血糖作用。其机理可能是通过促进葡萄糖转变为肝糖原、提高肝葡糖激酶活性而发挥作用，但具体的作用机制有待进一步深入研究。

肽-金属离子螯合物对肝脏损伤有保护作用。刘安军等（2006）研究 CPCC 对四氧嘧啶致小鼠肝脏损伤的保护作用。结果发现四氧嘧啶可造成小鼠肝脏损伤，推测与其在体内产生大量自由基后导致脏器受损有关；结果还显示 CPCC 可有效抑制四氧嘧啶引发的小鼠肝脏自由基升高，降低肝脏丙二醛含量，降低血清代偿性血清丙氨酸氨基转移酶、天冬氨酸氨基转移酶和碱性磷酸酶（ alkaline phosphatase，ALP），从而解除四氧嘧啶对肝细胞造成的损害。赵海军等（2009）探讨大豆多肽锌螯合物对自然衰老小鼠模型的影响及其机制，成功建立了小鼠衰老模型。大豆多肽锌螯合物可以明显增加衰老小鼠的进食量和进水量（$P<0.01$），可以明显降低衰老小鼠肝脏中的丙二醛含量（$P<0.05$）、超氧化物歧化酶活性（$P<0.01$），可以明显增强衰老小鼠肝脏总氧化能力（$P<0.05$）。

肽-金属离子螯合物具有免疫调节作用，张国蓉等（2009）通过腹腔注射四氧嘧啶制造小鼠糖尿病模型，观察 CPCC 对小鼠免疫器官的影响，发现 CPCC 可以促进小鼠分泌免疫球蛋白（Ig）G 抗体，增强细胞因子 IL-2 和 TNF-α 的分泌，降低 IL-6 的分泌。CPCC 能活化免疫细胞，恢复和改善小鼠机体的免疫功能，提高小鼠机体的免疫力，在一定程度上减轻四氧嘧啶的毒性作用，降低血糖。与此同时还发现肽-金属离子螯合物具有抗肿瘤、抗衰老、保护肝脏损伤等其他功能，值得更多的科研工作者进行深入的研究。肽-金属离子螯合物除了上述各种功能外，还具有调节血脂浓度的功能，周根来等（2010）对断奶仔猪进行了血脂、血糖水平考察，结果证实 CPPs-钙螯合物可以促进仔猪的血糖、血清钙及常规血脂水平。王丽霞等（2006）通过动物对比试验，证实了多肽-铁螯合物具有预防和治疗缺铁性贫血的效果，并优于乙二胺四乙酸铁钠。肽-金属离子螯合物可作为伤口愈合剂应用在医疗卫生界，也可作为儿童成长补充剂，促进儿童骨骼生长和提高食欲，还可促进儿童的大脑发育，减少门克斯病的病发率。

6.4　金属离子螯合肽研究实例及应用

肽-金属离子螯合物的应用已经涉及生活和生产中的方方面面，其中包括利用金属离子螯合肽结合人体缺乏的矿物质，制备能够提高人体微量元素生物利用度的保健品；利用蛋白质制备氨基酸螯合肥，能够提高小麦、水稻等农作物的产量，同时改善农作物质量，还能够起到除草、减少农药残留的作用；利用多肽制备肽-金属离子螯合物应用于动物饲料，不但可以使动物较快生长，还可以改善肉质，有利于人体吸收；制备的多种肽-金属离子螯合物可以用于医药行业，而且能够有效缓解人们的许多病情；制备的肽-金属离子螯合物还具有一定的抗菌效果，基于抗菌活性可应用于食品的防腐保鲜，并且具有化学合成防腐剂和一些天然防腐剂不能比拟的优点。

6.4.1　矿物质补充剂

人体由许多元素组成，包括碳、氮、氢、氧以及特有的矿质元素，机体需要利用这些物质发育与生存。矿质元素作为人体所需的六大营养素之一，对人体有着重大的意义，虽然人体可以从食物中获得许多元素，但有时仅仅依靠饮食补充是不够的，它们包括钙、锌、铁、镁、铜等。随着人们对保健的重视程度不断加深，各类营养元素补充剂的市场也不断拓展，发展迅猛，生物利用度是评价这类补充剂的重要指标。

现阶段，由于各类矿物质补充剂在人体中的生物利用率低，人们缺乏矿质元素的状况并没有从根本上得到改善，主要原因是我国人民的膳食组成以植物性食物为主，植物中的草酸、磷酸和植酸等成分在肠道中易与摄入的矿质元素结合，以草酸盐、磷酸盐和植酸盐沉淀的形式使得各类金属离子无法被人体所吸收，从而导致矿物质的生物利用度下降。因此，除了寻求良好的补充剂之外，解决缺乏矿质元素问题的本质应为提高矿物质的生物利用度。尽管可以通过添加商业植酸酶、膨松、发酵和碾磨等加工方式减少食品中的植酸盐含量，但是以这种方式处理所有食物是不现实的。另外，摄入的金属离子间可能存在竞争吸收作用，进而导致其生物利用度下降。因此，越来越多的消费者寻求功能食品和保健食品作为矿物质的补充剂，尤其是儿童、青少年、孕妇和老年人。矿物质补充剂受人们关注至今大约可以分为三代制剂。第一代是无机盐，碳酸钙、碳酸氢钙、硫酸锌、氯化锌等是最原始的补充剂。这类补充剂不仅吸收率和生物利用率很低，并且摄入体内后能与体内胃酸结合，生成腐蚀性的氯化盐或有害的重金属成分，刺激胃肠道引起恶心、呕吐等副作用，进而被市场淘汰。第二代是有机盐，如乳酸钙、柠檬酸钙、葡糖酸锌等弱酸弱碱盐。这类补充剂在矿物质吸收率方面虽然有所提高，但是它们溶解度大，易解离，易溶失，价格高，在酸性的胃环境下和弱碱性的肠道环境下均易形成沉淀，造成金属离子损失。第三代以肽-金属离子螯合物形式存在，其矿物质含量基本与日常摄入食物中的含量相当，具有容易吸收、安全无毒、稳定性好、不产生沉淀等特点。肽-金属离子螯合物因为其独特的螯合形式和吸收机制，在肠道内比植酸盐或草酸盐的结构更为稳定，不会被胃肠道酸碱环境破坏，同时也避免了矿质元素与食物中的植酸、草酸和磷酸等形成沉淀。当进入血液后，螯合物在机体中能持续解离，从而延长释放周期，进而提高矿质元素的生物利用度，是理想的保健品。

机体内小肽的运转机制具有相对独立性，并且小肽与金属离子形成螯合物后更易于被人体吸收。目前，对于肽-金属离子螯合物吸收转运机制的描述有两种假说：①完整吸收假说，即肽-金属离子螯合物以完整的螯合结构被吸收利用，与无机金属具有不同的吸收通道。②竞争吸收假说，即金属离子与多肽形成的螯合物具有更为稳定的结构，在进入人体小肠中后，肽-金属离子螯合物能与草酸等物质形成竞争机制，由于螯合物具有更强的稳定结构，可有效防止金属元素在肠道中生成沉淀，能更为有效地被人体所吸收。

梁春辉等（2010）在小鼠基础日粮中添加胶原多肽螯合钙、葡糖酸钙和 $CaCO_3$ 等补钙制剂，通过对比小鼠股骨骨质、血钙和血磷含量的变化，发现胶原多肽螯合钙在股骨长度、质量、骨钙、骨磷以及有机质含量方面均显著高于其他补钙制剂，为新型补钙制剂的开发提供理论依据。Hou 等（2015）在三种模型（Caco-2细胞单层模型，Caco-2 细胞群体模型和外翻肠囊模型）中研究了脱盐鸭蛋白肽对钙吸收的影响，研究发现，脱盐鸭蛋白肽可以增强钙离子的转运，并且可以通过充当钙离子载体与细胞膜相互作用以打开特定的吸收通道来实现促钙吸收。这项研究更深入地使人们理解了细胞摄取肽-金属离子螯合物以提高钙吸收的机制，为第三代螯合物营养补充剂的研究提供了理论基础。黄赛博（2016）以带鱼鱼糜为原料，利用蛋白酶水解和 $FeCl_2$ 修饰制备出带鱼多肽亚铁螯合物（FPH-Fe），研究其螯合工艺和理化性质，并以 Wistar 品系初断乳大鼠为试验动物，研究 FPH-Fe 改善大鼠贫血的作用。结果显示，FPH-Fe 使贫血大鼠体重升高的效果最显著，优于硫酸亚铁和含铁饲料，对血常规中的红细胞、红细胞平均体积、血红蛋白、平均细胞血红蛋白量均有统计学意义，对血清中铁蛋白升高效果显著。

6.4.2　农业中的应用

中国是农业大国，粮食生产在农业生产发展中占有重要的位置。为保证农作物生长必需的微量元素，以提高单位面积产量，施加化肥已经成为农业生产的常规手段，不仅能提高土壤肥力，而且也是提高作物单位面积产量的重要措施。但是化学肥料从原料开采到加工生产，总是带进一些重金属元素或有毒物质，无论是酸性土壤、微酸性土壤还是石灰性土壤，长期施用化肥会造成土壤、水体中重金属元素富集，还会造成土壤中微生物活性降低，物质难以转化及降解等问题。面对这一严重恶性循环的农业生产局势，为了大力发展环保、绿色良性循环的现代农业，"矿物肥"横空出世。施用矿物肥能提高土壤肥力，改善土壤结构，减少毛细管水运动的速度和水分的无效蒸发，能明显抑制返盐效果。美国植物养料检验员协会提出了矿物肥中微量元素的最低含量保证值，其中包括 1.0kg/t 的铁元素、0.5kg/t 的锌元素和 0.5kg/t 的铜元素。然而，在农业土壤中使用的金属元素的来源是无机盐类肥料，由于某些农学和地理限制，即在施用过程中这些元素常生成不溶性固体沉淀，无机盐肥料在土壤中的利用率相对较低。另外，大多数商业无机盐肥料含有镉和其他有毒重金属杂质，镉离子对农作物，特别是水稻的生长具有强毒性，一定浓度的镉离子将抑制植物的生长，高浓度的镉离子胁迫则会导致植物死亡。施用无机盐肥料也存在污染土壤和水体的风险，当环境受镉污染后，镉先在生物体内富集，然后通过食物链在人体内富集，长时间会造成慢性中毒，危害人体健康。因此，合成的肽-金属离子螯合物在解决这类问题方面具有重要的意义，越来越多的研究者也将目光投向肽-金属离子螯合物这一新型化肥。

如果叶面施用的矿物肥的生物利用度高于施用于土壤中的，那么这将是有效地解决全球内与矿物质缺乏相关的农作物生产问题的重要手段。Ghasemi 等（2013）研究了田间种植条件下，肽-锌离子螯合物（ZnAAC）作为新型锌肥以叶面喷施形式施肥对小麦籽粒的产量和营养品质影响的有效性。作为螯合剂的氨基酸通过其羧基配位金属离子，从而增加植物对金属离子的生物利用度。结果表明，叶面施用显著提高了两种供试小麦品种的籽粒产量，第一年平均增产 15.2%，第二年平均增产 19.2%。用螯合物喷雾施肥的小麦籽粒的锌含量、铁含量和蛋白质含量均显著高于用硫酸锌喷洒的小麦籽粒。因而，ZnAAC 被认为是可以提高小麦籽粒产量、总锌含量和生物利用度的新型锌肥来源。

6.4.3　畜牧业中的应用

微量元素在饲料方面的利用已历经一个世纪的发展，随着研究日渐深入，人们对肽-金属离子螯合物的营养作用和代谢方式的认识也不断提高。从微量元素的无机盐到微量元素的有机酸，再到今天氨基酸/肽-微量元素螯合物，人们逐渐解决微量元素在动物体内与其他物质的拮抗作用、生物利用率低、生化功能不稳定等问题。

在商业家禽喂养中，大多数微量元素通常以无机盐（如硫酸盐、氧化物和碳酸盐）的形式补充，以提供足够的矿物质来防止家禽的临床缺陷并使其具有正常的遗传能力。一般来说，家禽养殖业在饲料配方中使用了过量的添加剂量，因为饲料矿物质的需求越来越高，矿物质的来源越来越便宜。然而，过量的矿物质补充是浪费的，并导致环境中土壤和水体的多重污染。越来越多的研究者对潜在的矿物质污染表示担忧，在对生产力没有任何负面影响的同时，如何减少家禽矿物排泄的讨论，已经引起了人们的兴趣。Aksu 等（2010）对肉鸡饲养试验的研究表明，当矿物质补充剂以有机螯合物形式提供时，与无机盐形式相比，微量元素如铜、锰和锌的提供含量水平可显著降低，同时能够维持肉鸡相同的生物性状表现。以蛋白质、短链肽或氨基酸复合的微量元素更易溶于细胞膜并被细胞吸收利用，并且比其无机盐更容易被吸收。因此，使用有机络合或螯合的矿物质，以较低的浓度添加于家畜饲料会更有利于家禽对微量元素的吸收。

目前，多肽、氨基酸或蛋白质与微量元素络合而成的螯合物饲料喂养表现出优于其无机盐对应物的喂养效果和生态效益，不仅提高了养殖对象的矿物质吸收率，达到补充所需矿物质和蛋白质的作用，还能减少过量矿物质排泄造成的潜在生态污染问题。我国于 20 世纪 80 年代也开始对肽-微量元素螯合物及其在畜牧业中的应用进行研究，并在猪、禽、反刍动物、兔及鱼类上取得了较好的效果。大量研究发现，犊牛和杂种肥育牛饲喂肽-锌离子螯合物和肽-锰离子螯合物后，生长率显著提高，母牛受胎率提高 15%，犊牛断奶体重提高 5%，肽-锌离子螯合物可降低放牧母牛腐蹄病的发生。给奶牛饲喂肽-微量元素螯合物可增加奶牛泌乳量，减少疾病发生。肽-微量元素螯合物是适合鱼类营养需要的理想营养添加剂，它对于促进鱼类生长、提高饲料转化率和鱼的成活率具有显著效果。研究表明，用肽-微量元素螯合物养鱼与无机饲料对比，鱼质量提高 18%左右，饵料系数改善 9%左右，元素的吸收率提高 25%左右。用氨基酸微量元素螯合物饲喂蛋鸡，可明显提高产蛋率及蛋质量，改善蛋的品质。对饲喂氨基酸微量元素螯合物的产蛋鸡下的鸡蛋进行分析，发现其蛋壳结构比无机盐组紧密，蛋黄中微量元素含量高于无机盐组，其中铁含量是无机盐组的 122%。这不仅能使破蛋率下降 5%，而且无疑是生产高营养蛋的一个好方法。

　　锌是动物机体进行代谢必不可少的微量元素，大量研究表明缺锌会引起动物采食量下降，从而阻碍生长。近年来，很多报道证明在动物饲料中添加有机锌会明显改善动物生长和健康状况，大幅度降低动物排泄物中的金属元素含量。乔月建（2016）选取 18 月龄健康杜洛克种公猪，研究了猪皮源多肽螯合锌对种公猪生产性能及血液生理生化指标的影响，对照组预混料中矿物质锌为 $ZnSO_4$（添加量为 50mg/kg），试验 1、2、3 组预混料中的锌为不同含量的多肽螯合锌，分别为 50mg/kg、25mg/kg、12.5mg/kg。试验结果表明，在种公猪的日粮中，添加锌含量为 25mg/kg 的多肽螯合锌，可提高种公猪的射精量、精子密度和精子活力，降低精子畸形率，从而提高种公猪的生产性能。当锌的添加量为 50mg/kg 时，种公猪的日增重最高。另外，消化代谢试验表明，多肽螯合锌能显著提高种猪对饲料中有机物的消化率，同时可促进机体对锌元素的吸收，明显降低粪便中锌元素的排放量，减少对环境的污染。

6.4.4　抗菌添加剂

　　食品防腐剂是一类能抑制食品中的腐败微生物，防止食品在储存、流通过程中由于微生物作用而发生腐败变质，提高食品保藏性能，延长保质期而使用的食品添加剂。全世界每年由微生物导致的食品腐烂变质而引起的损失总额极为惊人。据美国食品药品监督管理局估算，全世界每年约有 20% 的粮油及其他食品由于腐败变质而不能食用，由此引起的经济损失高达 170 亿美元。食品防腐已经成为食品工业的重要任务之一。食品科技的飞速发展为食品保藏开拓了新的途径，新兴的食品保藏技术，如冷冻干燥保藏、辐照保藏、高压处理保藏等现代食品保藏手段，大大提高了各种食品的保质期，但不可避免的是这些现代食品保藏技术存在多种弊端，如能耗大、投资成本高、工艺复杂等。

　　食品防腐剂能够有效抑制食品中腐败微生物的生长繁殖，有效保证和延长食品保质期，同时由于食品防腐剂在食品加工中具有用量少、效果好、对食品本身的色香味影响极小等优点。因此，使用食品防腐剂仍然是目前防止食品腐烂变质的最有效方法之一。目前食品工业中应用的食品防腐剂按照其来源不同可以分为化学合成防腐剂和天然防腐剂两大类。总体来说，由于大多数化学防腐剂是通过化学方法合成制造，在人体内有一定残留，长时间食用会对人体造成一定危害，存在致畸、致癌、致突变的风险，正逐渐被社会淘汰。以抗菌肽、鱼精蛋白、乳酸链球菌素、纳他霉素等为代表的天然防腐剂具有天然、营养、多功能、无毒无害且安全可靠等优点，但是存在制备成本高、需要分离纯化、工艺烦琐、抗菌谱较窄、不耐受极端环境的问题，寻求不具备上述缺点或上述缺点较少的天然防腐剂成为国内外学者追求的目标。

　　肽-金属离子螯合物是由金属离子与多肽配位结合形成的一类具有环状结构

的物质，其具有促进微量元素吸收、抗氧化等多种生理活性。近年来随着研究的
不断深入，肽-金属离子螯合物又被证明具有较好的抑菌活性，可以作为潜在的防
腐抗菌剂使用。霍健聪等（2009）以带鱼副产物为原料，采用复合酶解法制备带
鱼副产物水解液，通过亚铁离子螯合修饰制备了带鱼副产物多肽亚铁螯合物。通
过葡聚糖凝胶 Sephadex 25 和 Sephadex 75 两次分离纯化后得到一种抑菌活性较高
的多肽亚铁螯合纯化物，并经高效液相色谱梯度洗脱检测为单一组分，纯化物对
大肠杆菌、金黄色葡萄球菌、巨大芽孢杆菌和沙门氏菌抗菌效果较好，最低抑菌
浓度均为 0.5%，通过多肽亚铁螯合物对微生物的形态变化研究和对微生物细胞壁
结构的影响研究，探讨了多肽亚铁螯合物的抑菌机理，为多肽亚铁螯合物的开发
以及作为天然食品防腐剂的应用提供了理论基础。

　　肽-金属离子螯合物能够抑制微生物的生长，减少保藏对象中蛋白质的分解与
腐败代谢物质的生成，保持细胞较好的含水性和机械强度，维持保藏对象较好的
感官状态，以延长保质期。姜良萍等（2013）研究了鲢鱼源多肽锌螯合物对冷藏
草鱼的防腐保鲜作用。以感官评分、硫代巴比妥酸（TBA）、挥发性盐基氮（TVB-N）、
pH 和细菌总数为检测指标，综合评价经过不同多肽锌螯合物条件处理的草鱼在冷
藏过程中的品质变化情况。结果表明，多肽锌螯合物可以通过保藏前和保藏时抑
制草鱼表面的优势微生物繁殖，显示出对冷藏过程中的草鱼显著的防腐保鲜作用，
能够减缓草鱼感官品质的下降，有效抑制草鱼 TBA 值、TVB-N 值、pH 的升高以
及细菌的生长，与未添加多肽锌螯合物的涂膜处理组草鱼相比，经 40mg/kg 剂量
的多肽锌螯合物处理后草鱼的保鲜期可以延长 4d。因此，鲢鱼源多肽锌螯合物可
以作为潜在的水产品防腐保鲜剂。

参 考 文 献

蔡冰娜, 陈忻, 潘剑宇, 等. 2012. 响应面法优化鳕鱼皮胶原蛋白肽螯合铁工艺[J]. 食品科学,
　　33(2):48-52.
段秀. 2014. 罗非鱼皮胶原蛋白肽亚铁螯合修饰及生物活性研究[D]. 昆明理工大学硕士学位论文.
高素蕴, 潘思轶, 郭康权. 2003. 大豆分离蛋白水解物螯合锌(Ⅱ)的合成与制备[J]. 食品科学,
　　24(10):117-120.
黄赛博. 2016. 带鱼蛋白多肽亚铁螯合物的制备及生物活性研究[D]. 浙江海洋大学硕士学位论文.
黄顺丽, 赵立娜, 蔡茜茜, 等. 2015. 乳清蛋白钙螯合肽的分离及结构性质表征[J]. 中国食品学
　　报, 15(11): 212-218.
霍健聪. 2009. 带鱼下脚料蛋白酶水解物亚铁螯合修饰及其抑菌机理研究[D]. 西南大学博士学
　　位论文.
霍健聪, 邓尚贵, 谢超. 2009. 多肽亚铁螯合物制备及抑菌活性研究[J]. 食品与机械, 25(1):86-89.
纪晓雯, 王志耕, 阚文翰, 等. 2018. 酪蛋白铁螯合肽的分离纯化及结构解析[J]. 食品科学,

39(6):63-68.

姜良萍, 李博, 罗永康, 等. 2013. 鲢鱼源多肽锌螯合物对冷藏草鱼的保鲜作用[J]. 食品科技, (12):144-149.

李华, 刘通讯. 2007. 富血红素多肽螯合铁合成的初探[J]. 现代食品科技, 23(10):1-3.

李颖杰, 林慧敏, 吕耿强. 2017. 鱼糜酶解蛋白亚铁螯合肽微胶囊工艺及抗氧化研究[J]. 中国食品学报, (10):116-121.

梁春辉, 菅景颖, 张志胜. 2010. 胶原多肽螯合钙壮骨作用研究[J]. 河北农业大学学报, 33(5):94-97.

林慧敏, 邓尚贵, 庞杰, 等. 2012. 超滤法制备高抗菌抗氧化活性带鱼蛋白亚铁螯合肽(Fe-HPH)的工艺研究[J]. 中国食品学报, 12(6):16-21.

刘安军, 王秀丽, 陈影, 等. 2006. 胶原蛋白多肽-铬(Ⅲ)螯合物对四氧嘧啶致小鼠肝脏损伤的保护作用[J]. 营养学报, 28(6):487-489.

蒲传奋, 唐文婷. 2015. 玉米醇溶蛋白肽钙螯合物的制备及其抑菌性能研究[J]. 食品科技, (12):246-250.

乔月建. 2016. 小肽螯合锌的制备及对公猪生产性能、血液生理化指标的影响[D]. 河北工程大学硕士学位论文.

汪婵, 陈敏, 李博. 2011. 芝麻蛋白制备金属螯合肽的酶解工艺研究[J]. 食品科技, (9):184-189.

王丽霞, 刘安军, 王稳航. 2006. 多肽-Fe抗贫血保健功能的研究[J]. 食品研究与开发, 27(7):179-181.

王晓萍. 2014. 小麦胚芽蛋白源锌螯合肽的分离纯化、表征及生物活性研究[D]. 江南大学硕士学位论文.

王秀丽, 刘安军, 李琨, 等. 2006. 胶原蛋白多肽-铬(Ⅲ)螯合物的降血糖机理探讨[J]. 食品研究与开发, 27(5): 125-126.

夏松养, 谢超, 霍建聪, 等. 2008. 鱼蛋白酶水解物的钙螯合修饰及其功能活性[J]. 水产学报, 32(3):471-477.

谢超, 邓尚贵, 霍健聪. 2009. 带鱼下脚料水解螯合物制备及其功能活性研究[J]. 食品科技, (11):91-96.

张国蓉, 张旭, 张程, 等. 2009. 胶原蛋白多肽-铬(Ⅲ)螯合物提高糖尿病小鼠免疫功能的研究[J]. 现代食品科技, 25(4):358-361.

张智, 刘慧, 刘奇, 等. 2017. 玉米肽-锌螯合物结构表征及抗氧化活性分析[J]. 食品科学, 38(3):131-135.

赵海军, 王宝贵, 张桂英, 等. 2009. 大豆多肽螯合锌对自然衰老小鼠的作用[J]. 中国老年学杂志, 29(12): 1501-1502.

赵立娜, 汪少芸, 郭淋凯, 等. 2015. 乳清蛋白肽-钙螯合物的制备及性质研究[J]. 中国食品学报, 15(7):160-167.

周根来, 杨晓志, 方希修, 等. 2010. CPPs对断奶仔猪生产性能和血液生化指标的影响[J]. 畜牧与兽医, 42(10):47-49.

周元臻, 魏永锋, 张维平, 等. 2003. 壳聚糖-Ca(Ⅱ)配位聚合物的合成及其性能表征[J]. 食品科学, 24(1): 36-39.

祝德义, 李彦春, 靳丽强, 等. 2005. 胶原多肽与钙结合性能的研究[J]. 中国皮革, 34(3):29-32.

Aksu D S, Aksu T, Özsoy B. 2010. The effects of lower supplementation levels of organically complexed minerals(zinc, copper and manganese) versus inorganic forms on hematological and biochemical parameters in broilers[J]. Kafkas Üniversitesi Veteriner Fakültesi Dergisi, 16(4): 553-559.

Bao X L, Lv Y, Yang B C, et al. 2008. A study of the soluble complexes formed during calcium binding by soybean protein hydrolysates[J]. Journal of Food Science, 73(3): C117-C121.

Bao X L, Zhang J, Chen Y, et al. 2007. Calcium-binding ability of soy protein hydrolysate [J]. Chinese Chemical Letters, 18(9): 1115-1118.

Berrocal R, Chanton S, Juillerat M A, et al. 1989. Tryptic phosphopeptides from whole casein. Ⅱ. Physicochemical properties related to the solubilization of calcium[J]. Journal of Dairy Research, 56(3): 335-341.

Charoenphun N, Cheirsilp B, Sirinupong N, et al. 2013. Calcium-binding peptides derived from tilapia(*Oreochromis niloticus*) protein hydrolysate[J]. European Food Research and Technology, 236(1): 57-63.

Chen D, Mu X, Huang H, et al. 2014. Isolation of a calcium-binding peptide from tilapia scale protein hydrolysate and its calcium bioavailability in rats[J]. Journal of Functional Foods, 6(1): 575-584.

Choi D W, Lee J H, Chun H H, et al. 2012. Isolation of a calcium-binding peptide from bovine serum protein hydrolysates[J]. Food Science and Biotechnology, 21(6): 1663-1667.

de la Hoz L H L, Ponezi A N, Milani R F, et al. 2014. Iron-binding properties of sugar cane yeast peptides[J]. Food Chemistry, 142: 166-169.

Deborah A, Straub M S. 2007. Calcium supplementation in clinical practice: a review of forms, doses, and indications[J]. Nutrition in Clinical Practice, 22(3): 286-296.

Diaz B G, Guizzardi S, Tolosa T N, et al. 2015. Molecular aspects of intestinal calcium absorption[J]. World Journal of Gastroenterology, 21(23): 7142-7154.

Ferraretto A, Gravaghi C, Fiorilli A, et al. 2003. Casein-derived bioactive phosphopeptides: role of phosphorylation and primary structure in promoting calcium uptake by HT-29 tumor cells[J]. Febs Letters, 551(1-3): 92-98.

Ferraretto A, Signorile A, Gravaghi C, et al. 2001. Casein phosphopeptides influence calcium uptake by cultured human intestinal HT-29 tumor cells[J]. Journal of Nutrition, 131(6): 1655-1661.

Ghasemi S, Khoshgoftarmanesh A H, Afyuni M, et al. 2013. The effectiveness of foliar applications of synthesized zinc-amino acid chelates in comparison with zinc sulfate to increase yield and grain nutritional quality of wheat[J]. European Journal of Agronomy, 45(1): 68-74.

Guo L, Harnedy P A, O'Keeffe M B, et al. 2015. Fractionation and identification of Alaska pollock skin collagen-derived mineral chelating peptides[J]. Food Chemistry, (173): 536-542.

Hou T, Wang C, Ma Z, et al. 2015. Desalted duck egg white peptides: promotion of calcium uptake and structure characterization[J]. Journal of Agricultural and Food Chemistry, 63(37): 8170-8176.

Huang G, Ren L, Jiang J. 2011. Purification of a histidine-containing peptide with calcium binding activity from shrimp processing byproducts hydrolysate[J]. European Food Research and Technology, 232(2): 281-287.

Huang S L, Zhao L N, Cai X, et al. 2015. Purification and characterisation of a glutamic acid-containing peptide with calcium-binding capacity from whey protein hydrolysate[J]. Journal of Dairy Research, 82(1): 29-35.

Jeon S J, Lee J H, Song K B. 2010. Isolation of a calcium-binding peptide from chlorella protein hydrolysates[J]. Preventive Nutrition and Food Science, 15(4): 282-286.

Jiang B, Mine Y. 2001. Phosphopeptides derived from hen egg yolk phosvitin: effect of molecular size on the calcium-binding properties[J]. Bioscience, Biotechnology, and Biochemistry, 65(5): 1187-1190.

Jung W K, Karawita R, Heo S J, et al. 2006. Recovery of a novel Ca-binding peptide from Alaska Pollack(*Theragra chalcogramma*) backbone by pepsinolytic hydrolysis[J]. Process Biochemistry, 41(9): 2097-2100.

Khanal R C, Nemere I. 2008. Regulation of intestinal calcium transport[J]. Annual Review of Nutrition, 28(28): 179-196.

Kitts D D, Yuan Y V. 1992. Caseinophosphopeptides and calcium bioavailability[J]. Trends in Food Science & Technology, 3: 31-35.

Kumagai H, Koizumi A, Sato N, et al. 2004. Effect of phytate-removal and deamidation of soybean proteins on calcium absorption in the in situ rats [J]. BioFactors, 22(14): 21-24.

Lee S H, Song K B. 2009. Isolation of a calcium-binding peptide from enzymatic hydrolysates of porcine blood plasma protein[J]. Journal of the Korean Society for Applied Biological Chemistry, 52(3): 290-294.

Li N C, Miller G W, Solony N, et al. 2002. The effects of optical configuration of peptides: dissociation constants of the isomeric alanylalanines and leucyltyrosines and some of their metal complexes[J]. Journal of the American Chemical Society, 82(14): 512-513.

Liao W, Lai T, Chen L, et al. 2016. Synthesis and characterization of a walnut peptides-zinc complex and its antiproliferative activity against human breast carcinoma cells through the induction of apoptosis[J]. Journal of Agricultural and Food Chemistry, 104(7): 849-859.

Liu F R, Wang L, Wang R, et al. 2013. Calcium-binding capacity of wheat germ protein hydrolysate and characterization of peptide-calcium complex[J]. Journal of Agricultural and Food Chemistry, 61(31): 7537-7544.

Lv Y, Bao X L, Yang B C, et al. 2010. Effect of soluble soybean protein hydrolysate-calcium complexes on calcium uptake by Caco-2 cells[J]. Journal of Food Science, 73(7): H168-H173.

Lv Y, Bao X, Liu H, et al. 2013. Purification and characterization of calcium-binding soybean protein hydrolysates by Ca^{2+}/Fe^{3+} immobilized metal affinity chromatography(IMAC)[J]. Food Chemistry, 141(3): 1645-1650.

Matsukura T, Tanaka H. 2000. Applicability of zinc complex of L-carnosine for medical use[J]. Biochemistry Biokhimiia, 65(7): 817-823.

Megías C, Pedroche J, Yust M M, et al. 2008. Production of copper-chelating peptides after hydrolysis of sunflower proteins with pepsin and pancreatin[J]. LWT - Food Science and Technology, 41(10): 1973-1977.

Meisel H, Bockelmann W. 1999. Bioactive peptides encrypted in milk proteins: proteolytic activation and thropho-functional properties[J]. Antonie Van Leeuwenhoek, 76(14): 207-215.

Meisel H, FitzGerald R J. 2003. Biofunctional peptides from milk proteins: mineral binding and cytomodulatory effects[J]. Current Pharmaceutical Design, 9(16): 1289-1296.

Meisel H, Frister H. 1988. Chemical characterization of a caseinophosphopeptide isolated from *in vivo* digests of a casein diet[J]. Biological Chemistry Hoppe-Seyler, 369(2): 1275-1280.

Meisel H. 1997. Biochemical properties of bioactive peptides derived from milk proteins: potential nutraceuticals for food and pharmaceutical applications[J]. Livestock Production Science, 50(1): 125-138.

Palika R, Mashurabad P C, Nair M K, et al. 2015. Characterization of iron-binding phosphopeptide released by gastrointestinal digestion of egg white[J]. Food Research International, 67: 308-314.

Park O, Swaisgood H E, Allen J C. 1998. Calcium binding of phosphopeptides derived from hydrolysis of a α_s-casein or β-casein using immobilized trypsin[J]. Journal of Dairy Science, 81(11): 2850-2857.

Perego S, Zabeo A, Marasco E, et al. 2013. Casein phosphopeptides modulate calcium uptake and apoptosis in Caco-2 cells through their interaction with the TRPV6 calcium channel[J]. Journal of Functional Foods, 5(2): 847-857.

Sato R, Noguchi T, Naito H. 2014. The necessity for the phosphate portion of casein molecules to enhance Ca absorption from the small intestine[J]. Journal of the Agricultural Chemical Society of Japan, 47(10): 2415-2417.

Schmidt D G. 1982. Association of caseins and casein micelle structure[J]. Developments in Dairy Chemistry, 1: 61-86.

Scholz-Ahrens K E, Kopra N, Barth C A. 1990. Effect of casein phosphopeptides on utilization of calcium in minipigs and vitamin-D deficient rats[J]. Zeitschrift für Ernährungswissenschaft, 29(4): 295-298.

Seth A, Mahoney R R. 2001. Iron chelation by digests of insoluble chicken muscle protein: the role of histidine residues[J]. Journal of the Science of Food and Agriculture, 81(2): 183-187.

Torresfuentes C, Alaiz M, Vioque J. 2011. Affinity purification and characterisation of chelating peptides from chickpea protein hydrolysates[J]. Food Chemistry, 129(2): 485-490.

Torresfuentes C, Alaiz M, Vioque J. 2012. Iron-chelating activity of chickpea protein hydrolysate peptides[J]. Food Chemistry, 134(3): 1585-1588.

Tsuchita H, Sekiguchi I, Kuwata T, et al. 1993. The effect of casein phosphopeptides on calcium utilization in young ovariectomized rats[J]. Zeitschrift für Ernährungswissenschaft, 32(2): 121-130.

Tsuchita H, Suzuki T, Kuwata T. 2001. The effect of casein phosphopeptides on calcium absorption from calcium-fortified milk in growing rats[J]. British Journal of Nutrition, 85(1): 5-10.

Tsukita S, Furuse M, Itoh M. 2001. Multifunctional strands in tight junctions[J]. Nature Reviews Molecular Cell Biology, 2(4): 285-293.

Wang C, Li B, Ao J. 2012. Separation and identification of zinc-chelating peptides from sesame protein hydrolysate using IMAC-Zn^{2+} and LC-MS/MS[J]. Food Chemistry, 134(2): 1231-1238.

Wang C, Wang C, Li B, et al. 2014. Zn(Ⅱ) chelating with peptides found in sesame protein hydrolysates: identification of the binding sites of complexes[J]. Food Chemistry, 165(3): 594-602.

Wang J, Green K, Mcgibbon G, et al. 2007. Analysis of effect of casein phosphopeptides on zinc binding using mass spectrometry[J]. Rapid Communications in Mass Spectrometry Rcm, 21(9): 1546-1554.

Wasserman R H. 2004. Vitamin D and the dual processes of intestinal calcium absorption[J]. Journal of Nutrition, 134(11): 3137-3139.

Zhao L, Huang S, Cai X, et al. 2014. A specific peptide with calcium chelating capacity isolated from whey protein hydrolysate[J]. Journal of Functional Foods, 10(3): 46-53.

第 7 章　免疫活性肽

7.1　免疫活性肽概述

免疫是机体接触"抗原性异物"或"异己分子"所发生的一种特异性生理反应，其主要目的是维持机体的内稳态。免疫系统是一个由细胞、组织和器官组成的网络，用来消除潜在的有害物质，如细菌、病毒、真菌、原生动物，并阻止癌细胞的生长。免疫系统的功能和适当的、特异性的免疫反应是建立在多个细胞相互作用的基础上的。这些相互作用的主要参与者是不同类型的细胞，它们来自于多能性骨髓干细胞，分裂并分化成骨髓祖细胞和淋巴细胞祖细胞。骨髓祖细胞产生单核细胞/巨噬细胞谱系（它们存在于血液和巨噬细胞中，当它们离开血液循环时就驻留在组织中）。这类祖细胞也在其他晚期分化为细胞的起源：血小板、红细胞和多形核白细胞（嗜酸性粒细胞、嗜中性粒细胞、嗜碱性细胞和肥大细胞）。淋巴样祖细胞产生 T 细胞和 B 细胞前体，然后分化成 T 细胞和 B 细胞。一小部分 T 细胞前体分化成大颗粒的淋巴细胞——自然杀伤（NK）细胞，是可以通过诱导细胞裂解或细胞凋亡来杀死病毒感染的细胞。随着自然界长期的优胜劣汰和各物种的进化，免疫系统在不断完善，且以高等脊椎动物中的最为完善。

7.1.1　免疫学基础

免疫系统是执行免疫功能的组织系统，主要由免疫组织和器官、免疫细胞、免疫分子及其相关基因、淋巴循环网络等组成。

免疫组织在机体内的分布十分广泛，存在于各个部位，又称为淋巴组织。免疫器官按其功能的不同，可以分为中枢免疫器官和外周免疫器官，两者之间通过血液循环及淋巴循环相互联系、相互牵引。中枢免疫器官又称为初级淋巴器官，其发生时期比较早，主要由骨髓及胸腺组成，是多能造血干细胞发育成熟的场所，且成熟的免疫细胞也是经此处通过血液循环输送至外周免疫器官的。而外周免疫器官又称为次级淋巴器官，主要由脾、淋巴结等组成。成熟的免疫细胞最终在这些部位扎根，并产生一系列的免疫应答反应。

1. 中枢免疫器官

人体的中枢免疫器官包括骨髓和胸腺，是免疫细胞发生、分化、成熟的场所。中枢免疫器官对外周免疫器官的发育起主导作用。骨髓是所有淋巴细胞的发源地，也是 B 细胞分化成熟的场所。而胸腺则是 T 细胞分化成熟的场所。

1）骨髓

骨髓位于骨髓腔内，分为红骨髓和黄骨髓。红骨髓具有强大的造血功能，由造血组织和血窦构成。造血组织主要由基质细胞和造血细胞造成。基质细胞包括网状细胞、成纤维细胞、血管内皮细胞、巨噬细胞等，基质细胞及其所分泌的细胞因子构成了造血干细胞赖以增殖、分化、发育和成熟的造血诱导微环境（HIM）。

骨髓的主要功能有：①是各类血细胞和免疫细胞发生的场所；②是哺乳动物 B 细胞分化成熟的场所；③是体液免疫应答发生的场所之一。

2）胸腺

胸腺位于胸腔纵膈上部、胸骨后方，由皮质和髓质组成。胸腺是 T 细胞分化、发育、成熟的场所。由骨髓造血干细胞分化而来的淋巴样祖细胞在胸腺微环境中，经过阳性选择和阴性选择发育成为具有自身主要组织相容性复合体（MHC）限制性的分化抗原簇（CD）4$^+$ T 细胞和 CD8$^+$ T 细胞，然后输出胸腺，定位于末梢淋巴器官及组织，介导机体产生细胞免疫应答和体液免疫应答。

2. 外周免疫器官

外周免疫器官包括脾、淋巴结、皮肤免疫系统和扁桃体等，是成熟 T 细胞、B 细胞等免疫细胞定居的部位，也是机体产生免疫应答的主要场所。

1）脾

脾位于左上腹，胃后方，近邻隔膜。脾是机体最大的外周免疫器官，是对血源抗原产生免疫应答的主要场所和 B 细胞的主要定居地。脾脏是胚胎时期的造血器官，当骨髓承接造血功能后，脾脏则演变为外周免疫器官。脾脏外层为结缔组织被膜，被膜向脾内部延伸形成小梁。脾脏的脾实质分为红髓和白髓。脾脏中 B 细胞约占其淋巴细胞总数的 60%，T 细胞占 40%左右。脾脏主要生理功能包括：①是成熟的 T 细胞和 B 细胞居住的主要场所之一；②能够储存血液，调节机体血流量；③具备一定的过滤作用，当血液流经脾，脾可清除血液中的病原体和衰老的细胞，起到净化血液的作用；④是免疫应答发生的场所之一；⑤是合成免疫活性物质的重要场所，能合成干扰素、补体和其他细胞因子等活性物质。

2）淋巴结

淋巴结是重要的外周免疫器官，遍布全身，呈圆形或肾形。人体全身有 500～600 个淋巴结，广泛分布于全身非黏膜部位的淋巴通道上，存在于浅表的颈部、腋窝、腹股沟、深部的纵膈及腹腔内。淋巴结的实质分为皮质和髓质。淋巴结的功能包括：①T 细胞和 B 细胞定居的场所；②发生免疫应答的主要场所；③参与淋巴细胞再循环；④具备过滤和净化的作用。

3）皮肤免疫系统

皮肤免疫系统由淋巴细胞和抗原呈递细胞组成，存在于在皮肤表层中，包括角质形成细胞、黑色素细胞、郎格罕细胞和表皮间淋巴细胞。

3. 免疫细胞和免疫分子

免疫细胞泛指所有参与免疫应答或与免疫应答有关的细胞及其前体，包括树突状细胞、巨噬细胞、NK 细胞、T 细胞、B 细胞、肥大细胞等。在整个免疫应答过程中，淋巴细胞起到了关键作用，能够特异性识别抗原表面的抗原决定簇，并通过自身的特点进行分化增殖。淋巴细胞可分为许多表型与功能型，如 T 细胞、B 细胞、NK 细胞等。T 细胞和 B 细胞还可进一步分为若干亚群。这些淋巴细胞及其亚群在免疫应答过程中相互合作、相互制约，共同协作完成整个免疫应答反应，以维持机体内稳态。

免疫分子也是免疫系统的重要组成部分，主要包括由活化的免疫细胞产生的效应分子，如抗体、补体、细胞因子、免疫球蛋白、黏附分子等。

4. 免疫应答

免疫应答分为先天免疫和适应性免疫两大类，而适应性免疫又可分为体液免疫和细胞免疫。

先天免疫，也称为自然免疫力或原生免疫力，是非特异性的，提供第一道防线，包括通过解剖学部位（皮肤、黏膜）、生理（低 pH、温度和化学介质）、细胞（巨噬细胞、多形核白细胞、树突细胞和自然杀伤细胞）或炎症组件（细胞因子、干扰素、补体、防御素、白三烯、急性期蛋白质和前列腺素）。先天免疫系统的巨噬细胞和中性粒细胞在吞噬作用中起着重要作用。NK 细胞对肿瘤细胞和非特异性病毒感染细胞起着至关重要的作用。

适应性免疫，也称为特异性免疫或获得性免疫，对潜在危险的外来抗原具有高度特异性。适应性免疫分为细胞介导性免疫和抗体介导性免疫（体液免疫）两种。T 细胞和 B 细胞是适应性免疫中最重要的细胞。体液免疫包括 B 细胞，与特定的抗原相互作用时它们负责产生抗体。这些抗体可以与入侵病原体的抗原结合，并将它们标记为巨噬细胞的破坏对象。

体液免疫由 B 细胞介导，当 B 细胞接受抗原刺激后，活化、增殖、分化为浆细胞，浆细胞合成并分泌抗体，由抗体发挥作用。B 细胞介导的体液免疫应答主要由两类抗原诱发，胸腺依赖性抗原（TD 抗原）和非胸腺依赖性抗原（TI 抗原）。体液免疫应答的类型取决于刺激抗原的类型。TI 抗原刺激所引发的免疫应答不需要辅助 T 细胞的辅助，大部分不需要巨噬细胞的参与，且只产生 IgM 型抗体，没有免疫记忆性。此外，由 TD 抗原引起的免疫应答需要巨噬细胞和 T 细胞的辅助，并且会产生 Ig，具有免疫记忆。

细胞介导的免疫系统包括分泌免疫调节因子的效应 T 细胞，如细胞因子，在与抗原呈递细胞（APC）相互作用时介导细胞免疫反应。T 细胞分为辅助 T 细胞（Th 细胞）、细胞毒性 T 细胞（Tc 细胞）和调节性 T 细胞（Tr 细胞）三个亚群。Tc 细胞表达一种表面受体 CD8$^+$，并识别与 MHC Ⅰ型相关的内源性抗原，杀死被病毒感染的癌细胞和细胞。而 Th 细胞则展现一种表面标记物 CD4$^+$，并识别与 MHC Ⅱ型相结合的外源性抗原。Th 细胞分泌细胞因子，如干扰素（IFN）-γ、白细胞介素（IL）2、IL-4、IL-5、IL-6、IL-10、IL-13、IL-25 等，帮助激活 B 细胞、T 细胞和其他免疫细胞（如巨噬细胞）参与免疫反应（Nijkamp et al.，2011）。Tr 细胞负责抑制其他 T 细胞的免疫反应，并通过维持自身的耐受性来防止自身免疫性疾病的发生。

体内的多种因素可以对免疫应答过程进行正负调节，使免疫应答适度，得以维持机体内部稳态。正免疫应答指 T 细胞或 B 细胞接受抗原刺激后，发生活化、增殖、分化，形成效应细胞和记忆细胞，产生效应分子，清除抗原的过程。这个应答过程在机体应对病原微生物的抗感染免疫中体现得最为明显。而负免疫应答指受到抗原刺激的 T 细胞或 B 细胞停止在活化阶段，不发生增殖、分化，不产生效应细胞、记忆细胞或效应分子的过程，也称为外周耐受。典型例子为机体在正常情况下对自身成分的耐受。

7.1.2 免疫活性肽的研究进展

免疫功能对于预防和清除病原体至关重要。免疫系统是抵御病原体的第一道防线，在身体功能受损前提供保护。监视是由几种不同的免疫细胞共同进行的。例如，先天免疫主要由巨噬细胞、树突状细胞和自然杀伤细胞起作用，它们是先天免疫反应的一部分。巨噬细胞和树突状细胞将抗原吸收并将其呈递给免疫系统的 T 细胞来处理。自然杀伤细胞控制细胞毒性活性，并对病毒感染的细胞和肿瘤做出反应；它们的活化刺激细胞因子的产生。在此背景下，T 细胞（CD4$^+$、CD8$^+$）是细胞介导免疫应答的主要效应细胞。B 细胞负责体液免疫并产生抗体来消灭抗原。免疫调节剂是一种可以通过改变免疫系统的任何部分，包括先天性和适应性功能的免疫系统的任何部分，来增强、减少或改变免疫反应的物质。免疫系统对人类的生存至关重要，它可以防御病原体，但也可能受到许多因素的影响，包括压力、不健康的生活方式、病原体和抗原（Segerstrom et al.，2004）。一些药物，如环孢霉素、他克莫司、糖皮质激素、植物醇、马兜铃酸、石墨烯和左旋咪唑等已成功应用于人类免疫反应的调节（Gertsch et al.，2011）。然而，药物的毒副作用和高成本限制了它们的使用，大多数免疫调节药物不适合慢性或预防性使用（Wang et al.，2010）。通过膳食成分调节免疫功能已被报道为一种有效的策略；与此同时，从食物蛋白中发现的新型免疫活性肽可以为饮食治疗提供进一步的优势（Chalamaiah et al.，2014）。

免疫活性肽又称免疫调节肽，是指对人体免疫系统具有调节作用的一类生物活性肽。天然的免疫活性肽广泛存在于机体之中，自 Goldstein 等（1966）在小牛胸腺中发现胸腺肽开始，许多学者对内源性免疫活性肽展开了研究，相继发现了多种内源性免疫活性肽，如血管活性肠肽、脊髓肽等；而来源于食物的外源性免疫活性肽也逐渐引起了研究者的关注。

外源性免疫活性肽的来源主要是一些植物或动物蛋白。动物源性蛋白质，特别是来自乳品的蛋白质，已被公认为生物活性肽的主要来源之一（FitzGerald et al.，2004；Torrez-Llanez et al.，2011）。然而，其他较少探究的蛋白质，如肌肉肌球蛋白、牛肉胶原蛋白（Saiga et al.，2003；Vercruysse et al.，2005；Li et al.，2007）、罗非鱼蛋白、鲑鱼蛋白（Yang et al.，2009；Chalamaiah et al.，2014）、牡蛎蛋白（Wang et al.，2010）、鲨鱼蛋白（Mallet et al.，2014）、大豆蛋白（Gibbs et al.，2004；Wang et al.，2005）、小麦蛋白（Motoi et al.，2003；Kong et al.，2008）、大米蛋白（Ibrahim et al.，1996；Mine et al.，2006）、西兰花蛋白（Lee et al.，2006）等也被证明是肽的良好来源且可能具有不同的生物学效应。食物蛋白质除了具有营养特性和技术应用之外，从中提取的一些肽段由于它们的生理活性和对人类健康的益处，也被人们寄予很高的期望。这些被命名为生物活性肽的组分已经证明了具有影响多种生物功能的能力。食源性免疫调节肽的作用途径也是各式各样（图 7.1）。目前，

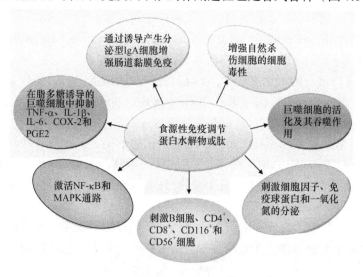

图 7.1　食源性免疫调节肽的作用途径

乳制品蛋白已成为研究最多的生物活性肽的来源，其他植物和动物源蛋白作为替代的来源正在被探索。

无论其来源于何处，生物活性肽在母体蛋白质中被加密和灭活，所以它们一定要被释放才能发挥其作用。因此，多种方法被用来从食物蛋白中释放生物活性肽，其中包括植物酶的水解、微生物和/或消化来源的及食物加工过程中的水解，以及微生物发酵、热处理或者其他技术（Aluko et al.，2009；Sing et al.，2014）。

生物活性肽来源于不同的蛋白质，最常见的制备方法就是将整个蛋白质分子酶解。生物活性肽能够通过胰酶水解绵羊和山羊的奶、胃蛋白酶消化人乳获得，也可以从酪蛋白中获得（Suetsuna et al.，2000；Rival et al.，2001）。胃肠道的蛋白酶，如胃蛋白酶和胰蛋白酶，已经用于牛奶、乳清（Gomez-Ruiz et al.，2004；Hernandez-Ledesma et al.，2004a，2004b，2007；Lignitto et al.，2010）、蛋（Miguel et al.，2006）、肉（Jang et al.，2007；Escudero et al.，2010）、鱼（Cinq-Mars et al.，2008；Samaranayaka et al.，2010）和植物蛋白（Vermeirssen et al.，2003；Akillioglu et al.，2009；Tovar-Pérez et al.，2009；Jiménez-Escrig et al.，2010）的生物活性肽的生产。例如，胃蛋白酶和胰蛋白酶对牛奶蛋白质的水解和对猪骨骼肌及玉米蛋白的消化可以增加生物活性肽的释放（Gobbetti et al.，2004；Manso et al.，2004）。在胃肠道的消化过程中，包括摄食时或随后的消化吸收的过程，食物蛋白易受到不同阶段的水解作用，可能在胃肠道内产生了生物活性，或通过体循环吸收后到达靶器官和组织。一些研究已经将胃肠道消化作为从酪蛋白和/或乳清蛋白释放生物活性肽（如抗高血压肽、阿片样肽和免疫调节肽）的方法（Hernandez-Ledesma et al.，2004）。例如，由于胰蛋白酶消化而产生的大米和大豆的水解物已被证明具有免疫调节作用，并能够刺激炎症过程的介质超氧阴离子（Kitts et al.，2003）。具体来说，β-伴大豆球蛋白的胰蛋白酶水解物会影响免疫调节活性（Maruyama et al.，1987）。在乳清蛋白的消化过程中，胰凝乳蛋白酶和胰蛋白酶的结合也能够有效释放免疫调节肽（Otani et al.，1995；Kayser et al.，1996；Sütas et al.，1996；Brix et al.，2003）。

此外，多肽的来源还有绵羊初乳的糜蛋白酶消化，其水解物序列中含有丰富的脯氨酸（如 Pro-Arg-Pro），并且是通过糜蛋白酶从 Val-Glu-Ser-Tyr-Val-Pro-Leu-Phe-Pro 消化后的九肽片段中分离出来的，该九肽在调节免疫反应方面也具有相似的活性（Janusz et al.，1987）。

在加工过程中，食物中的蛋白质受到了不同程度的改变，这些改变能够修饰它们的功能和生物活性。在食品加工中最常用的处理方法包括发酵、热处理和超声处理等。

1. 发酵

细菌如乳酸菌，在食品工业中可作为发酵剂和非发酵剂。一些细菌具有蛋白酶水解系统，为发酵过程中生物活性肽的产生源。水解可能是由细胞壁束缚的蛋白酶或胞内肽酶所介导的，主要是内肽酶、氨基肽酶、三肽酶和二肽酶（Christensen et al.，1999；Pihlanto et al.，2003）。例如，微生物发酵牛奶的过程也能够促进生物活性肽的释放。在 Perdigón 等（1988）的研究报道中，牛奶经嗜酸乳杆菌、干酪乳杆菌以及这两种菌株的混合菌发酵，发酵后三种类型的牛奶喂养小鼠 8d 后，发现腹腔巨噬细胞的吞噬活性和淋巴细胞的活性增强。这种增强的原因可能是在发酵过程中牛奶释放的多肽类代谢产物和乳酸菌细胞壁中的胞壁酰二肽增强了免疫反应（Perdigón et al.，1988）。还有研究表明乳酸菌发酵牛奶具有调节免疫应答的作用。另一项研究表明了瑞士乳杆菌发酵乳的免疫调节反应，在支气管组织分泌细胞中相应的体液免疫导致 IgA^+ 数量的增加和纤维肉瘤的生长抑制（Gobbetti et al.，2002）。此外，乳酸菌发酵牛奶的肽段对脂多糖诱导的未分化的 THP-1 细胞表现出潜在的抗炎作用（Tompa et al.，2011），其产生的效应归因于多肽。成熟的奶酪也能释放生物活性肽，因为牛奶蛋白可通过内源酶或添加的凝聚剂和微生物酶的作用水解。

2. 其他加工技术

其他加工技术，如热处理、超声处理、加压处理等，促进了蛋白质的变性。例如，加热能够增加酶解的速率，因此肽的释放量更多，主要是因为酶和蛋白质的相互作用增强了（Abadía-García et al.，2013）。因此，热处理和酶处理的结合能够促进生物活性肽的形成。超声波对小麦胚芽蛋白或卵白蛋白的处理能够促进蛋白质的水解和生物活性肽的释放。在加压（300～400MPa）60min 后，加压与酶（糜蛋白酶和胰蛋白酶）的存在相结合加速了卵白蛋白的水解进程。在这种情况下，压力的应用改变了蛋白质的构象，导致疏水区域暴露，并且能够提高酶在酸性条件下释放生物活性肽的可能性（Quirós et al.，2007；Jia et al.，2010）。此外，在体外对未加工的和受挤压的苋菜粉进行水解，并考虑水解时间的影响。结果表明，在水解 10min 之后，酶（胃蛋白酶和胰蛋白酶）水解和加压的预处理（125℃，螺旋杆转速 130r/min）促进了低分子质量肽的释放，而未加工苋菜粉的肽释放要到 60min 之后（Milán-Carrillo et al.，2012；Montoya-Rodríguez et al.，2014，2015）。这可能是由于在高压、温度和剪切力下食物蛋白的短暂暴露，这些处理能够使蛋白质变性并使它们更容易与酶相互作用。也有证据表明，在上述条件下释放的生物活性肽可能增加或者减少生物活性（Suetsuna et al.，2000；Rival et al.，2001）。然而，这些多肽还没有被充分利用，且没有显示其功能或免疫调节能力的证据。

体外免疫调节法是用来描述多肽生物活性最常用的方法。因此，一些培养的细胞系已经被用于此用途，如 RAW 264.7、小鼠巨噬细胞、脾淋巴细胞等。一些研究表明，序列是免疫调节活性的基础。从 α_{s1}-酪蛋白的胰蛋白酶消化物获得的序列 Thr-Thr-Met-Pro-Leu-Tyr 对抗体产生、吞噬活性、NK 细胞成熟和淋巴细胞的调节都有促进作用。

　　此外，体内的评价方法也在不同条件或研究模型下具有探究免疫调节肽的潜力。例如，从酪蛋白和磷酸肽中提取的一些免疫调节肽已经被证明可以刺激小鼠产生 IgA。其他研究已经开始在临床试验中说明免疫调节肽对免疫调节的影响。例如，一项研究对谷蛋白水解物进行评估，健康的志愿者服用谷蛋白水解物 6d，与对照组（安慰剂）相比，NK 细胞活性增强。然而，为了证明从不同食物来源分离出的多肽的作用，还需要通过试验进行更多的研究。

　　关于免疫调节肽的调节机制一直是研究者关注的热点。有研究者认为，免疫调节肽直接作用于免疫系统的特定细胞；然而，到目前为止，这些相互作用背后的机制还不清楚。因此，关于免疫活性肽相互作用有几个新兴假说，与抗高血压和阿片样肽系统有关（Sharp et al.，1998；Haque et al.，2009）。例如，有报道称，免疫调节肽可以与位于免疫细胞表面上的 δ-、μ-或 κ-型阿片受体相互作用，中枢阿片受体的激活可以调节周围的免疫系统，如图 7.2 所示（Elitsur et al.，1991）。这也许可以解释为什么在阿片受体相互作用时，从人体提取的生物活性肽——酪啡肽抑制了固有层内淋巴细胞的增殖。这些结果表明，肽序列决定了免疫细胞的反应活性。这种效应可归因于 N 端或 C 端区域的精氨酸、色氨酸或磷酸化的丝氨酸残基，以及谷氨酰胺的存在，它们能够被免疫细胞表面的阿片受体识别（Haque et al.，2009）。

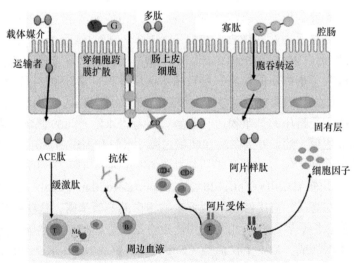

图 7.2　多肽与免疫细胞相互作用的相关机制

Mφ表示巨噬细胞

在体外培养免疫球蛋白时，从牛 α_{s2}-酪蛋白和 β-酪蛋白中提取的片段增强了脂多糖、植物凝集素和伴刀豆球蛋白诱导的增殖反应（Hata et al., 1998, 1999）。这种免疫调节活性被认为归因于 L-丝氨酸-O-磷酸化残基，而且它提示了多肽对胃肠道蛋白酶的稳定性（Otani et al., 1995）。

免疫调节作用也与 ACE 抑制肽的作用机制相关。ACE 抑制肽有利于免疫调节活性，因为形成的缓激肽是一种免疫调节肽。缓激肽由于刺激巨噬细胞而成为急性炎症的中介体，从而促进淋巴细胞的迁移，并诱导淋巴细胞活化的杀伤细胞分泌细胞因子（Pal et al., 2010）。在这个意义上，N 端或 C 端区域内含有精氨酸的多肽被 T 细胞的膜结合受体识别，这些 T 细胞是电荷变化的淋巴细胞的产生者。因此，在 C 端存在的精氨酸是 ACE 抑制肽的结构特征之一，可能与免疫调节活性有关（Meisel et al., 1993）。

一项研究报道，一些来源于胰蛋白酶消化的大米和大豆的多肽具有免疫调节活性，通过激活活性氧产生特异性反应，从而调节细胞生存能力，引发恶性细胞的凋亡和保持未受感染细胞的稳态（Hartmann et al., 2007）。

富含蛋白质的食物是人们日常饮食的一部分，可能是具有生物效应的多肽前体。虽然牛奶蛋白是生物活性肽的主要来源，但其他植物和动物源蛋白也被证明是生物活性肽的重要来源。体外和体内研究的结果表明，免疫调节肽被认为是一种有前途的调节免疫反应的策略，从而增强对感染性因子的反应并减少组织损伤。潜在的应用可能与减轻自身免疫性疾病、炎症过程和氧化应激有关，或与免疫系统相关的其他过程有关。然而，未来的方向需要研究免疫调节特性的分子机制，包括所涉及的确切氨基酸序列及肽的分子靶点，这些尚未完全阐明。此外，为了确定与生物活性肽相关的潜在不利影响，应考虑动物和临床模型的体内研究。

近年来，对健康有益的食品产业已经有所发展。多肽可以通过载体添加到不同的食物中，在食物基质中释放肽的机制是未来研究的一个领域。研究多肽在免疫系统中产生反应的生物可利用浓度及可能决定其生物活性的氨基酸序列是很重要的，因为相关研究已经证明一些生物活性肽可能在消化过程或消化结束后改变其结构。在这种意义上，多肽的作用机制可以与分子研究相辅相成，如免疫组织化学分析鉴定目标免疫细胞和转录因子。然而，上述研究仅是阐明免疫反应的一个步骤。这样的关注可以为未来的工业提供工具，使其能够产生有益于健康的天然产品。

7.2　免疫活性肽的来源及序列

免疫活性肽一般由几个到几十个氨基酸组成，其氨基酸排列顺序各异、结构多样，对机体都具有不同程度的免疫促进或抑制功能。而来源于食源性蛋白的免疫活性肽具有极高的食用安全性，在当前国际食品界具有良好的发展前景。天然免疫活性肽来源广泛，在动物、植物以及微生物中均有分布。

7.2.1　动物来源的免疫活性肽

食源性免疫活性肽研究始于 1981 年，Jolles 等（1982）首次报道，用胰蛋白酶水解人乳蛋白，从水解物中分离得到一种具有免疫活性的肽段 Val-Glu-Pro-Ile-Pro-Tyr，这个肽段相当于人乳 β-酪蛋白 54～59 的氨基酸残基序列。经体外试验发现，这种短肽能增强小鼠腹腔巨噬细胞对绵羊红细胞（SRBC）的吞噬作用，经静脉注射则能增强小鼠抵抗肺炎克氏杆菌（*Klebsiella pneumoniae*）感染的能力。动物源蛋白是免疫活性肽的良好来源之一，近年来对动物源蛋白免疫活性肽的研究也取得了较大的进展。

1. 禽畜动物源免疫活性肽

从禽畜类动物中分离提取免疫活性肽已经有了大量的研究。曾珍等（2014）利用碱性蛋白酶酶解猪骨，并利用凝胶过滤层析和离子交换层析从中分离纯化出免疫活性肽，MTT 法测定对小鼠脾淋巴细胞增殖活性的结果表明，其对小鼠脾淋巴细胞具有明显的增殖促进作用。侯银臣等（2016）利用枯草芽孢杆菌在发酵过程中产蛋白酶的特点，对羊胎盘副产物进行发酵制备羊胎盘免疫活性肽，从体外试验结果可以发现，当发酵液蛋白质量浓度为 100μg/mL 时，小鼠脾淋巴细胞的刺激指数达到 23.26%，与脂多糖、伴刀豆蛋白（ConA）共同作用，免疫效果显著。同时，超滤试验结果表明，当酶解液组分的分子质量为 3～10kDa 时，免疫活性最高。刘露露等（2015）在酶解提取鸡胸软骨 Ⅱ 型胶原的基础上，制备了不同水解度 Ⅱ 型胶原酶解复合物，并以淋巴细胞增殖率为指标对其免疫活性进行研究。试验结果表明，当 Ⅱ 型胶原在水解度为 18% 时，其对淋巴细胞的增殖活性达到 58.69%。从试验中也可以发现免疫活性较高的 Ⅱ 型胶原酶解复合物的分子质量主要分布于 180～1000Da 范围内，占到了总含量的 75.21%。

2. 胸腺肽类免疫活性肽

胸腺肽最早发现于小牛体内的胸腺。胸腺是人体胸腔内最大的免疫调节内分泌器官，是 T 细胞分化、成熟的场所。在胸腺中分离得到的胸腺肽 α_1 是一个相对分子质量为 3108 的多肽，其氨基酸序列为 Ser-Asp-Ala-Ala-Val-Asp-Thr-Ser-Ser-Glu-Ile-Thr-Thr-Lys-Asp-Leu-Lys-Glu-Lys-Lys-Glu-Val-Val-Glu-Glu-Ala-Glu-Asn。大量对它的研究表明，胸腺肽 α_1 是一种高度保守的活性肽，它对细胞因子的分泌、淋巴细胞表面标志的形成以及淋巴细胞的功能都有重要的影响。胸腺生成素 Ⅱ 是胸腺分泌的一种多肽激素，其中第五组分胸腺五肽（TP5）的氨基酸序列为 Arg-

Lys-Asp-Val-Tyr，该胸腺五肽具有与胸腺生成素Ⅱ相同的全部生理功能，即具有促进胸腺细胞和外周 T 细胞及 B 细胞分化发育、调节机体免疫功能等双向调节免疫系统的功能，是一种重要的免疫调节剂（Goldstein and Wauwe，1979）。

3. 乳蛋白源免疫活性肽

牛乳是目前已知的富含免疫活性肽的良好来源之一。乳蛋白源免疫活性肽是利用蛋白酶水解乳蛋白并从酶解液中获得的一种具有免疫增强作用的短肽，对免疫系统具有重要的调节功能，乳蛋白源免疫活性肽可以刺激淋巴细胞增殖，激活巨噬细胞吞噬作用，具有提高机体抵御外界病原体感染的能力。

目前已分离出免疫活性肽的乳蛋白主要有 β-乳球蛋白、α-乳清蛋白、酪蛋白、γ-球蛋白及血清白蛋白等。酪蛋白是乳蛋白中含量最高的蛋白质，占乳蛋白的 80%~82%，它是一类由 α-酪蛋白、β-酪蛋白、κ-酪蛋白和 γ-酪蛋白组成的含磷复合蛋白质。利用胰蛋白酶酶解 α_{s1}-酪蛋白，并且从中分离出的 Thr-Thr-Met-Pro-Leu-Tyr（194~199）具有促进巨噬细胞吞噬、抗体生成、降低肺炎克氏杆菌感染的作用（Schlimme and Meisel，2010），Arg-Tyr-Leu-Gly-Tyr-Leu-Glu（90~96）具有刺激淋巴细胞增殖、提高中性粒细胞运动活性的功能（Elitsur and Luk，2010）。从 β-酪蛋白中分离出来的多肽 Tyr-Gln-Gln-Pro-Val-Leu-Gly-Pro-Val-Arg-Gly-Pro-Phe-Pro-Ile-Ile-Val（193~209）具有促进淋巴细胞增殖的作用。来源于 κ-酪蛋白的两个短肽 Phe-Phe-Ser-Asp-Lys（17~21）与 Tyr-Gly（38~39）也被证实具有促进淋巴细胞增殖及抗体生成的作用（Migliore-Samour and Jollès，1988）。酪啡肽是由酪蛋白中分离出来的具有阿片样肽活性的肽类，能被机体直接吸收，具有包含免疫调节作用在内的多种生物学功能。阿片样肽是一类在中枢神经系统中被发现的神经激素，近几年的研究结果表明，阿片样肽几乎可参与免疫应答的所有环节。Brantl 等（1979）在豚鼠回肠肠肌中分离得到一个牛乳酪蛋白的酶解多肽 Tyr-Pro-Phe-Pro-Gly-Pro-Ile（60~66），命名为 β-酪啡肽-7，它具有很高的阿片活性（Holger and Hans，1996）。而且在对 β-酪啡肽-7 的研究中发现，这种多肽是一种 μ 型阿片受体的配合基，其与 T 细胞表面的 μ 型阿片受体结合后可以识别阿片样肽活性物质，参与机体的免疫调节反应。

酪蛋白的水解产物不仅可以直接参与免疫调节，还能通过影响免疫相关的细胞因子的表达来参与机体的免疫调节作用。Phelan 等（2009）的研究发现，酪蛋白水解物能够提高 ConA 诱导产生 IL-2 的水平，从而引发 Th1 应答反应。Mao 等（2007）研究表明，来自于牦牛奶中的酪蛋白水解物可以通过增加 ConA 诱导脾脏细胞产生 IL-2 及 IFN-γ 的水平来参与调节机体的免疫作用。对乳蛋白的这些研究表明，酪蛋白源免疫活性肽可以通过刺激淋巴细胞增殖、促进细胞因子表达和增强巨噬细胞活性等方式来参与机体的免疫调节作用。

采用混合酶（胰蛋白酶/糜蛋白酶）水解的乳清蛋白的免疫调节活性在小鼠脾淋巴细胞中存在或缺失 ConA 的情况下被测定。结果显示，IL-2 和 IFN-γ 的分泌显著。研究者将这些发现归因于酸性或中性的肽段，它们能够刺激淋巴细胞增殖和细胞因子的分泌。有几项研究对乳清蛋白在体外的免疫调节活性进行了评价。一项研究显示，在微滤过的乳清蛋白分离物存在时，从小鼠脾脏中分离出的淋巴细胞增殖活性增加；然而，随着胰蛋白酶/糜蛋白酶的酶解，增殖的影响下降。此外，在水解之后，样品被等电聚焦分离，刺激淋巴细胞增殖的效果比总酶解物好。细胞增殖效应可归因于酶解过程中释放的短肽（＜5kDa）。另外，酶解可导致电离群和疏水区域的暴露或增强，这些区域与位于淋巴细胞表面的特定受体相互作用也是可能原因之一。类似地，商业上的 β-乳球蛋白能促进小鼠脾细胞的体外增殖，尽管该影响在胰蛋白酶水解后有所降低。而且，脂多糖的存在可能加强 β-乳球蛋白对小鼠脾细胞和肠系膜淋巴结细胞（脾细胞和骨髓来源的树突状细胞）的增殖作用，增加细胞因子（TNF-α、IL-6、IL-1 和 IL-10）的产生。其他研究已经评估了糖肽对人巨噬细胞样细胞增殖和吞噬活性的免疫调节作用，其活性在胃蛋白酶消化后增强。Sütas 等（1996）通过胰蛋白酶和胃蛋白酶消化酪蛋白组分（α_{s1}-酪蛋白、β-酪蛋白和 κ-酪蛋白）获得免疫调节肽，并证明了其在体外对人血淋巴细胞增殖的免疫调节作用。其中，β-酪蛋白和 α_{s1}-酪蛋白来源的多肽显著抑制淋巴细胞的增殖，来源于 κ-酪蛋白的多肽则会增加其增殖。另外，先用消化系统的酶（胃蛋白酶和胰蛋白酶），再用鼠李糖乳杆菌中分离出的酶对酪蛋白进行水解，结果显示水解产物对淋巴细胞具有免疫抑制作用，并且下调了 IL-4 的释放。

其他研究已经证明了酪蛋白水解的重要性，因为某些具有免疫调节活性的肽可以在发酵过程中释放。这些肽被免疫系统的特定细胞识别，产生反应，如产生或增加的 IgA+黏膜细胞和增强的吞噬活性。在这方面，Matar 等（2001）报道，采用瑞士乳杆菌发酵的牛奶含有免疫调节肽，能够通过作用于肠相关的淋巴组织和支气管相关的淋巴组织，增强 IgA+分泌细胞的产生。小鼠口服发酵牛奶 7d，而不是其蛋白水解的变体，发现其对腹膜巨噬细胞的吞噬活性有促进作用。然而，由蛋白水解的瑞士乳杆菌发酵的牛奶比非蛋白水解的瑞士乳杆菌发酵的牛奶具有更强的免疫调节活性，这表明在发酵的过程中释放的多肽可能具有免疫调节活性。

此外，酸牛奶是一种乳酸菌和酵母发酵的乳制品，已经被证明对先天性和适应性免疫系统有影响。酸牛奶中微生物发酵产生的多肽也在小鼠中进行了评价。结果表明，7d 内，酸牛奶的组分增强了小肠细胞中 IL-4、IL-6、IL-10 的生成以及大小肠细胞中 IgA+的生成。在该研究中 IL-6 的存在归因于肠相关的淋巴组织固有层中 B 细胞的分化。酸牛奶的组分能够减少黏膜反应，对免疫系统进行上调和下调，维持肠道平衡。

4. 海洋生物源免疫活性肽

海洋生物是免疫活性肽的重要来源之一，海洋生物种类的多样性造就了海洋生物生理功能的多样性。研究已经发现在各种鱼类、甲壳类、软体动物及其海洋副产品中均存在大量的生物活性肽。Duarte 等（2001）评估了 Seacure（一种商业发酵的鱼蛋白浓缩物）在小鼠中的非特异性肠道免疫反应，在 7d 内，剂量为 0.3mg/mL 的该蛋白浓缩物，增强了腹膜巨噬细胞的吞噬活性，同时也增强了小肠固有层 IgA+ 细胞的数量。此外，一些促炎因子如（IFN-γ、TNF-α）也增加了，但是肠道的内稳性得到了维护并且没有观察到组织损伤，这可能归因于 IL-10 的增加。

阿拉斯加鳕鱼是国际上重要的鱼类品种，无论是在商业上还是在文化上。研究表明，这种鱼富含蛋白质，其氨基酸成分均衡，消化率高，是一种很好的蛋白质来源。此外，其水解蛋白也表现出多种生理效应，包括黑色素生成、血管紧张素转化酶抑制及抗氧化性。最近的一项研究报道，阿拉斯加鳕鱼的一些水解蛋白能刺激小鼠脾脏中淋巴细胞增殖。与此活性相关的多肽的序列为 Asn-Gly-Met-Thr-Tyr、Asn-Gly-Leu-Ala-Pro、Trp-Thr。免疫效应可能与氨基酸的物理化学特性相关，如正电荷、疏水性和链长。带正电荷的肽可以结合并激活免疫细胞的趋化因子受体。

一项研究则对淡水鱼南亚黑鲮进行了研究。在一些国家，富含蛋白质的鱼卵被当作废弃物丢弃。Chalamaiah 等（2014）对不同酶酶解产生的鱼卵蛋白水解物的体内免疫调节潜力进行了评估。在 45d 内，用不同浓度的鱼卵蛋白水解物进行处理，胃蛋白酶水解物增加了脾巨噬细胞的细胞毒性、巨噬细胞吞噬活性和血清中 IgA 的水平，胃蛋白酶和碱性蛋白酶水解物增强肠道内黏膜免疫，而胰蛋白酶增加了脾脏中的 CD8+、CD4+ 细胞。这些结果表明，水解产物的免疫调节作用依赖于水解鱼卵蛋白的蛋白酶的类型。此外，酶的特异性可以决定生物活性肽的大小和序列。

太平洋牡蛎水解肽的影响也在外周血单核细胞中进行了评价。数据显示，在人类免疫缺陷病毒-阳性宿主中免疫细胞的增殖，增强了 IL-2，表明这些肽有助于预防 IL-2 依赖性免疫功能。Merly 等（2013）在对鲨鱼软骨酶解产物的研究中发现，产物中Ⅱ型胶原蛋白的 α-1 链能够诱导 T 细胞分泌细胞因子，同时糖肽还能够直接作用于细胞因子和趋化因子，胶原蛋白 α-1 链和糖肽的这些功能进一步诱导机体的免疫反应作用。Yang 等（2010）发现马哈鱼酶解产物多肽的氨基酸组成主要为 Asp、Glu、Lys 和 Leu，它们可以通过调节 ConA 的活性来刺激淋巴细胞增殖、促进分泌 Th1 和 Th2 细胞因子、调节 NK 细胞活性等，进而增强机体的免疫反应。张彩梅等（2005）的研究发现，小鼠腹腔经注射扇贝多肽后，脾脏白髓组织明显增大，外周血 T 细胞数量增多，脾淋巴细胞对 ConA 诱导的转化能力也明显提高。Wang 等（2010）对牡蛎水解多肽的免疫调节作用进行了研究，经牡蛎提取物处理的小鼠，体内淋巴细胞数量明显增多，同时发现 NK 细胞的活性也显著提高，IL-2 水平也有所提高（Lampidis et al.，1996）。

7.2.2 植物来源的免疫活性肽

最常见的植物来源的免疫活性肽原材料有大豆、小麦和大米等谷物，研究者对这些蛋白质来源的免疫活性肽也已经有了较深入的研究。谷物是食物蛋白质的重要来源，在某些地区，它们是蛋白质的唯一来源。豆类中的蛋白质占其干重的20%，因此其可能是具有不同生物活性多肽的潜在来源。然而，从植物蛋白中提取的肽的免疫调节活性却很少被探索。

1. 大豆免疫活性肽

大豆是优质的蛋白质来源，其蛋白质含量比猪肉高 2 倍，是鸡蛋的 2.5 倍，其氨基酸组成和动物蛋白近似，氨基酸接近人体需要的比值，容易被人体消化和吸收。同时，大豆肽作为大豆蛋白深加工的产物具有低抗原性的特点，能够满足各种人群的需求。Chen 等（1995）利用胃蛋白酶酶解处理大豆并从中分离出了免疫活性肽，经鉴定其氨基酸序列为 Ala-Glu-Ile-Asn-Met-Pro-Asp-Tyr、Ile-Gln-Gln-Gly-Asn 和 Ser-Gly-Phe-Ala-Pro。Yoshikawa 等（2010）从大豆蛋白的胰蛋白酶酶解产物中分离得到氨基酸组成为 Gln-Arg-Pro-Arg 的四肽片段，试验中发现这种肽段可以增强巨噬细胞和多核白细胞的吞噬作用。李硕等（2012）通过动物试验检测大豆小分子肽（分子质量 300～700Da）对免疫系统的影响及其增强免疫力的作用，试验结果显示，大豆小分子肽能促进小鼠脾淋巴细胞的转化和迟发型变态反应，提高抗体生成细胞数和血清溶血素水平，增强腹腔巨噬细胞的吞噬能力，表明大豆小分子肽具有增强机体免疫力的作用。朱振平等（2017）利用 ICR 小鼠研究了大豆肽的免疫调节作用，试验结果显示大豆肽能提高小鼠的血清溶血素水平、碳廓清吞噬指数和腹腔巨噬细胞吞噬鸡红细胞的能力，表明了大豆肽具有增强免疫力的作用。左倩等（2015）研究了大豆肽对断奶仔猪免疫功能的影响，试验结果显示，同对照组相比，经大豆肽喂食后，断奶仔猪血浆中 IgG、IgM、IL-6 和 IFN-γ 含量有了明显的提高，由此证实了大豆肽具有增强机体免疫的功能。

2. 小麦免疫活性肽

小麦中蛋白质含量约占 11%，目前已有的研究表明，小麦源蛋白大多具有阿片活性。孔祥珍等（2007）利用碱性蛋白酶、胰蛋白酶、胃蛋白酶、胰酶、中性蛋白酶和复合蛋白酶酶解处理小麦面筋蛋白，并对分离得到的短肽进行了阿片活性研究，结果表明由碱性蛋白酶、胃蛋白酶和胰蛋白酶复合水解制备的三种面筋蛋白短肽 Ala-Trp-Gly-His、Pro-Trp-Gly-His 和 Pro-Pro-Trp-Gly-His 具有较好的阿片活性。张亚飞等（2006）以碱性蛋白酶水解小麦分离蛋白制备小麦多肽，小鼠体外脾淋巴细胞增殖反应结果表明，小麦多肽对小鼠脾细胞增殖具有较强的刺激作用，水解产物中可能含有对小鼠体外淋巴细胞增殖具有刺激作用的活性肽。Cornell 等（1994）采用胃蛋白酶和胰蛋白酶水解小麦蛋白得到一种氨基酸序列为 Arg-Pro-Gln-Gln-Pro-Tyr-Pro-Gln-Pro-Gln-Pro-Gln 的肽段，试验研究证实这种肽可以刺激人体产生 IFN-γ 来促进细胞合成抗病毒蛋白，从而增强 NK 细胞、巨噬细胞和 T 细胞等免疫细胞的活性，起到免疫调节作用。

谷蛋白是小麦和其他谷物面粉中所含的蛋白质，约占其总蛋白的 80%。谷蛋白的氨基酸序列中含有谷氨酰胺，这在胃肠道和免疫系统的细胞分裂过程中非常重要。由谷蛋白水解而产生的肽可能是免疫刺激剂的来源，并能激活人类的 NK 细胞。同时，有研究报道，当这些肽释放时，它们可以调节其他细胞，包括淋巴细胞、单核细胞和粒细胞。

3. 大米免疫活性肽

大米蛋白是免疫活性肽的优质来源之一。大量研究表明，大米蛋白氨基酸组成配比平衡合理，接近世界卫生组织/联合国粮食及农业组织推荐的理想模式，尤其是作为第一限制性氨基酸的赖氨酸含量达到 4%，能够满足 2～5 岁儿童对氨基酸的需求，较大豆分离蛋白及酪蛋白更优，可与牛乳、鸡蛋、牛肉相媲美。且大米蛋白属于低抗原性蛋白，不会引起过敏反应，很适合作为生产婴幼儿食品的原料。由水稻白蛋白提取的生物活性肽也被证明具有刺激免疫系统的能力。在胃蛋白酶和胰蛋白酶的消化过程中，序列为 Gly-Tyr-Pro-Met-Tyr-Pro-Leu-Pro-Arg 的肽具有显著的吞噬促进作用。Takahashi 等（1994）采用胰蛋白酶水解大米清蛋白，获得一种小分子活性肽，其氨基酸序列为 Gly-Tyr-Pro-Met-Tyr-Pro-Leu-Pro-Arg，发现其具有引起豚鼠回肠收缩、抗吗啡和刺激巨噬细胞吞噬功能等免疫调节活性。余奕珂等（2006）采用同样的方法获得具有阿片活性的肽段，氨基酸序列为 Try-Pro-Met-Try-Pro-Leu-Pro-Arg。王璐等（2015）的研究表明，利用胰蛋白酶处理大米蛋白得到的酶解物对小鼠巨噬细胞（RAW264.7）具有较好的增值促进作用。此外，在大米中的阿片样肽还存在一种结构，即含有 Tyr-X-Phe 序列，其中 X 可为一个或一个以上的氨基酸，这种结构是肽段保持阿片样肽活性的重要因素。

4. 鹰嘴豆免疫活性肽

鹰嘴豆是一些地中海地区、中美洲和南美洲国家及印度的主食。它是赖氨酸的良好来源，被认为是补充氨基酸的一个很好的补充剂。Domínguez-Vega 等（2011）报道了由微生物蛋白酶衍生而来的鹰嘴豆多肽的免疫调节作用，该肽具有特定人血吞噬细胞的结合位点，并通过吞噬作用刺激细菌死亡，其氨基酸序列为 Met-Ile-

Thr-Leu-Ala-Ile-Phe-Val-Asn-Lys-Phe-Gly-Arg。

有一项相关研究通过微生物蛋白酶对鹰嘴豆的水解产物进行研究，获得的肽促进了人单核细胞 THP-1 细胞的增殖，但抑制了 Caco-2 细胞的增殖。随后，研究人员评估了经胃蛋白酶和胰蛋白结合处理的水解物对 THP-1 细胞和 Caco-2 细胞增殖的影响。水解物抑制了 Caco-2 细胞的增殖，抑制率达到了 45%，THP-1 细胞抑制增殖率达到了 78%。这些结果表明，鹰嘴豆的水解物可能具有防止结肠肿瘤发展的保护作用。

5. 其他植物来源的免疫活性肽

研究人员对一些其他常见植物源蛋白中的免疫活性肽也进行了相关的研究。王鹏等（2018）从榛仁分离蛋白水解肽中分离纯化出氨基酸序列为 Pro-Glu-Asp-Glu-Phe-Arg（PEDEFR）的肽段，经试验发现该肽段在高浓度时（＞50μmol/L）能提高小鼠 RAW264.7 巨噬细胞吞噬能力；当浓度达到 100.0μmol/L 时，促进脾淋巴细胞增殖率达到 44.21%；在 ConA 共同作用下，增殖率达到 53.22%，说明 PEDEFR 对小鼠 RAW264.7 巨噬细胞具有较好的免疫调节能力。李玲玲等（2017）利用体外模拟胃肠环境水解薏苡仁醇溶蛋白，并经超滤法获得薏苡仁醇溶蛋白源小分子肽，再利用 MTT 法评价其对小鼠脾淋巴细胞增殖的影响，试验结果显示该小分子肽可促进小鼠脾脏淋巴细胞增殖，影响机体免疫功能。何丽霞等（2015）研究了吉林人参低聚肽（GOP）对小鼠的免疫调节作用，七项免疫试验测定结果显示，GOP 显著提高了 ConA 诱导的小鼠脾淋巴细胞增殖能力、迟发型变态反应能力、抗体生成细胞数、小鼠碳廓清指数、巨噬细胞吞噬率和吞噬指数、NK 细胞活性。由此可知，GOP 可以通过增强细胞免疫功能、体液免疫功能、单核巨噬细胞吞噬能力和 NK 细胞活性，起到增强免疫力的作用。

7.2.3　微生物来源的免疫活性肽

微生物源蛋白同样也是免疫活性肽的重要来源之一。梁奉军（2007）对 Val-Glu-Pro-Ile-Pro-Tyr、Gly-Leu-Phe 等 8 个免疫活性小肽进行拼接设计，得到具有免疫刺激活性的杂合肽，并分别在其 C 端和 N 端添加起始密码子 ATG 和酿酒酵母强终止密码子 TAA，通过对照试验证明免疫增强型酵母可显著提高大菱鲆鱼苗的成活率，对白化病等有良好的免疫调节作用。石燕玲等（2008）利用中空纤维膜对灵芝水提液进行超滤分离纯化最终得到灵芝肽，通过建立小鼠免疫性肝损伤模型检测其免疫活性，研究结果表明灵芝多肽对卡介苗与脂多糖诱导的小鼠免疫性肝损伤有很好的保护作用。此外，还有一些早已有研究报道的微生物来源的免疫活性肽列举如下。

1. 胞壁酰二肽

胞壁酰二肽（MDP）是分枝杆菌细胞壁中具有免疫佐剂活性的最小结构单位，相对分子质量为 500，其学名为 N-乙酰胞壁酰-D-丙氨酰-D-异谷氨酰胺。研究证实，MDP 可以增强巨噬细胞的功能和宿主对许多病原体的非特异性反应，与淋巴细胞密切相关，而对淋巴细胞无直接作用。

2. 环孢素 A

环孢素 A（CyA）是由 11 个氨基酸组成的环状多肽，是土壤中一种真菌的活性代谢物。它属于强效免疫抑制剂，在临床上主要用于肝、肾以及心脏移植的抗排异反应，也可与肾上腺皮质激素同用，治疗免疫性疾病，同时也可用来治疗自身免疫性疾病、血液病及抗寄生虫病等，均有较为良好的疗效。

3. 苯丁酰亮氨酸

苯丁酰亮氨酸（BTT）是一种从橄榄链霉菌中获得的低分子二肽。BTT 可以提高 NK 细胞的活性，通过激发细胞免疫和增强抗体产生而实现免疫调节作用（房新平，2007）。

其他微生物来源的具有免疫增强活性的免疫调节多肽还有链霉菌培养液中提取的氨肽霉抑制剂、大肠杆菌等培养液中提取的三棕榈酰五肽（钟英英等，2005）等。

7.3　免疫活性肽的活性检测和评价方法

免疫是一个非常复杂的过程，所以对于机体免疫调节的研究也非常多，但是目前仍然没有机体免疫力评价的单一指标。而关于免疫活性肽的活性检测方法，国内外有一些具体的方法，大多数是选定相关指标，通过数据检测免疫活性肽的活性，从而间接评价说明其机体免疫力。总体来说，免疫活性的检测分为体内试验和体外试验。本书主要介绍六种检测方法，分别是淋巴细胞增殖试验法、巨噬细胞吞噬率和吞噬活性试验法、NO 释放量试验法、NK 细胞活性试验法、脏器系数测定法以及抗体生成细胞检测法。

7.3.1　淋巴细胞增殖试验

利用动物体进行活性试验时，试验结果比较可靠，但这类试验有相应的缺点，周期长、工作量大，所以在前期的活性筛选中大多数研究选择在体外进行。生物体由不同的器官、组织、细胞以及不同的生物活性物质之间相互作用，共同维持。而体外培养就是将活体结构成分（如活体组织、活体细胞、活体器官等）甚至活的个体从体内或其寄生体内取出，置于类似于体内生存环境的体外环境中生长和发育的方法。该项技术的最大优点在于，体外检测具有能够使细胞的生长发育环境更加简洁明了、为相关试验因素的添加提供条件以及为试验结果提供更加全面的观察等优点。

脾脏是人体重要免疫器官，脾脏内储存有成熟的 T 细胞和 B 细胞，在免疫应答中起到核心作用。淋巴细胞增殖和分化是机体免疫应答过程的一个重要阶段。因此，检测淋巴细胞增殖水平是细胞免疫研究和临床免疫功能检测的一种常用方法。通常检测淋巴细胞增殖试验的方法有形态学的检测、3H-TdR 掺入法和 MTT 比色法。

形态学检测方法原理：首先植物凝集素与 T 细胞膜上的受体结合，活化了腺苷酸环化酶，进而环磷酸腺苷（cAMP）增多，导致 T 细胞出现细胞逐渐变大、胞浆扩大、空泡、核仁显像明显、细胞核染色质疏松等变化。形态学方法优点是操作简易，但是受到主观等因素的影响较大，容易产生试验误差。3H-TdR 掺入法原理：胸腺嘧啶核苷（TdR）是 DNA 合成的前体物质。T 淋巴细胞在植物凝集素刺激下发生母细胞转化而增殖，处于 S 期的细胞不断地摄取 TdR 用以合成 DNA。与此同时，3H-TdR 也不断地被摄入细胞内而被放射性标记。通过液体闪烁计数器便可了解淋巴细胞增殖活动的情况，以了解机体的细胞免疫功能。3H-TdR 方法因放射线同位素造成环境污染，并且需要价格昂贵的仪器，实际应用受到限制。MTT 比色法则克服了上述不足，其原理是 MTT 可以透过细胞膜进入细胞内，而活细胞线粒体中的琥珀酸脱氢酶能将外源性的 MTT 还原为难溶于水的蓝紫色的甲瓒，结晶并沉积于细胞中，结晶物被二甲基亚砜溶解，用酶联免疫测定仪在特定波长处测定其吸光度，可间接反映细胞的增殖情况。

7.3.2　巨噬细胞吞噬率和吞噬活性试验

巨噬细胞是机体重要的免疫细胞，具有抗感染、抗肿瘤和免疫调节等重要作用。激活的巨噬细胞除了可以直接杀伤病原微生物、清除凋亡细胞和突变细胞外，其分泌的 TNF-α、IL-1、IL-6、NO 等免疫活性分子在先天性免疫防御和获得性免疫应答中更是起着不可忽视的作用。巨噬细胞活性的主要检测指标为吞噬功能、NO 分泌、细胞因子分泌表达等，检测手段已经比较成熟。杨江涛（2010）等研究了苜草素中的多糖、黄酮、皂苷对小鼠巨噬细胞表达的作用效果，不同苜草素多糖可能主要促进动物的特异性免疫功能，苜草素黄酮、皂苷可能促进动物的先天性免疫功能。蒋龙（2010）选取小鼠腹腔巨噬细胞作为研究对象，研究柴胡多糖对巨噬细胞功能的影响，包括其对吞噬和趋化功能的影响；并在进一步研究中利用荧光技术观察柴胡多糖对巨噬细胞内钙离子浓度的影响，更好地了解柴胡多糖可能的作用机制。

Yoon 等（2004）发现从桔梗根中提取的多糖处理的小鼠巨噬细胞三种丝裂原

活化蛋白激酶活性明显增强，检测指标为 NO 和 TNF-α。杨兴斌（2001）选择小鼠腹腔巨噬细胞 TLR4 为当归多糖的候选作用靶点（受体），揭示当归多糖的作用机理。霍德胜等（2008）通过研究小鼠巨噬细胞的吞饮及吞噬活性水平、MHC Ⅰ和 MHC Ⅱ类分子表达、巨噬细胞表面分子 CD68 表达，阐明了激活素 A 对小鼠巨噬细胞的影响。刘太华等（2010）探讨了苦参碱、氧化苦参碱和槐定碱对小鼠巨噬细胞表达 CD91、CD13 和分泌 TNF-α 的抑制作用。

7.3.3　NO 释放量试验

　　研究结果表明，NO 可以产生于人体内多种细胞。当体内内毒素或 T 细胞激活巨噬细胞和多形核白细胞时，能产生大量的诱导型一氧化氮合酶和超氧化物阴离子自由基，从而合成大量的 NO 和 H_2O_2，这在杀伤入侵的细菌、真菌等微生物和肿瘤细胞、有机异物方面，以及在炎症损伤方面起着十分重要的作用。

　　当前人们认为，经激活的巨噬细胞释放的 NO 可以通过抑制靶细胞线粒体中三羧酸循环、电子传递细胞 DNA 合成等途径，发挥杀伤靶细胞的效应。

　　免疫反应所产生的 NO 对邻近组织和能够产生一氧化氮合酶的细胞也有毒性作用。某些与免疫系统有关的局部或系统组织损伤、血管和淋巴管的异常扩张及通透性变化等，可能都与 NO 在局部的含量有着密切的关系。

　　所以在免疫活性肽活性测定时，可选择 NO 释放量作为相关检测指标，通过 NO 释放量来检测评价免疫活性肽的活性。该方法涉及 NO 释放量单一指标，实验室可操作性强，目前作为免疫活性测定方法被广泛接受和应用。

7.3.4　NK 细胞活性试验

　　NK 细胞免疫是宿主抗微生物感染早期的重要免疫机制之一。近年来，NK 细胞已成为免疫学研究中的热点之一。NK 细胞活性的检测，也相应成为免疫药理学特别是中药免疫药理研究中颇具代表性的免疫监测指标。

　　对于 NK 细胞活性检测本书主要介绍一种方法，即微量乳酸脱氢酶释放法（刘家国等，2000），该方法是一种较为简单且比较成熟的细胞毒酶学检测方法。该方法的原理是乳酸脱氢酶作为正常细胞浆内所含酶之一，当细胞受到损伤时，便释放到细胞膜外催化乳酸生成丙酮酸，同时使氧化型辅酶Ⅰ（NAD^+）变成还原型辅酶Ⅰ（$NADH_2$），后者再通过递氢体——吩嗪二甲酯硫酸盐（PMS）还原硝基氯化四氮唑蓝（NBT），NBT 接受 H^+ 被还原成有色物甲臜类化合物。该类化合物在某个特定波长有一高吸收峰，在该波长下所测得吸光度与体外 NK 细胞自然杀伤活性呈正相关。因此，以酶联检测仪测定此特定波长下的吸光度，就可正确反映 NK 细胞体外杀伤活性。但是在使用这个方法的过程中，有几个因素会对试验结果造成影响，包括反应时间、靶细胞种类和来源等。

7.3.5　脏器系数测定

脏器系数又称为脏体比，是试验动物某脏器的质量与其体重之比值。正常时各脏器质量与体重的比值比较恒定。动物染毒后，受损脏器质量可以发生改变，故脏器系数也随之而改变。脏器系数增大，表示脏器充血、水肿或增生肥大等；脏器系数减小，表示脏器萎缩及其他退行性改变。一般选用肝、肾、脑、肺、脾、心、睾丸等主要脏器，或根据试验要求进行选择。试验结果应与同时进行的对照组比较，并进行统计学处理。脏器系数是毒理试验中常用的指标。此法简便易行，而且较为灵敏（梁坚等，2007）。在对免疫活性肽进行免疫活性检测时，利用动物试验等方法，检测脏器系数等相应指标也是对其活性的一种定性检测方法，在很多免疫试验中被普遍应用。

7.3.6　抗体生成细胞检测

抗体生成细胞是淋巴系细胞，有 B 细胞和 T 细胞两个系列，其中 B 细胞是抗体生成细胞前体，在胞膜表面以单一特异性抗体作为抗原受体，一旦与抗原结合就直接或借助于 T 细胞进行增殖分化，结果成为高速合成和分泌、具有与受体同样特异性抗体的细胞，这些细胞称为抗体生成细胞。

在免疫调节相关试验中，抗体生成细胞检测是一个比较重要的试验参数。目前，国内外比较常用的抗体生成细胞检测方法是溶血空斑试验。经过科学家的改良，逐渐形成以下几种方法（江子卿等，1982）。

1. 琼脂与羧甲基纤维素溶血空斑平皿法

该方法（Jerne et al.，1963）是将经 SRBC 免疫 4d 的小鼠脾脏制成脾细胞悬液，在半固体琼脂介质中与 SRBC 混合，浇在平皿或玻片上形成薄层，置 37℃温育，由于抗体生成细胞可释放溶血性抗体，使其周围形成一个肉眼可见局部性圆形透明溶血区，称为溶血斑。本法测出的细胞主要是 IgM 抗体生成细胞，每个空斑表示一个抗体生成细胞，空斑大小表示抗体生成细胞产生抗体的多少。

2. 单层玻片小室法

该法（Cunningham et al.，1965）直接测定空斑时比平皿法敏感，能测出淋巴细胞周围被溶解数为 10~20 个红细胞的小量抗体。原理与 Jerne 平皿法相似，将 SRBC、溶血空斑生成细胞（淋巴细胞）和豚鼠血清悬浮置于培养液（Eagle氏）或平衡磷酸盐缓冲溶液（PBS）中，并定量注入成水平的非常薄的小室内，使细胞沉于小室底层形成单层细胞层，37℃温育 30min 即能形成空斑，1h 后结果最好。

3. 琼脂或琼脂糖溶血空斑玻片法

该方法（Sulitzeam et al., 1973）是在 Jerne 等试验的基础上加以改良创造出来的一种方法，原理与平皿法类似，但是使用该方法在进行玻片标本的固定洗涤干燥等处理后，可以进行放射自显影。

另外，Lefkovits 等（1972）通过斑点试验及溶血扩散试验、Gronwicz 等（1976）通过葡萄球菌 A 蛋白-SRBC 溶血空斑法、Simpson 等（1975）通过淋巴细胞介导红细胞溶血的分光光度法来进行抗体细胞生成的检测。目前，上述方法在免疫活性检测的抗体生成细胞检测中都有相应的应用。

随着科学技术的发展，目前对抗体生成细胞检测方法的研究也相应增多，但是无论如何发展，溶血空斑试验一直在抗体生成细胞检测中占据相当的地位。

7.4　免疫活性肽的研究实例及应用

许多低分子肽具有免疫活性调节作用（杨建军，2003），如阿片样肽类中内啡肽、脑啡肽、强啡肽，内啡肽对免疫系统有重要的调节作用。有资料表明，免疫细胞上有内啡肽的受体，免疫细胞内还有免疫反应阳性的内啡肽。P-酪蛋白序列193～209 肽可以诱发大鼠淋巴细胞的增生。内啡肽可以影响抗体的合成、淋巴细胞增殖以及 NK 细胞的细胞毒素作用，当其浓度轻度升高时，可以促进人体免疫功能；而当其浓度过高时，则对人体的免疫功能起抑制作用（Bhunia et al., 2010）。阿片样肽几乎可参与免疫应答的全部环节，而且活化的免疫细胞也可以合成并释放阿片样肽参与免疫调节作用。外源阿片样肽对免疫细胞的直接作用表现在对免疫功能的促进作用。甲硫脑啡肽（M-Enk）在肠道用药时对各种患者的免疫系统有影响。M-Enk 可增加 NK 细胞活性，提高 Leu-11 正性细胞和 OKT-10 淋巴细胞的百分数（Cun et al., 1994）。在低剂量下 M-Enk 就能促进 TNF-2Q 产生、NK 细胞活性和 IL-12 的 p35 mRNA 的表达。M-Enk 能使脂多糖刺激的小鼠腹腔产生巨噬细胞、IL-1 促进小鼠脾淋巴细胞增殖和 IL-2、IL-6 的产生。M-Enk 在增强炎性细胞因子表达方面是一个重要的免疫调节信号分子。较高浓度的 M-Enk（0.1～1nmol）不仅促进 IL-2 的产生和 IL-2 mRNA 的转录，而且能提高 IL-2 mRNA 稳定性。阿片样肽在体内对不同免疫细胞的作用不同，它可以抑制 B 细胞转化，促进 T 细胞的增殖转化，促进巨噬细胞分泌 IL-1（崔莉等，2000）。

具有免疫活性的内源肽包括干扰素和白细胞介质，两者都是激活和调节免疫应答的中心。乳中蛋白质降解产生的肽在机体的免疫调节中发挥着重要作用。从酪蛋白的降解物中分离出的免疫活性肽，能激活巨噬细胞的吞噬功能（李娜等，2009）。Berthou 等（1987）、Parker 等（1984）从人乳酪蛋白的消化物中获得的六肽（Val-Glu-Pro-Ile-Pro-Tyr）和三肽（Gly-Leu-Phe），可以通过鼠巨噬细胞激活绵羊红细胞的吞噬作用。Julius 等（1988）发现绵羊初乳乳清中的一段富含脯氨酸的肽段也有免疫调节作用，它能够促进 B 细胞的生长和分化，有时也能抑制免疫反应。绵羊初乳乳清胰凝乳白蛋白酶的水解物中分离出的一种九肽（Val-Glu-Ser-Tyr-Val-Pro-Leu-Phe-Pro）及合成的九肽或其 C 端的五肽、六肽均具有与脯氨酸肽段相似的免疫调节作用（Gibson and Roberfroid，1995）。此外，可提供免疫活性肽的食物源有大豆蛋白等。这些免疫活性肽可与肠黏膜结合淋巴组织相互作用，而且也可以自由通过肠壁而直接与外周淋巴细胞发生作用（刘志皋，1995；王光慈，2001；王月等，2011）。

早在 1966 年，就有人发现胸腺具有免疫功能，此后大量研究表明胸腺因子、胸腺素等能提高畜禽机体的免疫反应，增强淋巴细胞分化过程，快速诱导分化抗原在淋巴细胞表面上表达。通过研究胸腺制剂对马立克氏病（MD）胚胎的免疫增强作用，试验表明胸腺制剂对雏鸡有明显的免疫增强效果，其结果优于单独应用 MD 疫苗，是能提高鸡马立克氏免疫力的比较理想的免疫剂。有研究报导，给雏鸡注射胸腺肽，y-Ig 明显增加。也有研究报道，给雏鸡注射胸腺肽，T 细胞 E 花环形成试验差异显著，白细胞总数增加显著且结果差异显著，法氏囊比重差异显著。这表明胸腺肽能够增强雏鸡的免疫机能（杨东等，1999；吴晓红等，2011）。

脾脏转移因子也称为脾脏活性肽（STF），是一种可透析的白细胞浸出物，是 T 细胞释放的一种能转移致敏信息的物质，它能够特异地将供体的细胞免疫功能转移给受体，从而增强受体的免疫功能。STF 可增强粤黄鸡免疫机能。给粤黄鸡注射一定浓度的 STF 能提高鸡外周血液中的 T 细胞百分率，这表明 STF 作为免疫信息的载体，具有增强受体免疫机能的作用。同时发现，在注射 STF 后，粤黄鸡血液中 NO 抗体浓度升高，说明 STF 在提高受体细胞免疫功能的同时，还能使受体的体液免疫功能得到加强，可增强雏鸡的免疫机能。接受经口服或注射 STF 的 3 日龄雏鸡，外周血液淋巴细胞百分率呈逐渐上升趋势，至 12 日龄时，阳性 T 细胞百分率显著高于对照组。这表明 STF 激活了与细胞免疫功能有关的淋巴细胞，即雏鸡细胞免疫功能明显加强。同时还发现，口服和注射两种途径均有激发雏鸡细胞免疫的效果，而且注射 STF 对细胞免疫功能的影响更明显。受 STF 的影响，免疫器官脾及法氏囊相对湿重增加（Sun et al.，1999）。

研究发现，复方免疫因子溶液（小分子多肽溶液）对猪瘟疫苗、新城疫疫苗、传染性法氏囊疫苗活苗及油乳剂等疫苗均有较好的免疫增强作用，具体表现为抗体产生早、维持时间长、整齐度好、免疫应激反应小等。

据报道，法氏囊活性肽（BF）对鸡的法氏囊有一定保护作用（Jong and Yang，1999）。因此，将一定量的 BF 与疫苗联合应用，可以在一定程度上提高疫苗的免疫效果。另外，在哺乳动物体内也发现 BF 的存在，并证明与禽源 BF 具有相同的理化特性和生物学活性,不存在种间差异。例如,适量的 BF 与兔瘟苗合用可提高兔体的抗体水平。因此,将 BF 作为免疫增强剂应用于各种动物的疫苗佐剂、饲料添加剂或辅助治疗剂等将会大大提高疫苗效果,增强动物的免疫力,保证动物的健康生长,促进养殖业的发展,取得显著的经济效益和社会效益。

7.4.1　免疫活性肽的生理功能

与其他生物活性肽一样,动物乳蛋白经胃肠道蛋白酶水解后释放的免疫活性肽,对于新生儿的生长发育和正常生理功发挥起着非常重要的作用。刚出生的婴儿,其免疫器官尚未发育完全,免疫系统的功能也不健全,T 细胞和 B 细胞仍处于非活性状态,所以,免疫器官还不能有效地抵御外界各种病原微生物的入侵,免疫能力低下。而乳蛋白作为新生儿的主要食物来源,无论从进化意义还是从个体发育的意义上来讲,都能负担起弥补这一缺陷的责任。乳除含有免疫球蛋白和各种细胞因子外,乳蛋白经胃肠道的蛋白酶水解后能释放出多种生物活性肽,其中的免疫活性肽也在很大程度上弥补了新生儿的免疫功能缺陷。免疫活性肽不仅能够调节大肠菌群、增强肠道免疫力、刺激淋巴细胞增殖、提高巨噬细胞吞噬外来异物的能力,而且具有抗肿瘤的功能。1991 年,通过使用 Tyr-Gly 和 Tyr-Gly-Gly 注射 93 位获得性免疫缺陷综合征患者,惊喜地发现,二肽或三肽能显著地增强患者的抗感染能力,降低患者的死亡率(Hadden,1991)。这一发现的意义非同小可,它为人们攻克获得性免疫缺陷综合征这一顽症提供了一种新途径,也给获得性免疫缺陷综合征患者带来了希望和光明(周俊清,2008)。

7.4.2　神经免疫调节肽

α-黑素细胞刺激素(α-MSH)是一种古老的神经免疫调节肽,已知其参与宿主反应的控制。在外周和中枢神经系统中,α-MSH 调节炎症细胞中促炎细胞因子的产生和作用。这种广泛的影响是通过内源性 α-MSH 受体发生的。这种抗炎作用的关键是抑制 NF-κB。α-MSH 通过保护抑制蛋白 IκBα 抑制 NF-κB 的活化,阻止其向细胞核的迁移。转染 α-MSH 质粒载体的细胞对细菌脂多糖具有较强的耐药性。该肽还作用于中枢黑皮质素受体,以调节周围炎症。简言之,α-MSH 及其某些片段,如 α-MSH、KPV,一般通过三种作用调节炎症:对周围宿主细胞的直接作用;对脑内炎性细胞的作用以调节局部反应;调节外周组织炎症反应的下行神经抗炎通路。黑皮素、黑素细胞刺激素和促肾上腺皮质激素(ACTH)是来源于阿片黑皮素(POMC)的同源天然肽。黑皮素受体(MCR)生物学的最新突破与神经免疫调节有关,因为已知黑皮素通过调节外周靶器官和脑内来调节发烧、炎症和免疫。发烧时,内源性黑皮素通过作用于大脑内的 MCR 发挥解热作用,表明中枢黑素皮质素系统具有保护性的反调节作用。MCR 也存在于黑素细胞和肾上腺皮质细胞中，α-MSH 和 ACTH 的经典靶点分别在髓系和淋巴组织中，以及在各种内分泌和外分泌腺、脂肪细胞和自主神经节中。这些属性共同为大脑和周围的双向 MCR 介导的通信提供解剖学基础。一组五个 G 蛋白相关的 MCR 亚型，其中每一个亚型与腺苷酸环化酶呈正偶联，已被鉴定。其中 ACTH 选择性地激活肾上腺 ACTH 受体（MC2-R）。相反，其他 MCR 亚型（MC1-R、MC3-R、MC4-R、MC5-R）识别一种常见的配体，包括各种形式的 MSH 以及 ACTH；然而它们在配体选择性上表现出重要的差异。MCR 浓度和 MCR mRNA 水平受同源配体的可用性、药物和病理刺激的影响（Kikuch et al.，1988）。已经发现两种类型的内源性 MCR 拮抗蛋白：AgouTI 蛋白和皮质醇抑制素。AgouTI 蛋白通过拮抗黑色素细胞 MC1-R 显著改变哺乳动物的毛色。此外，AgouTI 基因在几种小鼠中的自发显性突变导致其普遍存在过度表达，不仅产生黄色毛色，而且产生肥胖和胰岛素抵抗，这可能是由于其对其他 MCR 亚型的拮抗作用。最近出现的合成 MCR 拮抗剂，以及分子靶向灭活个体 MCR 亚型的分子方法，有助于阐明内源性黑皮质素对神经免疫调节的作用和机制，以及是否选择分泌 MSH 等。MCR 的药理学靶向治疗可能最终具有治疗效用（Suzuki et al.，1991；Kariya et al.，1992）。

7.4.3　富含脯氨酸多肽

富含脯氨酸多肽（PRP）是一种从绵羊初乳中分离得到的新型免疫调节肽。PRP 在体内和体外都起作用，并不具备物种特异性。PRP 增加皮肤血管的通透性，并使小鼠胸腺细胞分化为功能性 T 细胞。它能同时改变细胞表面标志物和细胞功能。该多肽能够降低花生凝集素（PNA）与 PNA$^+$胸腺细胞的结合，并增加 PNA 与 PNA$^-$胸腺细胞的结合。PRP 还能够将可的松抗性胸腺细胞转化为可的松敏感物质，反之亦然。PNA 结合的变化伴随着对可的松的抗性和辅助或抑制活性的表达的变化。PRP 诱导的变化是可逆的，PRP 可多次作用于细胞，这在已知的免疫调节剂中是独一无二的。从 PRP 消化产物中分离得到的一个活性非肽链片段 Val-Glu-Ser-Tyr-Val-Pro-Leu-Phe-Pro，显示了 PRP 的生物活性的全谱，序列 Pro-Leu-Phe 对肽的免疫效应负责（Firenzuoli et al.，2008）。

7.4.4　心房钠尿肽的免疫调节和细胞保护功能

心房钠尿肽（ANP）是一种由心房合成和分泌的肽类激素。它在调节体内稳态中起着重要作用，然而 ANP 的功能并不局限于心血管效应。ANP 的生物学特性比原先认为的要多得多。ANP 具有免疫调节和抗炎作用，如 ANP 对巨噬细胞功能的影响。ANP 还具有细胞保护潜力。ANP 在预防缺血再灌注所致细胞损伤方面的有益作用值得特别关注。ANP 在器官保存中的治疗潜力对移植医学具有重要意义。

7.4.5 髓源性防御素

髓源性防御素富含于中性粒细胞（PMN）内，是 PMN 非赖氧杀菌机制的重要组成部分。成熟的髓源性防御素含有 29～35 个氨基酸残基，其中包括 6 个固定的半胱氨酸残基，构成 3 个分子内二硫键，对维持防御素结构的稳定性具有重要作用，并且是防御素抗微生物活性及细胞毒效应的重要结构基础。

大量的体外试验发现，防御素能杀伤多种肿瘤细胞，尤其对肿瘤坏死因子及 NK 细胞毒因子耐受的肿瘤细胞系有杀伤活性，对人的淋巴细胞、PMN、内皮细胞及小鼠甲状腺细胞和脾细胞同样具有细胞毒作用。防御素还具有多种生物学活性，如调节 PMN 功能、趋化、调理、内分泌及促有丝分裂原活性等。最近研究表明，防御素可使抗原免疫小鼠的血清免疫球蛋白水平显著升高。另外，防御素还可显著增强 CD3ε 诱导的 CD4+ T 细胞的增殖反应以及细胞因子的释放和共刺激因子的表达。

7.4.6 大肠杆菌热不稳定肠毒素

大肠杆菌热不稳定肠毒素（LT）是已知最强的黏膜免疫原和黏膜免疫佐剂，是大肠杆菌质粒的编码产物，由 A 亚单位和 B 亚单位组成。大肠杆菌热不稳定肠毒素 B 亚单位（LTB）有复杂的免疫调节功能，是近年医学及生物学的研究热点之一。

LTB 对免疫系统具有双向调节作用，其具体功能的发挥与 LTB 作用的途径有关。当 LTB 通过黏膜途径与外来抗原共同作用于动物时，发挥黏膜佐剂作用。而当 LTB 直接与脾细胞作用时，则发挥免疫抑制作用。

从混合淋巴细胞培养的结果可看出，LTB 可显著抑制同种异体抗原引起的淋巴细胞增殖反应，这与国外报道的 LTB 可抑制植物抗宿主反应的结论相一致。另有报道，LTB 在体外还有更广泛的免疫抑制作用，不仅能抑制同种异体抗原介导的淋巴细胞反应，还可抑制丝裂原 ConA 介导的 T 细胞增殖反应。Robert 等报道体外 LTB 可使 CD8+ T 细胞凋亡，推测这可能是 LTB 抑制淋巴细胞增殖的原因。

7.4.7 生长抑素

生长抑素（SS）是一种脑肠肽，不仅广泛存在于中枢神经系统和胃肠道，在淋巴器官中也有分布。最近发现，它除调节内分泌外，对免疫反应也有广泛的抑制作用。

SS 最早是从下丘脑提取的 14 肽（SS-14），此后在下丘脑和小肠也相继发现了羧基末端含有 14 肽 SS 完整序列的 28 肽 SS（SS-28），两者均有明显的生物学效应。SS 分子结构无种属特异性，可直接对免疫系统发挥重要作用，也可通过激素分泌间接影响免疫系统（Kidd，2000）。

在体外，SS 的功能有：①对于淋巴细胞，较低浓度 SS 抑制脾脏 T 细胞的分化，较高浓度 SS 却刺激 T 细胞的分化。SS 还可抑制 T 细胞的活性。SS 对不同部位的淋巴细胞产生影响所需浓度不同，SS 抑制肠黏膜固有膜淋巴细胞分化的用量不到外周淋巴细胞用量的 1%，表明 SS 对小肠淋巴组织比其他部位的淋巴组织具有更为特殊的作用，SS 可能在黏膜免疫中发挥重要作用。②对于细胞因子，SS 或其类似物抑制多种细胞因子的释放，如 IFN-γ、TNF-α 和 IL-2。此外，SS 还可促进活化的淋巴细胞中白细胞迁移抑制因子的形成，抑制自然杀伤性淋巴细胞的活性，克隆刺激性、中间介导的过敏反应，抑制效应细胞介导的细胞毒性等。③SS 对免疫球蛋白产生或类转换发挥作用。

7.4.8　血管活性肠肽

血管活性肠肽（VIP）是一种神经小肽，是由 28 个氨基酸残基组成的线性多肽，分子质量为 3.3kDa，属于胰高血糖素/胰岛素家族，是一种代谢不稳定的肽。

VIP 对细胞因子的产生具有调节作用。免疫细胞在受炎症（特别是 LPS）刺激后分泌 VIP，调节局部细胞因子间的平衡，抑制前炎症因子 IL-6、IL-12、TNF-α 和 iNOS 的产生，促进抗炎因子 IL-10 的产生，从而发挥调节炎症作用。VIP 经抑制 IL-2，直接抑制 T 细胞活化，也可经减少巨噬细胞共刺激活性，间接抑制 T 细胞活化。VIP 抑制受 LPS 刺激的巨噬细胞释放 IL-12，继而抑制 T 细胞合成 TNF-γ；生理浓度的 VIP 增强受抗原刺激的 T 细胞产生 IFN-γ 的能力。VIP 直接作用于受 ConA 或抗 CD3 单克隆抗体刺激的幼稚 T 细胞，可抑制 IL-2、IL-4、IL-10。VIP 可调节 Th 细胞的分化。有研究认为，VIP 直接与胸腺细胞上的特异受体（VPAC1 和 VPAC2）结合，影响胸腺细胞的三个重要功能，即细胞因子的产生、活化和凋亡，经 VIP 处理的巨噬细胞获得了产生 Th2 细胞因子（IL-4、IL-5）的能力，减少了 Th1 细胞因子，如 IFN-γ、IL-2。VIP 上调未受刺激的巨噬细胞表达 B7.2 分子，增强巨噬细胞对受同种异物或抗 CD3 单克隆抗体刺激的 CD4[+] T 细胞的共刺激活性。此外，VIP 可抑制巨噬细胞产生 IL-12，进而活化的 T 细胞，减少 IFN-γ 的产生，可促进 Th0 向 Th2 分化并抑制向 Th1 分化，增强 Th2 应答。

VIP 可抑制抗原诱导的 T 细胞的凋亡。此外，VIP 还显著抑制 Fas/FasL 依赖的 T 细胞介导的细胞毒作用。在一些器官中特异性自身免疫病和炎症的发生，常依赖 Fas/FasL 对自体和附近靶组织的细胞毒性。故 VIP 的存在可能提供了一条有效的治疗途径。

7.4.9　胸腺素 α

胸腺素 α（Tα1）含 28 个氨基酸，是一种高度保守的活性肽，广泛分布于哺乳动物的组织中，其蛋白结构均相同。Tα1 是一种免疫肽，主要作用于胸腺细胞成熟的早期和晚期，可增加 T 细胞表面 Thy-1、Thy-2 和 Lyt-1、Lyt-2、Lyt-3 表达，在体外影响 Th 细胞的成熟，增加年老小鼠活动能力。

在体外 Tα1 还调节胸腺细胞的末端脱氧核苷酸转移酶水平，刺激 MIF、IFN、IL-2 及其受体的产生。Tα1 可纠正试验或临床免疫缺陷，与其他免疫调节剂，如 IL-2、IFN-α、胸腺因子等具有协同作用。临床上常把 Tα1 作为免疫增强剂，应用于各种免疫缺陷病和自身免疫病治疗中。

7.4.10　乳蛋白来源的免疫活性肽

乳蛋白经胃肠道的蛋白酶水解后能释放出多种生物活性肽。有报道用胰蛋白酶水解人乳蛋白，可得到一种短肽，它在体外试验中能增强小鼠腹腔巨噬细胞对绵羊红细胞的吞噬作用，静脉注射，使小鼠抗肺炎克氏杆菌感染能力增强（郑云峰等，2006）。免疫活性肽发挥其生理功能的浓度极低。目前所发现的乳蛋白来源的免疫活性肽中，最小的只有 2 个氨基酸残基，最大的也只有 17 个氨基酸残基，它们不具有免疫原性，却以完整肽的形式被肠道吸收。这些小分子肽，能够刺激机体自身淋巴细胞的增殖、促进细胞因子的释放、增强机体巨噬细胞的吞噬能力，且不会引起机体的免疫排斥反应。

7.4.11　胎盘免疫调节因子

从健康产妇的胎盘中提取的活性成分，称为胎盘肽或胎盘因子（PF）。PF 具有良好的免疫调节作用，可提高机体细胞免疫功能。尤其是其具有促进 IL-2 的分泌和促进 IL-2R 及绵羊红细胞表达的作用，对 T 细胞的活化、增殖及发挥其细胞免疫功能有着重要意义。PF 的免疫调节作用与人 IFN-β、组织因子（TF）作用相似。在细胞免疫和体液免疫方面 PF 生物活性好于 TF。

免疫涉及机体的体液、组织和器官，且各免疫细胞之间还将直接或间接依靠多种信号分子进行信息传递，因而导致不同免疫活性肽作用的方式也各不相同，这使得免疫活性肽作用机制的研究变得更为复杂，目前还没有研究开发出简便有效的免疫活性评价方法。因此，进一步探索免疫活性肽的作用机制，揭示免疫活性肽功能与活性之间的关系，可为免疫活性肽类功能性食品的研究开发提供重要的理论依据。

综上所述，免疫活性肽已成为医学中非常活跃的研究领域，随着研究的日趋深入将有更多新的免疫活性肽被发现。由于这些免疫活性肽具有分子质量小、稳定性强、免疫原性弱、生物活性高等优点，可制成各种免疫制剂，用于免疫功能低下、自身免疫性疾病、肿瘤、移植排斥反应等的治疗，发展前景广阔，定会为人类做出更大的贡献。

参 考 文 献

崔莉, 葛文光. 2000. 核桃蛋白质功能性质的研究[J]. 食品科学, (1): 13-16.

方文慧, 姚咏明, 施志国, 等. 2001. 髓源性防御素的研究进展[J]. 生理科学进展, (2): 153-156.

何丽霞, 刘睿, 任金威, 等. 2015. 吉林人参低聚肽的免疫调节作用[J]. 科技导报, 33(18): 62-67.

侯银臣, 吴丽, 刘旺旺, 等. 2016. 羊胎盘免疫活性肽的制备及其活性[J]. 中国食品学报, 16(1): 123-129.

霍德胜, 柳忠辉, 王世瑶, 等. 2008. 激活素 A 对小鼠巨噬细胞吞噬活性的促进作用[J]. 中国生物制品学杂志, (9): 759-762.

江子卿. 1982. 检测抗体生成细胞的方法——几种溶血空斑试验及其改良法[J]. 细胞生物学杂志, (2): 39-43.

蒋龙. 2010. 柴胡多糖对小鼠腹腔巨噬细胞功能的影响[D]. 复旦大学硕士学位论文.

孔祥珍, 周惠明, 钱海峰. 2007. 小麦面筋蛋白功能短肽的阿片活性及其相对分子质量分布的研究[J]. 中国粮油学报, 22(4): 24-27.

黎观红, 晏向华. 2010. 食物蛋白源生物活性肽[M]. 北京: 化学工业出版社.

李玲玲, 李开, 张月圆, 等. 2017. 薏苡仁醇溶蛋白源小分子肽生物学活性研究[J]. 中医药学报, (5): 21-25.

李娜, 赵谋明. 2009. 鳙鱼酶解可溶性蛋白营养特性及品质的研究[J]. 现代食品科技, 25(5): 469-473.

李硕, 陈宣钦, 李茂辉, 等. 2012. 大豆小分子肽增强小鼠免疫力的实验研究[J]. 大豆科学, 31(3): 466-469.

梁奉军. 2007. 酿酒酵母表达免疫活性小肽及其在鱼类养殖中的效应研究[D]. 山东大学硕士学位论文.

梁坚, 何励, 傅伟忠, 等. 2007. 虫草多肽对小鼠免疫功能的影响[J]. 中国热带医学, (7): 1104-1106.

刘家国, 胡元亮, 张宝康, 等. 2000. 微量乳酸脱氢酶释放法检测 NK 细胞活性的几个主要影响因素[J]. 中国兽医学报, (5): 481-484.

刘露露, 曹慧, 徐斐, 等. 2015. 鸡胸软骨Ⅱ型胶原免疫活性肽的制备及其性质[J]. 食品科学, 36(13): 84-88.

刘太华, 刘德芳. 2010. 苦参碱、氧化苦参碱和槐定碱对巨噬细胞 RAW264.7 表达 CD91、CD13 和分泌 TNF-Q 的抑制作用[J]. 第二军医大学学报, 4(31): 399-403.

刘志皋. 1995. 食品营养学[M]. 北京: 中国轻工业出版社.

石燕玲, 何慧, 张胜, 等. 2008. 灵芝肽对免疫性肝损伤小鼠的保护作用[J]. 食品科学, 29(6): 415-418.

王光慈. 2001. 食品营养[M]. 第二版. 北京: 中国农业出版社.

王璐, 陈月华, 许宙, 等. 2015. 大米免疫活性肽水解用酶的筛选[J]. 食品与机械, (2): 38-42.

王鹏, 王明爽, 刘春雷, 等. 2018. 榛仁免疫活性肽分离纯化及结构鉴定[J]. 食品科学, 39(3): 200-205.

王月, 张东杰. 2011. 中性蛋白酶酶解酰化大豆分离蛋白功能特性的研究[J]. 食品科学, 32(13): 234-238.

吴晓红, 毛坤财. 2011. 红松种子水溶性蛋白乳化性及起泡性研究[J]. 中国油脂, 36(9): 31-33.

杨东, 王糙. 1999. 水解鱼蛋白及其功能特性的研究[J]. 食品科学, (11): 23-26.

杨江涛, 董晓芳, 佟建明, 等. 2010. 苜草素多糖、黄酮和皂苷对小鼠巨噬细胞 RAW264.7 β-防御素基因表达的影响[J]. 畜牧兽医学报, 41(5): 608-614.

杨兴斌. 2001. 当归多糖的组成分析及其激活腹腔巨噬细胞的免疫机制[D]. 第四军医大学博士学位论文.

易建华, 李静娟. 2011. 桃仁清蛋白与大豆分离蛋白功能特性比较研究[J]. 中国油脂, 36(3): 29-33.

余奕珂, 胡建恩, 白雪芳, 等. 2006. 源于食品蛋白质的血管紧张素 I 转换酶抑制肽[J]. 食品与药品, 8(4):16-21.

曾珍, 李诚, 付刚, 等. 2014. 猪骨免疫活性肽的分离纯化[J]. 食品与发酵工业, 40(11):116-120.

张彩梅, 张红梅, 于业军, 等. 2005. 扇贝多肽对小鼠免疫功能调节的研究[J]. 中国海洋药物, 24(3):18-21.

张亚飞, 乐国伟, 施用晖, 等. 2006. 小麦蛋白 Alcalase 水解物免疫活性肽的研究[J]. 食品与机械, 22(3):44-46.

赵玉红, 孔保华. 2001. 鱼蛋白水解物功能特性的研究[J]. 东北农业大学学报, 32(2): 105-110.

郑云峰, 王祖平, 徐云英. 几种免疫活性肽的研究进展[J]. 饲料工业, 27(5): 7-9.

钟英英. 2005. 天然免疫调节肽的研究概况[J]. 重庆科技学院学报:自然科学版, 7(2):69-72.

周俊清. 2008. 酪蛋白肽及苦味肽功能特性的研究[D]. 中国农业科学院博士学位论文.

朱彤波. 2017. 医学免疫学[M]. 成都: 四川大学出版社.

朱振平, 韩晓英, 程东. 2017. 大豆肽免疫调节作用实验研究[J]. 预防医学论坛, 23(9): 709-711.

左倩, 朱建津, 张俊, 等. 2015. 大豆肽的体外抗氧化活性及对断奶仔猪生长性能和免疫功能的影响[J]. 中国畜牧杂志, 51(15): 56-60.

Abadía-García L, Cardador A, Martín del Campo S T, et al. 2013. Influence of probiotic strains added to cottage cheese on generation of potentially antioxidant peptides, anti-listerial activity, and survival of probiotic microorganisms in simulated gastrointestinal conditions[J]. International Dairy Journal, 33:191-197.

Akillioglu H G, Karakaya S. 2009. Effects of heat treatment and in vitro digestion on the angiotensin converting enzyme inhibitory activity of some legume species[J]. European Food Research and Technology, 229:915-921.

Aluko R E. 2009. Determination of nutritional and bioactive properties of peptides in enzymatic pea, chickpea, and mung bean protein hydrolysates[J]. Journal of Aoac International, 91:947-956.

Bhunia S K, Dey B, Maity K K, et al. 2010. Structural characterization of an immunoenhancing heteroglycan isolated from an aqueous extract of an edible mushroom, Lentinus squarrosulus(Mont.) Singer[J]. Carbohydrate Research, 345: 2542-2549.

Brix S, Bovetto L, Fritsché R, et al. 2003. Immunostimulatory potential of β-lactoglobulin preparations: effects caused by endotoxin contamination[J]. Journal of Allergy and Clinical Immunology, 112:1216-1222.

Broere F, Sergei G A, Michail V, et al. 2011. A₂ T cell subsets and T cell-mediated immunity// Nijkamp F P, Parnham M J. Principles of Immunopharmacology [M]. Basel, Switzerland: Birkhäuser Basel: 15-27.

Chalamaiah M, Hemalatha R, Jyothirmayi T, et al. 2014. Immunomodulatory effects of protein hydrolysates from rohu(Labeo rohita) egg in BALB/c mice[J]. Food Research International, 62: 1054-1061.

Chen J R, Suetsuna K, Yamauchi F. 1995. Isolation and characterization of immunostimulative peptides from soybean[J]. Journal of Nutritional Biochemistry, 6(6): 310-313.

Christensen J E, Dudley E G, Pederson J A, et al. 1999. Peptidases and amino acid catabolism in lactic acid bacteria[J]. Antonie Van Leeuwenhoek, 80: 155-165.

Cinq-Mars C D, Hu C, Kitts D D, et al. 2008. Investigations into inhibitor type and mode, simulated gastrointestinal digestion, and cell transport of the angiotensin I -converting enzyme-inhibitory peptides in Pacific hake(*Merluccius productus*) fillet hydrolysate[J]. Journal of Agricultural and Food Chemistry, 56: 410-419.

Cornell H J, Skerritt J H, Puy R, et al. 1994. Studies of *in vitro* gamma-interferon production in coeliac disease as a response to gliadin peptides[J]. Biochimica et Biophysica Acta, 1226(2): 126-130.

Cun Z, Mizuno T, Ito H, et al. 1994. Antitumor Activity and immunological property of poly-saccharides from the mycelium of liquid cultured *Grifola frondosa*[J]. Journal of the Japanese Society for Food Science and Technology, 41(10): 724-732.

Cunningham A J. 1965. A method of increased sensitivity for detecting single antibody-forming cells[J]. Nature, 207(5001): 1106-1107.

Elitsur Y, Luk G D. 2010. Beta-casomorphin(BCM) and human colonic lamina propria lymphocyte proliferation[J]. Clinical & Experimental Immunology, 85(3): 493-497.

Escudero E, Sentandreu M A, Arihara K, et al. 2010. Angiotensin I -converting enzyme inhibitory peptides generated from *in vitro* gastrointestinal digestion of pork meat[J]. Journal of Agricultural and Food Chemistry, 58: 2895-2901.

Fiat A M, Migliore-Samour D, Jollès P, et al. 1993. Biologically active peptides from milk proteins with emphasis on two examples concerning antithrombotic and immunomodulating activities[J]. Journal of Dairy Science, 76(1): 301-310.

FitzGerald R J, Murray B A, Walsh D J. 2004. Hypotensive peptides from milk proteins[J]. Journal of Nutrition, 134: 980S-988S.

Gertsch J, Viveros-paredes J M, Taylor P. 2011. Plant immunostimulants—scientific paradigm or myth [J]? Journal of Ethnopharmacology, 136: 385-391.

Gibbs B F, Zougman A, Masse R, et al. 2004. Production and characterization of bioactive peptides from soy hydrolysate and soy-fermented food[J]. Food Research International, 37: 123-131.

Gibson G R, Roberfroid M B. 1995. Dietary modulation of the human colonic microbiota: introducing the concept of prebiotics[J]. Journal of Nutrition, 125(6): 1401-1412.

Gobbetti M, Minervini F, Rizzello C G. 2004. Angiotensin I -converting-enzyme-inhibitory and antimicrobial bioactive peptides[J]. International Journal of Dairy Technology, 57: 173-188.

Gobbetti M, Stepaniak L, De Angelis M, et al. 2002. Latent bioactive peptides in milk proteins: proteolytic activation and significance in dairy processing[J]. Critical Reviews in Food and Science and Nutrition, 42: 223-239.

Goldstein G, Wauwe J V. 1979. A synthetic pentapeptide with biological activity characteristic of the thymic hormone thymopoietin[J]. Science, 204(4399): 1309-1310.

Gomez-Ruiz J A, Ramos M, Recio I. 2004. Angiotensin converting enzyme-inhibitory activity of peptides isolated from Manchego cheese. Stability under simulated gastrointestinal digestion[J]. International Dairy Journal, 14: 1075-1080.

Hadden J W. 1991. Immunotherapy of human immunodeficiency virus infection[J]. Trends in Pharmacological Sciences, 12(3): 107-111.

Haque E, Chand R, Kapila S. 2009. Biofunctional properties of bioactive peptides of milk origin[J]. Food Reviews International, 25: 28-43.

Hartmann R, Meisel H. 2007. Food-derived peptides with biological activity: from research to food applications[J]. Current Opinion in Biotechnology, 18: 163-169.

Hata I, Higashiyama S, Otani H. 1998. Identification of a phosphopeptide in bovine α_{s1}-casein digest as a factor influencing proliferation and immunoglobulin production in lymphocyte cultures[J]. Journal of Dairy Research, 65: 569-578.

Hata I, Ueda J, Otani H. 1999. Immunostimulatory action of a commercially available casein phosphopeptide preparation, CPP-Ⅲ, in cell cultures[J]. Milchwissenschaft-milk Science International, 54: 3-7.

Hernandez-Ledesma B, Amigo L, Ramos M, et al. 2004a. Release of angiotensin converting enzyme-inhibitory peptides by simulated gastrointestinal digestion of infant formulas[J]. International Dairy Journal, 14: 889-898.

Hernandez-Ledesma B, Amigo L, Ramos M, et al. 2004b. Angiotensin converting enzyme inhibitory activity in commercial fermented products. Formation of peptides under simulated gastrointestinal digestion[J]. Journal of Agricultural and Food Chemistry, 52: 1504-1510.

Hernández-Ledesma B, Quirós A, Amigo L, 2007. Identification of bioactive peptides after digestion of human milk and infant formula with pepsin and pancreatin[J]. International Dairy Journal, 17: 17-42.

Hou H, Fan Y, Li B, et al. 2012. Purification and identification of immunomodulating peptides from enzymatic hydrolysates of Alaska pollock frame[J]. Food Chemistry, 134(2): 821-828.

Ibrahim H R, Higashiguchi S, Sugimoto Y, et al. 1996. Antimicrobial synergism of partially-denatured lysozyme with glycine: effect of sucrose and sodium chloride[J]. Food Research International, 29: 771-777.

Jang A, Jo C, Lee M. 2007. Storage stability of the synthetic angiotensin converting enzyme(ACE) inhibitory peptides separated from beef sarcoplasmic protein extracts at different pH, temperature, and gastric digestion[J]. Food Science and Biotechnology, 16: 572-575.

Jerne N K, Nordin A A. 1963. Plaque formation in agar by single antibody-producing cells[J]. Science, 140(3565): 405.

Jia J, Ma H, Zhao W, et al. 2010. The use of ultrasound for enzymatic preparation of ACE-inhibitory peptides from wheat germ protein[J]. Food Chemistry, 19: 336-342.

Jiménez-Escrig A, Alaiz M, Vioque J, et al. 2010. Health-promoting activities of ultra-filtered okara protein hydrolysates released by *in vitro* gastrointestinal digestion: identification of active peptide from soybean lipoxygenase[J]. European Food Research & Technology, 230: 655-663.

Jollès P, Parker F, Floc'h F, et al. 1982. Immunostimulating substances from human casein[J]. Journal of Immunopharmacology, 3(3-4): 363-370.

Kariya Y, Inoue N, Kihara T, et al. 1992. Activation of human natural killer cells by the protein-bound polysaccharide PSK independently of interferon and interleukin [J]. Immunology Letters, 31(3): 241-245.

Kayser H, Meisel H. 1996. Stimulation of human peripheral blood lymphocytes by bioactive peptides derived from bovine milk proteins[J]. Febs Letters, 383(1-2): 18-20.

Kidd P M. 2000. The use of mushroom glucans and proteoglycans in cancer treatment[J]. Alternative Medicine Review, 5(1): 4-27.

Kikuchi Y, Kizawa I, Oomori K, et al. 1988. Effects of PSK on interleukin-2 production by peripheral lymphocytes of patients with advanced ovarian carcinoma during chemotherapy[J]. Japanese Journal of Cancer Research, 79(1): 125-130.

Kitts D D, Weiler K. 2003. Bioactive proteins and peptides from food sources. Applications of bioprocesses used in isolation and recovery[J]. Current Pharmaceutical Design, 9: 1309-1323.

Lampidis T J, Kolonias D, Tapiero H. 1996. Effects of *Crassoatrea gigas* extract(JCOE) on cardiac cell function *in vitro*: antiarrhythmic activity[J]. Cell Pharmacol, 4: 241-247.

Lee N Y, Cheng J T, Enomoto T, et al. 2006. One peptide derived from hen ovotransferrin as pro-drug to inhibit angiotensin converting enzyme[J]. Journal of Food and Drug Analysis, 14: 31-35.

Li B, Chen F, Wang X, et al. 2007. Isolation and identification of antioxidative peptides from porcine collagen hydrolysate by consecutive chromatography and electrospray ionization-mass spectrometry[J]. Food Chemistry, 102: 1135-1143.

Lignitto L, Cavatorta V, Balzan S, et al. 2010. Angiotensin-converting enzyme inhibitory activity of watersoluble extracts of Asiago d'allevo cheese[J]. International Dairy Journal, 20: 11-17.

Mallet J F, Duarte J, Vinderola G, et al. 2014. The immunopotentiating effects of shark-derived protein hydrolysate[J]. Nutrition, 30: 706-712.

Manso M A, López-Fandiño R. 2004. Angiotensin I converting enzyme inhibitory activity of bovine, ovine, and caprine κ-casein macropeptides and their tryptic hydrolysates[J]. Journal of Food Protection, 66: 1686-1692.

Mao X Y, Ni J R, Sun W L, et al. 2007. Value-added utilization of yak milk casein for the production of angiotensin-I-converting enzyme inhibitory peptides[J]. Food Chemistry, 103(4): 1282-1287.

Martha P, Saisling A B, Dara O, et al. 2009. Potential bioactive effects of casein hydrolysates on human cultured cells[J]. International Dairy Journal, 19(5): 279-285.

Maruyama S, Mitachi H, Awaya J, et al. 1987. Angiotensin I-converting enzyme inhibitory activity of the C-terminal hexapeptide of α_{s1}-casein[J]. Agricultural and biological chemistry, 51: 2557-2561.

Matar C, Amiot J, Savoie L, et al. 1996. The effect of milk fermentation by *Lactobacillus helveticus* on the release of peptides during *in vitro* digestion[J]. Journal of Dairy Science, 79: 971-979.

Meisel H. 1993. Casokinins as Bioactive Peptides in the Primary Structure of Casein[M]. New York: VCH Publishers.

Merly L, Smith S L. 2013. Collagen type II, alpha 1 protein: a bioactive component of shark cartilage[J]. Smith International Immunopharmacology, 15(2): 309-315.

Migliore-Samour D, Jollès P. 1988. Casein, a prohormone with an immunomodulating role for the newborn [J]? Experientia, 44(3): 188-193.

Miguel M, Aleixandre A. 2006. Antihypertensve peptides derived from egg proteins[J]. The Journal of Nutrition, 136:1457-1460.

Milán-Carrillo J, Montoya-Rodríguez A, Reyes-Moreno C. 2012. Highantioxidant capacity beverages based on extruded and roasted amaranth(*Amaranthus hypochondriacus*) flour[J]. ACS Symposium

Series, 1109: 199-216.

Mine Y, Kovacs-Nolan J. 2006. New insights in biologically active proteins and peptides derived from hen egg[J]. Worlds Poultry Science Journal, 62: 87-95.

Montoya-Rodríguez A, González de Mejía E, Dia V P, et al. 2014. Extrusion improved the anti-inflammatory effect of amaranth(*Amaranthus hypochondriacus*) hydrolysates in LPS-induced human THP-1 macrophage-like andmouse RAW264.7 macrophages by preventing activation of NF-κB signaling[J]. Molecular Nutrition & Food Research, 58: 1028-1041.

Montoya-Rodriguez A, Milán Carrillo J, Reyes-Moreno C, et al. 2015. Characterization of peptides found in unprocessed and extruded amaranth(*Amaranthus hypochondriacus*)pepsin/pancreatin hydrolysates[J]. International Journal of Molecular Sciences, 16: 8536-8554.

Montoya-Rodríguez A, Milán-Carrillo J, Dia VP, et al. 2014. Pepsin-pancreatin protein hydrolysates from extruded amaranth inhibit markers of atherosclerosis in LPS-induced THP-1 macrophages-like human cells by reducing expression of proteins in LOX-1 signaling pathway[J]. Proteome Science, 12: 30.

Motoi H, Kodama T. 2003. Isolation and characterization of angiotensin I -converting enzyme inhibitory peptides from wheat gliadin hydrolysate[J]. Nahrung/Food, 47: 354-358.

Otani H, Monnai M, Kawasaki Y, et al. 1995. Inhibition of mitogen-induced proliferative responses of lymphocytes by bovine κ-caseinoglycopeptides having different carbohydrate chains[J]. Journal of Dairy Research, 62: 349-357.

Otani H, Monnai M. 1995. Induction of an interleukin-1 receptor antagonist-like component produced from mouse spleen cells by bovine κ-caseinoglycopeptide[J]. Bioscience, Biotechnology, and Biochemistry, 59: 1166-1168.

Pal S, Ellis V. 2010. The chronic effects of whey proteins on blood pressure, vascular function, and inflammatory markers in overweight individuals[J]. Obesity, 18: 1354-1359.

Parker F, Miqliore-Samour D, Floc'h F, et al. 1984. Amino acid sequence, synthesis and biological properties[J]. European Journal of Biochemistry, 145(3): 677-682.

Perdigón G, de Macias M E, Alvarez S, et al. 1988. Systemic augmentation of the immune response in mice by feeding fermented milks with *Lactobacillus casei* and *Lactobacillus acidophilus*[J]. Immunology, 63: 17-23.

Pihlanto A, Korhonen H. 2003. Bioactive peptides and proteins[J]. Advances in Food and Nutrition Research, 47: 175-276.

Quirós A, Chichón R, Recio I, et al. 2007. The use of high hydrostatic pressure to promote the proteolysis and release of bioactive peptides from ovalbumin[J]. Food Chemistry, 104: 734-739.

Rival S G, Boeriu C G, Wichers H J. 2001. Caseins and casein hydrolysates. 2. Antioxidative properties and relevance to pipoxygenase inhibition[J]. Journal of Agricultural and Food Chemistry, 49:295-302.

Saiga A, Tanabe S, Nishimura T. 2003. Antioxidant activity of peptides obtained from porcine myofibrillar proteins by protease treatment[J]. Journal of Agricultural and Food Chemistry, 51: 3661-3667.

Samaranayaka A G P, Kitts D D, Li-Chan E C Y. 2010. Antioxidative and angiotensin- I -converting enzyme inhibitory potential of a Pacific hake(*Merluccius productus*)fish protein hydrolysate subjected to simulated gastrointestinal digestion and Caco-2 cell permeation[J]. Journal of Agricultural and Food Chemistry, 58: 1535-1542.

Schlimme E, Meisel H. 2010. Bioactive peptides derived from milk proteins. Structural, physiological and analytical aspects[J]. Nahrung, 39(1): 1-20.

Segerstrom S C, Miller G E. 2004. Psycological stress and the human immune system: a meta analytic study of 30 years of inquiry[J]. Psychology Bulletin, 130: 601-630.

Sharp B M, Roy S, Bidlack J M.1998. Evidence for opioid receptors on cells involved in host defense and the immune system[J]. Journal of Neuroimmunology, 83: 45-56.

Sing B P, Vij S, Hati S. 2014. Functional significance of bioactive peptides derived from soybean[J]. Peptides, 54: 171-179.

Süas Y, Hurme M, Isolauri E. 1996. Down-regulation of anti-CD3 antibody-induced IL-4 production by bovine caseins hydrolysed with *Lactobacillus* GG-derived enzymes[J]. Scandinavian Journal of Immunology, 43: 687-689.

Suetsuna K, Ukeda H, Ochi H. 2000. Isolation and characterization of free radical scavenging activities of peptides derived from casein[J]. Journal of Nutritional Biochemistry, 11: 128-131.

Sütas Y, Soppi E, Korhonen H. 1996. Suppression of lymphocyte proliferation *in vitro* by bovine caseins hydrolyzed with *Lactobacillus casei* GG-derived enzymes[J]. Journal of Allergy and Clinical Immunology, 98: 216-224.

Suzuki I, Sakurai T, Hashimoto K, et al. 1991. Inhibition of experimental pulmonary metastasis of Lewis lung carcinoma by orally administered β-glucan in mice[J]. Chemical and Pharmaceutical Bulletin(Tokyo), 39(6): 1606-1608.

Takahashi M, Moriguchi S, Yoshikawa M, et al. 1994. Isolation and characterization of oryzatensin: a novel bioactive peptide with ileum-contracting and immunomodulating activities derived from rice albumin[J]. Biochemistry and Molecular Biology International, 33(6): 1151-1158.

Tompa G, Laine A, Pihlanto A, et al. 2011. Chemiluminescence of non-differentiated THP-1 promonocytes: developing an assay for screening anti-inflammatory milk proteins and peptides[J]. Luminescence, 26: 251-258.

Torrez-Llanez M J, González-Córdova A F, Hernández-Mendoza A, et al. 2011. Angiotensin-converting enzyme inhibitory activity in Mexican Fresco cheese[J]. Journal of Dairy Science, 94: 3794-3800.

Tovar-Pérez E G, Guerrero-Legarreta I, Farrés-González A, et al. 2009. Angiotensin I -converting enzyme-inhibitory peptide fractions from albumin 1 and globulin as obtained of amaranth grain[J]. Food Chemistry, 116: 437-444.

Vercruysse L, Van Camp J, Smagghe G. 2005. ACE inhibitory peptides derived from enzymatic hydrolysates of animal muscle protein: a review[J]. Journal of Agricultural and Food Chemistry, 53: 8106-8115.

Vermeirssen V, Van Camp J, Decroos K, et al. 2003. The impact of fermentation and *in vitro* digestion on the formation of angiotensin- I -converting enzyme inhibitory activity from pea and whey protein[J]. Journal Dairy of Science, 86: 429-438.

Wang W, Gonzalez de Mejia E. 2005. A new frontier in soy bioactive peptides that may prevent age-related diseases[J]. Comprehensive Reviews in Food Science and Food Safety, 4: 63-78.

Wang Y K, He H L, Wang G F, et al. 2010. Oyster(*Crassostrea gigas*)hydrolysates produced on a plant scale have antitumor activity and immunostimulating effects in BALB/c mice[J]. Marine Drugs, 8(2): 255-268.

Yang R, Pei X, Wang J, et al. 2010. Protective effect of a marine oligopeptide preparation from chum salmon(*Oncorhynchus keta*)on radiation-induced immune suppression in mice[J]. Journal of the Science of Food and Agriculture, 90(13): 2241-2248.

Yang R, Zhang Z, Pei X, et al. 2009. Immunomodulatory effects of marine oligopeptide preparation from Chum Salmon(*Oncorhynchus keta*)in mice[J]. Food Chemistry, 113: 464-470.

Yoon Y D, Kang J S, Hang S B, et al. 2004. Activation of mitogen-activated protein kinases and AP-1 by polysaccharide isolated from the radix of *Plmycodon grandiflomm* in RAW264.7 cells[J]. International Immunopharmacology, 4(12): 1477-1487.

Yoshikawa M, Kishi K, Takahashi M, et al. 2010. Immunostimulating peptide derived from soybean protein[J]. Annals of the New York Academy of Sciences, 685(1): 375-376.

第 8 章　血管紧张素转化酶抑制肽

8.1　ACE 抑制肽概述

8.1.1　ACE 概述

血管紧张素转化酶（ACE）是一种糖蛋白，其三维结构表明 ACE 是一种锌金属肽酶。它以膜结合和可溶形式分布于整个身体，如中枢神经细胞、肾小管基底细胞和内皮细胞等，以睾丸、附睾及肺组织中的活性最强，它附着于内皮细胞表面，可被分解释放入血循环，在哺乳动物的血压以及流体和盐平衡中起着重要的调节作用。ACE 基因编码两种同工酶，一种是内皮同工酶——体细胞型 ACE（sACE），为可溶性亚型，主要分布在体液中，这表明该酶能更大程度地参与许多生物过程。该酶分子质量大小为 150～180kDa，由两个高度相似的结构域组成，每个结构域都具有功能性催化位点。另一种同工酶——睾丸型 ACE（tACE）仅在睾丸和精子中发现，除 N 端大约有 67 个氨基酸外，其他与体细胞型 ACE 的 C 端结构域相同，仅含有一个催化位点。同工酶都是通过靠近 C 端的单个疏水性跨膜多肽锚定于质膜中的胞外蛋白质（Shi et al.，2010）。

8.1.2　ACE 与高血压

最近世界卫生组织（WHO）的统计报告显示，全世界有三分之一的成年人血压升高，导致中风和心脏病的死亡率有一半是由高血压引起的，高血压每年造成 940 万人死亡。高血压是一种常见的慢性医学疾病，科学研究将高血压称为"沉默杀手"。这是因为患有高血压的患者多年来通常无明显症状，但伴随着高血压的发生，其他代谢紊乱疾病，如肥胖、前驱糖尿病和动脉粥样硬化等也会随之出现（Wilson et al.，2011）。高血压以体循环动脉血压（收缩压和/或舒张压）增高为主要特征（收缩压≥140mmHg，舒张压≥90mmHg，1mmHg=133Pa），当血管持续承受过度的压力泵送血液，长期就会导致上述病症，导致心、脑、肾等器官的功能或器质性损害的临床综合征。根据病情的缓急程度及病情的发展情况，可将高血压病分三期。第一期：血压达确诊高血压水平，而心、脑、肾等并未出现损害现象。第二期：血压达确诊高血压水平，并出现以下其中一项：①X 线摄影、心电图或超声心动图示左心室扩大；②眼底动脉普遍或局部狭窄；③蛋白尿或血浆肌酐浓度轻度增高。第三期：血压达确诊高血压水平，并出现以下其中一项：①脑出血或高血压脑病；②心力衰竭；③肾功能衰竭；④眼底出血或渗出，伴有或不伴有视神经盘水肿；⑤心绞痛，心肌梗死，脑血栓形成。高血压的产生因素有许多，如家族性遗传、年龄大、体重超标、不良生活方式等。

目前，高血压主要通过服用抗高血压药物进行治疗，ACE 是血压的主要调节因子，在调节哺乳动物的血压以及流体和盐平衡中起着重要作用，ACE 抑制药物是应用于降低高血压的第一种药物。根据抑制药物所含配体不同，将合成药物分为三大类，分别以卡托普利（Captopril）、赖诺普利（Lisinopril）和福辛普利（Fosinopril）为代表。卡托普利含有巯基，赖诺普利含有羧基，福辛普利含有磷酸基团，如图 8.1 所示（Lieselot et al., 2005）。这些可以抑制血管紧张素转换酶活性的小分子被认为是治疗高血压的有效物质，但抗高血压作用显著也会使机体产生强烈的副作用，如咳嗽、皮疹和血管水肿等。

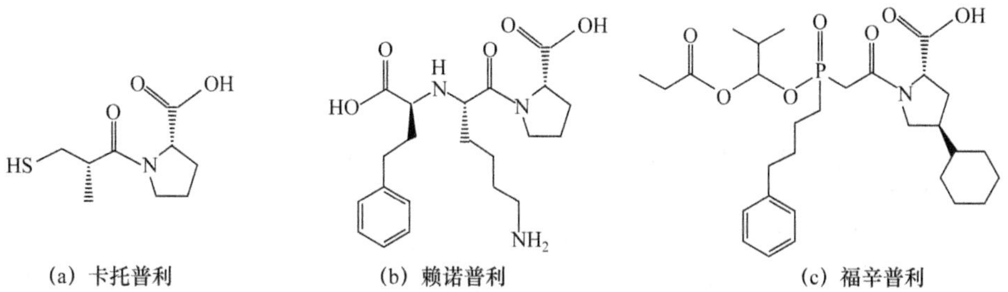

(a) 卡托普利　　　　　　　(b) 赖诺普利　　　　　　　(c) 福辛普利

图 8.1　卡托普利、赖诺普利和福辛普利的化学结构式

尽管市场上有抗高血压药物，但营养学家声称食品中能降低血压的肽比"传统"药物更安全，可以用作预防药物。高血压除了药物治疗，饮食疗法和改变生活方式是常用于降低血压的两种最重要的方式。消化后具有降低人体血压能力的任何食物成分都可能用于预防或治疗心血管疾病，并且许多食品成分已使用多年，没有任何负面影响。将食物视为补救措施的理念归功于 2500 年前希波克拉底宣布"让食物成为你的药物，药物成为你的食物"，这种将食物作为潜在预防剂的方法促进了食物的市场价值。这符合人们消费的特殊食物成分必须显示生物活性的观点，并通过对生命过程的控制、治疗和/或刺激来表现（He et al., 2013）。

人们已经在许多不同来源的食物中发现了生物活性肽，牛奶蛋白质是最常见的来源。在众多生物活性肽中，抗高血压肽是最著名的，能抑制 ACE。肾素血管紧张素醛固酮系统被认为是心血管控制和心血管疾病发病机制中主要的加压系统之一。ACE 在肾素-血管紧张素系统（RAS）和激肽释放酶-激肽系统（KKS）中发挥作用。ACE 的主要功能有以下两方面：一方面，ACE 可以将无活性的十肽血管紧张素 I 转化为具有收缩血管作用的八肽血管紧张素 II（ANG II），ANG II 是RAS 的主要激素效应物，它通过参与控制血压和电解质平衡，以及通过促增殖、促血管生成、促炎的介导，以内分泌、旁分泌和自分泌的方式发挥其多效作用。另一方面，ACE 使缓激肽失活，ACE 去除两个 C 端二肽可导致血管舒缓激肽（血管舒张肽）失活从而增加血压。ACE 因这两种功能而成为治疗高血压、心力衰竭、2 型糖尿病和糖尿病肾病等疾病的理想靶点。ACE 抑制剂能减少 ANG Ⅱ 的生成，并增加缓激肽的活性。

8.1.3　ACE 抑制肽

食源性 ACE 抑制肽，是一类从食物中提取的具有降高血压活性的多肽。食源性 ACE 抑制肽具有对高血压有抑制作用而对正常血压无影响的优点，并且相对于降压药物来讲，对人体无毒副作用。通过分析生物肽数据库可知，ACE 抑制肽是被研究最多的食物肽。目前 BIOPEP 数据库显示有 44 种不同生物活性的肽序列，其中包括 ACE 抑制肽。截至 2013 年 6 月，BIOPEP 数据库的 2609 个肽序列中含有的 556 个多肽为 ACE 抑制肽；截至 2016 年 6 月，EROP-Moscow 数据库载有 10229 种肽，其中包括 313 种 ACE 抑制肽，并在"酶抑制剂"类别中注明。ACE 抑制肽来源广泛，作为抗高血压剂具有相当重要的意义，具有代替降血压药物的潜在可能性。

许多研究已经成功地从多种食物蛋白质（如明胶、牛奶、玉米、向日葵、卵清蛋白和小麦胚芽）中分离出 ACE 抑制肽。近年来，一些非竞争性和无竞争力的 ACE 抑制肽也已被分离。这些肽可以使用不同的酶或微生物发酵产生。一些研究已经证明了 ACE 抑制活性与肽结构之间的关系，但只有少数研究讨论了这些肽的活性和抑制模式。为了降低口服给药后血压升高的水平，具有体外 ACE 抑制活性的肽必须以活性形式到达生物体内的靶器官。然而，有些肽可能会被胃肠酶降解，所以它们的体外 ACE 抑制活性和体内抗高血压活性之间存在不一致性，因此，一些研究人员已经通过体外模拟胃肠道消化来评估 ACE 抑制肽的生物利用度和生物活性，并对体外和体内效应进行研究。一些研究已经证明这些肽对于消费者是安全的，并且可能具有有效的抗高血压活性。通常，ACE 抑制肽通过直接结合或间接诱导酶活性位点的构象变化来发挥其作用。此外，纯化的肽和 ACE 之间的分子相互作用对于确定抑制活性是至关重要的。因此，鉴定来自不同物种的天然 ACE 抑制肽并研究它们与 ACE 的分子相互作用已经成为一个值得探索的领域，研究 ACE 抑制肽对于制定科学合理的生产工艺和应用方法具有重要的指导意义。

8.1.4　ACE 抑制肽的来源

第一个具有 ACE 抑制活性的自然肽来源于蛇毒。ACE 抑制肽分布广泛，目前已经从各种动物、植物、真菌的蛋白质源中分离得到许多 ACE 抑制肽。

1. 动物源

1）牛奶和乳制品

牛奶蛋白是 ACE 抑制剂和/或生物活性肽的主要来源。最常见的奶源肽的序列为 VPP 和 IPP，分别在 β-酪蛋白和 κ-酪蛋白中被发现。这两种肽的效果在用酸奶喂养的自发性高血压大鼠（SHR）体内得到证实。现今，VPP 肽和 IPP 肽是日本 "Calpis" 和芬兰 "Evolus" 等营养性抗高血压饮料的主要成分，每天饮用 95mL 的 Calpis 4，坚持 8 周后，血压会有显著降低。酪蛋白 DP（源自日本，含有 α_{s1}-酪蛋白 FFVAPFPEVFGK 的片段）和 BioZate（源自美国，是乳清蛋白水解产物）也是常见的能够降低人体血压的乳蛋白商业产品。酪蛋白含有许多具有 ACE 抑制活性的片段。蛋白质链中的 60～70 个氨基酸残基经过分离后可具有 ACE 抑制活性和免疫刺激生物活性（Emily and Rattan，2008）。在 β-酪蛋白的 177～183 位氨基酸片段和 193～202 位片段、α_{s1}-酪蛋白在胰蛋白酶作用下释放的一些片段中也均能检测到 ACE 抑制活性。

牛乳铁蛋白被称为具有多功能（抗菌、抗癌、免疫调节）性质的蛋白质。该蛋白质是胃蛋白酶酶促水解产生的新型降血压肽的前体。乳铁蛋白衍生肽，如 LIWKL、RPYL 和 LNNSRAP，在体外具有抑制 ACE 活性，它们的 IC_{50} 值分别为 0.47μmol/L、56.5μmol/L 和 105.3μmol/L。这些肽对 SHR 起抗高血压作用。对比 RPYL 和 LNNSRAP，LIWKL 具有最显著的抗高血压活性，在给药后长达 24h 仍然呈现使血压降低的效果（Ruiz et al.，2012）。

乳制品是包括 ACE 抑制剂在内的生物活性肽的重要来源，从乳制品中纯化得到的 ACE 抑制肽和抗高血压肽具有良好的前景。这些生物活性肽被发现于干酪、酸奶等发酵乳制品中。在牛奶发酵和奶酪熟化期间，由于本地乳酶（主要是纤溶酶），以及添加的凝结剂和微生物酶的作用，牛奶蛋白质被降解成大量的肽，表 8.1 列出了乳制品中具有 ACE 抑制活性的片段。ACE 抑制肽在奶酪成熟过程中会发生一些变化。随着成熟度的增加，ACE 抑制肽会进一步被降解成无活性的片段，从而影响 ACE 抑制的效果。例如，由蛋白酶 K 水解的乳清蛋白奶酪能够释放一些降低血压的三肽。Papadimitriou 等（2007）在希腊酸奶中分离纯化并鉴定出一些 ACE 抑制肽。它们起源于 β-酪蛋白、κ-酪蛋白、α_{s1}-酪蛋白和 α_{s2}-酪蛋白并且具有以下序列：KAVPQ、GVP-KVK、GVPKVKE、SQPK、YQEP、TQTPVVVP、DKIHPFAQ、YPVEPFTE（来源于 β-酪蛋白）、NQFLPYPY（来源于 κ-酪蛋白）、RPKHPIKH（来源于 α_{s1}-酪蛋白）和 YQKA（来源于 α_{s2}-酪蛋白）。这些序列与已经报道过的具有抗高血压作用的片段具有序列同一性，如 DKIHPFAQ（DKIHPF，IC_{50}=257μmol/L）、DKIHPFAQ（DKIHP，IC_{50}=113μmol/L）、TQTPVVVP（NIPPLTQTPV，IC_{50}=173μmol/L）、KAVPQ（SKVLPVVPQ，IC_{50}=39μmol/L）和 RPKHPIKH（RPKHPI，IC_{50}=40.3μmol/L）。除了在牛奶和酸奶中发现的已经过充分研究的 ACE 抑制肽和抗高血压肽 VPP 和 IPP 外，在酪蛋白中还鉴定出具有上述活性的其他序列。它们从酪蛋白前体中释放并且具有以下主要结构：RYLGY、AYFYPEL（来源于 α_{s1}-酪蛋白）和 YQKFPQY（来源于 α_{s2}-酪蛋白），抑制浓度分别为 0.7μmol/L、6.6μmol/L 和 20.1μmol/L。

表 8.1　乳制品中发现的 ACE 抑制性片段

乳制品	蛋白质前体	序列
Cheddar 奶酪	α_{s1}-CN, β-CN	RPKHPIKHQ（13.0），DKIHPF（257.0）
Gouda 奶酪	α_{s1}-CN, β-CN	RPKHPIKHQ（13.4），YPFPGPIPN（14.8）
Manchego 奶酪	α_{s1}-CN, α_{s2}-CN β-CN	VRYL（24.1），VPSERYL（249.5），KKYNVPQL（77.1），IPY（206.0），TQPKTNAIPY（3745.9）
Crescenza 奶酪	β-CN	LVYPFPGPIHNSLPQ（18.0）
Dahi	β-CN	SKVYP（1.4）
酸奶	β-CN	VPP（9.0），IPP（5.0）
	β-CN	VPP（9.0），IPP（5.0）

注：括号中数值表示 IC_{50} 值；CN 表示酪蛋白。

Chen 等（2010）的研究表明发酵的马奶中也含有丰富的 ACE 抑制肽。在未处理和用胃蛋白酶、胰蛋白酶和胰凝乳蛋白酶分别消化的过程中发现了四种新的氨基酸序列：YQDPRL-GPTGELDPATQPI-VAVHNPVIV、PKDLREN、LLLAHLL 和 NHRNRMMD-HVH。序列 YQDPRL-GPTGELDPATQPI-VAVHNPVIV 相当于马奶的 β-酪蛋白，因此发酵的马奶也可成为有益健康的饮料。

ACE 抑制肽的序列存在于完整的乳蛋白中，并且必须通过特定的酶进行水解，才得以从蛋白质中释放，以发挥它们的效果。原则上，有两种从完整乳蛋白中释放生物活性肽的方法：一种方法是在制造乳制品中（如发酵乳和奶酪期间），利用乳酸菌的蛋白酶水解来产生活性肽；另一种方法是乳蛋白制剂在体外通过一种或多种酶的组合进行水解，产生大量的生物活性肽，其中包括 ACE 抑制肽。乳蛋白制剂水解后的产物（或富含特定肽的水解产物）可用于制造其他食品，以提供它们所需的生物活性。

2）蛋类

根据文献，某些蛋类蛋白是在血压控制中起作用的肽的来源。表 8.2 列出了蛋类蛋白质中发现的 ACE 抑制/抗高血压肽的一些例子。

表8.2　具有 ACE 抑制作用或者抗高血压作用的示例性蛋类蛋白片段

来源	序列	活性		
		ACE 抑制剂 IC_{50}/μmol	抗高血压/mmHg	剂量/（mg/kg 个体）
卵清蛋白	YAEERYPIL	4.7	−31.6	2
	IVF	3390.0	−31.7	4
	RADHPFL	6.2	−34.0	2
	RADHP	260	−25	2
	FRADHPFL	3.2	−18	25
	RADHPF	>400	−10.6	10
	FGRCVSP	6.2	—	
	ERKIKVYL	1.2	0	0.6
	FFGRCVSP	0.4	0	0.6
	LW	6.8	22	60
	FCF	11.0	—	

　　Hoppe 等（2010）从卵清蛋白中通过胃蛋白酶水解分离纯化并鉴定出具有 ACE 抑制活性的肽 YAEERYPIL，以及片段 RADHPFL 和 IVF。片段 RADHPFL 和 IVF 是在胃蛋白酶水解卵清蛋白 3h 后释放的 ACE 抑制肽，RADHPFL 和 IVF 有助于降低 SHR 的血压，并且不影响血压正常的大鼠。

　　此外，在蛋白酶水解产物中发现了具有 ACE 抑制活性或抗高血压作用的肽 RADHPF（衍生自卵白蛋白并在 SHR 中显示抗高血压活性）和 RVPSL（来自卵转铁蛋白作为 ACE 抑制剂），以及卵黄原蛋白的进一步水解产生其他肽，如 RADHP。以 IC_{50} 值表示的生物活性结果显示，这些序列与肽段 FRADHPFL（IC_{50} "FRADHPFL"=3.2μmol/L）相比具有较强的 ACE 抑制活性（IC_{50} "RADHPF" ≥ 400μmol/L 和 IC_{50} "RADHP"=260μmol/L）。为了改善 FRADHPFL 的生物利用度和口服活性，研究者对其进行了几种结构修饰。一些序列由于氨基酸替代而对消化道酶的抗性显示出更强的活性。Yoshii 等（2001）用来自根霉菌的水解酶以及胃肠酶（如胃蛋白酶、胰蛋白酶和胰凝乳蛋白酶）水解鸡蛋黄溶液获得了几种能够在体外抑制 ACE 的低分子质量寡肽。

　　在鸡蛋白溶菌酶中得到鉴定的两种新的 ACE 抑制肽，片段 F2 和 F9，其序列分别是 NTDGSTDYGILQINSR 和 VFGR。F2 肽和 F9 肽的 IC_{50} 值分别为 4.9μmol/L 和 22.1μmol/L（Memarpoor-Yazdi et al.，2012）。Rao 等（2012）发现了另外三种具有 ACE 抑制作用的 HEWL 肽。通过 RP-HPLC 分离并通过超高效液相色谱-串联质谱鉴定，它们的序列分别为 MKR（IC_{50}=25.7μmol/L）、RGY（IC_{50}=61.9μmol/L）、VAW（IC_{50}=2.86μmol/L）。此外，经胃肠道酶、胃蛋白酶、α-胰凝乳蛋白酶和胰蛋白酶处理的 HEWL 肽仍然可以表达出抗 ACE 活性。

　　You 和 Wu（2011）的研究表明，从卵白蛋白获得肽 ACE 抑制活性的强弱取决于用于水解的酶。用嗜热菌蛋白酶和碱性蛋白酶（非胃肠道酶）水解蛋黄和蛋清中的蛋白质比用胃肠酶（如胃蛋白酶和胰酶）水解会使得 ACE 抑制肽更有效地释放出，且 ACE 抑制肽的活性与它们的氨基酸组成密切相关，尤其是正电荷残基的含量。

3）肉类

肉类是在新陈代谢中发挥重要作用的高品质蛋白质的宝贵来源。此外，肉类对人类营养构成、可再生动物副产品在经济和环境方面具有重要意义。因此，许多研究人员将肉类蛋白质作为生物肽的重要来源。

ACE 抑制肽可以通过原生酶从肉蛋白中释放出来。Escudero 等（2012）发现肽 KAPVA、RPR 和 PTPVP（来源于猪肉消化）在口服给药后对 SHR 显示出显著的抗高血压活性，这表明猪肉可以作为生物活性成分的来源，可用于功能性食品或营养制品的生产。来自猪肉的 ACE 抑制肽的一个实例是在用嗜热菌蛋白酶水解后在猪肌球蛋白重链中鉴定出 2 个 ACE 抑制剂序列，它们被定义为肌肉五肽 A（MNPPK）和 B（ITTNP），分别对应蛋白链中的位置为 79~83 和 306~310。猪肌球蛋白轻链是生物活性肽的前体，具有降低血压和 ACE 抑制作用，VKKVLGNP 八肽喂养高血压大鼠 3h 后引起了血压的降低。另一个实例是经胃蛋白酶水解后，肌球蛋白衍生肽 KRVITY 从水解产物中得到鉴定，该肽在给药 9h 后血压呈现恢复至初始血压的趋势。猪血的水解物也具有 ACE 抑制作用。用不同酶的组合水解血浆可以产生具有不同链的 ACE 抑制肽，它们通常是含有 2~12 个氨基酸的片段。测定发现水解时间持续 2~10h 有助于产生 9~13 个氨基酸残基组成的肽，且水解时间影响猪血液水解产物对 ACE 的抑制作用。

鸡胸肉也是 ACE 抑制肽的潜在来源。来自米曲霉的蛋白酶能够降解鸡肉胶原从而释放出一些 ACE 抑制肽。所产生的肽富含甘氨酸、脯氨酸和羟脯氨酸，能够抑制 ACE 并具有抗高血压作用。在鸡提取物中具有降血压活性的肽被鉴定为具有序列 GF-Hyp-GT-Hyp-GL-Hyp-GF，这些肽序列在 N 端主要含有疏水性甲硫氨酸，在 C 端含有赖氨酸和脯氨酸，IC_{50} 值为 42μmol/L。用 9 种蛋白水解酶制剂（碱性蛋白酶、胶原酶、风味酶、中性蛋白酶、木瓜蛋白酶、胃蛋白酶、复合蛋白酶、胰蛋白酶和 α-胰凝乳蛋白酶）进行蛋白水解的鸭皮副产物中鉴定出序列 WYPAAP 的肽，纯化的该肽具有抗 ACE 的活性（IC_{50}=0.095mg/mL）。

牛肉蛋白质也是 ACE 抑制肽的重要来源。首次从牛肉水解产物中鉴定的 ACE 抑制肽为 VLAQTL，IC_{50} 值为 32.06μmol/L。

2. 植物源

研究人员已经从大豆、绿豆、向日葵、大米、玉米、小麦、荞麦、西兰花、蘑菇、大蒜、菠菜和葡萄酒在内的多种植物源性食品中分离纯化并鉴定出 ACE 抑制肽（表8.3）。

表 8.3　来源于植物性食品的 ACE 抑制肽

蛋白质	处理方法	序列	$IC_{50}/(\mu mol/L)$
全蛋白	碱性蛋白酶	DG，DLP	12.3，4.8
全蛋白	胃蛋白酶	IA，FFL，IYLL，YLAGNQ，VMDKPQG	153，37，42，14，39
全蛋白	发酵	HHL，WL，IFL	2.2，29.9，44.8
大豆蛋白	蛋白酶 P	VLIVP	1.69
大豆蛋白	酸性蛋白酶	WL	65
β-伴大豆球蛋白	红曲霉	LAIPVNKP	70
绿豆蛋白分离物	碱性蛋白酶	KDYRL，VTPALR，KLPAGTLF	26.5，82.4，13.4
向日葵蛋白分离物	胃蛋白酶，胰酶	FVNPQAGS	6.9
大米蛋白分离物	碱性蛋白酶	TQVY	18.2
谷类麸皮	碱性蛋白酶	AY	14.2
小麦胚芽蛋白	碱性蛋白酶	TF，LY，YL，AF，IY，VF	17.8，6.4，16.4，15.2，2.1，9.2
洋葱水提物	—	SF，GY，SY，NF	130.2，72.1，66.3，46.3

　　ACE 抑制肽经过溶剂提取、酶水解或食物蛋白微生物的发酵作用产生。蘑菇和西兰花经粉碎和超声处理后，其粉末的水溶性提取物比有机溶剂提取得到具有更高的 ACE 抑制活性的肽片段。酶促反应是得到 ACE 抑制肽的最常见方式，使得食物蛋白质发生水解作用。然而蛋白水解酶的特异性和水解的工艺条件直接影响水解产物的组成和 ACE 抑制活性的强弱。通常用胃蛋白酶-胰蛋白酶或胃蛋白酶-胰凝乳蛋白酶-胰蛋白酶的组合来模拟人类食物蛋白质的胃肠降解。胃蛋白酶处理不能有效地从荞麦蛋白中水解出 ACE 抑制肽，而胃蛋白酶、胰凝乳蛋白酶和胰蛋白酶处理后，ACE 抑制活性显著增加。对于豌豆蛋白质，在模拟胃消化阶段早期使用胰蛋白酶处理后，ACE 抑制活性可达到最高，并且模拟小肠消化阶段使用胰蛋白酶-胰凝乳蛋白酶处理可以维持此时的 ACE 活性水平。在其他学者的研究中，胃蛋白酶消化过程产生的植物蛋白水解产物比随后用胰酶消化产生的植物蛋白水解产物具有更高的 ACE 抑制活性，这表明胃蛋白酶产生的 ACE 抑制肽在小肠中被水解。

　　3. 细菌真菌源

　　市售的细菌和真菌蛋白酶也广泛用于生产有效的水解产物。碱性蛋白酶比其他来源的蛋白酶可以获得 ACE 抑制活性更高的产物。用 GC 106（来自黑曲霉的酸性蛋白酶）处理湿磨和干磨的玉米胚芽，得到的水解产物比经胰蛋白酶和嗜热菌蛋白酶水解产物产生的 ACE 抑制活性更强，而用风味蛋白酶处理效果更差（Parris et al.，2008）。对蛋白酶进行固定，与可溶性酶相比，固定在高度活化的乙醛酸-琼脂糖载体上的风味蛋白酶具有更高的热稳定性，并且产生更少的游离氨基酸（Yust et al.，2007）。研究人员在传统的发酵大豆产品（如纳豆、印尼豆豉和豆豉）中发现 ACE 抑制活性产物，而且已经从发酵豆腐、豆腐乳和酱油中纯化并鉴定了活性肽。然而，发酵不能将大豆蛋白完全水解为寡肽。磷酸化蛋白、糖蛋白和二硫键数量较多的其他翻译后修饰的蛋白质更难以切割。因此，需要进行进一步酶水解以产生更高活性的肽。以豌豆蛋白质为例，通过胃蛋白酶或者胰蛋白酶-胰凝乳蛋白酶消化后，其水解产物的 ACE 抑制活性增强。

4. 海洋源

由于海洋环境的多样性和特异性，海洋蛋白的氨基酸组成和一级序列与陆地蛋白有所不同，因此海洋蛋白可能成为筛选新型 ACE 抑制肽的重要蛋白来源。在过去的十年中，人们已经从海洋蛋白（如阿拉斯加鳕鱼皮明胶、大眼金枪鱼黑肉、牡蛎、微藻（小球藻）、鲨鱼肉、虾和黄鳍鲷等）水解产物中发现了大量的 ACE 抑制肽。此外，还从海洋蛋白源处理废弃物和副产物以及发酵的海洋食物酱汁中分离出一些 ACE 抑制肽。这些抗高血压肽具有与陆地来源的抗高血压肽不同的新氨基酸序列，其 IC_{50} 值范围为 $0.3 \sim 1.5 \mu mol/L$（表 8.4）。Wang 等（2010）研究了由冷适应细菌假交替单胞菌分泌的 MCP-01（一种胶原蛋白酶）的胶原分解活性，MCP-01 对不同类型胶原蛋白表现出一定的底物特异性。MCP-01 在不溶性胶原蛋白上有特异性切割位点，因此不溶性胶原纤维被消化成溶解的小肽。此外，MCP-01 还应用于鱼类加工副产物（鱼皮）的消化，以生产出具有 ACE 抑制活性的海洋胶原肽。关于海洋嗜冷酶的研究报道也越来越多，嗜冷酶在食品工业、化学工业和环境保护等许多领域都具有很大的潜力。使用嗜冷酶，特别是来自海水鱼或细菌的酶的优点是可在较低温的条件下进行反应。商业性大西洋鳕鱼蛋白酶（嗜冷酶）已被用于生产具有高生物活性的鱼蛋白水解物。将来，通过嗜冷酶生产新型 ACE 抑制肽可能是一种可行的方法。

表 8.4　来自海洋蛋白的 ACE 抑制肽

序列	$IC_{50}/$（$\mu mol/L$）	酶	来源
IYK, YKYY, KFYG, YNKL	213，64.2，90.5，21	胃蛋白酶	裙带菜
IVVE, AFL, FAL, AEL, VVPPA	315.3，63.8，26.3，57.1，79.5	胃蛋白酶	小球藻
VECYGPNRPQF	29.6	胃蛋白酶	藻类蛋白质废弃物
IAE, IAPG, VAF	34.7，11.4，35.8	胃蛋白酶	螺旋藻

续表

序列	IC$_{50}$/（μmol/L）	酶	来源
FCVLRP, IFVPAF, KPPETV	12.3, 3.4, 24.1	来源于 *Bacillus* sp. SM98011 的蛋白酶	虾
DF, GTG, ST	2.15, 5.54, 4.03	乳酸菌发酵	虾
YN	51	复合蛋白酶	蛤蜊
EVMAGNLYPG	18.4	自然发酵	蓝色贻贝
VVYPWTQRF	66	胃蛋白酶	牡蛎
TFPHGP, HWTTQR	833, 1570	碱性蛋白酶	鲷鱼
MIFPGAGGPEL	26.3	α-糜蛋白酶	黄鳍
F, RY, MY, LY, YL, IY, VF, GRP, RFH, AKK, RVY, GWAP, KY	44.7, 51, 193, 38.5, 82, 10.5, 43, 20, 330, 3.13, 205.6, 3.86, 1.63	碱性蛋白酶	沙丁鱼

　　另外，在一些海洋发酵蛋白中也分离纯化出 ACE 抑制肽，有研究报道从发酵蓝贻贝酱中鉴定出新型 ACE 抑制肽，并且通过 SHR 模型，研究纯化肽的抗高血压作用。乳酸菌被认为是安全的细菌，多年来应用于食品或饮料产品，被称作对动物健康很重要的益生菌。乳酸菌蛋白酶水解各种蛋白质，可以产生大量不同的寡肽。乳酸菌在牛奶发酵中产生许多有效的 ACE 抑制肽。与普通蛋白酶水解相比，经乳酸菌发酵虾酱得到的 ACE 抑制肽活性更强。

　　据报道，海洋源的大多数抑制肽都是短链，并且在它们的序列中含有芳族氨基酸（表 8.4）。海洋来源的 ACE 抑制肽通常含有 2～20 个氨基酸残基，它们的活性基于氨基酸组成和序列。这些肽的抑制位点没有具体说明，ACE 抑制肽的精确抑制机制仍不清楚，因为不同的海洋蛋白通常产生不同的 ACE 抑制肽。进一步的研究是必要的，以剖析这些肽抑制模式和结构之间的关系。随着生物工程技术和筛选方法的发展，海洋来源的 ACE 抑制肽可能成为未来高价值降血压肽的廉价原料，将有利于医疗保健产品的大力发展。

8.1.5　ACE 抑制肽的作用机制

　　在生理上，血压主要通过内分泌和神经系统进行调节，人体的血压是多种因素条件的共同表现，其中最重要的调节系统是 RAS 和 KKS。参与这些生理途径的关键酶是 ACE，它是一种膜结合的二肽羧肽酶，含 Zn^{2+} 辅基，属于二价金属酶，其活性依赖于机体不同组织中的氯离子。RAS 是升压调节系统，ACE 处于核心地位，起限制酶的作用。KKS 是降压调节系统，ACE 能催化舒缓激肽的降解。RAS 和 KKS 在调节血压方面存在相互拮抗作用，它们之间的平衡关系影响血压是否正常，两者间的平衡失调被认为是高血压发病的重要因素之一。ACE 在两者中起着重要作用，ACE 活性升高破坏正常的升压降压体系的平衡。ACE 抑制肽通过抑制 ACE 的活性，从而影响 ACE 在 RAS 和 KKS 中的调节作用，调节过程如图 8.2 所示。

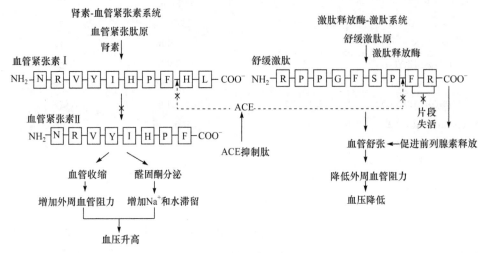

图 8.2 ACE 抑制肽的降压机制

在 RAS 中，血管紧张素原（出现在血液中的糖蛋白）被水解，再由肾素催化的反应作用下释放出血管紧张素 Ⅰ，其氨基酸序列为 Asn-Arg-Val-Tyr-Ile-His-Pro-Phe-His-Leu（NRVYIHPFHL）。ACE 作用于血管紧张素 Ⅰ，使其脱去 C 端两个氨基酸（His-Leu），产生八肽 Asn-Arg-Val-Tyr-Ile-His-Pro-Phe（NRVYIHPF）的血管紧张素 Ⅱ。血管紧张素 Ⅱ 是 RAS 中已知活性最强的血管收缩剂，它能作用于小动脉，使血管平滑肌收缩，迅速引起升压效应；同时还能刺激醛固酮分泌和直接对肠胃作用（减少肾血流量及促进 Na^+、K^+ 的重吸收），引起钠储量和血容量的增加，也能使血压升高。当 ACE 抑制肽作用于 ACE 时，ACE 无法使血管紧张素 Ⅰ 转化血管紧张素 Ⅱ，使得血压下降。

在 KKS 中，舒缓激肽原（在肝脏中产生并出现在血流中的蛋白质）经激肽释放酶（主要来源于胰腺中）的水解作用，形成舒缓激肽 Arg-Pro-Pro-Gly-Phe-Ger-Pro-Phe-Arg（RPPGFSPFR）。ACE 催化舒缓激肽，使其 C 端脱去两个氨基酸残基而失活，从而削弱缓激肽的降血压作用。如果抑制了 ACE 的活性，就能有效防治高血压的发生。ACE 抑制肽能竞争性地抑制 ACE 的活性，从而阻断 RAS 的升血压作用，同时增强 KKS 的降压作用，起到降低高血压患者血压的作用。

8.1.6 ACE 抑制肽的结构与活性之间的关系

ACE 抑制肽是酶抑制剂，其结构影响着其对 ACE 的抑制能力。综合文献分析，ACE 抑制肽活性的影响因素包括抑制肽的分子质量、氨基酸序列及由此形成的空间构象等因素。

1. 分子质量对 ACE 抑制肽抑制能力的影响

许多研究表明，通过 3kDa 或更低的分子质量过滤的 ACE 抑制肽的抑制活性更强。因此，不管蛋白底物的来源是什么，在一种蛋白水解产物中低分子质量的多肽普遍具有更高效的活性。在报道的许多肽序列中，有效的 ACE 抑制肽通常由 2～12 个氨基酸残基组成，个别多肽含有 27 个以上的氨基酸残基，但 2～7 个氨基酸残基的 ACE 抑制肽的抑制活性较高，短肽更容易被吸收到血液循环中并保持其活性。这可能是因为寡肽在胃肠道中不能被进一步切割，最好的抑制肽不具有胃肠酶的酶切割位点，从而保持良好的生物活性。

有研究以远东拟沙丁鱼肌肉为原料，通过双酶水解法（动物蛋白水解酶和风味蛋白酶）制备其酶解产物，通过超滤膜将酶解产物分为三个组分 $M_w > 10kDa$、M_w 在 3～10kDa 之间和 $M_w < 3kDa$，结果显示 $M_w < 3kDa$ 组分的抑制率最高（71.4%），$M_w > 10kDa$ 组分的抑制率最低（34.6%）。为分析 $M_w < 3kDa$ 组分降血压肽的结构，运用色谱法对其进一步纯化，得到两个纯组分分别为 Val-Glu-Pro-Leu-Pro（$IC_{50} = 22.9\mu mol/L$）和 Pro-Ala-Leu（$IC_{50} = 12.2\mu mol/L$）（王晶晶等，2016）。刘文颖等（2016）采用两步酶解法得到三文鱼鱼皮、乌鸡、玉米黄粉、谷朊粉、大豆蛋白的低聚肽产物，并对其 ACE 抑制活性进行检测得 IC_{50} 值，分别为 1.25mg/mL、2.76mg/mL、0.53mg/mL、0.62mg/mL、0.88mg/mL，其中玉米低聚肽的 ACE 抑制作用最强，乌鸡低聚肽的 ACE 抑制作用最弱。研究者发现五种低聚肽中，分子质量小于 1000Da 的分别占 90.59%、95.95%、93.09%、93.03% 和 86.13%，而分子质量在 132～576Da 范围内的肽含量均最高，分别占 69.28%、80.72%、76.29%、63.96% 和 62.23%，表明二肽和三肽是五种低聚肽的主体成分。李庆波等（2014）探究了绿豆渣经酶解、超滤法得到的肽粗品，并分析其不同分子质量区间肽段与 ACE 抑制活性的关系，试验结果表明，具有活性的肽段，其分子质量均集中在 1000～3000Da 的范围内，是 ACE 抑制活性最高的部分，占到抑制率的 78.1%。

然而，ACE 抑制肽活性之间的差异并不完全与其分子质量相关。Aluko 等（2015）从豌豆蛋白水解物中分离纯化出的五个肽均具有一定的抑制 ACE 活性的能力，同等浓度的条件下，九肽 FEGTVFENG（87.5%）对 ACE 的抑制活性比五肽 LTFPG（20.2%）、六肽 IIPLEN（5.7%）的活性强。Girgih 等（2014）从大麻种子蛋白水解物中分离纯化出 23 个肽片段，其中五肽 PSIPA（80.1%）、六肽 PSLPA（89.7%）的活性比很多三肽、四肽强很多，如 EFQI（30.2%）、FEQI（30.5%）、LQL（63.4%）等。综上可知，并非肽片段越短，分子质量越小，其抑制能力越强，某些长链肽段的抑制能力也很强。在某些情况下，某些原本在体外不具有抑制活性的肽，在体内能检测出抑制活性。这是因为某些长肽在序列中携带了有效氨基酸，特别是在该氨基酸位于 C 端位点时。无论这些肽是属于水溶性肽，还是脂溶性肽，它们均可以穿过紧密的细胞间或跨过细胞之间的连接，从而能够表现出抑制活性（王晓丹等，2017）。

2. 氨基酸序列对 ACE 抑制肽抑制能力的影响

20 世纪 80 年代就有学者开始对 ACE 抑制肽的结构与活性之间的关系进行研究，许多学者利用质谱和氨基酸分析仪对分离纯化的 ACE 抑制肽进行氨基酸序列的鉴定，并通过分析氨基酸序列与抑制活性之间的关系，为 ACE 抑制肽降血压机理的研究奠定了基础，同时，也为探寻新的 ACE 抑制肽的序列提供了参考依据。目前，已鉴定出氨基酸序列的 ACE 抑制肽的常见食物源有卵清蛋白、牛乳酪蛋白、鱼肉蛋白、大豆蛋白、大米蛋白、绿豆蛋白、小麦蛋白等。

研究表明，抑制肽的 C 端最后三个位置上存在不同氨基酸残基及有不同序列时，高度影响肽本身的活性，严重阻碍了其与 ACE 的结合。C 端最后三个位置存在疏水性氨基酸、芳香族或支链的侧链残基时，肽片段的抑制活性明显。同时，通过 IC_{50} 值与肽序列之间存在的相关性，可以预测给定序列是否具有良好的 ACE 抑制活性。如图 8.3 所示，当 ACE 抑制肽的 C 端最后一位为疏水性（芳族或支链侧链）氨基酸残基时，如脯氨酸、酪氨酸、苯丙氨酸和丙氨酸，抑制活性很强，其中为脯氨酸时，抑制作用最明显。当 ACE 抑制肽的 C 端倒数第二位为酪氨酸、苯丙氨酸和丙氨酸等残基时，与 ACE 结合相对弱一些，但抑制活性依然明显。以脯氨酸为例，脯氨酸在 C 端最后一位比在倒数第二位时，抑制效果更明显。当倒数第三位存在支链脂肪族氨基酸时，如丙氨酸、缬氨酸和亮氨酸等残基，抑制活性明显。脯氨酸的化学名称是吡咯烷酮羧酸，是一种环状亚氨基酸。脯氨酸是人体的非必需氨基酸，是构成蛋白质的基本单位，是组成人体蛋白质的 21 种氨基酸之一。

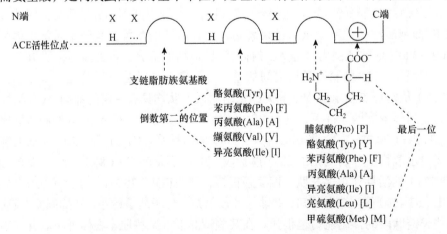

图 8.3　ACE 抑制肽的 C 端最后三位存在不同氨基酸及不同序列时与 ACE 抑制活性的关系

此外，精氨酸虽不是支链脂肪族氨基酸，但在 ACE 抑制肽 N 端出现频率却很高，这是因为 C 端精氨酸和赖氨酸残基侧链上正电荷的存在有助于肽的 ACE 抑制作用。以四肽为例，将活性强的肽片段归为几类：C 端存在酪氨酸和半胱氨酸；在四肽中 C 端倒数第二位存在组氨酸、色氨酸或甲硫氨酸残基；C 端倒数第三位存在异亮氨酸、亮氨酸、缬氨酸或甲硫氨酸等残基，而色氨酸位于第四位。脯氨酸的存在也可以对四肽抑制剂起重要作用。例如，GPPP 肽的 IC_{50} 为 0.86μmol/L，在 C 端倒数三位均存在脯氨酸，抑制活性强。图 8.4 表明 C 端氨基酸疏水性的趋势，其中苯丙氨酸的疏水性最强。

氨基酸疏水性从强到弱

Phe>Leu=Ile>Tyr>Val>Met>Pro>Cys>Ala>Gly>Thr>Ser>Lys>Gln>Asn>His>Glu>Asp>Arg

↓肽的选择

N端　　　　　　　　　　　　　　　　　　　　C端

N-I-P-P-L-T-Q-T-P-V-V-V-P-P-F-I-Q

I-G-S-E-N-S-E-K-T-T-M-P

S-Q-S-K-V-L-P-V-P-Q

M-P-F-P-K-Y-P-V-E-P

E-P-V-L-G-P-V-R-G-P-F-P

图 8.4　C 端氨基酸疏水性的趋势

加下划线的序列已经被确定为 ACE 抑制肽

Saito 等（1994）从酒糟中分离了 9 种 C 端含有色氨酸或酪氨酸的 ACE 抑制肽，分析了 Ile-Tyr-Pro-Arg-Tyr 和 Tyr-Gly-Gly-Tyr 两种肽段，认为 ACE 抑制肽序列中的疏水性氨基酸和肽段的 C 端氨基酸对其抑制活性有着重要的作用。Byun 和 Kim（2002）比较了 Gly-Pro-Leu、Gly-Leu-Pro 和 Leu-Gly-Pro 等 8 种 ACE 抑制肽的活性，结果表明，Leu-Gly-Pro、Gly-Leu-Pro 和 Gly-Pro-Leu 等 5 个三肽的 ACE 抑制活性高于二肽 Gly-Pro 和 Pro-Leu 的活性，其中 Leu-Gly-Pro 的 ACE 抑制活性最高。进一步证明 N 端为疏水性的亮氨酸和 C 端为脯氨酸的多肽，其 ACE 抑制活性较高。Saiga 等（2006）从鸡胸脯肉中分离纯化得到名为 P4 的 ACE 抑制肽（Gly-Phe-Hyp-Gly-Thr-Hyp-Gly-Leu-Hyp-Gly-Phe，IC_{50}=46μmol/L），并对 P4 的结构与 ACE 抑制活性的关系进行了研究，当 P4 C 端的苯丙氨酸去掉时，其 ACE 抑制活性明显降低（IC_{50}=25000μmol/L），说明 C 端的苯丙氨酸对 ACE 抑制活性具有重要作用。

尽管脯氨酸残基在抑制 ACE 方面很重要，但是这不是抑制肽具有活性所需的仅有序列，同样也存在当脯氨酸存在时活性不强的情况。Maeno 等（1996）的研究结果表明 C 端存在脯氨酸残基的两种肽（TKVIP 和 AYFYP）并没有产生强的 ACE 抑制活性。该研究表明，在 C 端单独存在脯氨酸不能保证对酶有良好的抑制活性。同一研究还发现，当 KVLPVPQ 被消化成更短的 KVLPVP 时，IC_{50} 值从 1000μmol/L 变为 5μmol/L，抑制活性增强了 200 倍。这论证了上述观点，在 C 端最后一位存在脯氨酸比在肽的倒数第二位存在脯氨酸，使得肽与 ACE 活性位点结合更强，活性也更强。当 YKVPQL 被胰酶部分水解成 YKVP 时，肽的 IC_{50} 值从 22μmol/L 增加到超过 1000μmol/L，分析试验结果可知，YKVP 序列不是 ACE 抑制的显著序列，相比于 C 端存在脯氨酸，谷氨酰胺的存在使得肽有更显著的抑制作用。

在长肽的另一项研究中，一旦 GFXGTXGLXGF 肽 C 端的苯丙氨酸被去除，IC_{50} 就从最初 IC_{50}（46μmol/L）改变为 25000μmol/L，这表明苯丙氨酸在 C 端的存在对于 ACE 抑制活性也起重要作用（Saiga et al., 2006）。在 C 端存在苯丙氨酸的肽具有较高 ACE 抑制活性，肽的序列为 VECYGPNRPQF 时，脯氨酸位于倒数第二位，苯丙氨酸位于 C 端，该肽抑制 ACE 的现象显著。然而，脯氨酸是否位于倒数第二位从而影响其抑制活性并不适用于二肽和三肽，这是由于序列已经很短，脯氨酸存在的位置并不那么重要。无论脯氨酸在哪个位置，如 VPP、IPP、GPP、GPL、LKP 和 YPK，具有脯氨酸的三肽均对 ACE 起到显著的抑制作用。

贾俊强等（2009）通过收集、分析 270 种不重复降血压肽序列，对 N 端和 C 端氨基酸进行特征分析，从中找出基本规律，研究结果表明，降血压肽中 N 端氨基酸主要为 Arg、Tyr、Gly、Val、Ala、Ile 和 Leu；C 端氨基酸主要为 Tyr、Pro、Phe 和 Leu；与降血压肽的 N 端氨基酸特征相比，其 C 端氨基酸特征对降血压活性影响更为重要。根据降血压肽的构效关系可以看出，在选择蛋白酶和蛋白原料制备降血压肽时，优先选择酶切位点为 Tyr、Pro、Trp、Phe 和 Leu 羧基端的蛋白酶以及富含 Tyr、Val、Ala、Ile、Leu、Pro、Trp 和 Phe 的蛋白质。

3. ACE 抑制肽立体构象对 ACE 抑制肽抑制能力的影响

从上述分析可知，抑制肽的抑制能力显然不能单纯用其一级结构氨基酸残基的种类、数量及序列来解释。ACE 抑制肽的一级结构不同，其形成的空间构象也千差万别，影响了其与 ACE 的结合，进而影响其 ACE 抑制能力。定量构效关系（QSAR）用来定量描述具有生物活性物质的结构、作用位点与活性之间的关系。定量研究结构与活性之间关系的建模有着漫长而成功的历史，最初运用于农业化学领域，然后是在制药和环境领域。最初的目的是研究一些特异性分子对合成植物生长激素的调节作用和其他农用化学物质的作用机理，后来运用于阐明分子和靶分子间相互作用的分子机制，如酶和受体（Winkler, 2018）。在过去的几十年里，定量构效关系应用于预测各种分子的性质，对尚未合成的新材料做出可靠的预测成为热点。通过计算机分子图形学、分子动力学和量子化学等方法能有效分析定量构效关系，收集丰富的信息，且对未知化合物活性具有较强的预测能力。ACE

抑制肽所含氨基酸数目在 2～20 之间，分子质量较小，其结构的定量描述不会过于复杂，因此对 ACE 抑制肽进行定量构效关系研究具有可行性，将有助于深入理解肽的结构特征以及活性机理。

Pripp 和 Ardö（2007）利用定量构效关系模型研究了 ACE 抑制肽的结构与活性之间的关系，采用理化参数表示多肽段的 N 端或 C 端氨基酸的疏水性、相对分子质量和电荷数。研究结果显示，分子质量小的肽段（<6 个氨基酸）的 C 端氨基酸的疏水性、相对分子质量和电荷数与 ACE 抑制活性具有相关性（$R=0.73$，$P<0.001$）；分子质量大的肽段（>6 个氨基酸）的 C 端氨基酸的疏水性、相对分子质量和电荷数与 ACE 抑制活性不具有相关性。有研究者从花生蛋白质中分离出 ACE 抑制肽（IEY），并合成了五种多肽类似物（IEW、IKY、IKW、IEP 和 IKP），共同研究了这些多肽结构与活性之间的关系。研究结果表明，多肽链中催化部位和肽键的羰基氧之间的距离与多肽抑制能力的强弱有关，为 ACE 抑制肽构效关系的研究提供了新的研究方向。肽的合成类似物被用于了解产生 ACE 抑制能力的肽的结构特征，通过分子对接对其与人类 tACE 活性部位的相互作用进行了研究，为了解微环境中多肽所采用的结构和具体构象，以解释在 ACE 抑制程度上观察到的差异（Jimsheena and Gowda，2010）。Wu 等（2010）采用偏最小二乘回归模型，将肽的抑制活性作为因变量、氨基酸的理化性质作为预测矩阵研究它们之间的关系，对多肽链中每个氨基酸残基的位置进行变量重要性投影分析。结果发现，长链肽的 C 端四肽残基的位置对多肽的 ACE 抑制活性有重要影响，并确定了 4 个位置的氨基酸组分。高活性抑制肽的 C 端开始第 1 个氨基酸为酪氨酸或半胱氨酸；第 2 个氨基酸为组氨酸、色氨酸或甲硫氨酸；第 3 个氨基酸为异亮氨酸、亮氨酸、缬氨酸或甲硫氨酸；第 4 个氨基酸为色氨酸。抑制活性肽构效关系的研究为开发更有效的抑制活性肽提供了理论依据，也为高活性 ACE 抑制肽的搜寻以及人工合成提供了参考。

综上所述，目前 ACE 抑制肽构效关系的研究仍处于探索阶段，ACE 抑制肽的氨基酸组成和结构与其抑制活性的具体关系尚未研究透彻，这些结构模型仍不能清楚地解释 ACE 抑制肽的作用机制和抑制机理。所以，ACE 抑制肽的结构与抑制活性之间的关系还有待进一步的深入研究。

8.1.7　ACE 抑制肽的动力学研究

蛋白质是一系列生物活性肽的前体，具有生物活性的肽衍生自食物蛋白质，它们除了有营养价值之外，在体内还具有生理效应。蛋白质是生物活性分子的前体，对功能性食品的开发具有深远影响。食物源生物活性肽与化学合成药物相比，来源于天然食物，具有较高的安全性。蛋白质通过酶促或酸性水解反应，生物活性肽被激活，其天然氨基酸组成和序列决定其活性。越来越多的 ACE 抑制肽在动物、植物和微生物等各类衍生肽在内的食物蛋白的酶水解产物中经分离纯化得到。

抑制剂被定义为不引起酶蛋白变性却使得酶活性下降或丧失的化合物。根据抑制剂与酶作用方式的不同，主要将抑制作用分为可逆与不可逆抑制作用。根据底物与抑制剂的结合情况将可逆抑制作用分为竞争性抑制和非竞争性抑制。通过共价键抑制剂直接结合于酶的活性中心，从而抑制酶的活性，且不能通过物理方法（如透析、超滤等）除去抑制剂而使酶的活性恢复，称为不可逆抑制作用。可逆抑制作用是指某些抑制剂的化学结构与底物相似，抑制剂不能作用于底物，需要与底物竞争酶的结合位置，当抑制剂与活性中心结合后，底物被排斥在反应之外，酶促反应被抑制。非竞争性抑制是指酶可同时与底物及抑制剂结合，即底物和抑制剂没有竞争关系。酶与抑制剂结合后，还可以与底物结合；酶与底物结合后也可再与抑制剂结合，三个反应的中间产物不能进一步分解为产物，所以酶活性下降（Bartolini et al.，2007）。

1. 竞争性 ACE 抑制肽的抑制机理

利用 Lineweaver Burk 图和 Dixon 曲线计算出抑制剂的米氏常数（K_m）及最大反应速率（V_{max}）以判定 ACE 抑制肽的抑制模式。竞争性抑制剂可与活性位点结合，阻断其活性位点处的抑制剂结合位点，从而改变酶构象，使得底物不再结合活性位点（图 8.5）。有研究报道，tACE 的两个结构域的活性位点，在结构和功能上与二肽羧基肽酶同源，而且锌配位几何形状对其水解反应至关重要。当两个催化位点被氯离子差异性活化，生理底物血管紧张素 I 引导性地结合到 C 结构域催化位点（Jao et al.，2012）。底物还对氯化物介导的活性位点的活化做出贡献。因此，这些差异表明尽管一级序列同源性水平较高，但 C 结构域和 N 结构域的两个活性位点之间确实存在结构和功能差异。底物或抑制剂的 C 端氨基酸呈现凹槽结构并在末端具有"帽子"结构，其结构域催化部位含有 3 个催化活性位点，分别为 S1、S1-和 S2-，这些催化位点均具有明显的疏水性。对于抑制酶的结合和相互作用，应将具有不同氨基酸序列的酶的活性位点上的三个主要亚位点与底物结合。抑制剂或天然底物与酶的结合主要通过 C 端三肽残基发生。具有高 ACE 抑制活性的肽在其 C 端具有 Trp、Phe、Tyr 或 Pro，并且在 N 端具有支链脂肪族氨基酸，已知 ACE 与 C 端含有二

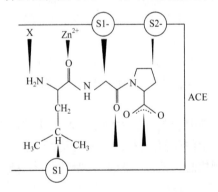

图 8.5　ACE 抑制肽和 ACE 相互作用的活性位点

羧酸氨基酸的抑制剂几乎没有亲和性，如 Glu。更具体地说，芳香氨基酸 Pro、Ala、Val 和 Leu 的存在对于倒数第三位（S1）是最有利的，而 Ile 对于倒数第二位（S1-）是最有利的。底物序列中的 Pro 和 Leu 对于最终位置（S2-）在酶上的亲和力方面最有利。

　　竞争性 ACE 抑制肽是最常报道的，并且已经从蘑菇提取物、鹰嘴豆和大豆蛋白质水解产物中鉴定出来。这些抑制剂可以结合到活性位点以改变酶构象，使得底物不再结合活性位点。

2. 非竞争性 ACE 抑制肽的抑制机理

　　非竞争性抑制系统显示抑制剂和底物可以在任何给定的时间点与酶结合。当底物和抑制剂结合时，酶底物抑制剂复合物不能形成产物，但能转化为酶底物复合物或酶抑制剂复合物。据报道一些食物蛋白来源的肽是 ACE 的非竞争性抑制剂，如 IFL、WL、KVREGTTY、KVREGT、VVYPWTQRF、DLTDY、VECYGPNRPQF 和 MIFPGAGGPEL 等。由于来源于不同的亲本蛋白质，肽具有各种结构，这些肽的抑制位点没有被规定，并且 ACE 抑制肽的非竞争性抑制机制尚不清楚。为了解抑制机制，TPTQQS（一种作为 ACE 非竞争性抑制剂以防止反应产物 His-Ala 形成的六肽）被用于研究 ACE，底物为马尿酰-组氨酰-亮氨酸（HHL）。所得结果表明，当 ACE 为未结合形式时，锌离子和 HEXXH（ACE 活性部位的关键氨基酸残基）基团组成 ACE 的完整活性部位，并且马尿酰-组氨酰-亮氨酸可以进入活性部位并转化为反应产物。TPTQQS 的 Thr1、Thr3 和 Gln4 残基允许该肽与 tACE 的盖子结构相互作用，并且 C 端 Ser6 通过丝氨酸和丝氨酸之间的配位键将锌离子推离活性位点，导致 TPTQQS 对 ACE 的非竞争性抑制（图 8.6）。尽管已经建立了使用 TPTQQS 的 ACE 非竞争性抑制模型，但由于不同的肽长度和组成，其他抑制肽作为非竞争性抑制剂可能不适合该模型。无论如何，这是第一个报道 ACE 抑制肽的非竞争性抑制机制的研究，该研究也为设计药物或功能性食品提供了新的思路。进一步的研究正在进行，以确定抑制机制之间的关系。由于来源不同，这些肽的抑制位点没有明显的规律，因此 ACE 抑制肽的非竞争性抑制机制尚不清楚。

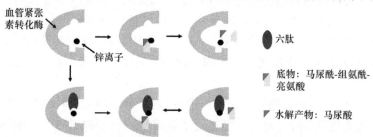

图 8.6　通过 TPTQQS 抑制 ACE 的模型

该模型显示 TPTQQS 将锌离子从活性部位移开以抑制 ACE

在非竞争性抑制系统中,抑制剂只能与底物酶复合物结合并降低最大酶活性,因此底物或产物离开活性位点花费的时间更长。据报道,IW、FY、AW 和 YLYEIARR 等肽类可作为 ACE 的非竞争性抑制剂。但是,这种模式的抑制机制尚不清楚。ACE 是二肽酶的事实使 ACE 抑制肽进一步水解似乎合理,并影响其体内抗高血压活性。然而,各种模式抑制剂的活性位点没有具体说明,ACE 抑制性肽的确切抑制机制仍不清楚。进一步的研究是必要的,以找出抑制模式和肽结构之间的相关性。

8.2　ACE 抑制肽的活性测定和评价方法

迄今,多种 ACE 抑制肽已报道用于治疗高血压。为了促进 ACE 抑制肽的鉴定,需要建立简单、灵敏和可靠的测定方法。许多体外测定 ACE 抑制活性的方法(如分光光度法、反相高效液相色谱法)以及体内测定法已报道。

8.2.1　体外测定 ACE 抑制活性

1. 分光光度法

研究者已经使用多种方法来测定 ACE 抑制肽的活性。呋喃丙烯酰-L-苯丙氨酰甘氨酰甘氨酸(FAPGG)通常用于体外测量 ACE 活性。该方法基于底物水解产生呋喃丙烯酰基封闭的氨基酸时会发生吸收光谱的蓝移。Shalaby 等(2006)比较了 FAPGG 和 HHL 作为底物的 ACE 抑制性能。两种底物表现出类似的性能,但溶液中的 HHL 底物似乎不如 FAPGG 稳定,因此,使用 FAPGG 作为底物的灵敏度较高,并且使用 FAPGG 可以消耗更少的化学物质。其他肽也可以作为底物,如荧光分子邻氨基苯甲酰甘氨酰对硝基苯丙氨酰脯氨酸,用于特异性检测和定量。

测定底物 HHL 通过 ACE 水解释放的两种产物马尿酸(HA)和组氨酸-亮氨酸(HL)是测定 ACE 抑制活性的一种常见方法。可以测量在 228nm 处 HA 的吸光度,将产物混合物直接注射到 HPLC 系统以定量 HA 的释放。或者,基于 HA 与 2, 4, 6-三氯-S-三嗪在二氧六环中或与苯胺磺酰氯在喹啉存在下的特定比色反应,用分光光度法测定释放的 HA。在其他修饰中可以通过 HL 与 2, 4, 6-三硝基苯磺酸盐或 O-邻苯二甲醛之间荧光加合物的荧光光谱反应,通过分光光度法定量释放的 HL。

简而言之,该方法是通过 ACE 作用由 HHL 形成的 HA 的量用乙酸乙酯提取并通过分光光度法测定。研究已经报道了该方法的不同改进方法,其中乙酸乙酯提取被 HL 与 2, 4, 6-三硝基苯磺酸盐的特异性结合或 HA 与苯磺酰氯的特定反应所取代。

2. 反相高效液相色谱测定法

　　尽管分光光度法非常有用，但它复杂、耗时，并且对痕量样品的分析有限。RP-HPLC 通过 UV 监测器检测出提取的 HA 的含量以确定 ACE 活性。使用 C_{18} 柱的 RP-HPLC 直接测定 ACE 抑制活性，而不用提取 HA 再测定。RP-HPLC 测定法虽然在不到 8min 的时间内让 HA 从 HHL 基线分离，但该过程中重新使用色谱柱之前至少需要 20min 左右的时间来清洗柱中的紫外线吸收物质和肽，并且需要大量的流动相。因此，使用 RP-HPLC 难以实现高通量和快速筛选具有 ACE 抑制活性的大量样品。

　　例如，Kobayashi 和 Katsuda（2008）将 HHL（8.3mmol/L，25μL）溶液、磷酸盐缓冲液（50mmol/L，25μL）和 10μL 溶于去离子水中的不同浓度的肽混合物混匀，置于 37℃水浴 10min。ACE 溶液（2.5mU）在 37℃孵育 5min，并向肽混合物中加入 10μL ACE 溶液。将反应混合物（70μL）在 37℃下孵育 30min 后加入 HCl（1mol/L，70μL）终止反应。反应混合物通过 0.45μm 过滤器过滤以进行 RP-HPLC 分析。使用装有 Cosmosil 5C_{18}-MS-Ⅱ（4.6mm×150mm）柱的 RP-HPLC 检测反应混合物中释放的 HA。流动相为去离子水-0.1%三氟乙酸：乙腈-0.1%三氟乙酸（体积比为 80∶20），流速为 1mL/min，使用光电二极管阵列检测器在 228nm 处检测流出物。HA 和 HHL 的保留时间分别为 3.7min 和 9.7min。HA 标准样品作为对照。使用式（8.1）计算酶活性的抑制率。

$$抑制率(\%) = \frac{\text{HA峰面积(无抑制剂)} - \text{HA峰面积(有抑制剂)}}{\text{HA峰面积(无抑制剂)}} \times 100\% \quad (8.1)$$

　　测量不同浓度肽的 ACE 抑制活性，并将[（X–Y）/Y]以对数标度对肽浓度作图，其中 X 表示没有抑制剂的反应速率，Y 表示有抑制剂的反应速率。将 ACE 活性降低 50%所需的肽浓度定义为 IC_{50} 值。

8.2.2　体内测定 ACE 抑制活性

　　通常通过在静脉注射或口服给药后测量 SHR 血压的变化，进行 ACE 抑制活性的体内测定。SHR 被认为是人类原发性高血压的良好动物模型，并被广泛用于研究心血管疾病。成年大鼠的收缩压在 180～200mmHg 范围内，通过记录摄入 ACE 抑制肽前后收缩压的变化，以确定这些肽作用的强度。16～30 周龄的野生型大鼠通过口服或静脉注射给药，然后用尾套法测量收缩压。也有学者对此方法进行了改进，麻醉大鼠静脉注射六甲双胍，以除去独立调节的肾素-血管紧张素系统，随后注射 ACE 抑制肽和血管紧张素Ⅰ，然后测量血压（Fuglsang et al., 2003）。

　　体外 ACE 抑制肽的 IC_{50} 值并不总是与它们在体内的降血压效果相同。ACE 的主要活性是切割寡肽底物的 C 端二肽，因此 ACE 的底物在用于筛选 ACE 抑制肽的试验中也初步显示 ACE 抑制活性。为了从真正的抑制剂中区分底物，通常在测量 ACE 抑制活性之前将肽与 ACE 预先温育，或者在 SHR 中测量血压反应。

血管紧张素 I 的直接给药也已被用于评估肽的 ACE 抑制活性。血压反应的广泛变化可能是由于样本类型的变化或者剂量和给药方式、分娩方式和血压测量方法的不同。例如，以 20min 的间隔三次注射总量为 5mg/kg 的 HHL 可以导致 SHR 收缩压（SBP）显著下降。三次注射对 SBP 的降低效果与合成的降压药卡托普利相当。与注射不同，口服施用的 HHL 的功效可以随消化的改变而改变。口服给药可以将某些前体药物类型的肽转化为真正的 ACE 抑制剂。例如，SHR 口服 IAYKPAG 的抗高血压作用可能是 IAYKP、IAY 和 KP 的抗高血压活性的结果。相反，刷状缘上的肽酶水解体外抑制肽可使它们失活。

有趣的是，观察到的血压降低与体外 IC_{50} 值之间似乎存在一些差异。例如，肽 LRIPVA 在 SHR 中以 100mg/kg 的剂量口服给药后没有显示出抗高血压作用，尽管其有效的 ACE 体外抑制活性 IC_{50} 为 0.38μmol/L，这可能是由于 LRIPVA 转化成具有很低 ACE 抑制活性的肽。食品来源的 ACE 抑制肽的 IC_{50} 值比合成的卡托普利高出 1000 倍，但在降压作用中没有观察到显著差异。10mg/kg 剂量的卡托普利使 SHR 的血压降低约 50mmHg，而从大蒜中纯化的 200mg/kg 二肽的口服用量相当于 30mmHg 的抗高血压作用，影响的实质并不完全不同。这些发现表明，与抗高血压药卡托普利相比，ACE 抑制肽的体外活性要高出很多。有人认为，食物衍生肽可能通过不同的抗高血压机制起作用，对组织具有更高的亲和力，并且可以达到缓释的作用。

8.2.3　ACE 抑制肽的消化、吸收

对 ACE 有抑制作用的肽被定义为 ACE 抑制肽或抗高血压肽，ACE 抑制肽在体外和体内表现出的活性不一致。一些肽片段（母链）在体外显示出抑制活性，而在体内并没有检测出活性，可能被切割成几个较小的片段，经切割的片段可能导致 ACE 抑制活性的增加或者降低。当肽片段被切割后，原本处在中间位置的某些氨基酸被暴露在短肽的 C 端时，可能导致短肽 ACE 抑制活性增加，如脯氨酸。因此，肽在胃肠道中的降解可能有利于抑制剂活性的增强。这也是为什么有些长链 ACE 抑制剂在体外检测不出活性，但在体内显示出活性，长链肽在体内由消化道或血清中的细胞内肽酶水解成更短的活性片段，如二肽或三肽。产生的短片段被肠吸收后直接与适当的受体相互作用，从而显示出活性。

然而，肽在胃肠道中的降解也可能导致 ACE 抑制肽失去原有结构，造成活性丧失。如 β-乳球蛋白的片段 142～148 在体外具有抑制活性，在血清蛋白酶和肽酶存在的情况下模拟人类消化的过程中，片段 142～148 作为降血压剂没有活性。这种活性的丧失可能与存在于消化道或血清中的细胞内肽酶的作用导致肽的降解有

关。肽活性丧失的另一个原因是它们在肝脏中被修饰。

造成抑制肽在体外和体内活性发生差异的一个原因，可能是体内的高血压调节机制与体外 ACE 直接作用方式不同。在体内抑制肽与存在于哺乳动物的神经、激素、免疫和肠系统中的某些物质受体相互作用。研究人员一直致力于确定 ACE 抑制剂在体外和体内的相同序列活性之间的差异与 ACE 存在 2 个催化位点的关系。因为体外 ACE 抑制和体内降血压作用之间存在差异，这些肽可被分为三类。第一类 ACE 抑制剂被定义为 "真抑制型肽"，通过测定 IC_{50} 值来表示，当体内与体外检测出的 IC_{50} 无显著差异，此类肽的活性不受体内某些酶的影响，如肽 IY 和 IKW；第二类 ACE 抑制剂称为 "底物类型肽"，该类肽在体外具有明显活性，但经体内的酶水解后不显示或显示弱抑制活性，例如，肽 FKGRYYP 的 ACE 抑制活性 IC_{50} 为 0.55μmol/L，当 FKGRYYP 被 ACE 水解成 FKG、RY 和 YP 后，该值增加（活性减弱）至 34.0μmol/L；第三类 ACE 抑制剂称为 "前药型肽"，该类抑制肽是由 ACE 或消化道蛋白酶释放的 "真抑制型肽" 的前体肽。肽 LKPNM，其 IC_{50} 值为 2.40μmol/L，经被 ACE 水解为 LKP，LKP 产生 ACE 抑制活性约为 LKPNM 的 7.5 倍（IC_{50}=0.32μmol/L）。

8.2.4　ACE 抑制肽的生物利用度

食品中蛋白质的营养和功能特性已被研究多年，蛋白质的营养质量取决于其氨基酸含量和氨基酸消化吸收后的利用率。许多生物活性肽在蛋白质序列中是不活跃的，而胃肠道消化过程中或在食品加工过程中可以通过蛋白酶水解释放，一旦在体内释放，生物活性肽就会影响机体的多种生理功能，它们可能是抗高血压药物或阿片受体激动剂或拮抗剂。此外，研究还报道了生物活性肽的免疫调节、抗血栓、抗氧化、抗肿瘤和抗菌活性，因此它们具有治疗或预防疾病的潜力，生物活性肽可作为功能性食品或营养保健品的组成成分。相比之下，从食物蛋白中提取的 ACE 抑制肽还没有显示出合成抑制剂出现的副作用。迄今，源自食物蛋白的 ACE 抑制剂展现了良好的生物功能性，使其成为在合成药物和天然生物活性食物成分之间进行选择的有希望的替代方案。

当对 SHR 给药时，肽体外观察到的 ACE 抑制率并不总与体内效应相关。一旦它们在体内施用，有许多因素促成肽的有效性。胃肠酶消化将是导致肽可用性丧失的第一个因素，其中降解的肽可能不再具有适合抑制 ACE 的结构。此外，如前所述，肽的大小可能会影响吸收，从而影响其可用性。最重要的是，体外分析通常只关注 ACE 的一种抑制活性，然而其在调节血压方面还有许多途径。一旦投入体内，肽有可能与 ACE 以外的酶发生相互作用，或者单独抑制 ACE 的能力不足以降低血压。这些活动将导致体内和体外研究之间产生无法比拟的结果。表 8.5 列出了 ACE 抑制肽对 SHR 的降血压作用。

表 8.5　食物衍生的 ACE 抑制肽的生物活性

肽	处理方法	剂量（mg/kg 大鼠体重）	活性
HHL	静脉注射	5	30min 内降低 SBP 血压为 32mmHg
TQVY	口服	30	6h 收缩压最多降低约 40mmHg
AY	口服	50	2h 收缩压最多降低 9.5mmHg
GEP	口服	1	2h SBP 血压降低约 36mmHg
FY，NY，NF，SY，GY，SF	口服	200	在性质上与卡托普利相似
IVY	静脉注射	5	8min 内动脉血压降低 19.2mmHg
IAP	腹腔注射	50	1.5h 内显著降低 SBP 血压
MRWRD	口服	30	4h 收缩压最多降低 13.5mmHg
MRW	口服	20	2h 内 SBP 血压最多降低 20mmHg
LRIPVA	口服	100	没有降压作用
IAYKPAG	口服	100	4h 内收缩压最多降低 15mmHg

8.2.5　ACE 抑制肽的临床意义

临床上用 ACE 抑制剂控制高血压，结节病患者的 ACE 水平可升高至正常值上限的三倍，患者 ACE 水平的下降与治疗效果密切相关。ACE 水平升高也可见于其他疾病，包括组织胞浆菌病、酒精性肝硬化、特发性肺纤维化、霍奇金病及甲状腺功能亢进。

血清 ACE 主要来源于肺毛细管内皮细胞，急性肺损伤时 ACE 水平可发生显著变化。在多种病理情况下，ACE 活性都可升高，主要是心血管疾病和呼吸系统疾病。

1. 高血压用药的监测

治疗高血压的 50%以上的降压药（如西拉普利、卡托普利等）是 ACE 活性抑制剂，这些药有明显的不良反应，如皮疹、眩晕、少尿、高血钾、下肢水肿等，为减少不良反应的发生可通过减少药量来控制。但减少药量必须视 ACE 的浓度来决定。所以，ACE 活性的监测对高血压患者用药量的控制是非常必要的。

2. 冠心病的危险因素

ACE 活性升高是心肌梗死的危险因素，所以，对冠心病患者采用 ACE 浓度监测是防止心肌梗死的有效措施。

3. 结节病

ACE 的阳性率在 75%～88%，其 ACE 升高的程度与病情活动及病变累及范围有关，结节病患者 ACE 浓度持续降低预示临床改善，持续升高预示预后不良。

4. 肺癌、肺肉瘤

肺癌患者血清 ACE 活性下降，ACE 活性越低，其治愈率越低，缓解期越短，死亡率越高。肺肉瘤患者 ACE 活性升高。

5. 其他肺部疾病

急性粟粒性肺结核患者、硅沉着病患者 ACE 活性升高。慢性肺阻塞性疾病患者都有不同程度 ACE 活性下降。

6. 其他疾病

（1） 肝硬化患者 ACE 活性升高，肝外阻塞性黄疸患者 ACE 活性下降。
（2） 艾迪生病患者 ACE 活性明显升高。
（3） 尿路感染、肾结石患者 ACE 活性升高。
（4） 甲亢患者 ACE 活性升高。

8.3　ACE 抑制肽的研究实例及应用

8.3.1　动物源 ACE 抑制肽的制备、分离纯化和鉴定实例

1. 利用碱性蛋白酶水解法从刺参中提取 ACE 抑制肽

刺参（*Stichopus horrens* Selenka）属棘皮动物门海参纲，是中国 20 多种食用海参中品质最好、分布最广、产量最大的一种。喜欢生活在水流平稳、海草繁茂的海湾或沿岸岩礁带，水深一般在 3～5m，少数可达 10m 多。在中国，刺参分布于辽宁、山东和河北沿海，主产于烟台、青岛、大连、威海等地。在海参家族中，品质比较好的是山东半岛和辽东半岛的刺参。据《本草纲目拾遗》中记载，"辽东产之海参，体色黑褐，肉嫩多刺，称之辽参或海参，品质极佳，且药性甘温无毒，具有补肾阴，生脉血，治下痢及溃疡等功效"。

刺参体呈圆筒状，通常呈现深色斑块，长 20～40cm，前端口周生有 20 个触手，背面有 4～6 行肉刺，腹面有 3 行管足（图 8.7）。刺参含有大量的低分子肽，刺参中的多种营养成分在人体肠道中能被保留，极易被人体吸收利用，并具有提

高人体免疫力、延缓衰老、抗肿瘤、降血压、补血等作用。刺参含有的谷胱甘肽是长寿因子、抗老因子；硫酸软骨素又能延缓细胞的衰老，这一切都能促进人体的新陈代谢，起到防止衰老、延长寿命的作用，其药性温补，堪比人参。研究者在 80g 新鲜干净的刺参中加入 160mL 的蒸馏水，搅碎匀浆后，加入碱性蛋白酶（2103U/mL），在 55℃，用 1mol/L 的 NaOH 调节水解过程中混合物的 pH 使其维持在 7.5，水解 5h。水解完成后，将反应混合物的温度升高到 95℃，使酶失活，停止反应，然后冷却至室温。离心 20min，除去不溶性物质，留下的可溶性物质则为刺参蛋白水解物。运用三步分离法[RP-HPLC 法、等电聚焦（IEF）和电喷雾-四级杆-飞行时间串联质谱（ESI-Q-TOFMS/MS）]从刺参蛋白水解物中纯化得到 24 种多肽，重点研究了 4 种多肽的活性，其中 EVSQGRP、CRQNTLGHNTQTSIAQ 和 VSRHFASYAN 对 ACE 抑制活性最强，IC_{50} 值分别为 0.05mmol/L、0.08mmol/L 和 0.21mmol/L。同时，探究了 4 种肽的抑制模式，EVSQGRP、VSRHFASYAN 和 SAAVGSP 为混合性抑制类型，而 CRQNTLGHNTQTSIAQ 以非竞争性的方式抑制 ACE。通过对其抑制类型的研究有利于对多肽结合位点的研究，为新药的设计及合成提供有效的理论支持。

图 8.7　新鲜刺参

2. 从海参蛋白水解物中纯化生物活性肽

　　研究采用 RP-HPLC 法进行了基于疏水性的第一步分馏，利用乙腈（0%～31.25%）的梯度洗脱率进行分馏，低浓度的乙腈通过疏水性将肽分离。图 8.8 给出了 RP-HPLC 各组分的洗脱曲线和 ACE 抑制活性。由图 8.8 所示，大多数活性肽在 5%～19.25%的乙腈范围内被发现，ACE 抑制活性大部分出现在组分 10～29 之间，45 个组分中有 16 个组分表现出了不同程度（2.41%～51.47%）的 ACE 抑制活性。ACE 抑制率随着乙腈浓度的增加而出现一定的波动，表明一些参数如肽序列、肽二级结构、多肽和肽浓度对抑制能力有一定的影响。组分 12 在乙腈浓度 5.75%～6.50%之间表现出最强的抑制活性，抑制率为 51.47%，组分 12、14、16、23、26 表现出的 ACE 抑制率分别为 51.47%、40.86%、38.65%、27.19%和 33.99%。

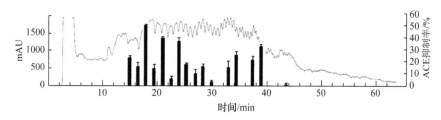

图 8.8　RP-HPLC 各组分的洗脱曲线和 ACE 抑制活性

第二步，基于等电点的分馏。IEF 是在电泳槽中放入载体两性电解质，当通直流电时，两性电解质即形成一个由阳极到阴极逐步增加的 pH 梯度，当蛋白质放进此体系时，不同的蛋白质即移动到或聚焦于与其等电点相当的 pH 位置上。IEF 具有很高的分辨率，可将等电点相差 0.01～0.02 pH 单位的蛋白质分开。在 pH 3～10 下，利用 OFFGEL 分馏器通过等电点的作用原理，将表现出强抑制活性的组分进一步纯化，并测定各个子组分的抑制率。

如表 8.6 所示，RP-HPLC 中的组分 12 经 IEF 后分成 5 个子组分，其中子组分中 5、6 和 7 分别表现出 30.5%、60.1%和 40.6%的 ACE 抑制率。RP-HPLC 中的组分 16 经 IEF 后分成 4 个子组分，子组分 4 显示出 57.3%的 ACE 抑制率。IEF 的子组分 4、5、6 和 7 的 pH 在 4.9～6.78 之间，IEF 的子组分 4 和 6 表现出强的抑制活性，因此收集这两个组分进行下一步纯化。

表 8.6　IEF 子组分的抑制率

RP-HPLC 组分	IEF 子组分	ACE 抑制率/%
	1	15.8±0.3
	2	22.5±0.8
12	5	30.5±0.7
	6	60.1±4.2
	7	40.6±0.3
	2	5.0±0.1
	3	8.0±0.2
	6	18.6±0.7
13	7	19.2±0.1
	11	14.4±0.4
	12	15.8±0.2
	3	19.6±0.9
14	4	42.2±1.9
	6	37.8±1.0

续表

RP-HPLC 组分	IEF 子组分	ACE 抑制率/%
16	2	14.6±0.2
	4	57.3±1.2
	8	5.4±0.1
	10	1.0±0.0

注：ACE 抑制率中数据±标准差表示三组试验的平均值。

质谱分析是一种测量离子荷质比（电荷/质量）的分析法，将样品中的各组分在离子源中发生分离，生产不同荷质比的带正电荷的离子，在加速电场的作用下形成电子束，进入质量分析器。在质量分析器中，利用电场和磁场发生相反的速度色散，将它们分别聚焦而得到质谱图，从而确定其质量。电喷雾电离是质谱中的一种"软电离"的方式，在强电场的作用下，正、负离子发生分离，生成带高电荷的液滴。在加热气体（干燥气体）的作用下，液滴中的溶剂被汽化，随着液滴体积的逐渐缩小，液滴的电荷密度超过表面张力的极限时，引起液滴自发的分裂，即"库仑爆炸"。分裂的带电液滴随着溶剂的进一步减少，最终导致离子从带电液滴中蒸发出来，产生单电荷或多电荷离子进入质谱仪。串联质谱是用质谱作质量分离的质谱方法，它通过诱导第一级质谱产生的分子离子裂解，有利于研究离子和母离子的关系，从而得出该分子离子的结构信息。它可以从干扰严重的质谱信息中抽提有用的数据，提高质谱检测的选择性，从而测定混合物中的痕量物质。质谱法在一次分析中可得到丰富的结构信息，在众多分析测试方法中，质谱学方法被认为是具备高特异性和高灵敏度且能广泛应用的普适性方法。可以从微量复杂的多肽或蛋白质等大分子样品中，得到蛋白质种类和氨基酸序列等相关的结构信息。

IEF 的子组分 4 和 6 经 ESI-Q-TOF MS/MS 的进一步分析鉴定，得到 24 种肽片段，它们的氨基酸残基数为 4~16 个，分子质量为 453~1771kDa，并检测了每个肽片段的 ACE 抑制活性。如表 8.7 所示，源自 RP-HPLC 组分 16 中肽片段的分子质量为 557~1771kDa，IC_{50} 值在 0.05~8.84mmol/L 的范围。ESI-Q-TOFMS/MS 得到许多肽片段，依照活性从强到弱为：EVSQGRP（IC_{50} 为 0.05mmol/L）、CRQNTLGHNTQTSIAQ（IC_{50} 为 0.08mmol/L）、VSRHFASYAN（IC_{50} 为 0.21mmol/L）、AGAHPAG（IC_{50} 为 1.56mmol/L）、FNATAG（IC_{50} 为 8.84mmol/L），而其他肽片段显示出的活性较低。PGPDAAGPA 显示出最强的活性，抑制率为 75.00%，而 IGSGPQ 未显示出抑制活性。其他肽片段的抑制率为 1.60%~72.08%。源自 RP-HPLC 组分 12 中肽片段的分子质量为 453~900kDa，IC_{50} 值为 0.95~7.06mmol/L（表 8.8）。

表 8.7　从 RP-HPLC 中分离得到的组分 16 经 IEF 的子组分 4 中含有的 ACE 抑制性肽

肽的编号	肽的序列	IC$_{50}$/（mmol/L）	每 20mmol/L 肽的抑制率/%	肽的性质			W、Y 或 F 出现在 C 端前三位
				分子质量/kDa	残基数/个	肽的等电点	
9	IGSGPQ	—	0	557	7	6.67	Y,F
24	TYTPT	—	1.60±0.75	581	9	3.30	P
3	PTVNDVQ	—	30.36±1.70	771	6	6.01	P
2	ANERGLQ	—	44.48±2.89	786	10	6.01	—
22	GAEETPLAGSYGA	—	49.15±1.98	1222	8	6.94	P
21	PLESPGGTMAPQ	—	72.08±1.05	1184	4	6.75	
6	PGPDAAGPA	—	75.00±4.95	751	5	5.93	Y
7	EVSQGRP	0.05±0.00	—	771	7	6.01	P
20	CRQNTLGHNTQTSIAQ	0.08±0.00	—	1771	10	6.01	—
18	VSRHFASYAN	0.21±0.00	—	1151	8	11.04	P
15	AGAHPAG	1.56±0.11	—	579	8	6.01	
11	FNATAG	8.84±0.74	—	579	7	6.01	P

表 8.8　从 RP-HPLC 中分离得到的组分 12 经 IEF 的子组分 6 中含有的 ACE 抑制性肽

肽的编号	肽的序列	IC$_{50}$/（mmol/L）	每 20mmol/L 肽的抑制率/%	肽的性质			W、Y 或 F 出现在 C 端前三位
				分子质量/kDa	残基数/个	肽的等电点	
4	KDAGYFG	—	0	756	7	6.67	Y,F
23	PASEGAGPA	—	1.69±1.10	755	9	3.30	P
17	GPQGPT	—	20.32±2.43	555	6	6.01	P
8	ANERGLQ	—	28.34±2.66	798	10	6.01	—
13	GAEETPLAGSYGA	—	54.75±2.15	743	8	6.94	P
19	PLESPGGTMAPQ	—	72.93±1.22	495	4	6.75	—
16	PGPDAAGPA	0.95±0.07	—	453	5	5.93	Y

续表

| 肽的编号 | 肽的序列 | IC$_{50}$/（mmol/L） | 每 20mmol/L 肽的抑制率/% | 肽的性质 | | | W、Y 或 F 出现在 C 端前三位 |
				分子质量/kDa	残基数/个	肽的等电点	
10	EVSQGRP	1.71±0.10	—	587	7	6.01	P
5	CRQNTLGHNTQTSIAQ	4.84±0.52	—	740	10	6.01	—
14	VSRHFASYAN	5.52±0.59	—	900	8	11.04	P
12	AGAHPAG	6.67±0.71	—	740	8	6.01	—
1	FNATAG	7.06±0.65	—	573	7	6.01	P

　　由于 ACE 裂解寡肽底物的 C 端二肽，其竞争对手抑制肽的抑制能力受到 C 端三肽序列的强烈影响。许多研究表明，具有高抑制性活性的多肽其 C 端含有色氨酸、酪氨酸、苯丙氨酸或脯氨酸，N 端含有支链脂肪族氨基酸。众所周知，ACE 对 C 端含有二羧基氨基酸的多肽没有亲和力。在此研究中，IC$_{50}$ 值小的多肽包含 -GRP、-IAQ、-YAN，作为其 C 端的三肽序列，而 IC$_{50}$ 值大的多肽则包含-AGY、-PAG、-GSP、-GGA、-GPL、-TGQ、-PGG、-TAG。由 IEF 分离得到的子组分含有酪氨酸和/或苯丙氨酸或大部分是脯氨酸，因此许多肽 C 端三肽残基在一定程度上具有相似性。然而，这些氨基酸的存在与肽 ACE 抑制活性并不相关。表 8.7 中，VSRHFASYAN（IC$_{50}$ 为 0.21mmol/L）、GAEETPLAGSYGA（每 20mmol/L 的 ACE 抑制活性为 49.15%）在 C 端第三位（P1）均存在 Y，但在 ACE 抑制方面的优势却截然不同。GSAGY 与 GAEETPLAGSYGA 的 C 端序列镜像对称，P2 的位置均存在 S，但它们的抑制能力却大有不同。同样，AW、VW 的 IC$_{50}$ 值分别比 WA 和 WV 低 43 倍和 200 倍。

　　此外，PGPDAAGPA 和 AGAHPAG 在 C 端序列中具有相同的氨基酸，但位置不同，分别表现为 75%（20mmol/L）和 IC$_{50}$ 为 1.56mmol/L 的抑制活性。这可能表明，脯氨酸在倒数第二的位置更有利。同样，FNATAG 和 AGAHPAG 的 P2′ 和 P1′ 位置的肽相同，P1 处用 P 代替 T 导致抑制强度提高 5 倍以上。MNPPK、VPAAPPK 和 PPK 在 C 端具有相似的三肽序列，其 IC$_{50}$ 值分别为 945.5μmol/L、0.45μmol/L 和 1000μmol/L。从碱性蛋白酶水解各种来源蛋白质得到的水解物中分离纯化得到肽片段的抑制 ACE 能力均有不同。例如，从牛蛙中得到的 GAAELPCSADWW，其 IC$_{50}$ 值为 0.95mmol/L；从海洋轮虫中得到的 DDTGHDFEDTGEAM，其 IC$_{50}$ 值为 9.64μmol/L；从三文鱼的副产品蛋白中得到的 VWDPPKFD、FEDYVPLSCF 和 FNVPLYE，它们的 IC$_{50}$ 值分别为 9.10μmol/L、10.77μmol/L 和 7.72μmol/L；从牛蛙中获得肽的 IC$_{50}$ 值与从刺参中获得的 GSAGY

的 IC_{50} 值相似。

综上所述可以得出结论，肽的 ACE 抑制能力与肽的一些参数有关，如三肽 C 端序列、肽长度和 ACE 抑制模式。C 端三肽序列和肽长度通过对 ACE 竞争性抑制剂的 ACE 活性位点的紧密性和键数影响 ACE 抑制肽的能力。抑制肽也可以通过其他抑制方式发挥抑制作用，如可以通过改变肽的结合导致酶活性丧失二级结构影响 ACE 三级结构。

3. ACE 抑制的动力学研究

为了阐明经 IEF 得到的子组分 4 和 6 中天然 ACE 抑制性肽的抑制模式，测定在抑制肽作用下，固定 ACE 浓度与不同浓度的底物（HHL）的反应速度。图 8.9 为经 ESI-Q-TOFMS/MS 分离后得到的组分 7（EVSQGRP）、10（SAAVGSP）、18（VSRHFASYAN）和 20（CRQNTLGHNTQTSIAQ）的 Lineweaver-Burk 图。在抑制肽的作用下，ACE 的 K_m 和/或 V_{max} 的变化，可阐明 ACE 抑制肽抑制 ACE 的机制。在肽 18 的存在下 ACE 的动力学常数表明，随着抑制剂浓度的增加，V_{max} 下降，这是典型的非竞争性抑制的特征。随着肽浓度的增加，4 种肽的表现不单纯归为竞争性抑制或非竞争性抑制，这种方式被报道为混合性抑制。如图 8.9（a）所示，对于肽 7，随着抑制剂浓度的增加，K_m 和 V_{max} 降低，V_{max} 降低的程度比 K_m 降低的程度更为明显。K_m/V_{max} 不会随着抑制剂浓度的改变而改变，因此可以认为肽遵循混合抑制模式。肽 10 和 18 与 7 的情况类似，随着肽浓度的增加，V_{max} 下降，而 K_m 的表现略有不同。如图 8.9（d）所示，随着抑制剂浓度的增大，K_m 和 V_{max} 大幅度降低，且 K_m 下降的程度较 V_{max} 明显。由于肽 20 不可能被 ACE 催化，K_m/V_{max} 并不完全相同，肽 20 的 Lineweaver-Burk 图显示了一种类似于非竞争性抑制的模式。该模式中，非竞争性抑制剂与酶-底物复合物结合，不与底物结合位点竞争。

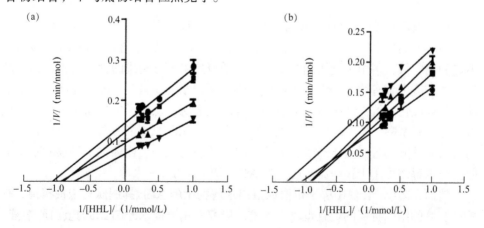

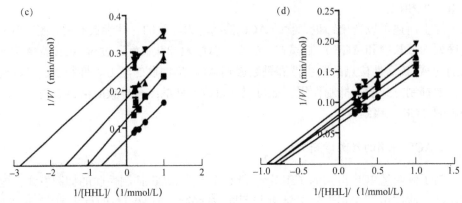

图 8.9　不同 ACE 抑制肽抑制 ACE 的 Lineweaver-Burk 图

每个点代表三个实验的平均值。在不存在或存在肽的情况下测量 ACE 活性。（a）肽 7：●不存在肽 7；■肽 7 浓度为 0.07mmol/L；▲肽 7 浓度为 0.15mmol/L；▼肽 7 浓度为 0.38mmol/L；（b）肽 10：●不存在肽 10；■肽 10 浓度为 0.21mmol/L；▲肽 10 浓度为 0.42mmol/L；▼肽 10 浓度为 0.85mmol/L；（c）肽 20：●不存在肽 20；■肽 20 浓度为 0.05mmol/L；▲肽 20 浓度为 0.12mmol/L；▼肽 20 浓度为 0.31mmol/L；（d）肽 18：●不存在肽 18；■肽 18 浓度为 0.05mmol/L；▲肽 18 浓度为 0.10mmol/L；▼肽 18 浓度为 0.21mmol/L

　　迄今，研究人员已经研究了几种不同的抑制模式，包括竞争性、非竞争性和混合竞争性抑制，抑制类型与肽的长度、主要结构息息相关。在抑制模式中，某些关键的氨基酸残基对抑制模式起着决定性作用。对于一种竞争性的 ACE 抑制肽，在 S1 和 S2 中占据的 C 端氨基酸残基是关键的残基，而对于非竞争性抑制肽其 N 端氨基酸残基对相关的功能是必不可少的。然而，混合性抑制多肽，如 EVSQGRP、VSRHFASYAN 和 SAAVGSP，并没有遵循已知的抑制模式。

8.3.2　植物源 ACE 抑制肽的制备、分离纯化和鉴定实例

1. 榛仁蛋白 ACE 抑制肽的制备

　　长白山榛仁（*Corylus heterophylla* Fisch.）又称为平榛，属于桦木科榛子属，是一种著名的野生榛果。榛子含有丰富的营养物质，其中油脂约为 60%，多为单不饱和脂肪酸，多用于食用油的生产。榛子渣是未充分利用的食用油生产的副产品，榛子渣中含有约 58.8% 的蛋白质，榛子蛋白水解物具有多种生物活性，如抗动脉粥样硬化、抗炎和抗诱变活性等。有研究表明，从榛子中分离出来的蛋白质富含疏水氨基酸，富含疏水残留物的多肽具有较高的 ACE 抑制能力，故含有丰富的疏水氨基酸的蛋白质能产生更多的 ACE 抑制肽。从长白山榛仁中提取的新型增值蛋白水解物可用于预防高血压，是 ACE 抑制肽的又一来源。

　　然而，迄今，长白山榛子蛋白或蛋白水解物中的 ACE 抑制肽均未被报道，有关这些肽的结构特征的信息也较少报道。研究者用蒸馏水配制 2% 的蛋白质溶液，

在 100℃水浴 15min，冷却后，在 54℃水浴，将 pH 调整为 8.5，并将碱性蛋白酶
（10000μ/g）加入溶液中，反应混合物不断搅拌 2.5h。将反应混合物在 100℃水浴
10min，使酶失活，随后 pH 调整为中性，再将混合物在 3910g 离心 15min，得到
榛子肽提取物。将榛子肽提取物通过离子交换色谱、凝胶过滤色谱和高效液相色
谱/串联质谱等技术分离纯化得到具有高纯度且能抑制 ACE 活性的多肽。利用 IC50
评价 ACE 抑制肽的活性，并研究其抑制模式。此外，利用 SHR 模型对高 ACE 抑
制活性的榛子蛋白水解物的生物利用率和抗高血压效应进行了评价，为长白山榛
子的 ACE 抑制肽工业生产提供理论依据和技术支持。

2. 榛仁蛋白 ACE 抑制肽的分离纯化

碱性蛋白酶由于其广泛的底物特异性和较高的水解作用而被用于制备 ACE
抑制肽，水解后水解产物经离子交换色谱法、凝胶过滤色谱法、反相高效液相色
谱法分析，根据电荷、分子质量和疏水性的差异，将 ACE 抑制肽从生物活性组分
中分离出来。离子交换色谱法利用固定相与流动相之间静电作用力的不同达到分
离效果。离子交换基团嵌入载体作为固定相，蛋白溶液作为流动相。蛋白质既有
亲水性又具有疏水性，在不同 pH 下，蛋白质解离导致电荷种类和电荷量都不同，
因而与固定相的结合能力不同。与固定相结合能力弱的蛋白质分子先被分离，而
结合力强的蛋白质则后分离。凝胶过滤色谱法又称为分子排阻色谱法或分子筛方
法，是利用凝胶网状结构，根据分子的质量、大小和形状进行分离与纯化的方法。
反相高效液相色谱有高灵敏度、重现性好、柱效率高等优点，狭义上指的是固
定相颗粒表面为非极性，流动相为极性的一种高效液相色谱；广义上只要流动相
的极性大于固定相极性的高效液相色谱，都可以称为反相液相色谱。通过这类反
相层析柱的分子按其极性大小移动，极性越大，移动越快。液相色谱-电喷雾电离
串联质谱（LC-ESIMS）是一种联用质谱技术，将 HPLC 分离的分辨能力与质谱仪
的高质量准确度相结合。因此，它可用于确定完整的蛋白质质量或对蛋白质或肽
混合物进行深入分析。与 HPLC 偶联可以通过 UV 或 MS 信号强度来量化检测到
的物质的特征。

将上述制备好的榛子肽提取物上样至用 Tris-HCl（20mmol/L，pH 9）平衡好
的离子交换色谱，把多余的未吸附至色谱柱的组分洗去，用含 NaCl（1mol/L，pH
8.5）的 Tri-HCl（20mmol/L，pH 9）缓冲液洗脱。离子交换色谱的洗脱曲线如
图 8.10（a）所示，榛子肽提取物通过离子交换色谱分离得到 4 个组分，分别为
A1、A2、A3 和 A4，检测每个组分的 ACE 抑制活性。结果显示，组分 A1 活性最
高，为 82.03%±2.61%。收集组分 A1，调节组分 A1 的浓度为 30mg/mL，并上样
至 Sephadex G-15 凝胶过滤色谱柱，用相同的缓冲液进行洗脱，在 220nm 下测其
吸光度。组分 A1 经 Sephadex G-15 凝胶过滤色谱分离得到组分 B1 和 B2，组分

B1 的 ACE 抑制率（86.34%±2.25%）明显高于 B2，如图 8.10（b）所示。采用高效液相色谱法，Diamonsil C_{18} 色谱柱，用乙腈（5%～60%）的线性梯度，以 0.1% 的三氟乙酸为补充，以 0.5mL/min 的流速对柱进行洗脱，洗脱液在 225nm 下测其吸光度。组分 B1 经 RP-HPLC 得到 7 个组分，组分 C2 表现出最高的 ACE 抑制率（89.5%±3.23%，$P<0.05$），如图 8.10（c）所示。

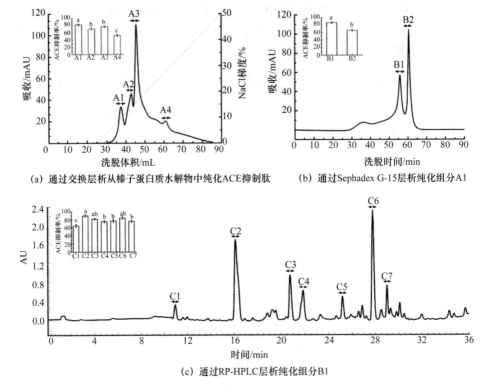

(a) 通过交换层析从榛子蛋白质水解物中纯化ACE抑制肽　　　(b) 通过Sephadex G-15层析纯化组分A1

(c) 通过RP-HPLC层析纯化组分B1

图 8.10　各纯化步骤色谱图和 ACE 抑制活性

使用 Agilent 1200 HPLC 系统、Agilent 6520 Q-TOFMS，通过 Agilent Eclipse Plus C_{18} 柱（2.1mm×150mm，3.5μm）分离肽，洗脱液 A 为 0.1%甲酸水溶液，洗脱液 B（5%～30%）为乙腈水溶液，补充有 0.1%甲酸，线性梯度洗脱。洗脱的流速为 0.4mL/min，洗脱 30min，柱温为 35℃，洗脱样品体积为 5L。进行正离子模式电喷雾电离质谱分析，扫描范围为 100～2000m/z，干燥气流（N_2）速度为 9L/min，干燥温度为 300℃。其他参数如下：雾化电压 35psig；毛细管电压为 3.5kV；碎裂电压为 175V；射频电压为 250V；二次质谱碰撞电压为 12～15eV。使用 BIOPEP 数据库分析抑制肽的潜在生物活性，使用 BLAST 程序在 NCBI 数据库中进行序列同源性搜索。通过 RP-HPLC 分析得出 C2 的纯度最高，利用 LC-ESIMS 进一步鉴定组分 C2，以确定 ACE 抑制肽的氨基酸顺序并检测其活性。如图 8.11 所示，三种新型的多肽从组分 C2 中筛选出来，分别为 Ala-Val-Lys-Val-Leu（AVKVL）、Tyr-Leu-Val-Arg（YLVR）和 Thr-Leu-Val-Gly-Arg（TLVGR）。从榛子蛋白水解物分离出的肽中，YLVR 的 ACE 抑制活性（IC$_{50}$=15.42mmol/L）高于 AVKVL（IC$_{50}$=73.06mmol/L）和 TLVGR（IC$_{50}$=249.3mmol/L）。

　　根据前面所述的 ACE 抑制肽的结构与活性之间的关系，抑制肽的 C 端存在疏水性氨基酸或芳香族氨基酸（色氨酸、酪氨酸、脯氨酸和苯丙氨酸等）会强烈影响其结合 ACE 的能力。YLVR 表现出较高的 ACE 抑制活性（IC$_{50}$=15.42mmol/L），但与其他从植物、动物和海洋生物中提取的四肽相比，如 LIVT（IC$_{50}$=0.11μmol/L）、TVPY（IC$_{50}$=2μmol/L）和 KPLL（IC$_{50}$=11.98μmol/L），YLVR 显示了更低的 ACE

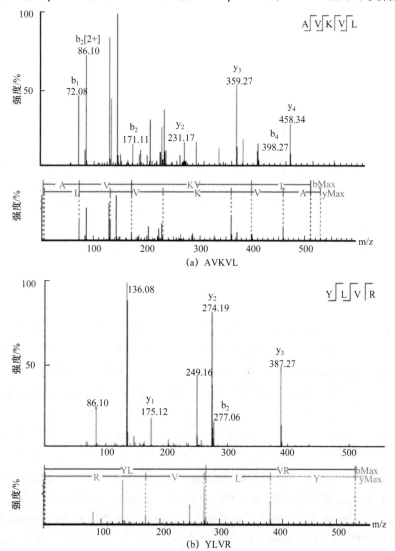

(a) AVKVL

(b) YLVR

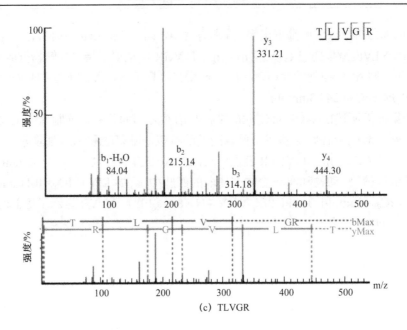

图 8.11　纯化肽的高效液相色谱图和质谱图

抑制活性。然而，YLVR 与四肽 VRYL（IC$_{50}$=24.1μmol/L）表现出的抑制活性不一致，表明肽抑制活性不仅与氨基酸组成有关，还与氨基酸序列紧密相关。研究者指出 ACE 抑制肽的结构与活性之间的关系尚未完全确定，一些较长的肽具有较高的 ACE 抑制活性，而一些具有亲水性氨基酸残基的多肽抑制活性较低，这可能是由于亲水性氨基酸残基的存在，限制了肽进入酶活性的位点，从而影响了 ACE 的活性。因此，需要更进一步探讨 ACE 抑制肽的结构与生物活性之间的关系。

3. 榛子肽的抑制模式

利用 Lineweaver-Burk 图分析榛子肽的抑制模型。该模型为非竞争性的，表明这些多肽通过与 ACE 自由结合形成复合物，并且肽抑制 ACE 活性呈浓度依赖性。非竞争性抑制剂可以通过引起构象变化抑制 ACE，从而阻止 ACE 与底物反应。如图 8.12 所示，所有的直线都有不同的斜率，并与 y 轴有不同的截距。抑制肽的作用降低了 ACE 对马尿酰-组氨酰-亮氨酸的亲和力，不添加抑制肽的 K_m 值为（0.99±0.05）μmol/L；添加 AVKVL 后 K_m 值为（1.55±0.1）μmol/L（$P<0.05$）；添加 YLVR 后 K_m 值为（1.03±0.05）μmol/L（$P>0.05$）；添加 TLVGR 后 K_m 值为（1.62±0.04）μmol/L（$P<0.05$）。不同肽对应的 V_{max} 值也不同，从 15μg/mL 到 30μg/mL 所对应 AVKVL 的 V_{max} 值从（0.2217±0.009）μmol/（L·min）（$P<0.05$）下降为（0.1733±0.007）μmol/（L·min）（$P>0.05$）；YLVR 的 V_{max} 值从（0.1120±0.009）μmol/（L·min）下降为（0.0915±0.007）μmol/（L·min）（$P<0.05$）；TLVGR 的 V_{max} 值从（0.2345±

（0.006）μmol/（L·min）略微下降为（0.2297±0.005）μmol/（L·min）（P＜0.05）。

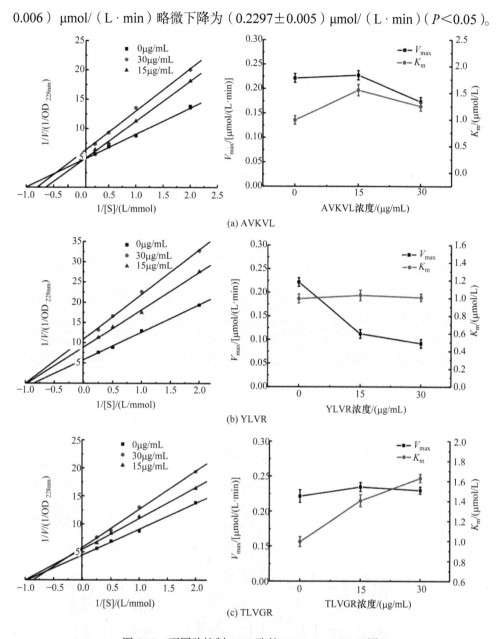

图 8.12　不同肽抑制 ACE 酶的 Lineweaver-Burk 图

　　有研究表明，ACE 抑制肽抑制 ACE 活性的过程有不同的竞争类型，包括竞争性抑制、非竞争性抑制、无竞争性抑制和混合竞争性抑制。当多个抑制模式同时发生时，为混合竞争性抑制模式，而大多数抑制肽以非竞争性的方式抑制 ACE。研究榛子肽的抑制机制了解 ACE 与 ACE 抑制肽之间的分子相互作用，将有助于设计和合成更有效的肽抑制剂。

4. 抗高血压作用

已知 YLVR 抑制 ACE 活性最强，故进一步探究 YLVR 在体内抗血压的效果。试验采用 9～10 周的雄性 SHR，体重 220～270g。将大鼠随机分成 5 组，分别为：对照组（等量生理盐水），卡托普利组（10mg/kg 体重），YLVR 高剂量组（50mg/kg 体重），YLVR 中剂量组（20mg/kg 体重），YLVR 低剂量组（10mg/kg 体重），每组 6～7 只，饲养一周。在血压测量前，将大鼠保持在 39℃ 环境 2～3min，监测尾部动脉的脉搏，以测量收缩压和舒张压。心脏收缩时，动脉内的压力上升，心脏收缩的中期，动脉内压力最高，此时血液对血管内壁的压力称为收缩压（SBP），又称为高压。当心脏舒张时，动脉血管弹性回缩时，产生的压力称为舒张压（DBP），又称为低压。ACE 抑制肽对 SHR 血压的影响，通过测量收缩压和舒张压的变化来评价 YLVR 抗高血压作用。

如图 8.13（a）所示，在化合物注射前，SHR 体内的收缩压和舒张压无明显差异，在短期试验中，SHR 对照组的 SBP 出现轻微变化；卡托普利组和 YLVR 治疗组（YLVR 高剂量组，YLVR 中剂量组和 YLVR 低剂量组）的 SBP 最大减量分别为 37.92mmHg、19.28mmHg、33.72mmHg 和 39.97mmHg，其中低剂量组在 8h 后 SBP 下降最多，且这些化合物抗高压作用能维持 8h。在长期试验中，化合物治疗一周后，卡托普利组和 YLVR 治疗组的 SBP 明显低于对照组（$P<0.05$）。在第三周时，YLVR 低剂量组的 SBP 从（176.97±13.24）mmHg 降至（149.67±11.79）mmHg，随后它稍微增加。

与对照组相比 8h 后，YLVR 治疗组的 DBP 并没有观测到显著降低。在长期试验中，从第一周到第四周，YLVR 治疗组并没有像对照组一样增加。总体而言，YLVR 即使在低剂量下也能降低血压。因此，它是一种有效的生物活性药物，可用于功能性食品，或作为一种抗高血压药物用于预防和治疗高血压。

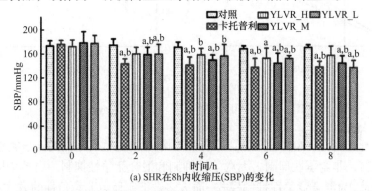

(a) SHR 在 8h 内收缩压(SBP)的变化

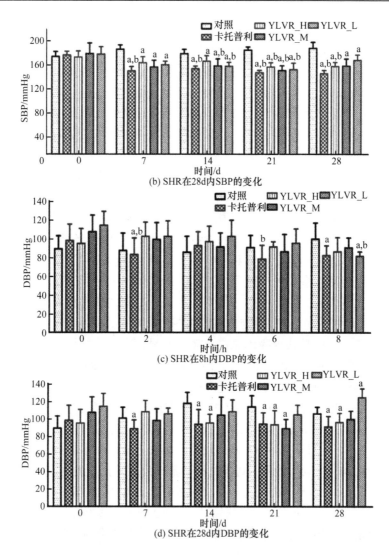

图 8.13　口服不同药物后 8h 内和 28d 内雄性 SHR 血压的变化

每个值用平均值±标准差表示；a 表示与对照组相比具有显著性（$P<0.05$）；b 表示与 0h 相比具有显著性（$P<0.05$）

8.3.3　真菌源 ACE 抑制肽的制备、分离纯化和鉴定实例

1. 利用硫酸水解法从蘑菇中提取 ACE 抑制肽

众所周知，蘑菇种类丰富，据统计蘑菇品种多达 36000 种。蘑菇主要由菌丝体和子实体两部分组成，菌丝体作为营养器官，成熟的孢子萌发成菌丝，菌丝互相缀合形成密集的群体，称为菌丝体。子实体作为繁殖器官，在成熟后很像一把撑开的小伞。有研究已经报道蘑菇中的蛋白质营养价值高，仅位于大多数动物肉

之下，在大多数其他食物之上。大部分蘑菇可以作为食品和药品，蘑菇含有各类有效化学成分，如蛋白质、碳水化合物、纤维、矿质元素等，这些化学成分与生物活性之间有密切的关系，这使蘑菇成为具有生物活性的多肽的良好原料。

平菇（Oyster mushroom）又名侧耳、糙皮侧耳、蚝菇、黑牡丹菇、秀珍菇，为担子菌门下伞菌目侧耳科一种类，是种相当常见的灰色食用菇，现今已被广泛栽培。中医认为平菇性温、味甘，具有驱风散寒、舒筋活络的功效。平菇含有丰富的营养物质，矿物质含量多，氨基酸成分齐全、种类多样。平均每100g平菇干品含有20～23g蛋白质，是鸡蛋中蛋白质的2.6倍，猪肉的4倍，菠菜、油菜的15倍。平菇蛋白质含有18种氨基酸，其中必需氨基酸为8.38%，占氨基酸总量（20.7%）的40.5%以上。多种氨基酸刺激人的味觉器官产生鲜味的感觉，较单纯的谷氨酸钠口感更佳。平菇的脂肪含量和能量低，且膳食纤维和功能化合物含量高，对高血压、高胆固醇血症和癌症等多种疾病有预防和治疗作用。因此，平菇也是一种生物活性多肽的优质原料，可从平菇中提取得到多种活性肽，如ACE抑制肽等。在过去的二十年中，一系列合成ACE抑制剂已被临床用作抗高血压药物。虽然这些合成ACE抑制剂作用效果明显，但伴随着不良的副作用，如慢性干咳、味觉紊乱、吞咽或呼吸困难、头痛、失眠、腹泻、过敏反应、炎症反应、血管水肿、高钾血症、心动过速、白细胞减少。食物源的ACE抑制肽比合成药物更安全、更健康，因此吸引了越来越多的关注。

近年来，有研究报道从平菇水提取物中获得ACE抑制肽。然而，目前还没有研究用酸水解法对平菇中活性肽的生产进行研究。笔者首次报道了用硫酸水解平菇制备活性肽，通过Box-Behnken设计响应面方法，对水解温度、水解时间和硫酸浓度做最佳优化，从而保证高效地从平菇中分离纯化出的具有抑制ACE的活性肽。由试验结果可知，硫酸水解平菇制备活性肽的最佳方案为：1g平菇样品与10mL的硫酸（5.67mol/L）用旋涡搅拌器混合均匀，接着在100℃下加热4.03h，待冷却至室温，用碳酸钙中和，使反应终止，得到平菇水解物。

2. 分离纯化ACE抑制肽并测定其活性

经试验验证，硫酸水解平菇制备出的平菇水解物具有抑制ACE的活性。通过光谱法测定，底物FAPGG经ACE水解为呋喃丙烯酰-L-苯丙氨酸和甘氨酰甘氨酸，利用微板分光光度计可检测出生成物在340nm处有最大吸收峰。抑制肽的加入使得ACE水解底物的能力减弱，生产的水解产物减少，导致340nm处吸光度下降。具体操作为：在96孔微板中，将10μL样品溶液与5μL的ACE溶液（100mU/mL）混合均匀，在37℃水浴10min，然后加入50μL的底物FAPGG溶液（3.9×10^{-4}mol/L的FAPGG溶于0.1moL硼酸盐中，pH 8.3）混合均匀后继续水浴2h。ACE抑制活性计算方程：ACE抑制活率（%）=（C-S）/（C-B），其中C表示空白吸光度（在 ACE 之前加入盐酸），S 表示 ACE 和样品存在下的吸光度，B 表示没有样品（缓冲液代替样品）的吸光度。上述条件下抑制 50%的 ACE 活性所需的肽浓度被定义为 IC_{50} 值，可直观比较活性强弱的关系，并采用 Bradford 法测定肽浓度。

平菇水解物的成分复杂多样，首先用离心法去除平菇水解物中的不溶性组分，再用 1kDa 分子筛（MWCO）膜将平菇水解物分为 M_w 大于 1kDa 和 M_w 小于 1kDa 两部分，并检测各部分 ACE 抑制活性。试验结果表明，M_w 小于 1kDa 的 ACE 抑制活性明显，高于 M_w 大于 1kDa 的组分，与之前研究报道的较小的肽有更强的 ACE 抑制活性的结论相一致。收集活性较强的 ACE 抑制肽的组分（M_w 小于 1kDa），上样至 DEAE Sephacel 阴离子交换柱。如图 8.14（a）所示，分离得到 6 个组分（F1～F6）且均具有抑制 ACE 的活性，其中组分 F4 显示出最有效的 ACE 抑制活性（$IC_{50}=2.677mg/mL$）。收集组分 F4，上样至 Superdex Peptide 10/300 GL 凝胶过滤柱（10mm i.d.×300mm）对组分 F4 进一步纯化，得到 4 个组分（F4-Ⅰ～F4-Ⅳ），组分 F4-Ⅳ 显示最有效的 ACE 抑制活性，IC_{50} 值为 0.587mg/mL，如图 8.14（b）所示。

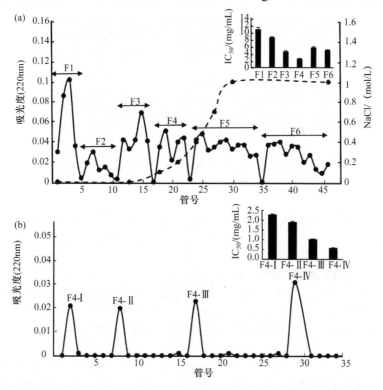

图 8.14　平菇水解物分离纯化的色谱图及对应组分的 ACE 抑制活性

（a）DEAE Sepharose 离子交换色谱图，用含有 pH 8.0、50mmol/L Tris-HCl 缓冲液的分段梯度的 NaCl（0～1.0mol/L）洗脱；（b）Superdex Peptide 10/300 GL 凝胶过滤色谱图，用去离子水洗脱的 F4 馏分的凝胶过滤色谱图

3. ACE 肽的抑制模式

图 8.15 为纯化后 ACE 抑制肽抑制 ACE 水解的 Lineweaver-Burk 图。在测定酶与抑制剂结合的体系中，反应在初速度的范围内，并且反应速度与底物浓度之间的关系符合米氏方程。三条不同浓度 ACE 抑制肽的动力学曲线的线性方程交 y 轴于同一点，它们的 V_{max} 相同，K_m 随着抑制浓度的增大而增大，为典型的"竞争型抑制"。从平菇中分离纯化得到的 ACE 抑制肽作为一种具有竞争优势的抑制剂，其 K_m 值为 0.24mg/mL。在酶与抑制剂结合体系中，ACE 抑制肽与底物竞争 ACE 的活性中心位置，ACE 抑制肽占据 ACE 的活性中心后，底物与 ACE 特异性结合受到阻碍，ACE 活性降低，甚至失去活性，说明 ACE 抑制肽对 ACE 酶具有很大的亲和力，从平菇中分离纯化得到的 ACE 抑制肽是一种抑制活性较高的抑制剂。

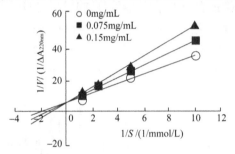

图 8.15　从平菇中分离纯化得到的 ACE 抑制肽抑制 ACE 酶的 Lineweaver-Burk 图

参 考 文 献

贾俊强, 马海乐, 王振斌, 等. 2009. 降血压肽的构效关系研究[J]. 中国粮油学报, 24(5): 110-114.

李庆波, 刁静静, 井雪莲, 等. 2014. 绿豆渣 ACE 抑制肽的纯化鉴定及构效关系初探[J]. 农产品加工(学刊), (21): 5-9.

刘文颖, 林峰, 陈亮, 等. 2016. 食源性低聚肽的血管紧张素转化酶(ACE)抑制作用[J]. 食品科技, 41(2): 9-13.

王晶晶, 吉薇, 吉宏武, 等. 2016. 远东拟沙丁鱼酶解产物的降血压效果评价及其 ACE 抑制肽的分离纯化与鉴定[J]. 食品与发酵工业, 42(4): 63-68.

王晓丹, 薛璐, 胡志和, 等. 2017. ACE 抑制肽构效关系研究进展[J]. 食品科学, 38(5): 305-310.

Aluko R E, Girgih A T, He R, et al. 2015. Structural and functional characterization of yellow field pea seed(*Pisum sativum* L.) protein-derived antihypertensive peptides[J]. Food Research International, 77: 10-16.

Bartolini M, Cavrini V, Andrisano V. 2007. Characterization of reversible and pseudo-irreversible acetylcholinesterase inhibitors by means of an immobilized enzyme reactor[J]. Journal of Chromatography A, 1144: 102-110.

Byun H G, Kim S K. 2002. Structure and activity of angiotensin I converting enzyme inhibitory peptides derived from Alaskan pollack skin[J]. Journal of Biochemistry and Molecular Biology, 35:

239-243.

Chen Y, Wang Z, Chen X, et al. 2010. Identification of angiotensin Ⅰ-converting enzyme inhibitory peptides from koumiss, a traditional fermented mare's milk[J]. Journal of Dairy Science, 93: 884-892.

Emily H, Rattan C. 2008. Antihypertensive and antimicrobial bioactive peptides from milk proteins[J]. European Food Research and Technology, 227: 7-15.

Escudero E, Toldr F, Sentandreu M A, et al. 2012. Antihypertensive activity of peptides identified in the *in vitro* gastrointestinal digest of pork meat[J]. Meat Science, 91: 382-384.

Fuglsang A, Dan N, Nyborg N C B. 2003. Characterization of new milk-derived inhibitors of angiotensin converting enzyme[J]. Journal of Enzyme Inhibition and Medicinal Chemistry, 18: 407-412.

Girgih A T, He R, Malomo S, et al. 2014. Structural and functional characterization of hemp seed(*Cannabis sativa* L.) protein-derived antioxidant and antihypertensive peptides[J]. Journal of Functional Foods, 6: 384-394.

Hoppe A. 2010. Examination of egg white proteins and effects of high pressure on select physical and functional properties[J]. Physical Review C: Nuclear Physics, 32: 591-601.

Jao C L, Huang S L, Hsu K C. 2012. Angiotensin Ⅰ-converting enzyme inhibitory peptides: inhibition mode, bioavailability, and antihypertensive effects[J]. Biomedicine, 2: 130-136.

Jimsheena V K, Gowda L R. 2010. Arachin derived peptides as selective angiotensin Ⅰ-converting enzyme(ACE) inhibitors: structure-activity relationship[J]. Peptides, 31: 1165-1176.

Kobayashi Y, Katsuda Y T. 2008. Angiotensin-Ⅰ converting enzyme(ACE) inhibitory mechanism of tripeptides containing aromatic residues[J]. Journal of Bioscience and Bioengineering, 106: 310-312.

Maeno M, Yamamoto N, Takano T. 1996. Identification of an antihypertensive peptide from casein hydrolysate produced by a proteinase from *Lactobacillus helveticus* CP790[J]. Journal of Dairy Science, 79:1316-1321.

Memarpoor Y M, Asoodeh A, Chamani J K. 2012. Structure and ACE-inhibitory activity of peptides derived from hen egg white lysozyme[J]. International Journal of Peptide Research and Therapeutics, 18: 353-360.

Papadimitriou C G, Vafopoulou M A, Silva S V, et al. 2007. Identification of peptides in traditional and probiotic sheep milk yoghurt with angiotensin Ⅰ-converting enzyme(ACE)-inhibitory activity[J]. Food Chemistry, 105: 647-656.

Parris N, Moreau R A, Johnston D B, et al. 2008. Angiotensin Ⅰ converting enzyme-inhibitory peptides from commercial wet- and dry-milled corn germ[J]. Journal of Agricultural and Food Chemistry, 56: 2620-2623.

Pripp A H, Ard Y. 2007. Modelling relationship between angiotensin-(Ⅰ)-converting enzyme inhibition and the bitter taste of peptides[J]. Food Chemistry, 102: 880-888.

Rao S Q, Ju T, Sun J, et al. 2012. Purification and characterization of angiotensin Ⅰ-converting enzyme inhibitory peptides from enzymatic hydrolysate of hen egg white lysozyme[J]. Food Research International, 46: 127-134.

Ruiz G P, Salom J B, Marcos J F, et al. 2012. Antihypertensive effect of a bovine lactoferrin pepsin hydrolysate: identification of novel active peptides[J]. Food Chemistry, 131: 266-273.

Saiga A, Okumura T, Makihara T, et al. 2006. Action mechanism of an angiotensin I -converting enzyme inhibitory peptide derived from chicken breast muscle[J]. Journal of Agricultural and Food Chemistry, 54: 942-945.

Saito Y, Wanezaki K, Kawato A, et al. 1994. Structure and activity of angiotensin I converting enzyme inhibitory peptides from sake and sake lees[J]. Bioscience, Biotechnology, and Biochemistry, 58: 1767-1771.

Wang Y K, Zhao G Y, Li Y, et al. 2010. Mechanistic insight into the function of the C-terminal PKD domain of the collagenolytic serine protease deseasin MCP-01 from deep sea *Pseudoalteromonas* sp. SM9913[J]. Journal of Biological Chemistry, 285: 99-103.

Winkler D A. 2018. Sparse QSAR modelling methods for therapeutic and regenerative medicine[J]. Journal of Computer-Aided Molecular Design, 32(2): 1-13.

Wu J P, Aluko R E, Nakai S. 2010. Structural requirements of angiotensin I -converting enzyme inhibitory peptides: quantitative structure-activity relationship modeling of peptides containing 4-10 amino acid residues[J]. Qsar & Combinatorial Science, 25(10): 873-880.

Yoshii H, Tachi N, Ohba R, et al. 2001. Antihypertensive effect of ACE inhibitory oligopeptides from chicken egg yolks[J]. Comparative Biochemistry and Physiology C-Toxicology & Pharmacology, 128: 27-33.

You S J, Wu J. 2011. Angiotensin- I converting enzyme inhibitory and antioxidant activities of egg protein hydrolysates produced with gastrointestinal and nongastrointestinal enzymes[J]. Journal of Food Science, 76: 801-807.

Yust Mdel M, Pedroche J, Alaiz M, et al. 2007. Partial purification and immobilization/stabilization on highly activated glyoxyl-agarose supports of different proteases from flavourzyme[J]. Journal of Agricultural and Food Chemistry, 55: 6503-6508.

第9章 风 味 肽

9.1 风味肽概述

风味肽是指对食物风味特征有重要作用，可以从食物中提取或由氨基酸合成的一类寡肽，分子质量在 5000Da 以下，包括特征滋味肽和风味前体肽（张梅秀等，2012）。人们摄入某种食品后，主要通过舌头的味蕾细胞感知滋味组分，而气味则通过嗅觉细胞感知。滋味一般由酸、甜、苦、咸、鲜 5 种基本味觉构成。良好的风味不仅可以让人心情愉悦，而且可以提高食物的营养价值。食品中的呈味物质一般由极性不同的小分子或离子组成，包括氨基酸、肽类、有机酸和一些金属离子等。风味肽可由蛋白水解（王蓓和许时婴，2010）、氨基酸合成（Nakatani and Okai, 1993）及直接从食物中提取得到（Zhang et al., 2012）。风味肽包括特征滋味肽和风味前体肽，一般可将特征滋味肽分为甜味肽、苦味肽、鲜味肽、酸味肽和咸味肽。近年来，能够引起品尝浓厚感、持续性的浓厚感类呈味组分的相关研究越来越引起分子感官科学家的关注。20 世纪 90 年代，Ueda 等（1994）研究表明大蒜中的含硫化合物，如 S-烯丙基-半胱氨酸亚砜（蒜氨酸）、S-甲基-半胱氨酸亚砜和谷胱甘肽（γ-谷氨酰半胱氨酰-甘氨酸），加入含有鲜味组分的溶液中时，能够增强味道的连续性、充实感、厚重感，因此特征滋味肽除了 5 种基本味觉肽，还有浓厚感肽。目前，对于甜味肽的研究较多且比较成熟，如阿斯巴甜、阿力甜等都已经产业化，因其甜度高、热量低，已在食品和医药领域中获得了广泛的应用。早在 20 世纪 70 年代就有对苦味肽的研究报道，苦味肽主要是短肽链的活性肽，易吸收，易消化，现在多作为特定人群的营养食品。酸味的产生与溶液中解离产生的 H^+ 有关（Diochot et al., 2007），研究酸味肽一级结构可以发现，酸味肽多含有酸性氨基酸 Asp 和 Glu，这两种酸性氨基酸也常见于鲜味肽中，因此，许多学者将酸味肽当作鲜味肽的一部分进行研究。鲜味是独立于酸、甜、苦、咸 4 种基本味之外的第五种滋味，关于鲜味肽的研究方向也从探索其数量和种类转向探究其呈味机制。有研究表明，小肽对食物风味的影响取决于其组成氨基酸的原有味感。例如，Gln、Asn、Glu 和 Asp 相互结合或与 Ala、Cys、Met、Gly、Thr、Ser 相互结合形成的多元酸钠盐能增强食物鲜味。目前，关于酸味肽的报道还比较少见。酸味肽主要为 γ-谷胺酰肽类，因此肽的酸味通常与其鲜味相关。已知的咸味肽数量较少，常见的为二肽，如 Orn-Gly-HCl 和 Lys-Gly-HCl 等。咸味肽对于糖尿病患者及高血压患者等特殊人群有十分重要的利用价值。肽作为香味形成的重要前体物，在食品中可以与还原糖、氨基酸、脂肪酸等物质发生系列反应，如与还原糖的美拉德反应可以产生特殊香味，且比起其他前体物参与的美拉德反应所产生的挥发性芳香物质更为丰富（赵谋明，2007）。美拉德反应极其复杂，它不仅产生许多初始产物，而且初始产物之间还能相互作用生成二级产物。有些风味物质的产生只在肽类参与美拉德反应时才会产生，称为肽特异性美拉德反应。作为美拉德反应前体物参与美拉德反应的肽的分子质量在 1000～5000Da。很多学者期望提高水解产物中 1000～5000Da 肽的含量来使产品经加工过程风味更佳。

9.1.1　鲜味肽

　　鲜味是一种广受人们喜爱的滋味，食品中存在众多呈鲜物质及增鲜物质，能够赋予食品良好的鲜味特征。作为独立于酸、甜、苦、咸的第五种基本滋味，鲜味味道醇美，可增强食品的风味，不仅可以抓住大众的胃口，还能够引起人们对其鲜味奥秘的探索。鲜味肽作为新型活性肽类鲜味剂，最初是由 Yamasaki 和 Maekawa（1978）从牛肉中得到的一种八肽，肽链中存在的酸性基团 Glu 和 Asp，具有增强牛肉风味的作用。鲜味肽的来源非常广泛，大豆、乳酪、肉类、蘑菇、水产品等具有良好滋味的食物中均含有鲜味肽。鲜味肽的研究历史最早要追踪到日本学者 Iked（1909）从海带汤中发现类似味精（MSG）的鲜味物质，到 1978 年，日本科学家 Yamasaki 和 Maekawa 从木瓜蛋白酶酶解牛肉的水解液中分离纯化得到氨基酸序列为 Lys-Gly-Asp-Glu-Glu-Ser-Leu-Ala 的八肽（BMP），BMP 是牛肉风味的主要成分，能产生类似于美味肽的风味。鲜味肽由于独特的风味，正作为第四代新型鲜味剂被开发利用。

9.1.2　苦味肽

　　苦味肽是一系列结构多样化的寡肽，主要来源于食品发酵过程中蛋白质水解。该水解物一般会影响产品的感官品质，不利于产品的销售（Maehasaki and Huang，2009）。苦味是一种令人不愉快的味道，是所有味觉中最容易被感知的一种（李蕾蕾，2006）。苦味往往代表食物存在有毒物质，所以灵敏地感知苦味对人类安全地选择食物具有重要的意义。苦味物质多是脂溶性的，食物和药物中的苦味物质来源可分为 4 类：植物、动物、含氮有机物、无机盐类。其中，植物来源主要分为 4 类，包括生物碱、萜类、糖苷类、苦味肽类；动物来源包括动物胆汁、苦味肽和某些氨基酸；含氮有机物包括苯甲酰胺、尿素等；无机盐类主要包括 Ca^{2+}、Mg^{2+}、NH_4^+ 等。苦味肽直接存在于动植物和微生物中，或通过其蛋白酶解液获得。食品中苦味物质的来源包括天然生成和人工添加两种方式。天然带有苦味的食品主要是果蔬，如芹菜、莴苣、苦瓜、柑橘、柚子等；豆谷类，包括苦荞麦、大豆、莜麦等。这些天然具有苦味的食品，由于其特殊的保健功能，越来越受人们的欢迎。而人工添加具有苦味的食品，包括茶饮、糕点等食品，也因其特殊的风味和功能而受到青睐。

9.1.3　咸味肽

咸味作为五味之一，对食品风味的重要性不言而喻。传统的咸味剂是钠盐，民间更有"好厨子一把盐"的说法。但现代医学研究表明，过多地摄取钠盐是诱发高血压、心脑血管疾病等现代文明病的重要因子（Hu et al.，2000；He and Macgregor，2002）。国外有用其他金属盐代替钠盐的报道，但钾盐、镁盐均具有金属苦味，无法达到与钠盐相当的咸味口感（Frank and Mickelsen，1969）。基于低盐食品的潜在巨大市场及金属盐替代物口味上的不足，国内外学者长期关注于新型咸味剂的开发。Tada 等（1984）在 1984 年发现了新的咸味肽 L-Orn-Tau，从此基于短肽的咸味剂开发逐渐兴起。截至目前，研究人员已在多种食品中发现了咸味肽和酸味肽，其中以二肽为主。例如，Zhu 等（2008）在对无盐酱油的研究中发现了 3 种具有咸味的二肽，序列为 Ala-Phe、Phe-Ile、Ile-Phe，其中 Ala-Phe、Ile-Phe 组分能够抑制血管紧张素转换酶的活性，起到抗高血压的作用，具有较高的应用价值。彭增起等（2011）从大豆蛋白中分离纯化获得咸味肽，经分析其氨基酸序列为 Gly-Lys。张顺亮等（2012）对分离制备的咸味肽分析后发现，该咸味肽分子质量为 849.38Da。李迎楠等（2016）采用色谱纯化和质谱分析法研究牛骨源咸味肽，得到相对分子质量均小于 1000、质荷比值为 679.5109 的咸味肽。

9.1.4　酸味肽

食品中存在的或通过发酵加工得到的有机酸或无机酸组分含量较高，而当前对酸味肽的研究较少。酸味肽往往与酸味、鲜味密切相关，可用于检测未成熟的水果和腐败食品，从而避免酸引起的生物组织损伤或酸碱调节的问题。由于酸味肽含有 Glu、Asp 等酸性基团，因此通常把酸味肽当作鲜味肽的一部分进行研究。

9.1.5　甜味肽

甜味肽又称为阿斯巴甜，《英汉生物化学与分子医学词典》记载该物质是一种无色晶体物，比蔗糖甜 160 倍。且用其他天然存在的氨基酸来替代阿斯巴甜分子中的 L-Asp，都会使其丧失甜味变成苦味。1980 年以来，甜味肽分子结构和计算机模拟的结果表明，甜味肽结构具有形成氢键的能力，且具有方向性。关于疏水基团 X 的变化对甜度的影响研究较多，通过化学合成法（冯海峰等，1998；张力田，1994）、生物合成法（张力田，1994；Murakami et al.，2000）及基因工程技术（Chao，2000）制备二肽甜味衍生物，构成阿斯巴甜的两种氨基酸若都是 D 型或 L 型，D 型没有甜味，甚至有微弱的苦味；L 型则可能有甜味。甜味的呈味机理有很多的假说，直到 Shallenberger（1998）提出了甜味 AH-B 系统理论，其中 AH 表示质子供体，B 表示质子受体，这是第一次用于解释甜味分子产生的简单理论。

从物化角度分析甜味机制，当 R_1 为小的疏水性残基，1～4 个原子，R_2 为大的疏水性残基，3～6 个原子，且 $R_1 \leqslant R_2$ 时，分子公式中 A 具有甜味，B 不具有甜味。通过费歇尔（Fischer）投影式分析，天冬氨酰肽 α-氨基和 β-羧基之间距离在 0.25～0.40nm 易形成 AH-B 系统，且 R_1 和 R_2 空间大小足够相似，对甜味效力的影响将减弱，反之对甜味效力的影响增强。由于 AH-B 系统理论难以解释强力甜味剂的高效甜味效力，也无法解释 AH、B 偶极体系化合物不甜的现象，Kier（1972）在 1972 年引入疏水部分 X，提出了 AH、B、X 三角理论，使得 AH-B 系统更加的完善。疏水性结合位点 X 由于疏水相互作用可以增强甜味分子与甜味受体的作用力，可以大大提高甜度，因而，亲水性-疏水性平衡关系对甜味分子影响较大。

9.1.6　浓厚感肽

浓厚感肽源于日本词语"kokumi"。由于食物的复杂特性，浓厚感肽的研究较晚。浓厚感在日本习惯上表达的是一些食品优良的风味，如浓汤、成熟、发酵食品等。浓厚感化合物本身不呈现基本味觉，但是它们可以增强饱满感、肥硕感和复杂性，增加可口的持续性（Kuroda et al.，2013），因此，浓厚感的含义包含了浓厚、饱满、肥硕、口感平衡、味感持续性和复杂性（Kohyama，2015），它不是一种基本味觉，而属于口感（Winkel et al.，2008）。鲜味肽和浓厚感肽的概念容易混淆（Winkel et al.，2008；鲁珍等，2012）。鲜味在一定程度上也可以增强某些味感（刘甲，2010），从这一点上来讲，鲜味肽也属于浓厚感肽的范围；相反，许多浓厚感肽不具有鲜味，但可能呈现出其他味感。

9.2　风味肽活性的评价方法

风味肽作为能产生味觉感受的生物分子，其风味强度的评价方法与评价其他味觉成分的方法基本一致。评价呈味物质味觉强度常用的方法包括传统的人工感官、电子舌、动物舔食试验等；近年来，随着生物传感技术不断发展和成熟，以生物敏感材料作为检测元件的生物传感器技术逐渐受到人们的关注。这些评价呈味物质的方法针对不同的味觉成分，各具优势，相互补充。

9.2.1　人工感官

感官评价是经过专业培训的感官评价员，对食品做出最直接评价的方法，在食品行业有不可替代的作用。该方法简单迅速，可直接反映食品的外在质量，但结果受主观影响比较大，无法用精确的数据呈现。李娜等（2009）应用感官评价法评价了鲥鱼酶解蛋白液的脱苦脱腥效果。滋味稀释分析法是与感官评价结合紧密的方法，例如，Nishiwaki 等（2002）采用梯度稀释和感官结合的方法对脱苦处理后的苦味短肽溶液与未经脱苦处理的苦味短肽溶液相对比，评价前后苦味强度的变化。Liu 等（2017）采用感官分析-滋味稀释分析-电子舌的方法，研究并发现在小麦麦谷蛋白水解产物中富含谷氨酸的寡肽比游离的谷氨酸具有更强的掩盖苦味的能力。马垒（2016）在分离鉴定红鳍东方鲀呈味肽时，运用感官评定-滋味稀释分析法对呈味肽超滤、纳滤馏分的滋味进行感官评价，得出 200～3000Da 提取液的鲜味与原液较为接近。Schindler 等（2011）通过两步感官分析法试验发现 L-精氨酸是增强咸味的主要组分。目前关于甜味剂的评价方法研究较多，如成对比较法（Yamaguchi et al.，1970；Kim et al.，2016）、以相对甜度作为评价的指标、恒定刺激法（Schutz and Pilgrim，2010）、等甜法（Fred，1992；江文陆等，1994）、量值估计法（Stone and Oilver，1969）和时间强度法（Souza et al.，2013；Azevedo et al.，2015）等。另外，有学者通过动物试验对甜味剂的安全性进行了评价，有研究表明大剂量的阿斯巴甜可能会诱发中枢神经中毒症状，具有致癌性。综合国内外对阿斯巴甜的相关研究，结果表明，在一定剂量下，阿斯巴甜作为添加剂是无毒的（宋雁等，2010）。

9.2.2 电子舌

电子舌是一种低选择性、非特异性的交互敏感传感器阵列，配以合适的模式识别方式或多元统计方法，进行定性定量分析的现代化检测仪器。与感官分析相比，电子舌具有客观性、重复性、不疲劳、检测速度快、数据电子化和易描述、易保存等优点（唐慧敏，2009）。Newman 等（2014）在研究乳蛋白水解产物中苦味的相互关系时发现，用电子舌研究分析其理化性质时，省时省力，可以代替感官分析。近年来，随着计算机技术的发展，分子模拟技术成为人们研究生物分子作用机制的热点。在苦味肽的研究中，Pripp 和 Ardo（2007）建立了苦味肽的 QSAR 模型，指出了疏水性和分子质量均直接与苦味的产生相关。Shu 等（2008）建立了利用 QSAR 模型定量描述肽链氨基酸结构和性质的新方法，且更多的新技术将会应用于食品评价中。仇春泱等（2013）与张梅秀（2014）在研究东方鲀呈味肽分离鉴定时，多使用电子舌测定滋味轮廓。

9.2.3 生物传感器

生物传感器因其优越的性能（快速响应、检测限低等），现已广泛应用到食品生产及安全监督、食品发酵工业的生产过程监控、产品品质分析等环节或领域，而电子舌在敏感性、稳定性等方面明显逊于生物味觉感受器。利用分子传感技术，采用生物味觉活性单元作为生物传感器的敏感材料已经成为味觉研究和检测的趋势，这些活性单元包括味觉组织、细胞、受体等，其信号检测系统主要为阵列传感器，包括光生物传感器、压电生物传感器及电化学生物传感器等。例如，Ahn 等（2016）以囊泡的形式包裹鲜味和甜味受体，并同时将其固定在石墨烯复合材料上制成能同时感受鲜味和甜味的传感器，其检测阈值远低于人工感官和电子舌；张威（2011）将味觉受体细胞和微阵列电极结合（图 9.1），实现了对味觉物质的评价。当其向细胞施加甜味或苦味物质的刺激时，用于监测细胞膜表面电势变化的电极，可检测到显著的变化。

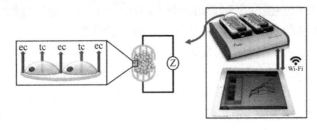

图 9.1　利用微阵列电极和味觉受体细胞研制的便携式味觉检测生物传感系统

除上述三种常见的味觉检测方法外，基于不同的目的，还存在其他的评价方法，如小鼠舔食试验、味觉刺激的电生理记录等方法。但总体来说，这些仪器评价法是间接对风味特性进行描述，只能作为辅助评价方式；感官评价法仍是最常用、最直接且有效的方法（Hu et al.，2016）。

9.3　风味肽的研究实例及应用

在西方国家相对于生物活性肽其他领域的研究，呈味肽研究不是很成熟。相反，日本、韩国调味品行业十分发达，不仅在应用微生物发酵制备传统调味品（如酱油、鱼露等）方面工艺成熟，而且在呈味肽的性质、应用规律的研究以及应用生物技术深加工产品的研发方面居世界领先地位，占据了绝大多数市场份额。含肽调味品以呈味肽为核心，含量通常在 50%～70%之间，也含有一些游离氨基酸。当它们被使用并同食品一起被加热后，能够与同时存在的糖、有机酸等发生美拉德反应。美拉德反应是一个极其复杂的反应，它不仅产生许多初始产物，而且初始产物之间还能相互作用生成二级产物。这既与参与反应的氨基酸与单糖的种类有关，也与受热温度、时间长短、体系的 pH、水分等因素有关。许多食品在加工之前具有某些不良味道，这些味道是原料本来就有的，如鱼和畜肉的生腥味等。

在进行水产品加工和肉加工时如何去掉这些不良味道一直是人们考虑的问题。遮腥味是指用调料中包含的有效成分将食品中的不愉快气味掩盖住或者通过反应使不愉快成分的化学性质改变的方法。料酒有这种功能，含肽调料也具有这种功效。鱼肽调料、畜肉肽精、酵母精、卵水解蛋白等能够在相当程度上消除大豆的生腥味。这是由小肽容易形成醛和席夫碱（—N=CH₂），以及第 1 和第 2 氨基中的碳原子结合比较紧密造成的。

9.3.1 美拉德肽的应用

美拉德反应的初始阶段，首先生成 strecker 醛。这些降解产物，在肽和氨基酸的催化下，又发生分子重排，进一步相互作用。在整个反应过程中产生大量内酯化合物、吡嗪类化合物、呋喃类化合物及少量含硫化合物，这些化合物能够体现食品的香气。因此，特别是熟食加工时，应该考虑使用一定量的含肽调料。风味增强肽以美拉德肽为主，它能较大程度地增强食品风味，如食品的浓厚味和鲜味，同时也是酱类制品的核心呈味物质。葡萄糖和不同氨基酸的美拉德反应能产生不同的食品香味。例如，Gly、Asp、Tyr 和 Ala 等氨基酸与葡萄糖反应可产生焦糖香味，His、Pro 和 Lys 能产生烤面包的香味，Val 能产生巧克力香味，Phe 则能产生紫罗兰香气。因此通过控制美拉德反应条件，能赋予食品不同的香味。烤面包过程中主要是氨基酸和糖类参与美拉德反应赋予面包特有的风味，因此通过调节还原糖和氨基酸的用量可改变面包的风味及色泽。刘平等（2012）通过超滤及葡聚糖凝胶色谱技术结合将美拉德产物按分子质量大小分级成小于 1000Da、1000～5000Da 和大于 5000Da 三个组分，并评价其在清汤中的风味特性、DPPH 自由基的清除能力及对金黄色葡萄球菌、李斯特菌、大肠杆菌和沙门氏菌的抑制活性。研究发现，大于 5000Da 的美拉德产物在较低浓度下 DPPH 自由基清除率达 90%，对四种菌的最低抑制浓度为 6.25～25mg/mL，且对金黄色葡萄球菌的抑制效果最强，最低抑制浓度为 6.25mg/mL。夏学进等（2010）通过研究发现，鸡肉蛋白酶解后生成分子质量为 2000～5000Da 的鸡肉肽，与还原糖在适当条件下加热可获得较强的鸡肉味，且其肉味强度是采用传统方法获得肉香味的 100 倍左右。他们还发现在鸡肉酶解产物中分子质量为 2800～3500Da 的肽段在美拉德反应后急剧减少，可能此肽段已参与美拉德反应。风味前体物中肽的氨基酸组成及其肽链长度等因素将显著影响食品风味特征。

9.3.2 牛肉风味肽的应用

风味增强肽由于安全、无毒及可被生物体快速吸收并维持生物体氮平衡的优势，被作为食品添加剂广泛应用。牛肉鲜味肽最初从牛肉的酶解液中分离得到，也存在于天然的牛肉中。BMP 中的酸性和碱性氨基酸能增强食物的鲜味，使食物具有牛肉风味，因此在畜肉、禽肉、乳类和休闲食品增味方面均有良好效果。高应瑞等（2011）对不同拷贝数 BMP 制备的牛肉香精风味特性进行了感官评价，结果表明不含 BMP 的牛肉香精的牛肉风味特征不明显，而加入 BMP 能显著增强其风味特征，BMP 拷贝数的增加并不能显著增强牛肉风味特征。王艳萍等（2008）合成了牛肉风味肽并测定其在不同 pH 条件下的鲜味阈值，结果表明 pH 为 6.5 时其鲜味最强。BMP 与食盐、MSG、鸟苷-磷酸和肌苷-磷酸有较好的协同作用，BMP 能增强其他味觉（酸、甜、苦、辣）的风味特征，因此 BMP 在肉类、蔬菜、乳类、酒类及水产类食品的生产中都有较广泛的应用。

参 考 文 献

冯海峰, 钟洁明, 刘国琴, 等. 1998. 阿斯巴甜合成的研究[J]. 郑州粮食学院学报, (2): 17-25.

高应瑞, 白小佳, 赵伍英, 等. 2011. 毕赤酵母表达不同拷贝数风味肽的呈味性比较[J]. 天津科技大学学报, 2011, 26(3): 1-5.

贾承胜, 夏书芹, 刘平, 等. 2012. 不同分子质量分布的美拉德产物的呈味特性及抗氧化抗菌活性研究[J]. 食品工业科技, 33(4): 100-103.

江文陆, 刘庆峰, 李韶雄. 1994. AK 糖与其他甜味剂混合使用时甜度和风味的评价[J]. 食品科学, 15(10): 9-12.

李蕾蕾. 2006. 苦味食品概述[J]. 中国食物与营养, 6: 50-51.

李娜, 赵谋明, 任娇艳. 2009. 鳙鱼酶解可溶性蛋白营养特性及品质的研究[J]. 现代食品科技, 25(5): 469-473.

李迎楠, 刘文营, 张顺亮, 等. 2016. 色谱纯化和质谱分析法研究牛骨源咸味肽[J]. 肉类研究, 2016(3): 25-28.

刘甲. 2010. 呈味肽的研究及其在调味品中的应用[J]. 肉类研究, 2010(5): 88-92.

鲁珍, 秦小明, 穆利霞, 等. 2012. 呈味肽制备天然复合调味料的研究进展[J]. 中国调味品, 37(10): 7-11.

马垒. 2016. 养殖红鳍东方鲀水溶性风味构成研究[D]. 上海海洋大学硕士学位论文.

彭增起, 张雅玮, 郭秀云. 2011. 一种多肽食盐替代物及其制备方法[P]: CN102224921A.

仇春泱, 王锡昌, 刘源. 2013. 食品中的呈味肽及其分离鉴定方法研究进展[J]. 中国食品学报, 13(12): 129-138.

宋雁, 樊永祥, 李宁. 2010. 阿斯巴甜的安全性评价进展情况[J]. 中国食品卫生杂志, 22(1): 84-87.

唐慧敏, 任麒, 沈慧凤. 2009. 苦味评价方法的国内外研究进展[J]. 中国新药杂志, (2): 127-131.

王蓓, 许时婴. 2010. 乳蛋白酶解产物风味肽序列的研究[J]. 食品科学, 1(7): 140-145.

王艳萍, 高文, 侯建华, 等. 2008. 牛肉风味强化肽(BMP)表达载体的构建[J]. 天津科技大学学报, 23(3): 16-20.

夏学进, 赵谋明, 孔令会, 等. 2010. 美拉德反应在工业化生产肉类呈味基料中的应用[J]. 现代食品科技, 26(4): 358-361.

张建林, 黄梅香, 王海滨. 2012. 几种酶对鸭蛋蛋清水解效果的比较研究[J]. 食品研究与开发, 33(6): 31-35.

张力田. 1994. 营养甜味料-天冬甜精[J]. 食品与发酵工业, 1994(2): 79-82.

张梅秀. 2014. 养殖暗纹东方鲀滋味相关肽研究[D]. 上海海洋大学硕士学位论文.

张梅秀, 王锡昌, 刘源. 2012. 食品中的呈味肽及其呈味机理研究进展[J]. 食品科学, 428(7): 320-326.

张顺亮, 成晓瑜, 乔晓玲, 等. 2012. 牛骨酶解产物中咸味肽组分的分离纯化及成分研究[J]. 食品科学, 33(6):29-32.

张威. 2011. 味觉细胞传感器设计及其在味觉时空信息分析中的应用[D]. 浙江大学博士学位论文.

赵谋明, 曾晓房, 崔春, 等. 2007. 鸡肉蛋白肽-葡萄糖 Maillard 反应中肽的降解研究[J]. 四川大学学报, 39(2): 77-81.

Aaslyng M D, Larsen L M, Nielsen P M. 1999. The influence of maturation on flavor and chemical composition of hydrolyzed soy protein produced by acidic and enzymatic hydrolysis[J]. Zeitschrift Fur Lebensmittel -Untersuchung Und-Forschung a-Food Research and Technology, 208(5-6): 355-361.

Ahn S R, An J H, Song H S, et al. 2016. Duplex bioelectronic tongue for sensing umami and sweet tastes based on human taste receptor nanovesicles[J]. ACS Nano, 10(8): 7287-7296.

Azevedo B M, Schmidt F L, Bolini H M A. 2015. High-intensity sweeteners in espresso coffee: ideal and equivalent sweetness and time-intensity analysis[J]. International Journal of Food Science and Technology, 50(6): 1374-1381.

Chao Y, Lo T, Luo N. 2000. Selective production of L-aspartic acid and L-phenylalanine by coupling reactions of aspartase and aminotransferase in *Escherichia coli*.[J]. Enzyme and Microbial Technology, 27(1): 19-25.

Diochot S, Salinas M, Baron A, et al. 2007. Peptides inhibitors of acid-sensing ion channels[J]. Toxicon, 49(2): 271-284.

Frank R L, Mickelsen O. 1969. Sodium—potassium chloride mixtures as table salt[J]. The American Journal of Clinical Nutrition, 22(4): 464-470.

He F J, MacGregor G A. 2002. Effect of modest salt reduction on blood pressure: a meta-analysis of randomized trials. Implications for public health[J]. Journal of Human Hypertension, 16(11): 761-770.

Hu F B, Rimm E B, Stampfer M J, et al. 2000. Prospective study of major dietary patterns and risk of coronary heart disease in men[J]. The American Journal of Clinical Nutrition, 72(4): 912-921.

Hu L, Xu J, Qin Z, et al. 2016. Detection of bitterness *in vitro* by a novel male mouse germ cell-based biosensor[J]. Sensors and Actuators B-Chemical, 223: 461-469.

Iked K. 1909. On a new seasoning[J]. Journal of Tokyo Chemical Society, 30: 820-836.

Kier L B. 1972. A molecular theroy of sweet taste[J]. Journal of Pharmaceutical Science, 61(9): 1394-1397.

Kim M J, Yoo S H, Kim Y, et al. 2016. Relative sweetness and sweetness quality of phyllodulcin [(3*R*)-8-hydroxy-3-(3-hydroxy-4-methoxyphenyl)-3,4-dihydro-1*H*-isochromen-1-one][J]. Food Science and Biotechnology, 25(4): 1065-1072.

Kohyama K. 2015. Oral sensing of food properties[J]. Journal of Texture Studies, 46(3): 138-151.

Kuroda M, Kato Y, Yamazaki J, et al. 2013. Determination and quantification of the kokumi peptide, gamma-glutamyl-valyl-glycine, in commercial soy sauces[J]. Food Chemistry, 141(2): 823-828.

Liu B Y, Zhu K X, Guo X N, et al. 2017. Effect of deamidation-induced modification on umami and bitter taste of wheat gluten hydrolysates[J]. Journal of the Science of Food and Agriculture, 97(10): 3181-3188.

Maehashi K, Huang L. 2009. Bitter peptides and bitter taste receptors[J]. Cellular and Molecular Life Sciences Cmls, 66(10): 1661-1671.

Murakami Y, Yoshida T, Hayashi S, et al. 2000. Continuous enzymatic production of peptide precursor in aqueous/organic biphasic medium[J]. Biotechnology and Bioengineering, 69(1): 57-65.

Nakatani M, Okai H. 1993. Convenient synthesis of flavor peptides[J]. Acs National Meeting Book of Abstracts, 203:149-157.

Newman J, Egan T, Harbourne N, et al. 2014. Correlation of sensory bitterness in dairy protein hydrolysates: comparison of prediction models built using sensory, chromatographic and electronic tongue data[J]. Talanta, 126(126): 46-53.

Nishiwaki T, Yoshimizu S, Furuta M, et al. 2002. Debittering of enzymatic hydrolysates using an aminopeptidase from the edible basidiomycete *Grifola frondosa*[J]. Journal of Bioscience and Bioengineering, 93(1): 60-63.

Pripp A H, Ardo Y. 2007. Modelling relationship between angiotensin-(I)-converting enzyme inhibition and the bitter taste of peptides[J]. Food Chemistry, 102(3): 880-888.

Schindler A, Dunkel A, Stahler F, et al. 2011. Discovery of salt taste enhancing arginyl dipeptides in protein digests and fermented fish sauces by means of a sensomics approach[J]. Journal of Agricultural and Food Chemistry, 59(23): 12578-12588.

Schutz H G, Pilgrim F J. 2010. Sweetness of various compounds and its measurment[J]. Journal of Food Science, 22(2): 206-213.

Shallenberger R S. 1998. Sweetness theory and its application the food industry[J]. Food Technology, 52(7): 72-76.

ShihF F, 周明霞. 1992. Isomalt 与蛋白糖、甜菊糖及嗦吗啶混合物之甜度评价[J]. 食品科学, 13(2): 9-12.

Shu M, Huo D Q, Mei H, et al. 2008. New descriptors of amino acids and its applications to peptide quantitative structure-activity relationship[J]. Structural Chemistry, 27(11): 1375-1383.

Souza V R D, Pereira P A P, Pinheiro A C M, et al. 2013. Analysis of various sweeteners in low-sugar mixed fruit jam: equivalent sweetness, time-intensity analysis and acceptance test[J]. International Journal of Food Science and Technology, 48(7): 1541-1548.

Stone H, Oliver S M. 1969. Measurement of the relative sweetness of selected sweeteners and sweetener mixtures[J]. Journal of Food Science, 34(2): 215-222.

Tada M, Shinoda I, Okai H. 1984. L-ornithyltaurine, a new salty peptide[J]. Journal of Agricultural and Food Chemistry, 32(5): 992-996.

Ueda Y, Tsubuku T, Miyajima R. 1994. Composition of sulfur-containing components in onion and their flavor characters[J]. Bioscience Biotechnology and Biochemistry, 58(1):108-110.

Winkel C, De Klerk A, Visser J, et al. 2008. New developments in umami(enhancing)molecules[J]. Chemistry & Biodiversity, 5(6): 1195-1203.

Yamaguchi S, Yoshikawa T, Ikeda S, et al. 1970. Studies on the taste of some sweet substances[J]. Agricultural and Biological Chemistry, 34(2): 181-197.

Yamasaki Y, Maekawa K. 1978. A peptide with delicious taste[J]. Agricultural and Biological Chemistry, 42(9): 1761-1765.

Zhang M X, Wang X C, Liu Y, et al. 2012. Isolation and identification of flavour peptides from Puffer fish(*Takifugu obscurus*) muscle using an electronic tongue and MALDI-TOF/TOF MS/MS[J]. Food Chemistry, 135(3): 1463-1470.

Zhu X L, Watanabe K, Shiraishi K, et al. 2008. Identification of ACE-inhibitory peptides in salt-free soy sauce that are transportable across Caco-2 cell monolayers[J]. Peptides, 29(3): 338-344.

第 10 章　其他功能多肽

10.1　降血脂肽

高脂血症是指血液中脂肪代谢或运转异常，使血浆中一种或多种脂质，如胆固醇（CH）、甘油三酯（TG）、磷脂（PL）等，含量高于正常值的一种全身代谢异常的疾病，因此常表现为高脂蛋白血症、高胆固醇血症、高甘油三酯血症等。高脂血症可引发严重的心脑血管疾病，如高血压、冠心病、脑血管病、阿尔茨海默病等。

目前治疗高脂血症的药物有他汀类和贝特类等，但其价格昂贵且会引发不良反应。根据文献，膳食物蛋白的降血脂作用可能是基于胃肠道中酶促水解后释放的肽。这些效应可以通过肽与转录因子的直接相互作用以及肽与内源性脂质代谢有关的酶（特别是在肝细胞和脂肪细胞中）的相互作用来介导。近年来，许多研究者发现源于食物蛋白的生物活性肽具有显著的降血脂功能。因此，本节简述了高脂血症的危害及降血脂的途径，并介绍不同蛋白源降血脂肽。

10.1.1　高血脂的危害

血脂是指血液中的脂肪类物质，它在血浆中常以脂蛋白的形式存在，即脂类和蛋白质复合物。血浆脂蛋白按照分子密度，可分为乳糜微粒（CM）、极低密度脂蛋白（VLDL）、低密度脂蛋白（LDL）、高密度脂蛋白（HDL），脂蛋白种类及合成部位见表 10.1。

表 10.1　脂蛋白种类及合成部位

脂蛋白	密度/（g/mL）	合成部位	功能
CM	<0.950	小肠黏膜细胞	转运外源 TG 及 CH
VLDL	0.950～1.006	肝细胞	转运内源 TG 及 CH
LDL	1.006～1.063	血浆	转运内源 CH
HDL	1.063～1.210	肝，肠	逆向转运 CH

血浆中的脂质包括磷脂、胆固醇、甘油三酯和游离脂肪酸。人体脂质的合成和分解是一个动态平衡的过程。血浆中的总胆固醇（TC）正常含量为小于

5.20mmol/L；甘油三酯含量小于 1.70mmol/L。

1. 高脂血症与动脉粥样硬化

高脂血症是引发动脉粥样硬化（AS）最常见的致病性因素。动脉粥样硬化主要是内皮细胞损伤或血清胆固醇水平过高导致大量以低密度脂蛋白为主的脂质颗粒沉积于动脉血管壁内皮下形成的。其机理为：低密度脂蛋白透过内皮细胞深入内皮细胞间隙，单核细胞迁入内膜，此即最早期。被氧化的低密度脂蛋白（Ox-LDL）通过细胞毒性作用，直接损伤血管表面的内皮细胞，导致内皮细胞间隙变大和通透性增强。另外，Ox-LDL 通过抑制内皮细胞产生 CO_2 及有关酶基因的表达，造成内皮功能障碍。表面抗原被破坏的 Ox-LDL 与巨噬细胞的清道夫受体结合而被摄取，形成巨噬源性泡沫细胞，使得 Ox-LDL 溶酶体酶和组织蛋白酶降解，造成脂质聚集。动脉中膜的血管平滑肌细胞（SMC）迁入内膜，吞噬脂质形成肌源性泡沫细胞，增生迁移形成纤维帽，对应病理变化中的纤维斑块，形成糜粥样坏死物和粥样斑块。因此，如何预防低密度脂蛋白被氧化是治疗和预防动脉粥样硬化的关键。

2. 高脂血症与高血压

高血压与高血脂都是导致冠心病的危险因素，高血压患者常常伴随有脂质代谢紊乱，因为当血压水平升高时，血流撞击、撕裂血管内膜，导致脂质进入血管壁，最终导致血脂升高（周凤英，2010）。专家指出，高血脂患者由于血浆中血脂水平高，可引起一系列代谢紊乱问题，高血脂症状和代谢紊乱可以诱发胰岛素抵抗，容易引发高血压问题（张彬等，2014）。

3. 高脂血症与冠心病

冠心病是冠状动脉血管发生动脉粥样硬化病变，这些粥样斑块增多造成动脉腔狭窄、血流不足，导致心脏缺血引起的心脏病，对人类的危害极其严重，特别是对老年人健康的危害。世界各地的循环系统疾病患者中，冠心病的死亡人数约占全球死亡人数的三分之一（Puska P，2002）。试验表明高脂血症与冠心病直接相关。高脂血症引起的脂代谢紊乱会引起动脉粥样硬化性，从而减缓血流，长期引起心肌缺血，导致冠心病（陈皓等，2009）。

10.1.2　降血脂途径

有证据表明在血脂异常期间，天然膳食蛋白与生理性脂质之间存在直接相互作用。精氨酸被认为是蛋白质降血脂功能的贡献者，因为它可以作为一氧化氮的内源性前体，在血脂异常时参与脂蛋白的代谢（Bähr et al.，2015）。虽然这种机制似乎合理，但膳食蛋白的精氨酸残基不具有与对照饮食中通常使用的游离氨基酸相似的生物利用度。此外，膳食蛋白质的肽键容易受胃和刷状缘蛋白酶与肽酶的水解。因此，饮食蛋白质的降血脂作用可能归因于它们的肽片段，以及它们的精氨酸残基。有研究结果显示，当氨基酸顺序变为 KERS 时，含精氨酸的寡肽 KRES 失去降血脂活性（Navab et al.，2005），表明完整的肽结构（不是氨基酸/精氨酸残基）负责其在异常脂血症中的活性。

1. 调节胆固醇的代谢

胆固醇又称为胆甾醇，广泛存在于脑及神经组织中，是合成胆汁酸、维生素 D 以及甾体激素的原料，但当血清中总胆固醇超过 5.7mmol/L 时，会引起高胆固醇血症。此外，肽对膳食胆固醇吸收和肠肝胆汁酸重吸收的物理破坏可以在内源胆固醇稳态中发挥关键作用。降血脂肽有望用于抑制肝脂质合成和积聚，特别是在某些症状如肝脂肪变性（非酒精性脂肪肝病）中。胆固醇大部分是人体自身合成的，少部分从饮食中获得。机体胆固醇的调节可通过三个途径：胆固醇的吸收、生物合成以及排泄。

胆固醇的吸收主要由 C 型尼曼-皮克蛋白（NPC1L1）和两种 ATP 结合盒式蛋白（ABCG5/G8）调控。NPC1L1 是影响全身胆固醇动态平衡的关键性肠道固醇摄取转运体，主要在肝脏和小肠中表达，它可促进游离胆固醇重吸收至肝细胞中（Harry et al.，2009），NPC1L1 的表达具有固醇调节元件结合蛋白（SREBP）依赖性，其他一些因素如高甘油三酯的膳食和长链脂肪酸都会对 NPC1L1 产生影响。ABCG5 和 ABCG8 主要在肝细胞的小管膜和小肠上表达，两者需要结合成异二聚体才能发挥转运作用，在肝脏和肠道中可防止饮食固醇的积累，它将肝脏吸收来的胆固醇经胆管、肠腔，最后以粪便胆汁酸的形式排出体外（Jin et al.，2015）。另外，还有一些物质如脂酰辅酶 A 胆固醇酰基转移酶（ACAT）、ABC 转运体家族（ABCA1、ABCG5）、清道夫受体，也会影响胆固醇的吸收。

胆固醇的生物合成是以乙酰辅酶 A（acetyl CoA）为原料，经多步酶促反应合成胆固醇，其中 3-羟基-3-甲戊二酸单酰辅酶 A（HMG-CoA）是甲羟戊酸途径的限速酶（魏健等，2015），因此各种因素通过对该酶的影响都可以达到调节胆固醇合成的作用。内源性胆固醇在肝细胞中被代谢成脂溶性胆汁酸，胆汁酸在十二指肠中以水溶性胆汁盐形式分泌，然后通过肠肝循环重新吸收。该途径提供了使用膳食制剂（包括蛋白质水解产物和肽）去除肠胆汁酸来提高内源性胆固醇代谢的机会。

胆固醇一般是转化为胆汁酸，随胆汁排出，每日排出量约为胆固醇合成量的40%。大部分胆汁酸在回肠末端被重吸收进血液中进行肠-肝循环，少部分随粪便排出（李开济等，2015）。

2. 调节甘油三酯水平

甘油三酯来自食物中脂肪的分解，是人体内含量最多的脂类，大部分组织可利用甘油三酯分解产物供给能量，但是当血清中甘油三酯水平超过 1.7mmol/L 时会引起高甘油三酯血症。大部分甘油三酯是从饮食中获得，少部分是人体自身合成。甘油三酯的调节可通过两个途径：生物合成和分解。

甘油三酯的合成有两种途径：一是甘油一酯途径；另一种是磷脂酸途径。甘油一酯途径是以甘油一酯为起始物，在乙酰辅酶 A 作用下酯化成甘油三酯。磷脂酸途径是磷脂酸在磷脂酸磷酸酶作用下，水解释放出无机磷酸，而转变为甘油二酯，它是甘油三酯的前体物质，只需酯化即可生成甘油三酯。其中，调控甘油三酯合成的重要转录因子有过氧化物酶体增殖物激活受体γ（PPARγ），它可以调控脂肪酸的代谢，还可以调控脂滴包被蛋白家族的表达，促进甘油三酯以脂滴的形式储存而不被水解。有研究报道二肽 WE 可通过 PPARα 激动剂活化和肝细胞中PPARα 反应基因（包括 *FATP4*、*ACS*、*CPT1* 和 *ACOX*）的活化来减少肝细胞中的脂质积累（Jia et al.，2014）。PPARα 介导的信号传导将促进肝脏脂肪酸代谢和能量消耗，而 *SREBP* 基因的上调将促进胆固醇代谢。结合建模试验显示，二肽 WE通过氢键与其 Glu286、Asn219 或 Met220 残基结合，导致构象变化，促进了共激活肽的接触（Jia et al.，2014）。据报道，除了 PPARα 反式激活外，WE 还具有拮抗 PPARγ 参与脂肪生成的 PPARγ 的活性（Ye et al.，2006）。因此，二肽可以同时诱导肝脏细胞中脂肪的从头合成，同时抑制脂质摄取和降解。固醇调节元件结合蛋白是一类胰岛素敏感的转录调控因子，分为 3 个亚型 SREBP1-a、SREBP-1c 及SREBP2（Horton et al.，2002），是调控脂肪酸合成及胆固醇合成双重通路。试验表明，通过 SREBP2 活化，HMG-CoAR 蛋白（由 SREBP 反应性基因编码）在肝细胞中增多（Lammi et al.，2015），但该试验未评估细胞酶促活性以确定肝脏酶是否可被羽扇豆抑制肽（如在研究中体外证明的）抑制脂肪的从头生成。

甘油三酯在一系列脂肪酶的作用下，可分解生成甘油和脂肪酸，并释放入血液供其他组织利用。在这一系列的水解过程中，催化甘油三酯水解生成甘油二酯的甘油三酯脂肪酶（ATGL）是脂肪动员的限速酶，甘油二酯在激素敏感脂肪酶（HSL）的催化下进一步水解成单酰甘油，最终产生的甘油是在单甘油酯脂肪酶（MGL）的催化下形成的。一般认为该过程发生在脂肪粒中。胰高血糖素、肾上腺素和去甲肾上腺素与脂肪细胞膜受体作用，激活腺苷酸环化酶，使细胞内 cAMP水平上升，进而激活 cAMP 依赖蛋白激酶，将 HSL 磷酸化而活化，促进甘油三酯水解，这些可以促进脂肪动员的激素称为脂解激素。

降血脂最重要的途径还是在于饮食（摄入少油、少盐、具有降血脂功能的食品）和生活习惯、生活方式（如体重减轻、体力活动和限制能量饮食的消费）的改变，这些途径已被推荐为控制代谢综合征和相关健康问题的主要策略。

10.1.3　植物源降血脂肽

膳食蛋白在调节脂质代谢方面的作用已被证实,其中植物蛋白尤为受到重视,包括大豆蛋白、谷类蛋白等。

源于豆类的蛋白肽在降胆固醇活性方面的研究日益增多。大豆肽可能通过几种机制降低血浆胆固醇和甘油三酯含量,包括胆固醇和/或胆汁酸的肠吸收（Nagaoka et al., 2001; Koba et al., 2003）。活性筛选结果显示,与对照组相比,动物模型中血清总胆固醇含量降低,粪便总脂质和总胆固醇排泄量增加,表明大豆肽具有降低体重、脂肪含量和血脂的功能。这可能是由于脂质代谢的调节和脂质粪便排泄的增加（Chu et al., 2011）。Sugano 等（1990）提出大豆蛋白衍生的分子质量在 1～10kDa 的多肽具有降低胆固醇含量的活性,但是具有活性的肽片段尚未确定。直到 2010 年,Nagaoka 等首次发现源于大豆球蛋白的新型多肽 VAWWMY 具有降低胆固醇的功能,并将其称为大豆抑制素,VAWWMY 比大豆蛋白质消化水解物和酪蛋白胰蛋白酶水解物具有更强的结合胆汁酸能力（Nagaoka et al., 2010）。LPYPR 和 WGAPSL 是来源于大豆中的多肽,它们可在体外取代混合胶束中的胆固醇,并且在喂食高胆固醇血症模型小鼠试验中,这两种肽可显著增加小鼠的血浆总胆固醇和低密度脂胆固醇（Zhang et al., 2013）。来自大豆 β-伴球蛋白的两种肽 YVVNPDNDEN 和 YVVNPDNNEN 也表现降血脂活性。用计算机模拟方法,将这两种肽分别与 HMG-CoAR 的催化位点进行相互作用,研究结果显示两者作用机制类似,为 HMG-CoAR 的竞争性抑制剂,并且随后通过生化抑制试验验证了计算机模拟结果,细胞试验结果显示,这两种肽都能提高 SREBP、低密度脂蛋白受体（LDLR）及 HMG-CoAR 的蛋白质水平,并且提高细胞从外环境摄入 LDL 的能力（Lammi et al., 2015）。IAVPGEVA、IAVPTGVA 和 LPYP 是来自大豆球蛋白水解的三种肽,这些肽是 HMG-CoA 的竞争性抑制剂,并且通过激活 LDLR-SREBP2 途径,使得 HepG2 细胞提高了 LDL 的摄取能力（Lammi et al., 2015）。来自羽豆蛋白的多肽 LILPKHSDAD 和 LTFPGSAED 也被证实可以降低胆固醇,可能具有 HMG-CoAR 抑制作用（Lammi et al., 2016）。Francisco 等（2015）试验探究发现超滤的肽组分在体外能显著降低人血小板聚集和胆固醇胶束溶解度。向小鼠腹膜内给予分子质量小于 1kDa 超滤肽组分,结果显示四氧嘧啶诱导的糖尿病大鼠的血清胆固醇含量降低。在降低甘油三酯方面,以 10mg/kg 的剂量腹腔内施用分子质量小于 1kDa 的超滤肽组分能降低四氧嘧啶诱导的糖尿病大鼠的血清甘油三酯含量。类似地,用胃蛋白酶产生的大豆蛋白水解产物能够剂量依赖性地增加脂肪酸结合蛋白基因 *aP2*（一种脂肪生成标志物基因）的表达,并且能够降低前脂肪细胞因子的表达，增加脂肪细胞中脂联蛋白的分泌。

除了豆类蛋白来源的多肽具有降血脂功能外，来源于谷类蛋白（如大米蛋白、荞麦蛋白等）的多肽也具有降血脂活性。

Zhang 等（2011）通过给高脂模型的仓鼠喂食白米、糙米和大豆蛋白水解物，探究三者蛋白水解物的降脂能力。试验结果表明，糙米蛋白水解物饮食组的仓鼠的最终体重、肝脏质量、极低密度脂蛋白胆固醇（VLDL-C）和肝脏胆固醇都较低，粪便脂肪和胆汁酸的排出量较对照组高，说明糙米蛋白水解物具有较好的降脂活性。该研究还从分子水平研究了用于脂质氧化的肝基因、PPARα、ACOX1、CPT1、CYP7A1、CYP51 的表达水平，结果表明，糙米蛋白水解物饮食组仓鼠的相关基因表达量都比其他试验组高，说明糙米蛋白水解物中含有可降低体重和抑制肝脏胆固醇合成的多肽。Lin 等（2011）研究大米蛋白经过 α-淀粉酶水解得到的多肽，通过体外和体内的研究证明，酶解物能抑制胆固醇的吸收，并且其抑制效果与蛋白质的消化率呈正相关。试验表明，低消化率的大米蛋白本质上可以降低血液的胆固醇，因为它有助于抑制胆固醇的吸收。Tong 等（2012）分别使用大米蛋白、大豆 β-伴球蛋白和大米 α-球蛋白高胆固醇饮食喂养老鼠。与对照组相比，大米 α-球蛋白组血胆固醇降低 28%，粪便中性胆固醇排泄增加 30%。大豆 β 球蛋白也有同样的作用。大米蛋白组大鼠血液胆固醇水平无明显变化。以大米 α-球蛋白喂养的缺乏症小鼠，主动脉阳性率降低 46%，表明其被吸收利用。球蛋白能增加小鼠粪便中性胆固醇的排泄，改善高胆固醇血症症状，抑制载脂蛋白缺陷小鼠动脉粥样硬化的发生。有研究探讨了不同蛋白质含量的大米对降血脂的作用。Lin 等（2009）研究了不同谷蛋白和谷醇溶蛋白含量的水稻蛋白（RRP 和 SRP）对大鼠肝脏胆固醇输出途径的调节作用和对低胆固醇血症的影响。结果表明，两种水稻蛋白均显著降低了进入循环的肝脏总胆固醇分泌量（$P<0.05$），并且 RRP 和 SRP 也有效抑制了肝脏胆固醇的分泌及极低密度脂蛋白的形成。相反，胆汁酸的流入和胆汁酸的输出受到 RRP 和 SRP 的显著刺激（$P<0.05$）。大米蛋白调控肝脏胆固醇的关键代谢途径，具有类似的降胆固醇作用。并且通过对比胆固醇输出量减少与促进胆汁酸分泌进入血液循环发现，在两种大米蛋白喂养的大鼠中调控肝脏胆固醇的代谢途径之间存在相互联系。

除了糙米蛋白水解物外，荞麦蛋白也具有相似的活性。据报道，荞麦蛋白提取物可降低大鼠血浆胆固醇水平，因此胆固醇高可能意味着荞麦蛋白中赖氨酸/精氨酸比例较低（Kayashita et al.，1995）。荞麦蛋白的低消化率可能是由其抗营养成分引起的（Kayashita et al.，1997；Tomotake et al.，2006），而未消化的荞麦蛋白进入胃肠道时，荞麦蛋白的胆汁酸结合活性引起高粪便中性甾醇的排泄（Tomotake et al.，2000；Metzger et al.，2007）。该过程刺激肝胆汁酸的合成作用，因此胆汁酸排泄的增加扰乱了肝肠循环并降低了肝脏胆固醇的浓度。饲喂荞麦蛋白的仓鼠胆汁酸与去氧胆酸的比例显著较高，胆囊胆汁中胆酸与石胆酸的比例更高，胆汁酸合成增强，粪便中性和酸性类固醇排泄较高，从而抑制胆结石形成（Tomotake et al.，2006）。葛红娟等（2016）研究荞麦对高脂血症大鼠血脂的调节作用，结果表明，荞麦干预组与高脂血症模型组相比，荞麦能使高脂血症大鼠血清中总胆固醇含量明显降低，并且有降低低密度脂蛋白胆固醇和血糖含量、升高高密度脂蛋白胆固醇的趋势。李宗杰等（2016）通过试验进一步证实了荞麦蛋白水解液比荞麦蛋白的胆酸盐吸附能力更强（$P<0.01$）。宋玲钰等（2016）通过酶解获得具有降胆固醇活性的花生多肽。

10.1.4　动物源降血脂肽

近几年来，研究者对于动物源降血脂肽的研究也受到了广泛的关注，其中包括海洋源降血脂肽、禽肉源降血脂肽以及乳清蛋白源降血脂肽。

对于海洋源降血脂肽，研究者陆续发现贝类、水母、沙丁鱼、牡蛎等海洋生物蛋白具有降血脂的功能。Lin 等（2011）发现，淡水蛤蜊肉水解物具有显著的降胆固醇和血脂能力，并且通过喂食高血脂大鼠发现，大鼠的粪便质量和粪便中胆汁酸排泄量显著增加。有研究表明，淡水蛤蜊肉中的具有降低胆固醇作用的多肽为 Val-Lys-Pro 和 Val-Lys-Lys，最高抑制率分别为 64.8% 和 10.2%。Liu 等（2012）通过喂食高血脂大鼠研究了水母蛋白水解物的活性，结果显示，水母蛋白水解物能降低高脂大鼠的总血清胆固醇和甘油三酯的含量。朱晓连等（2017）探究了卵形鲳鲹鱼肉酶解物与胆酸盐的结合试验，试验表明，鲳鲹鱼肉酶解物与胆酸钠、甘氨胆酸钠和牛磺胆酸钠结合率分别为 42.1%、33.5% 和 30.1%。Hayet 等（2012）用沙丁鱼蛋白酶解物喂食高胆固醇模型大鼠，试验结果表明，沙丁鱼酶解物可诱导总胆固醇、甘油三酯和低密度脂蛋白降低，并且还探究了大鼠体内过氧化物酶和过氧化氢酶的活性，在高胆固醇小鼠体内抗氧化物酶的活性显著增高且丙二醛水平升高，而用沙丁鱼蛋白酶解物治疗，可使大鼠体内的丙二醛浓度降低并增加抗氧化物酶活性，所以沙丁鱼的降血脂作用可能是由于沙丁鱼蛋白酶解物降低了血清中胆固醇、甘油三酯和低密度脂蛋白。Vik 等（2015）通过动物试验发现，鲑鱼蛋白水解物能够减少小鼠体重的增长，同时降低脂肪酸合成酶活性和肝脏中脂肪生成基因的表达。还有研究表明，鱼油（FO）和鱼蛋白水解物（FPH）的组合能显著降低血浆胆固醇水平，主要是通过降低胆固醇和高密度脂蛋白。与对照大鼠相比，喂食含有 FPH 或 FO 饮食的大鼠肝总胆固醇浓度降低。肝脏中胆固醇浓度升高是由胆固醇酯含量增加引起的，并且与乙酰辅酶 A 的活性增加有关。在 FO 和 FPH 组合的大鼠中，脂肪酸合成酶活性降低，可能导致脂肪生成减少，但还需进一步研究以确认降胆固醇效应是否是由肝脏中极低密度脂蛋白分泌量的减少所致的（Wergedagl，2009）。Hege（2004）比较了 FPH、大豆蛋白和酪蛋白对 Wistar

大鼠和遗传肥胖性 Zucker（fa / fa）大鼠的脂质代谢的影响。在 Zucker 大鼠中，FPH 治疗影响肝脏、血浆和富含甘油三酯的脂蛋白中的脂肪酸，降低了 $\Delta 5$ 和 $\Delta 6$ 去饱和酶的 mRNA 水平及血浆胆固醇水平。此外，饲喂 FPH 的 Zucker 大鼠的乙酰辅酶 A 活性降低，这可能是因为 FPH 和大豆蛋白饮食中蛋氨酸：甘氨酸和赖氨酸：精氨酸的比例低，导致血浆胆固醇浓度降低。

对于禽肉类降血脂肽，研究者发现来源于鸡胶原蛋白、猪肝蛋白、卵黄蛋白等的多肽也具有降血脂的功能。于娜（2012）通过酶解得到分子质量为 557Da 的粗多肽，通过喂食高血脂模型的小鼠，验证其降血脂活性。结果表明，多肽液可明显降低血清中胆固醇、甘油三酯及低密度脂蛋白的含量（$P < 0.05$），明显升高血清中高密度脂蛋白的含量（$P < 0.05$），最后通过分离纯化得到三个肽段，分别为 Lys-Glu-Pro-Ile、His-Ile-Pro-Leu 和 Lys-Glu-Tyr。还有研究者进行了猪肝蛋白水解物在调节脂质代谢方面的研究。试验结果表明，喂食猪肝蛋白水解物的试验组小鼠，其瘦蛋白、胆固醇和葡萄糖水平都显著低于对照组，说明猪肝蛋白水解物的吸收不仅影响脂质代谢，还影响糖代谢（Shimizu，2006）。Zhang 等（2010）探讨了鸡胶原水解物对小鼠动脉粥样硬化的影响，治疗 12 周后，发现小鼠总胆固醇和甘油三酯含量，以及促炎因子、白细胞介素 6、可溶性细胞间黏附分子-1 和肿瘤坏死因子水平明显下降，表明鸡胶原水解物可以预防和改善动脉粥样硬化，作用途径为降胆固醇作用并抑制炎症因子的表达。胃蛋白酶消化的蛋清蛋白对肠道胆固醇摄取的改变导致中性类固醇的粪便排泄增加和大鼠淋巴胆固醇转运减少，这可能是由于其抑制了乳糜微粒装配（Matsuoka et al.，2014）。虽然这种效应基于肠道组装的物理破坏和饮食中胆固醇的释放，但可能涉及膳食脂质运输介质，如肠 NPC1L1。

近年来，越来越多的研究者发现乳清蛋白含有具有生物活性的肽段，因此研究其活性肽具有潜在价值。Nagaoka（2001）研究 β-乳球蛋白胰蛋白酶水解产物（LTH）降血胆固醇作用的机制，并通过筛选 Caco-2 细胞和动物研究来鉴定源自 LTH 的新型低胆固醇血症肽。结果表明，通过胆固醇混合胶束和空肠上皮 LTH 之间的直接相互作用来抑制胆固醇吸收的胆固醇胶束溶解度是 LTH 低胆固醇血症作用机制的一部分，并且首次发现了一种新的低胆固醇血症肽 Ile-Ile-Ala-Glu-Lys（IIAEK）。在动物研究中，来源于 β-乳球蛋白的新型低胆固醇血症肽可以强有力地影响血清胆固醇水平，并且与药物 β-谷甾醇相比表现出更高的降血胆固醇活性。高学飞（2006）通过优化得到相对分子质量在 2000～12000 之间具有 HMG-CoA 还原酶抑制活性的乳清蛋白多肽，并且在小鼠试验中，可显著减少脂肪沉积、降低血液中甘油三酯水平、降低动脉硬化指数、显著降低血液胆固醇水平。Yamauchi（2003）发现，通过增加胆汁酸的粪便排泄，以 100mg/kg 或 30mg/kg 剂量给予 2d 的 β-乳铁蛋白降低了喂食高胆固醇饮食的小鼠的血清胆固醇水平。单次施用肽后

90min 观察到降血胆固醇作用。这种降胆固醇效应被左卡巴斯汀和雷氯必利所阻断，表明它是由 NTS2 和 D1 受体介导的。Takeda（2005）还发现这种肽能刺激大鼠 NTS2 受体和 D1 受体依赖性的胆汁酸分泌。研究表明，正常饮食的小鼠口服给予 β-内酰胺，升压素编码的 CYP7A 的 mRNA 水平升高，其参与胆固醇向胆汁酸的转化。而在喂食高胆固醇饮食的小鼠中不会观察到类似的效应，这可能是因为胆固醇添加到饮食中促进乳化胆固醇抑制了 CYP7A 的 mRNA 升高。然而，在不添加胆汁酸的通常饮食条件下，通过提高 CYP7A 的基因表达，β-乳突菌素刺激胆汁酸分泌仍然是可能的。Kensei（2007）发现了一种来源于牛奶 β-乳球蛋白的新型低胆固醇血症五肽 Ile-Ile-Ala-Glu-Lys，称为"内乳抑素"。试验通过筛选人乳腺癌细胞系 HepG2 中内皮抑素诱导的靶基因和信号转导通路，阐明乳酸内酯抑制剂降胆固醇作用的机制。研究发现内乳抑素可以激活胆固醇 7α-羟化酶（CYP7A1）基因的表达，并且通过调节胞外信号调节激酶（ERK）和细胞内 Ca^{2+} 浓度的磷酸化，起到降胆固醇的作用。迄今，所提供的大多数证据均基于体外、细胞和动物研究。因此，需要进行人体临床研究来验证生物活性，以便对降脂食物衍生肽的应用做出确凿的说明。

10.2　抗血栓肽

血栓性疾病已经严重威胁到人类的生命。现有的预防和治疗血栓栓塞性疾病的常用抗凝剂主要有抗血小板药物、维生素 K 拮抗剂、普通肝素和低分子质量肝素等，但其在安全性和使用方便性上存在很多缺陷，因此生物活性肽作为功能性成分受到关注。生物活性肽通过与靶细胞的相互作用调节生理功能，表现出药物或类激素样活性。一些来源于食源性蛋白的活性肽具有抗血小板聚集和抗凝血作用，从而抑制血栓的形成，称为抗血栓肽。抗血栓肽的发现为抗血栓药物的设计提供了新的思路，并可作为食品添加剂用于功能性食品。

10.2.1　血栓形成机制

凝血系统的失衡会导致血栓的形成。心血管内皮破裂引发凝血，通过巩固血小板聚集物来帮助止血，这一过程涉及许多血液凝固因子血浆丝氨酸蛋白酶的相互作用。如图 10.1 所示，凝血分为内源性和外源性两种途径（Syed and Mehta，2018）。其中内源性途径起主要作用。外源性途径起始于内皮屏障功能障碍和随后组织因子（TF）释放。TF 与磷脂表面上的因子 VIIa（FVIIa）结合并形成复合物，即外源性酶复合物（FVIIa/TF/PL）。该复合物分别进一步介导酶原因子 IX 和 X 并分别激活为 FIXa（因子 IX 激活）和 FXa（因子 X 激活）。以相似的方式，内源或接触途径从 FXII（因子 XII）开始，高分子质量激肽原、前激肽释放酶和 FXI 导致因子 XI 活化成活化因子 XI（FXIa）。因此，因子 IX 通过活化因子 XI（FXIa）的作用被激活。在磷脂表面上，FIXa 及其辅因子 FVIIIa 形成内源性酶复合物并介导因子 X（FX）的活化。然后因子 Xa 在磷脂膜上的 Ca^{2+} 存在的情况下与因子 Va（FVa）（其为辅因子）结合以形成凝血酶原酶复合物。该复合物促进凝血酶原（因子 II）向凝血酶（因子 IIa）的转化。激活后，凝血酶催化因子 V、VIII 和 XI 活化。作为凝血级联反应的最后一步，凝血酶将可溶性纤维蛋白原（因子 I）转化为不溶性纤维蛋白（因子 Ia）并形成凝块。凝血酶催化的纤维蛋白原向纤维蛋白的转化由三个可逆步骤组成，凝血酶只参与第一步，限制性蛋白水解从纤维蛋白原释放纤维蛋白肽A 和 B，产生纤维蛋白单体。第二步，纤维蛋白单体通过非共价相互作用形成中间体聚合物。第三步，中间聚合物聚集形成纤维蛋白凝块。

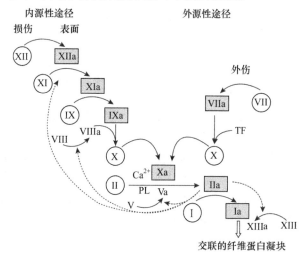

图 10.1　内源性和外源性途径的凝血级联

因子 I 表示纤维蛋白原；因子 Ia 表示纤维蛋白；因子 II 表示凝血酶原；因子 IIa 表示凝血酶

　　由此产生的凝血酶进一步协调血小板的活化和聚集，这些因子与表面的钙和磷脂相互作用产生坚韧的纤维蛋白网状结构，能够促进血小板栓的形成用于止血，直到组织修复。在这些因子中，尤其是 FII、FVII、FIX 和 FX，每个具有 C-羧基谷氨酸（gla）结构域的因子均在钙介导的磷脂因子复合物形成中起关键作用，如内源因子、外源因子以及凝血酶原酶复合物（Jung and Kim，2019）。gla 残基使具有 gla 结构域的凝血因子以钙依赖性方式结合磷脂（即细胞表面）。

　　一旦出血停止，纤维蛋白溶解，血块就会被破坏。纤溶酶原是一种循环血浆酶原，在与纤溶酶原激活剂结合后可转变为纤溶酶。纤溶酶（一种丝氨酸蛋白酶）有助于破坏凝块。组织型纤溶酶原激活剂和尿激酶型激活剂是参与纤溶酶活化的两种主要纤溶酶原激活剂。尽管存在纤维蛋白溶解机制，若这种平衡被打破，会导致血小板功能异常以及纤维蛋白溶解活性受到抑制，止血系统有时不能降解纤维蛋白凝块，导致血流阻塞并形成血栓，最终导致高血压和心血管疾病。

10.2.2　乳蛋白来源的抗血栓肽

乳蛋白是氨基酸的主要来源，因此被认为是一种重要的食物蛋白，同时它所具有的生理活性使其成为生物活性肽的重要来源。许多序列已知的肽表现出麻醉、抗高血压、免疫调节、抗菌、抗聚集剂和抗血栓形成活性。

血液凝固和奶凝固是两个重要的生理凝结过程，这两种凝结现象存在分子相似性，并具有以下特征：①限制性蛋白水解，凝乳酶特异性裂解 κ-酪蛋白中 Phe-Met 键，凝血酶仅裂解两个 Arg-Gly 键，分别存在于纤维蛋白原的 α 链和 β 链中；②在凝结过程中，释放可溶性短肽，血纤维蛋白肽以及 κ-酪蛋白糖肽；③两种肽的结构都是高度可变的；④血纤维蛋白肽和 κ-酪蛋白糖肽中都不存在 Cys 和 Trp；⑤纤维蛋白肽带有大量的负电荷，κ-酪蛋白糖肽呈酸性（Fiat and Jollès，1989）。

1. 牛乳来源的抗血栓肽

参与牛乳凝固的 κ-酪蛋白和参与凝血的人纤维蛋白原γ链，具有结构相似性。牛 κ-酪蛋白由含有 169 个氨基酸且具有 N 端焦谷氨酸残基的单一多肽链组成。占整个蛋白分子 80%的几个较长的 κ-酪蛋白片段，在纤维蛋白原的γ链中存在对应片段，其中 31%～42%的氨基酸残基占据相同的位置。含有凝乳素敏感键的 κ-酪蛋白片段在纤维蛋白原的 β 链中也存在对应片段。比较相应 cDNA 的核苷酸序列，同源性相似程度达 32%（Fiat and Jollès，1989）。Jollès 等认为 κ-酪蛋白和 γ-纤维蛋白原可能由共同的祖先进化而来，如图 10.2 所示。

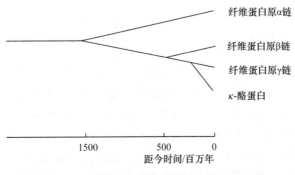

图 10.2　纤维蛋白原和 κ-酪蛋白之间的进化关系

人纤维蛋白原具有双重功能，它参与血小板聚集——纤维蛋白原与血小板表面的特异性受体糖蛋白 IIb-IIIa 复合物（GPIIb-IIIa）结合，以及参与纤维蛋白形成过程（Fiat et al.，1993）。血小板聚集过程中，研究者在纤维蛋白原上鉴定出两个结合位点：具有相对特异性的纤维蛋白原γ链的 C 端序列 HHLGGAKQAGDV（残基 400～411），以及一个（或两个）四肽序列——RGDS 或 RGDF，（纤维蛋白原α 链的残基 572～575 或 95～98）。RGDF 和γ400～411 可以进入纤维蛋白原分子内部，通过与血小板受体的结合介导血小板聚集过程。血小板受体可通过 ADP、凝血酶和胶原蛋白等的刺激获得，血小板活化时，血小板表面上的整合蛋白 αIIbβ3 与纤维蛋白原相互作用并诱导聚集，这是血栓形成中的重要过程。因此，抑制血小板聚集可以有效治疗血栓和预防血管再闭塞。这两种肽均能抑制血小板聚集以及纤维蛋白原与 ADP 活化的血小板结合。基于这两种凝结机制的相似性，研究者从酪蛋白和乳蛋白中鉴定出了对血小板功能具有活性的肽。

　　κ-酪蛋白是一种受凝乳酶影响的酪蛋白中唯一的糖基化组分。在酶促反应初期，κ-酪蛋白 Phe-Met（105～106）键被特异性切断，形成不能溶解的衍-κ-酪蛋白（κ-酪蛋白的 N 端），可溶性的 κ-酪蛋白糖肽被释放。衍-κ-酪蛋白是一种非常疏水的分子，而 κ-酪蛋白糖肽则非常亲水，因此 κ-酪蛋白是一种两亲性的蛋白。

　　天然或合成的牛 κ-酪蛋白十一肽（MAIPPKKNQDK，106～116）可以以浓度依赖性的方式抑制 ADP 诱导的血小板聚集以及与 125I 纤维蛋白原结合。而十一肽中两个较小的胰蛋白酶水解肽（106～112 和 113～116）和位于凝乳酶敏感键附近的另一个长肽（牛 α-酪蛋白的残基 103～111）以及部分十一肽对血小板聚集的影响很低，并且相同浓度下不会抑制其与纤维蛋白原的结合。牛 κ-酪蛋白中除十一肽本身显示抗血栓活性外，酪蛋白糖肽（MAIPPKKNQDK，106～116）N 端十一肽在体外能够抑制 ADP 诱导的血小板聚集和纤维蛋白原结合，且比纤维蛋白原十二肽（γ链的残基 400～411）更有效；MAIPPKKNQDK 和最小活性序列的五肽（KNQDK，112～116）对血栓形成具有非常显著的抑制作用。此外，酪蛋白糖肽还具有抑制胃酸、胃泌素分泌活性，双歧杆菌生长促进活性，与 N 血型物质交叉抗原活性，抑制口腔放线菌和链球菌对红细胞和聚苯乙烯黏连作用。

　　牛乳中分离得到的一种对应于人乳铁传递蛋白残基 39～42 序列的肽 KRDS，相比 RGDS，两种肽的起始都可能存在的 β 转角，并且具有高亲水性。经检测，KRDS 能够抑制 ADP 诱导的血小板聚集。KRDS 在体外具有抗血小板活性，在体内具有抗血栓形成活性。KRDS 的作用机理可能与 RGDS 不同，其不依赖于蛋白磷酸化，也不一定直接与 GPIIB-IIIa 复合物的结合。起作用的是 KRDS 这一特定序列，类似的 KRDR 序列则失去了大部分作用。

　　相比人纤维蛋白原，来自乳源的生物活性肽具有更强的抑制作用，比较结果见表 10.2（Fiat et al.，1993）。

表 10.2　牛乳抗聚集肽与人纤维蛋白原肽的比较

蛋白	肽	IC$_{50}$/（μmol/L）	
		ADP 诱导的 人血小板聚集	ADP 诱导的纤维蛋白原与人 血小板的结合
牛 κ-酪蛋白	MAIPPKKNQDK （106～116）	60	120
	MAIPPKK （106～112）	>1600	—
	NQDK（113～116）	400	—
人纤维蛋白原γ链	HHLGGAKQAGDV （400～411）	150	400
人乳铁传递蛋白	KRDS（39～42）	350	360
人纤维蛋白原 α 链	RGDS（572～575）	75	20

此外，人纤维蛋白原 α 链的 N 端区的 GPR 能够抑制凝血酶对纤维蛋白原的作用，并且可以防止纤维蛋白的聚合。由于酪蛋白与纤维蛋白原的类似性，研究者在牛衍-κ-酪蛋白中发现了六种具有抑制凝乳酶作用的肽 PHPHLSF、Ac-PHLESF、PHLSF、Ac-HLSF、HLSF 和 Ac-LSF（Ac 表示乙酰基），其中五肽 PHLSF（牛 κ-酪蛋白的残基 101～105）最有效。

2. 羊乳来源的抗血栓肽

人 κ-酪蛋白是含有 158 个残基的长序列，有 22% 的残基与山羊、母绵羊、牛以及大鼠中 κ-酪蛋白相对应的位置完全相同。含有 93 个氨基酸的 N 端片段（衍-κ-酪蛋白）的分歧比率高于分子的其余部分。与牛 κ-酪蛋白相比，绵羊和山羊的 κ-酪蛋白存在两个插入以及在 26 或 28 位分别存在替换。

绵羊 κ-酪蛋白片段（106～171）以剂量依赖性方式起抗血小板作用。利用疏水聚类分析（HCA）对血小板聚集的人纤维蛋白原序列（RGDF 和 HHLGAKQAGDV）和血小板聚集抑制剂的羊 κ-酪蛋白序列（KDQDK 和 TAQVTSTEV）进行分析。RGDF（95～98）位于明确的结构域中，即 α 螺旋/β 折叠（89～93）和 α 螺旋（112～157）之间的环结构。KDQDK（112～116）同样存在于 α 螺旋/β 折叠（103～108）和 α 螺旋（115～121）之间的环结构中（Qian et al.，1995）。而含有许多酸性残基的羊 κ-酪蛋白和人γ链纤维蛋白原的 C 端具有高度亲水性，但不在明确的结构域中。

羊 KDQDK（112～116）类似于牛的 KNQDK，同样是血小板聚集抑制剂。残基 Asp 和 Asn 之间的差异不影响对血小板聚集的抑制。TAQVTSTEV（163～171）和 QVTSTEV（165～171）分别位于羊酪蛋白糖肽和 κ-酪蛋白的 C 端。迄今，还没有发现位于 κ-酪蛋白这一区域的抑制血小板聚集的牛肽。酪蛋白来源的抗血栓肽见表 10.3（黎观红和晏向华，2010）。

表 10.3　酪蛋白来源的抗血栓肽序列

类型	片段	序列
牛 κ-酪蛋白	103～111	LSFMAIPPK
	106～116	MAIPPKKNQDK
	106～112	MAIPPKK
	112～116	KNQDK
	113～116	NQDK
羊 κ-酪蛋白	112～116	KDQDK
	163～171	TAQVTSTEV
	165～171	QVTSTEV

3. 乳制品来源的抗血栓肽

富含蛋白质的奶酪在成熟过程中表现出不同的蛋白水解体系，可以作为肽的天然来源。研究者在酸奶、商业西班牙发酵乳提取物水溶性肽（WSP）中都发现了具有抗血栓潜力的肽。奶酪成熟是影响肽生物活性的重要因素。WSP 的抗血栓活性受所用肽的乳品种、成熟时间和浓度的显著影响。例如，伴随成熟进程，水牛乳切达干酪（BCC）和牛乳切达干酪（CCC）溶栓作用急剧增加，在干酪成熟180d 时，BCC 被观察到最高的抗血栓潜力，并且随着 WSP 提取物剂量的增加，血块溶解百分比增加（Rafiq et al.，2017）。

乳酸菌菌株能够切割 κ-酪蛋白的 Met-Ala（95～96）和 His-Leu(102～103)。κ-酪蛋白片段（96～102）的肽序列 ARHPHPH 已从切达干酪、酸奶的 κ-酪蛋白片段（96～100）以及其他 κ-酪蛋白片段（38～39）、（25～34）和（24～26）中鉴定得到。它们通过抑制纤维蛋白原与血小板的结合显示抗血栓潜力。

在奶酪制作过程中由凝乳酶激活所得到的 κ-酪蛋白 C 端的片段，与人纤维蛋白原γ链的（400～411）片段相似，称为牛酪蛋白巨肽。它存在于奶酪乳清中，属于奶酪制品的副产物，通常作为废弃物。研究其中肽的生物活性可以为功能食品中奶酪产业副产物的利用带来光明的发展前景。

牛酪蛋白巨肽的胰蛋白酶酶切片段具有抗血栓活性，能够抑制血小板聚集。其作用是通过抑制 ADP 诱导的血小板与 125I 纤维蛋白原结合实现的。κ-酪蛋白（106～169）具有两种基因突变体 A 和 B，牛酪蛋白巨肽主要由 κ-酪蛋白 A、B 的单磷酸化非糖基化形式组成（相对分子质量分别为 6787.4 和 6756），其次是二磷酸化形式（相对分子质量分别为 6866.4 和 6835.6）。此外，还存在 κ-酪蛋白 A 的（106～160）和（107～161）片段。绵羊酪蛋白巨肽形式主要是二磷酸化的无碳水

化合物的 κ-酪蛋白（106～171）组分（相对分子质量为 6965.1），其次是单磷酸化形式（相对分子质量为 6882.6）。对于山羊酪蛋白巨肽而言，主要种类为 κ-酪蛋白（106～171）两种基因变体的二磷酸化形式，在第 119 存在 Val 或 Ile（相对分子质量分别为 6983.9 和 6997.9）。

酪蛋白巨肽包含三个潜在的胰蛋白酶酶切位点：Lys111、Lys112 和 Lys116。对应于序列（106～111）、（106～112 和/或其相对应的氧化形式）以及（112～116）片段。七肽（106～112）仅在很高的非特异性浓度下对血小板功能存在较弱抑制，来自牛酪蛋白巨肽的五肽（112～116）则强烈抑制 ADP 诱导的血小板聚集。而山羊和绵羊的五肽（112～116）中，Asn 取代 Asp，但不影响抑制行为。此外，牛酪蛋白巨肽胰蛋白酶水解产物中的四肽（113～116）和十一肽（106～116）都能够抑制血小板聚集。片段（113～116）由于缺少 N 端 Lys 残基，其抑制活性低于五肽（112～116）。两种序列在绵羊和山羊酪蛋白巨肽的水解产物中均未发现。

Qian 等（1995）用胰蛋白酶制剂水解酪蛋白巨肽得到两种非常活跃的抗血栓形成序列，对应于序列 TAQVTSTEV（163～171）和 QVTSTEV（165～171）；在牛酪蛋白巨肽水解产物中，对应于序列 TVQVTSTAV（161～169）。这种肽同样没有在绵羊和山羊的蛋白水解产物中发现。

牛、绵羊和山羊酪蛋白巨肽及其胰蛋白酶水解物都能够抑制由 ADP 诱导的人血小板聚集。整个酪蛋白巨肽的活性水平低于 γ-纤维蛋白原（400～411）的活性水平，而水解的酪蛋白巨肽的活性水平甚至高于用作参考的十一肽的活性水平（表 10.4）。因此，游离形式的活性肽通常具有更强的抑制活性（Manso et al., 2002）。

表 10.4　牛、绵羊和山羊酪蛋白巨肽及其胰蛋白酶水解物对人血小板聚集的抑制

类型	相对活性 [a]	
	酪蛋白巨肽	水解酪蛋白巨肽
牛	0.68±0.44	0.90±0.42
绵羊	0.86±0.35	1.53±0.59
山羊	0.78±0.32	0.89±0.35

a. 相对于 γ-纤维蛋白原（400～411）肽的活性[抑制率（%）/γ-纤维蛋白原（400～411）肽的抑制率（%）±标准偏差]。

10.2.3　胶原蛋白来源的抗血栓肽

凝血过程中，纤维蛋白原参与血小板聚集和纤维蛋白的形成。血栓形成是由循环的血小板黏附在血管壁纤维结构上引起的。血小板的黏附先于其活化和聚集，脊椎动物纤维蛋白原通过纤维蛋白原 α 链和 β 链 N 端血纤维蛋白肽的凝血酶催化释放转变为纤维蛋白，然后纤维蛋白单体自发形成非共价键结合的凝胶。血浆凝

固发生在血小板活化过程中，带负电荷的磷脂酰丝氨酸暴露于膜的表面，通过胶原蛋白和凝血酶的联合作用刺激血小板导致内因子 X 和凝血酶原的激活诱导凝血。单独使用胶原蛋白或凝血酶时，这种增强作用要弱得多。因此，胶原蛋白是一种有效的止血诱导剂。然而，由胶原衍生的八肽 KPGEPGPK 则能够抑制胶原蛋白和凝血酶联合作用引起的血小板促凝血活性，并且抑制血小板的聚集和活化。

由于胶原蛋白和凝血酶具有联合作用，设想该八肽可能是通过干扰凝血酶从而抑制凝血。八肽可以延长凝血酶原时间，随添加剂量增加，效果更明显。此外，八肽不会改变血浆或纤维蛋白原的血凝固时间。八肽能够抑制凝血酶作用纤维蛋白原形成纤维蛋白，并呈剂量依赖性，但是不会延缓或减少纤维蛋白单体的聚合。这表明八肽的抑制作用在于凝血酶对纤维蛋白原的裂解（Léger et al.，1985）。

使用八肽的两种合成类似物来研究其极性氨基酸对其与凝血酶相互作用的影响：类似物 KPGAPGPK 中 Glu 基被 Ala 代替，Nle-PGEPGP-Nle 中两个赖氨酰残基被它们的等位脱氨基同型异构正亮氨酸代替。这些类似物与八肽在相同的时间和温育条件下孵育不影响凝血酶诱导的纤维蛋白原凝结时间和凝血酶诱导的血小板聚集。

由于肽缺乏对低分子质量合成底物 GPR-pNA 的酰胺裂解作用，不会干扰凝血酶的活性中心。与高级结合位点的相互作用则涉及对高分子质量底物（如纤维蛋白原和血小板）的反应。该反应可能通过电荷效应发生，涉及 Lys 和 Glu 带正电荷及负电荷的基团，但氨基酸被不带电荷的氨酰残基取代的两种类似物则不具有这种作用。

八肽与Ⅲ型胶原中心 α1（Ⅲ）CB4 肽中三个常见片段的氨基酸序列相似。这些片段既能诱导血小板黏附，又能够抑制Ⅲ型胶原的聚集。

GPR 是对应于纤维蛋白 α 链的 N 端三肽，存在于间质胶原中。8 个单位的 GPR 序列在大鼠和小牛皮肤胶原蛋白的 α1 链中被发现。GPRP 具有抑制血小板聚集的作用，GPRGP 和 GPRPPP 在抑制血小板聚集中与 GPRP 效果相似，但在所有测试的肽序列中，GPRG 显示了最有效的抑制效果。此外，胶原蛋白的水解产物同样表现出了抑制作用。因此，胶原的酶水解产物以及 GPRP、GPRGP、GPR-Sar（Sar 表示肌氨酸）和 GPRGPA 等含 GPR 的肽可以有效抑制纤维蛋白原/凝血酶凝结，抑制纤维蛋白原与血小板受体的相互作用（Nonaka et al.，1997）。

一些化合物的抗凝活性根据试验动物的种类可能会有不同。因而，从有效浓度看，肽和胶原蛋白水解产物的抑制效果在人类自体血清干细胞（PRP）中比在大鼠 PRP 中高约 10 倍。大鼠 PRP 含有足够的纤维蛋白原以支持血小板的聚集以及与纤维蛋白原的结合，而不用添加任何外源性纤维蛋白原。大鼠血小板的纤维蛋白原受体的构型不同于人血小板的构型。人类 PRP 需要添加外源纤维蛋白原来支持这一聚集过程。因此，胶原相关合成肽和胶原蛋白水解物对大鼠血小板聚集的抑制作用可能低于人类。

对 GPR 中的单个氨基酸进行替换，得到 GPR 的类似物，如 Sar-PR、GPK、GAR 或 AGPR，则对人血小板的聚集物无抑制活性。这表明 GPR 序列是抑制人血小板聚集的先决条件，并且肽链向其 N 端的延伸能够剥夺 GPR 的抑制活性。

血小板的特异性膜蛋白 GP IIb /IIIa 是血小板聚集中纤维蛋白原的主要受体。GP IIb /IIIa 的 296～306 氨基酸（TDVNGDGRHDL）和纤维蛋白的 N 端三肽 GPR 结合纤维蛋白原γ链（Nonaka et al.，1997）。Plow 和 Marguerie 等已证明 GPRP 可防止纤维蛋白原与暴露受体中的血小板结合，且该肽可直接干扰配体-受体间的相互作用。但是，胶原序列中未发现 GPRP 序列。与 GPRP 机制相似，胶原相关肽也可以防止纤维蛋白原与血小板的结合。关于含 RGD 序列肽的血小板抑制活性已有许多报道。其在 GPIIb/IIIa 中的结合位点不同于 GPRP 的结合位点，目的是防止血小板黏附。胶原相关肽和血小板之间相互作用的机制与含有 RGD 的肽和血小板之间的相互作用则完全不同。

1. 水产动物来源的抗血栓肽

Rajapakse 等（2005）从海鱼黄鳍鱼的酶解产物中提取得到了具有抗凝血和抗血小板活性的新型鱼蛋白（Rajapakse et al.，2005）。基质辅助激光解吸电离-飞行时间质谱（MALDI-TOFMS）和十二烷基硫酸钠-聚丙烯酰胺凝胶电泳（SDS-PAGE）分析鉴定得到一条分子质量为 12.01kDa 的单链单体蛋白。它通过形成一种不受 Zn^{2+} 介导的无活性复合物抑制活化的凝血因子 XII（FXIIa），并被命名为黄鳍单抗抗凝蛋白（YAP），其 N 末端氨基酸序列为 TDGSEDYGILEIDSR。

因子 XII（FXII 或 Hageman）通过自身活化为活性形式 FXIIa，与负电荷表面接触从而触发固有的凝血途径以及高分子质量激肽原和前激肽释放酶。Zn^{2+} 与 FXII 的结合会诱导构象变化，使得蛋白质更易于在自激活过程中产生酶活性。FXII 的缺乏会延长体外活化部分凝血活酶时间（APTT）。同时，血小板膜糖蛋白整联蛋白通过聚集和黏附胶原使血小板在凝血中发挥重要作用。利用 PAGE 研究 YAP 对 FXIIa 的抑制模式，与 YAP 和 FXIIa 单独条带相比，两者的混合物形成了一条单一的新条带。结果证实，YAP 对 FXIIa 的灭活是通过形成无活性的复合物而不是切割 FXIIa 来进行的。Zn^{2+} 会诱导 FXII 的一些构象变化与负电活化表面结合。YAP 可以结合 FXIIa 而不受金属离子诱导的受体结合域的构象变化影响。通常，激活的正常人血浆中 FXIIa 的生理浓度约为 375nmol/L，相同浓度下的 YAP 可以完全抑制凝血。

YAP 通过剂量依赖性方式延长 APTT。但是，APTT 不受低浓度 YAP 的影响，前凝血酶时间（PT）和凝血酶时间（TT）都不受 YAP 处理的影响。结果表明，YAP 是固有凝血途径和 FXIIa 的特异性抑制剂。

　　血小板的激活和聚集对调节血管中血小板止血也起着重要作用，这主要取决于血管壁对多种生理激动剂（如 ADP、凝血酶、血栓烷 A2 和胶原蛋白）的反应的变化。血小板之间（血小板聚集）以及血小板与一些其他细胞外组分[如胶原蛋白和纤维蛋白原（血小板黏附）]的相互作用主要通过两种独特的血小板表面糖蛋白整联蛋白 GPIIb/IIIa（αIIbβ3）和 GPIa/IIa（α2β1）进行活化。激活后，血小板分泌 ADP 和其他激动剂刺激相邻血小板并引发整联蛋白 GPIIb/IIIa 介导的 Ca^{2+} 依赖性血小板聚集。血小板聚集的拮抗剂致力于在血栓形成期间阻断血小板表面整联蛋白与特定分子靶点的结合。当 YAP 与 ADP 或凝血酶诱导的富血小板血浆 PRP 孵育时，观察到剂量依赖性血小板聚集抑制（抗血小板聚集）。不论浓度高低，YAP 对凝血酶诱导的血小板聚集比 ADP 诱导的抑制程度更高。YAP 浓度分别为 600μmol/L 和 660μmol/L 时，能够完全抑制凝血酶诱导和 ADP 诱导的血小板聚集。一般而言，由各种激动剂（包括凝血酶）引起的血小板聚集是通过 GPIIb/IIIa 介导的，YAP 可能含有细胞表面糖蛋白受体 GPIIb/IIIa 的有效抑制剂结构域。通过测定胶原黏附血小板的酸性磷酸盐（血小板酶）活性发现，YAP 不显示 GPIa/IIa 整联蛋白对血小板与胶原蛋白黏附的抑制活性。因此，可以认为 YAP 抑制血小板表面整合素 GPIIb/IIIa 但不抑制 GPIa/IIa。

　　YAP 由大量带负电荷的氨基酸组成。抗凝剂化合物的负电荷性质能够促进其与凝血级联中的凝血因子的相互作用。纤溶酶原是血浆纤溶系统中重要的酶原，由于 YAP 可与 FXIIa 结合，因此它也可能与纤溶酶原结合。通过测定，YAP 不能溶解接触纤维蛋白，表明 YAP 不参与激活纤溶酶原或通过直接作用切割纤维蛋白交联。所以，YAP 不能通过激活纤溶酶原而作为直接纤维蛋白溶解剂，但可能是纤维蛋白溶解的间接抑制剂，因为它抑制 FXIIa，而 FXIIa 被认为是活化依赖性纤维蛋白溶解的起始剂。

　　从北方淡水鱼黄瓜鱼中分离纯化得到的一种具有抗凝血活性的蛋白 E-II-1 的分子质量约为 40kDa，不含亚基，具有高含量的疏水性氨基酸和带负电荷的氨基。E-II-1 能够以剂量依赖性方式显著延长活化的部分凝血酶时间，并且通过内源性途径抑制 FXa 发挥抗凝作用。

　　使用多种细菌蛋白酶对虾虎鱼肌肉水解产物进行比较，发现其具有抗凝活性（Nasri et al.，2012）。所有蛋白酶都表现出不同程度的水解能力，并且所有的虾虎鱼蛋白水解产物（GPH）均导致 TT 和 APTT 的显著延长。地衣芽孢杆菌 NH1 产生的粗蛋白酶水解产物表现出最高的抗凝血活性。通过 Sephadex G-25 凝胶渗透色谱和 RP-HPLC，在 RP-HPLC 中洗脱出的最活跃子级组分中鉴定出四种肽，即 LCR、HCF、CLCR 和 LCR，能显著延长凝血时间。结果表明，GPH 可以作为抗凝血肽的良好来源，用于开发预防血栓形成的功能性食品。

　　Jung 和 Kim（2009）从蓝贻贝的可食部分中分离出了有效的抗凝血寡肽。蓝贻贝抗凝血肽（MEAP）分子质量约为 2.5kDa，与扇贝内收肌钙调蛋白的 EF-手域结构域的氨基酸序列相似。MEAP 可以有效地延长 APTT 和 TT，并与凝血因子 FIX、FX 和 FII 发生特异性相互作用。MEAP 可以抑制内源性 FXase 对 FX 的蛋白水解活化，并且通过剂量依赖性反应，将凝血酶原酶复合物形的 FII 转化为 FIIa 来延长血液凝固。

2. 家禽和家畜来源的抗血栓肽

使用 Alcalase 2.4L 和 Protease N 水解蛋清蛋白得到的酶解产物，经测定具有抗凝血酶活性（杨万根等，2008）。水解度为 15% 时，酶解产物的活性最高，并且 Protease N 水解得到的酶解物活性高于 Alcalase 2.4L。相同条件下，Alcalase 2.4L 和 Protease N 得到的酶解物氨基酸组成相似，但是两种酶酶切位点的不同导致所产生的肽短序列不同，从而造成酶解物活性的差异。

猪肉不具有抗血栓形成活性，但由木瓜蛋白酶水解猪背肌肉后，得到平均相对分子质量为 2500 的猪肉肽，经检验在 100μmol/L 和 1mmol/L 下，能显著抑制血小板反应，具有抗血栓活性（Shimizu et al.，2009）。与猪肉相比，纯化木瓜蛋白酶水解猪肉肽中的异亮氨酸、亮氨酸和苯丙氨酸含量更高。

10.2.4　植物来源的抗血栓肽

用 Sephadex G-25 对大豆蛋白水解物进行洗脱，发现所有组分都具有一定的抑制活性，表明大多数肽都具有抑制血小板聚集的作用。通过阳离子交换色谱得到分子质量分别为 381.3Da 和 391.3Da 的两个组分，氨基酸序列分别为 SSGE 和 DEE（Lee and Kim，2005）。SSGE 和 DEE 的 IC_{50} 值分别为 480μmol/L 和 460μmol/L，呈浓度剂量依赖。SSGE 主要存在于六种大豆蛋白中。DEE 在大豆蛋白质中有 151 种匹配，如 β 伴大豆球蛋白 α 亚基的残基 157～159 和 186～188。根据 Kyte 和 Doolittle 的研究，SSGE 和 DEE 两种肽均具有高度亲水性。Mazoyer 等的研究表明，高亲水性可能是抗血小板肽的共同特征，如抗血小板肽 KRDS 和 RGDS 都是高亲水性的多肽。

通过碱性蛋白水解大豆分离蛋白得到大豆分离蛋白水解产物 SPH，利用类蛋白反应（蛋白酶的转肽作用）对 SPH 进行修饰。在甲醇-水或乙醇-水中制备降低游离氨基水平的改性水解产物，在水中制备增加游离氨基水平的水解产物。经过类蛋白反应修饰得到的改性水解产物相比于 SPH，增加了钙螯合活性，并进一步提高了抗凝血活性（Zhang and Zhao，2014）。

大豆含有丰富的异黄酮化合物，异黄酮是一种植物次级代谢产物，除了抗氧化、抗癌、预防骨质疏松等功能外，还可用于治疗心血管疾病。但异黄酮影响血小板聚集的确切分子机制尚不清楚。通过抑制磷酸二酯酶活性改变血小板环状-

3',5'-腺苷单磷酸是黄酮类抗聚集作用最可能的途径。杨梅素和槲皮素对脂氧合酶活性的抑制是另一种可能的机制。刺激腺苷酸环化酶，导致 cAMP 水平升高，作为进一步的抗聚集信号转导途径。此外，异黄酮已被证明可以增强体内血浆 NO 浓度。NO 是血小板黏附、聚集和血栓形成的有效抑制剂。染料木素-7-硫酸盐和染料木素-4',7-二硫酸盐在抑制胶原诱导的血小板聚集的能力上低于染料木黄酮，结果表明染料木黄酮分子的 4' 和 7 位羟基对抗聚集活性的重要性（Rimbach et al.，2004）。

此外，纳豆的水解产物在肾脏膜中也表现出抗血栓特性（田明慧等，2014）。豆制品（如豆瓣酱）中分离出的一种肽组分能够抑制 ADP 诱导的血小板聚集。

利用 Alcalase 2.4L 水解油菜籽得到的酶解产物粗油菜籽肽 CRP 及两种肽组分 RP25 和 RP55，经检测具有抗氧化和抗血栓作用（Xiong et al.，2010）。在某些浓度下，油菜籽肽对凝血酶催化的纤维蛋白原凝血具有显著的抑制活性，此抑制作用不呈剂量依赖性。对于 CRP，其浓度为 30~40mg/mL 时，抑制效果约为 90%。在浓度为 50mg/mL 的 RP25 和 RP55 中观察到强效抑制作用（约 90%）。油菜籽肽的抗血栓形成活性虽不及肝素，但是油菜籽肽同时还具有还原力、DPPH 清除能力及抑制脂质过氧化等抗氧化活性和其他营养作用，并且不会产生副作用。这些特性有益于油菜籽作为功能性食品成分的应用。

10.3　高 F 值寡肽

10.3.1　高 F 值寡肽的概念

高 F 值寡肽混合物是由 3~9 个氨基酸残基所组成的寡肽混合物。F 值是指混合物中支链氨基酸（BCAA，包括亮氨酸、异亮氨酸和缬氨酸）与芳香族氨基酸（AAA，包括苯丙氨酸、色氨酸和酪氨酸）的物质的量之比。高 F 值寡肽的 F 值大于 20。高 F 值寡肽的命名是为了纪念德国著名学者 Fische J.E 在 20 世纪 70 年代提出的"伪神经传递质假说"而命名的（董清平等，2009）。关于高 F 值寡肽制备研究的最早报道来自于 Yamashita 等（1976），利用胃蛋白酶和链霉蛋白酶水解鱼蛋白与大豆分离蛋白，从而制备低苯丙氨酸含量寡肽液。相比于蛋白质和游离氨基酸，寡肽更容易被机体吸收利用。同时研究表明，高 F 值寡肽具有抗疲劳、抗醉酒和辅助治疗肝性脑病的功效。

10.3.2　高 F 值寡肽的制备原料

植物性蛋白和动物性蛋白都能够作为高 F 值寡肽的制备原料，但在原料的选择上，需要满足原料资源丰富、蛋白质含量高及价格相对低廉等特点，同时原料的 F 值高也有助于提升高 F 值寡肽的制备得率。表 10.5 列出了几种谷类和油料作物蛋白质的氨基酸组成。从表 10.5 中可以看出，几种谷物蛋白的 F 值相对较高，其中玉米黄粉以其低廉的价格而引起研究者的关注。玉米黄粉是制备玉米淀粉的下脚料，其蛋白质含量为 30%～65%，但其中 70% 为醇溶性蛋白，不溶于水，并且有一种特殊的臭味。这些物理化学特性使得玉米黄粉难以直接应用于食品工业，一般作为饲料使用。国内利用玉米黄粉蛋白制备高 F 值寡肽的研究最早在 1999 年被报道，王梅等利用碱性蛋白酶和木瓜蛋白酶复合酶水解得到高 F 值寡肽混合物，再利用活性炭色谱分离和反渗透膜浓缩制备得到 F 值为 31.9 的成品高 F 值寡肽混合物，并发现得到的高 F 值寡肽具有抗疲劳和抗缺氧功能。其他植物性蛋白也有被应用于制备高 F 值寡肽的研究。宋春丽等（2007）利用碱性丝氨酸蛋白酶和蛋白酶 II 对大豆分离蛋白进行两步定向酶切。何慧等（2005）将大豆蛋白和玉米蛋白按一定比例复配，用碱性蛋白酶水解，得到 ACE 抑制率高的高 F 值寡肽。Tanimoto 等（1991）利用嗜碱蛋白酶和链霉蛋白酶对玉米醇溶蛋白进行两步酶解，得到 F 值为 20.0 的高 F 值寡肽，得率达到 56%。

表 10.5　几种植物蛋白的氨基酸组成（g/16N）

氨基酸	脱脂大豆蛋白粉	大豆浓缩蛋白	大豆分离蛋白	米蛋白	小麦蛋白	玉米黄粉	玉米蛋白粉	玉米醇溶蛋白
赖氨酸	6.9	6.3	6.1	3.8	2.4	0.9	1	0.03
甲硫氨酸+半胱氨酸	3.2	3	2.1	8.2	7.8	1.4	1.6	0.9
酪氨酸	1.3	1.5	1.4	1.6	1.1	0.2	0.2	0.1
苏氨酸	4.3	4.4	3.7	3.9	3.1	1.5	1.5	1.4
异亮氨酸	5.1	4.8	4.9	3.4	3.6	1.9	2.1	1.9
亮氨酸	7.7	7.8	7.7	9	7.1	7.6	8.2	1.1
缬氨酸	5.4	4.9	4.8	5.5	4.2	2.2	2.4	1.6
苯丙氨酸+酪氨酸	8.9	9.1	9.1	4.7	4.5	5.2	5.4	6.6
BCCA	18.2	17.5	17.4	17.9	14.9	11.7	12.7	4.6
AAA	8.9	9.1	9.1	4.7	4.5	5.2	5.4	6.6
F 值	2.04	1.92	1.91	3.81	3.31	2.25	2.35	0.69

另外，新的原料和工艺也被应用于使用植物性蛋白原料制备高 F 值寡肽的研究。在新原料的选择上，赵珊珊等（2006）利用魔芋飞粉制备高 F 值寡肽。魔芋飞粉是魔芋精粉加工过程中，由魔芋表皮等部分组成的飘落到石臼周围的质量轻、颗粒小的细粉。魔芋飞粉的蛋白含量高，纤维含量低，分别为 22.98% 和 3.23%；但其应用主要受限于固有的特殊臭味。从氨基酸组成上来看，魔芋飞粉的支链氨

基酸含量丰富，芳香族氨基酸含量较低，适宜用于制备高 F 值寡肽。使用碱性蛋白酶和链酶蛋白酶进行魔芋飞粉复合水解，然后经过凝胶层析分离纯化得到高 F 值寡肽。而在新工艺的应用方面，漆倩涯（2017）利用超声辅助制备杏鲍菇高 F 值寡肽，首先用超声波破碎辅助蜗牛酶水解杏鲍菇子实体细胞壁，然后采用碱提酸沉法提取蛋白质，得到的蛋白质含量提高 33.35%，同时缩短了提取时间，降低了碱液浓度；再通过内肽酶和外肽酶双酶分步水解，制备寡肽液；最后采用活性炭吸附脱除芳香氨基酸，用超滤膜过滤，通过孔径的小分子肽液选取大孔树脂进行脱盐处理，以 Sephadex G-15 凝胶过滤层析分离得到符合寡肽分子范围的肽液。经氨基酸分析仪分析，证明制备得到 F 值为 30.34 的高 F 值寡肽。

　　动物性蛋白和乳源性蛋白同样也被广泛研究应用于高 F 值寡肽的制备。对动物性蛋白的研究主要集中在水产品及水产品下脚料上。祁文翰等（2017）利用鱿鱼碎肉制备高 F 值寡肽，以胃蛋白酶和风味蛋白酶对鱿鱼碎肉进行双步酶解，优化得到活性炭吸附条件为吸附温度 35℃，pH 为 2，活性炭的固液比为 1∶25，第一次吸附时间 180min，第二次吸附时间 30min，吸附后酶解液 F 值达到 25.209，并进行了相应的经济效益估算，结果表明寡肽有较好的应用前景。杜帅等（2014）利用金枪鱼下脚料制备高 F 值寡肽，同样利用胃蛋白酶和风胃蛋白酶对鱿鱼碎肉进行复合酶解，通过活性炭静态吸附得到 F 值为 30.33 的高 F 值寡肽；进一步分离得到两个高 F 值寡肽组分，并对高 F 值寡肽进行活性研究，发现其对小鼠具有抗醉酒、醒酒及抗疲劳作用。其他的水产品原料包括草鱼（赵谋明等，2005）、牡蛎（周敏华等，2009）和马氏珠贝（郑惠娜等，2011）也被用于制备高 F 值寡肽。蛋清蛋白也是一种被广泛研究用于制备高 F 值寡肽的一种动物蛋白。刘静波等（2007）研究了碱性蛋白酶和风味蛋白酶对蛋清高 F 值寡肽最适水解条件的筛选，并研究其对小鼠脏器的影响。而张文博等（2008）在研究蛋清高 F 值寡肽时发现其能够提高小鼠的免疫力，促进小鼠肝功能。Xu 等（2011）同样利用蛋清蛋白制备高 F 值寡肽，使用碱性蛋白酶和蛋白酶 II 进行水解，得到 F 值为 20.46 的高 F 值寡肽，并确定其相对分子质量范围为 300~600。

　　乳源性蛋白中用于制备高 F 值寡肽的蛋白质主要是酪蛋白。孔芳等（2010）利用碱性蛋白酶和风味蛋白酶水解牛乳酪蛋白得到 F 值为 21.06 的高 F 值寡肽，并通过加入 β 环状糊精去除水解液的苦味。

10.3.3　高 F 值寡肽的功效

1. 支链氨基酸的生理功能

　　高 F 值寡肽的支链氨基酸包括亮氨酸、异亮氨酸和缬氨酸。这三种氨基酸均为必需氨基酸，必须从食物中摄取，人体无法合成。从代谢上看，三种支链氨基酸都是在肝外组织氧化的必需氨基酸，主要氧化部位是肌肉，而其他氨基酸都需要经过肝脏代谢；三者的分解代谢途径和代谢产物有所不同，亮氨酸是生酮氨基酸，异亮氨酸是生糖兼生酮氨基酸，而缬氨酸生成糖类；三种支链氨基酸是必需氨基酸，因此没有合成代谢。支链氨基酸与芳香族氨基酸以及支链氨基酸之间存在拮抗作用。支链氨基酸与芳香族氨基酸，如苯丙氨酸、酪氨酸和色氨酸，在穿过血脑屏障时由相同的载体转运。芳香族氨基酸与支链氨基酸的载体竞争结合，因此当支链氨基酸的浓度较高时，芳香族氨基酸与转运载体的结合受到抑制，无法进入脑组织；相反，当支链氨基酸的浓度较低时，芳香族氨基酸的竞争能力就会增强。对于严重的肝脏疾病患者来说，其血浆中的支链氨基酸浓度低，导致芳香族氨基酸在脑组织中的含量增加，此时补充高 F 值寡肽就能够改善这一现象。支链氨基酸之间的拮抗作用则是由于三种支链氨基酸的结构较为类似，代谢过程中三者的比例不合适时就会产生拮抗作用进而出现营养失调和生长停滞。

支链氨基酸的主要生理功能包括通过代谢生成丙氨酸和酮体为肌肉提供能源、促进胰岛素的分泌、作为胆固醇的前提物质、抑制蛋白质的分解以及作为合成蛋白质的原料促进蛋白质的合成。三种支链氨基酸各自也具有一定的生理功能，亮氨酸能够降低血糖，缓解或辅助治疗头晕，促进皮肤创口和骨伤的愈合，当机体缺乏亮氨酸时机体会停止生长，体重减轻；异亮氨酸能够用于治疗精神障碍，增强食欲，抵抗贫血，缺乏时会出现体力衰竭和昏迷等；缬氨酸能够维持神经系统正常，刺激骨骼前 T 淋巴细胞分化为成熟 T 淋巴细胞，增强免疫功能，同时可以作为治疗肝昏迷的药物，缺乏时会造成肌肉共济运动失调。

2. 治疗肝性脑病症状

肝性脑病，又称为肝性昏迷，是指由严重肝病引起的肝细胞功能衰竭，来自肠道的有毒物质经过门静脉体循环直接由门静脉进入体循环，通过血脑屏障导致的大脑功能障碍。肝性脑病的症状为以意识障碍为主要特征的神经精神症状和运动异常等继发性神经系统疾病。肝性脑病患者血浆的 F 值能够反应患者疾病的严重程度。肝性脑病的发病机理尚未完全阐明，目前有三种学说：氨中毒学说、氨基酸代谢失衡学说和假性神经递质学说。氨中毒学说指的是当患有严重的肝脏疾病时，体内氨的来源、生成、吸收增加，而清除能力下降，致使血氨增加引发氨中毒。氨基酸代谢失衡学说是指在肝性脑病期间，体内的氨基酸代谢紊乱，F 值下降；在急性肝坏死或肝硬化时，AAA 含量显著升高，BCAA 含量正常或轻度减少，这是由肝功能衰竭所致。伪神经递质假说是在 20 世纪 70 年代由德国医学博士 Fische J. E 提出的。伪神经递质是指在化学结构上与正常神经递质十分相似，但生物活性很低的物质。肝功能衰竭时胰岛素无法被降解，促进支链氨基酸流入肌肉，导致血浆中的 F 值由正常的 2.6～3.5 下降至 1 或 1 以下，使得更多的 AAA

进入脑组织，形成过多的伪神经递质，干扰神经传递从而引发肝性脑病。

动物试验和临床资料表明，口服或注射高 F 值寡肽的混合液能够使试验体或患者血液中的 F 值由 1 左右上升至 3 左右，有效维持血液中 BCAA 的浓度。由此，通过支链氨基酸与芳香族氨基酸的拮抗作用降低脑组织中 AAA 的浓度，从而恢复中枢神经系统正常的神经代谢。目前，已经有辅助治疗肝性脑病的高 F 值寡肽制品，如 Hepatic-Aid（F 值为 29）、Travasorb-Hepatic（F 值为 31）等，这类制品不仅能够防止肝性脑病的发生或减缓其症状，同时能够改善患者的营养状况。我国临床上采用六合氨基酸、肝宁复合氨基酸注射液治疗肝性脑病，并已经取得较好的效果。

3. 抗疲劳作用

BCAA 在肌肉中代谢，发生氧化脱氢，生成的 α-酮酸进入三羧酸循环从而产生能量，同时脱下的氨基与丙酮酸或谷氨酸偶联，促进丙氨酸和谷氨酰胺的生成，成为供能物质。在特殊刺激的情况下，BCAA 能够直接给肌肉提供能量，肌肉中必需氨基酸的流失，同时有助于体力的快速恢复和疲劳的快速消除，被人们广泛应用为运动营养补充剂。动物试验表明，对大鼠喂养玉米高 F 值寡肽能够延长其在游泳试验中的衰竭时间，提高了大鼠的抗疲劳和抗缺氧性。

4. 改善患者蛋白质营养状况

BCAA 有助于促进氮储存和蛋白质合成，抑制蛋白质分解，是一种良好的营养补充剂。对于皮肤损伤和手术后的患者，他们的蛋白质合成代谢减弱，而蛋白质的分解代谢增强，这使得机体处于负氮平衡状态。如果摄入正常膳食蛋白，通常会造成血氨增高，患者易发生昏迷。补充高 F 值寡肽能够使此类患者机体中总体蛋白质的合成得到改善。由于寡肽具有易于消化、吸收且速度快的特点，可作为口服剂直接服用；相比于静脉注射，口服的营养物质能够更快地使患者恢复到正常营养状态。高 F 值寡肽可广泛应用于高代谢疾病，如烧伤、外科手术、脓毒血症等患者以及因缺乏酶系统而不能分解和吸收蛋白质的患者。

5. 治疗苯丙酮尿症

苯丙酮尿症（PKU）是由于苯丙氨酸代谢途径中的苯丙氨酸羟化酶缺陷，使得苯丙氨酸无法转变成为酪氨酸，而在肾脏中由转氨酶的作用生成苯酮酸并进一步氧化成为苯乙酸。苯丙氨酸、苯酮酸和苯乙酸在体内的积累对神经系统造成了不同程度的伤害（顾学范，2000）。目前治疗 PKU 唯一方法是低苯丙氨酸饮食疗法，该方法能够控制血中苯丙氨酸浓度在 20～100mg/L 之间（王庆华，2002）。

6. 解酒醉功能

酒精在人体内的代谢主要是通过肝脏的氧化，少部分通过尿液、汗液或呼吸排出。酒精在肝脏内通过乙醇脱氢酶和乙醛脱氢酶的作用转化为乙醛和乙酸，完成催化的两种酶都是以 NAD^+ 为辅酶。高 F 值寡肽降低血液中乙醇浓度的原理在于提高血液中的丙氨酸和亮氨酸浓度，由此能够提供更多的 NAD^+。在乙醇氧化过程中，丙酮酸向乳酸的转变增加，肝细胞中的 NADH 含量增加，因此三羧酸循环中 α-酮戊二酸向琥珀酰的转变以及苹果酸向草酰乙酸的转变都受到了抑制。这样的变化导致糖异生抑制，血液中血糖含量降低，三羧酸循环也受到抑制。补充亮氨酸能够使氨基和含碳物从肌肉有效地转移到肝脏，使 NAD^+ 含量增加，三羧酸循环恢复正常，对酒精代谢具有积极的影响。

7. 其他功能

富含亮氨酸的寡肽能够提高肠高血糖素和甲状腺素的分泌，使内源性胆固醇代谢增强，从而降低血清胆固醇。BCAA 含量高还能够延长细胞的寿命。具有一定致敏性的蛋白原料，如牛乳蛋白和大豆蛋白，制备得到的高 F 值寡肽，由于分子质量较低，致敏性也大大降低。

参 考 文 献

陈皓, 陈治贵, 蔡芬, 等. 2009. 高血压、高血脂、高血糖与冠心病因果关系调查及干预[J]. 岳阳职业技术学院学报, 24(3): 81-83.

董清平, 方俊, 田云, 等. 2009. 高 F 值寡肽研究进展[J]. 现代生物医学进展, (2): 368-370.

杜帅. 2014. 金枪鱼下脚料制备高 F 值寡肽的工艺及活性研究[D]. 浙江海洋学院硕士学位论文.

高学飞. 2006. 乳清蛋白源降胆固醇活性肽的制备及其生物学功能的研究[D]. 安徽农业大学硕士学位论文.

葛红娟, 宋春梅. 2016. 荞麦对饮食性高脂血症大鼠血脂和血糖改善效果的观察[J]. 卫生研究, 45(6): 1013-1015.

顾学范. 2000. 苯丙酮尿症防治现状及进展[J]. 实用儿科临床杂志, (5): 297-299.

何慧, 郭会侠, 孔林, 等. 2005. 用玉米大豆复配蛋白制备降血压肽水解酶筛选研究[J]. 中国粮油学报, (6): 25-29.

孔芳. 2010. 酶法水解牛乳酪蛋白制备高 F 值寡肽混合物[D]. 上海海洋大学硕士学位论文.

黎观红, 晏向华. 2010. 食物蛋白源生物活性肽——基础与应用[M]. 北京: 化学工业出版社.

李开济, 田增有, 门秀丽. 2015. 胆汁酸代谢与调节中的选择性剪接[J]. 生理科学进展, 46(3): 203-208.

李敏, 赵珊珊. 2007. 魔芋飞粉高 F 值寡肽的开发利用[J]. 生物技术, (5): 91-93.

李宗杰. 2016. 苦荞蛋白的制备、生物活性鉴定及其在猪群中的应用[D]. 南京农业大学博士学位论文.

刘静波, 林松毅, 张铁华, 等. 2007. 蛋清高 F 值寡肽可控酶解条件的筛选[J]. 沈阳农业大学学报, (2): 174-177.

漆倩涯. 2017. 超声辅助酶法水解杏鲍菇制备高 F 值寡肽液[D]. 甘肃农业大学硕士学位论文.

祁文翰. 2017. 鱿鱼高 F 值寡肽制备优化及工厂设计[D]. 浙江海洋大学硕士学位论文.

沈蓓英, 孙冀平. 1999. 高 F 值寡肽生理功能和制备[J]. 粮食与油脂,(2): 27-30.

宋春丽, 迟玉杰, 孙波, 等. 2007. 定向双酶切制备高 F 值大豆寡肽工艺技术参数的研究[J]. 食品科学,(6): 110-113.

宋玲钰, 刘战伟, 宗爱珍, 等. 2016. 降胆固醇活性花生多肽制备工艺的研究[J]. 中国食物与营养, 22(12): 43-47.

田明慧, 林亲录, 梁盈, 等. 2014. 植物源性食物中活性肽氨基酸组成的研究进展[J]. 食品与发酵工业, 40(6): 110-116.

王洪武, 王士雯, 余颂涛, 等. 1990. 高血脂致动脉粥样硬化机理的探讨[J]. 天津医药,(7): 397-400.

王梅, 谷文英, 黄诚. 1999. 高 F 值寡肽混合物的制备及抗疲劳与抗缺氧作用[J]. 粮油食品科技,(3): 6-7.

王庆华. 2002. 蛋白酶解物在特殊人群营养膳食中的应用[J]. 中国食品添加剂,(1): 52-55.

魏健, 江路易, 宋保亮. 2015. 胆固醇的内源合成与小肠吸收[J]. 生命科学, 27(7): 847-858.

杨万根, 张煜, 王璋, 等. 2008. 蛋清蛋白酶解物的抗氧化、抗凝血酶活性及生化特性的研究[J]. 食品科学, 29(6): 202-207.

于娜. 2012. 卵黄多肽的分离纯化及降血脂活性研究[D]. 沈阳农业大学博士学位论文.

张彬, 李中华, 刘玉英, 等. 2014. 高血压与高血脂的相关性分析[J]. 临床合理用药, 7(4A): 101-102.

张文博, 刘静波, 王莹, 等. 2008. 蛋清高 F 值寡肽对受试小鼠脏器影响的研究[J]. 食品科学,(11): 601-604.

赵珊珊, 干信. 2006. 酶解魔芋飞粉制备高 F 值寡肽最佳工艺条件的研究[J]. 生物技术,(3): 67-69.

郑惠娜, 章超桦, 吉宏武, 等. 2011. 马氏珠母贝高 F 值寡肽初步分离纯化及氨基酸组成分析[J]. 食品与发酵工业,(6): 47-50.

周凤英. 2010. 高血压和高血脂的相关性分析[J]. 临床医药实践, 19(2B): 154-156.

周敏华, 章超桦, 曾少葵, 等. 2009. 酶解牡蛎肉制备高 F 值寡肽的研究[J]. 现代食品科技, (7): 751-755.

朱晓连, 陈华, 蔡冰娜, 等. 2017. 具有结合胆酸盐作用卵形鲳鲹蛋白酶解物的制备和分子质量分布研究[J]. 南方水产科学, 13(2): 101-108.

Bähr M, Fechner A, Kiehntopf M, et al. 2015. Consuming a mixed diet enriched with lupin protein beneficially affects plasma lipids in hypercholesterolemic subjects: a randomized controlled trial[J]. Clinical Nutrition, 34: 7-14.

Ben Klaled H, Ghlissi Z, Chtourou Y, et al. 2012. Effect of protein hydrolysates from sardinelle(Sardinella aurita)on the oxidative status and blood lipid profile of cholesterol-fed rats[J]. Food Research International, 45(1): 60-68.

Chu B J, Qi G F, Liang Y X. 2011. The effects of soybean peptide on reducing obesity and blood lipids in rat[J]. Food Science and Technology, 36(11): 65-68.

Fiat A M, Jollès P. 1989. Caseins of various origins and biologically active casein peptides and oligosaccharides: structural and physiological aspects[J]. Molecular and Cellular Biochemistry, 87(1): 5-30.

Fiat A M, Migliore-Samour D, Jollès P, et al. 1993. Biologically active peptides from milk proteins with emphasis on two examples concerning antithrombotic and immunomodulating activities[J].

Journal of Dairy Science, 76(1): 301-310.

Francisco H C, Jorge C R, David B A. 2015. The hypolipidemic effect and antithrombotic activity of *Mucuna pruriens* protein hydrolysates[J]. Food & Function, 7(1): 434-444.

Guo M X, Wang L Y, Liu X J, et al. 2016. Anticoagulant activity of a natural protein purified from *Hypomesus olidus*[J]. Natural Product Research, 31(10): 1168-1171.

Harry R, Davis J, Scott W. 2009. Niemann-Pick C1 Like 1(NPC1L1) an intestinal sterol transporter[J]. Biochimica et Biophysica Acta: Molecular and Cell Biology of Lipids, 179(7): 679-683.

Hege W, Bjørn L, Oddrun A G. 2004. Fish protein hydrolysate reduces plasma total cholesterol, increases the proportion of HDL cholesterol, and lowers acyl-CoA: cholesterol acyltransferase activity in liver of Zucker rats[J]. Nutrition, 134(6): 1320-1327.

Horton J D, Goldstein J L, Brown M S. 2002. SREBPs: activators of the complete program of cholesterol and fatty acid synthesis in the liver[J]. Journal of Clinical Investigation, 109(9): 1125-1131.

Jia Y, Kim J H, Nam B, et al. 2014. The dipeptide H-Trp-Glu-OH(WE) shows agonistic activity to peroxisome proliferator-activated protein-α and reduces hepatic lipid accumulation in lipid-loaded H4IIE cells[J]. Bioorganic & Medicinal Chemistry, 24: 2957-2962.

Jung W K, Kim S K. 2009. Isolation and characterization of an anticoagulant oligopeptide from blue mussel, *Mytilus edulis*[J]. Food Chemistry, 117(4): 687-692.

Kayashita J, Shimaoka I, Nakajoh M, et al. 1997. Consumption of buckwheat protein lowers plasma cholesterol and raises fecal neutral sterols in cholesterolfed rats because of its low digestibility[J]. Journal of Nutrition, 127(7): 1395-1400.

Kayashita J, Shimaoka I, Nakajyoh M. 1995. Hypocholesterolemic effect of buckwheat protein extract in rats fed cholesterol enriched diets[J]. Nutrition Research, 15: 691-698.

Koba K, Liu J W, Bobik E, Jr, et al. 2003. Effect of phytate in soy protein on the serum and liver cholesterol cholesterol levels and liver fatty acid profile in rats[J]. Bioscience, Biotechnology, and Biochemistry, 67(1): 15-22.

Lammi C, Zanoni C, Sciqliuolo G M, et al. 2014. Lupin peptides lower low-density lipoprotein(LDL) cholesterol through an up-regulation of the LDL receptor/sterol regulatory element binding protein 2(SREBP2) pathway at HepG2 cell line[J]. Journal of Agricultural and Food Chemistry, 62: 7151-7159.

Lammi C, Zanoni C, Aiello G, et al. 2016. Lupin peptides modulate the protein-protein interaction of PCSK9 with the low density lipoprotein receptor in HepG2 cells[J]. Scientific Reports, 6: 29931.

Lammi C, Zanoni C, Arnoldi A, et al. 2015a. Two peptides from soy β-conglycinin induce a hypocholesteolmic effect in HepG2 cells by a statin-like mechanism: comparative *in vitro* and in silico modeling studies[J]. Journal of Agricultural and Food Chemistry, 63: 7945-7951.

Lammi C, Zanoni C, Arnoldi A. 2015b. IAVPGEVA, IAVPTGVA, and LPYP, three peptides from soy glycinin, modulate cholesterol metabolism in HepG2 cells through the activation of the LDLR-SREBP2 pathway[J]. Journal of Functional Foods, 14: 469-478.

Lee K A, Kim S H. 2005. SSGE and DEE, new peptides isolated from a soy protein hydrolysate that inhibit platelet aggregation[J]. Food Chemistry, 90(3): 389-393.

Léger D, Karniguian A, Soria J, et al. 1985. Inhibition of some activities of thrombin by a collagen-derived octapeptide[J]. Haemostasis, 15(5): 293-299.

Lin Y H, Tsai J S, Hung L B, et al. 2011. Plasma lipid regulatory effect of compounded freshwater clam hydrolysate and *Gracilaria* insoluble dietary fibre[J]. Food Chemistry, 125(2): 397-401.

Lin Y, Chen J H, Xu T, et al. 2011. Rice protein extracted by difierent methods affects cholestrol metabolism in rats due to its lower digestibility[J]. International Journal of Molecular Sciences, 12: 7594-7608.

Lin Y, Motoni K. 2009. Effects of rice proteins from two cultivars, *Koshihikari* and *Shunyo*, on hepatic cholesterol secretion by isolated perfused livers of rats fed cholesterol-enriched diets[J]. Annals of Nutrition and Metabolism, 54(4): 283-290.

Liu X, Zhang M S, Zhang C, et al. 2012. Angiotensin converting enzyme(ACE) inhibitory, antihypertensive and antihyperlipidaemic activities of protein hydrolysates from *Rhopilema esculentum*[J]. Food Chemistry, 134(4): 2134-2140.

Manso M A, Escudero C, Alijo M, et al. 2002. Platelet aggregation inhibitory activity of bovine, ovine, and caprine κ-casein macropeptides and their tryptic hydrolysates[J]. Journal of Food Protection, 65(12): 1992-1996.

Matsuoka R, Shirouchi B, Kawamura S, et al. 2014. Dietary egg white protein inhibits lymphatic lipid transport in thoracic lymph duct-cannulated rats[J]. Journal of Agricultural and Food Chemistry, 62: 10694-10700.

Morikawa K, Kondo I, Kanamaru Y, et al. 2007. A novel regulatory pathway for cholesterol degradation via lactostatin[J]. Biochemical and Biophysical Research Communications, 352: 697-702.

Nagaoka S, Futamura Y, Miwa K,et al. 2001. Identification of novel hypocholesterolemic peptides derived from bovine milk β-lactoglobulin[J]. Biochemical and Biophysical Research Communications, 281(1): 11-17.

Nagaoka S, Atsushi N, Haruhiko S,et al. 2010. Soystatin(VAWWMY), a novel bile acid-binding peptide, decreases micellar solubility and inhibits cholesterol absorption in rats[J]. Bioscience, Biotechnology, and Biochemistry, 74: 1738-1741.

Nasri R, Amor I B, Bougatef A, et al. 2012. Anticoagulant activities of goby muscle protein hydrolysates[J]. Food Chemistry, 133(3): 835-841.

Navab M, Anantharamaiah G M, Reddy S T,et al. 2005. Oral small peptides render HDL anti-inflammatory in mice and monkeys and reduce atherosclerosis in ApoE null mice[J]. Circulation Research, 97: 524-532.

Nonaka I, Katsuda S,Ohmori T, et al. 1997. *In vitro* and *in vivo* anti-platelet effects of enzymatic hydrolysates of collagen and collagen-related peptides[J]. Bioscience, Biotechnology, and Biochemistry, 61(5): 772-775.

Puska P. 2002. Nutrition and global prevention on non-communicable diseases[J]. Asia Pacific Journal of Clinical Nutrition, 11(Suppl 9): 755-758.

Qian Z Y, Jollès P, Migliore-Samour D,et al. 1995. Sheep κ-casein peptides inhibit platelet aggregation[J]. Biochimica et Biophysica Acta, 1244(2-3): 411-417.

Rafiq S, Nuzhat H, Imran P, et al. 2017. Angiotensin-converting enzyme-inhibitory and antithrombotic activities of soluble peptide extracts from buffalo and cow milk Cheddar cheeses[J]. International Journal of Dairy Technology, 70(3): 380-388.

Rajapakse N, Jung W E, Mendis E, et al. 2005. A novel anticoagulant purified from fish protein hydrolysate inhibits factor XIIa and platelet aggregation[J]. Life Sciences, 76(22): 2607-2619.

Rimbach G, Weinberg P D, de Pascual Teresa S,et al. 2004. Sulfation of genistein alters its antioxidant properties and its effect on platelet aggregation and monocyte and endothelial function[J]. Biochimica et Biophysica Acta, 1670(3): 229-237.

Shimizu M, Sawashita N, Morimatsu F, et al. 2009. Antithrombotic papain-hydrolyzed peptides isolated from pork meat[J]. Thrombosis Research, 123(5): 753-757.

Shimizu M, Tanabe S, Morimatsu F, et al. 2006. Consumption of pork-liver protein hydrolysate reduces body fat in Otsuka Long-Evans Tokushima Fatty Rats by suppressing hepatic lipogenesis[J]. Bioscience, Biotechnology, and Biochemistry, 70(1): 112-118.

Sugano M, Shoichiro G, Yamada Y, et al. 1990. Cholesterol-lowering activity of various undigested fractions of soybean protein in rats[J]. Journal of Nutrition, 120: 977-985.

Syed A A, Mehta A. 2018. Target specific anticoagulant peptides: a review[J]. International Journal of Peptide Research and Therapeutics,24(1): 1-12.

Takeda S. 2005. β-Lactotensin, a 149. neurotensin NT2 agonist stimulates bile acid secretion[J]. Peptide Science Japanese Peptide Society: 259-262.

Tanimoto S Y, Tanabe S, Watanabe M,et al. 1991. Enzymatic modification of zein to produce a non-bitter peptide fraction with a very Fisher ratio for patients with hepatic encephalopathy[J]. Agricultural and Biological Chemistry, 55(4): 1119-1123.

Tomotake H, Shimaoka I,Kayashita J, et al. 2000. A buckwheat protein product suppresses gallstone formation and plasma cholesterol more strongly than soy protein isolate in hamsters[J]. Journal of Nutrition, 130(7): 1670-1674.

Tomotake H, Shimaoka I,Kayashita J, et al. 2001. Stronger suppression of plasma cholesterol and enhancement of the fecal excretion of steroids by a buckwheat protein product than by a soy protein[J]. Bioscience, Biotechnology, and Biochemistry, 65(6): 1412-1414.

Tomotake H, Yamamoto N, Yanaka N, et al. 2006. High protein buckwheat flour suppresses hypercholesterolemia in rats and gallstone formation in mice by hypercholesterolemic diet and body fat in rats because of its low protein digestibility[J]. Nutrition, 22(2): 166-173.

Tomotake H, Yamamoto N, Kayashita J, et al. 2007. Preparation of tartary buckwheat protein product and its improving effect on cholesterol metabolism in rats and mice fed cholesterol-enriched diet[J]. Journal of Food Science, 72(7): S528-S533.

Tong L T, Fujimoto Y, Shimizu N, et al. 2012. Rice II -globulin decreases serum eholesterol concentrations in rats fed a hypercholesterolemic diet and ameliorates atherosclerotic lesions in apolipoprotein E-deficient mice[J]. Food Chemistry, 132: 194-200.

Vik R, Tillander V, Skorve J, et al. 2015. Three differently generated salmon protein hydrolysates reveal opposite effects on hepatic lipid metabolism in mice fed a high-fat diet[J]. Food Chemistry, 183: 101-110.

Wang J, Mitsche M A, Lütjohann D, et al. 2015. Relative roles of ABCG5/ABCG8 in liver and intestine[J]. Journal of Lipid Research, 56(2): 319-330.

Wergedahl H, Gudbrandsen O A, Halvorsen T, et al. 2009. Combination of fish oil and fish protein hydrolysate reduces the plasma cholesterol level with a concurrent increase in hepatic cholesterol level in high-fat-fed Wistar rats[J]. Nutrition, 25: 98-104.

Xiong J, Fang W, Fang W R, et al. 2010. Anticoagulant and antithrombotic activity of a new peptide pENW(pGlu-Asn-Trp)[J]. Journal of Pharmacy and Pharmacology, 61(1): 89-94.

Xu W, Wang X B, Chi Y J. 2011. Preparation of oligopeptide mixture with a high fischer ratio from egg white proteins[J]. Applied Mechanics and Materials, 140: 406-410.

Yamashita M, Arai S, Fujimaki M. 1976. A low-phenylalanine, high-tyrosine plastein as an acceptable dietetic food. Method of preparation by use of enzymatic protein hydrolysis and resynthesis[J]. Journal of Food Science, 41(5): 1029-1032.

Yamauchi R, Ohinata K, Yoshikawa M, 2003. β-Lactotensin and neurotensinrapidly reduce serum cholesterol via NT2 receptor[J]. Peptides, 24(12): 1955-1961.

Ye F, Zhang Z S, Luo H B, et al. 2006. The dipeptide H-Trp-Glu-OH shows highly antagonistic activity against PPARγ: bioassay with molecular modeling simulation[J]. Chembiochem, 7: 74-82.

Yu H L, Jenn S T, Guan W C. 2017. Purification and identification of hypocholesterolemic peptides from freshwater clam hydrolysate with *in vitro* gastrointestinal digestion[J]. Journal of Food Biochemistry, 41(4): 1-8.

Zhang H J, Bartley G E, Mitchell C R,et al. 2011. Lower weight gain and hepatic lipid content in hamsters fed high fat diets supplemented with white rice protein, brown rice protein, soy protein, and their hydrolysates[J]. Journal of Agricultural and Food Chemistry, 59(20): 10927-10933.

Zhang H, Bartley G E, Zhang H,et al. 2013. Peptides identified in soybean protein increase plasma cholesterol in mice on hypercholesterolemiac diets[J]. Journal of Agricultural and Food Chemistry, 61: 8389-8395.

Zhang M L, Zhao X H. 2014. *In vitro* calcium-chelating and platelet anti-aggregation activities of soy protein hydrolysate modified by the alcalase-catalyzed plastein reaction[J]. Journal of Food Biochemistry, 38(3): 374-380.

Zhang S B, Wang Z, Xu S Y, et al. 2008. Antioxidant and antithrombotic activities of rapeseed peptides[J]. Journal of the American Oil Chemists Society, 85(6): 521-527.

Zhang Y , Kouguchi T, Shimizu K, et al. 2010. Chicken collagen hydrolysate reduces proinflammatory cytokine production in C57BL/6.KOR-ApoEshl mice[J]. Journal of Nutritional Science and Vitaminology, 56(3): 208-210.

第 11 章　功能肽研究的新技术及应用展望

生物活性肽是指具有特殊生理活性的、能够影响生物体机能和健康状况的肽类物质（Kris-Etherton et al., 2002）。而食源性生物活性肽是食物蛋白经过水解后形成的寡肽、多肽及具有复杂线形、环形结构肽类的总称，如酪蛋白磷酸肽、大豆抗氧化肽、乳源降血压肽等。食源性生物活性肽由于具有显著的生理功能，现已成为国内外研究和开发的热点。近年来，国内外学者对生物活性肽种类、结构、性质以及制备方法进行了深入的研究，包括具有免疫调节、增强骨密度、降血压、降血脂、抗氧化、改善肠道菌群等功能的肽类（Udenigwe et al., 2012）。目前，也有很多生物活性肽产品上市，如核桃多肽饮料、大豆多肽运动饮料等。

随着生物活性肽产品的增多，肽研究的新技术也日新月异。了解常见的肽研究新技术，有助于对肽研究领域进行深入的认识，目前食源性功能肽研究的新技术中最主要的就是肽图谱技术。所以了解肽图谱技术是人们研究食源性功能肽的基础。

11.1　肽图谱技术

肽图谱是分析蛋白质一级结构的关键技术（Liu et al., 2008）。肽图谱分析的典型程序包括消化纯化的蛋白质，然后分离所得的肽。蛋白质的主要结构决定了肽的序列，从而决定了肽的性质，因此所得到的蛋白质分离肽的展示模式，即肽图谱，可以用作其指纹。蛋白质结构的任何细微变化都可能导致肽图谱的显著变化，并且图中的任何变化都可能表明所研究蛋白质的一级结构发生变化。肽图谱被广泛用于制药工业，从蛋白质药物或产品的开发、临床试验到生产和释放。一方面，它可以确认所需的蛋白质序列，验证研究或生产中的蛋白质结构，检查杂质，确保批次间的一致性，并检测蛋白质在表达、纯化或储存过程中的修饰（Yan et al., 2007）；另一方面，肽是信息的使者，具有生物活性高、分子小、结构易于改造的特点，相对于蛋白质，肽更易于人工化学合成，所以深入对肽片段的研究，有利于展开对蛋白质的分析，为合成新蛋白质提供基础研究材料。

肽图谱技术是肽研究中常用到的技术之一。具体而言，肽图谱技术也称为肽图谱分析技术，是指蛋白质经特定蛋白酶或化学方法降解，得到具有一定特征性的肽混合物，再经一定的分离检测手段得到蛋白质的肽图谱，或称为肽谱、指纹谱，主要用于确定蛋白质的序列、鉴定蛋白质及分析蛋白质。与蛋白质的肽图谱不同，生物活性肽虽然也是蛋白质水解物，但生物活性肽图谱不仅要包含蛋白质组学中的肽序列等内容，还应包括生理活性特征、基本性质，这样才能鉴别肽产品的真实性、评价质量一致性和产品稳定性。基于生物活性肽的组成、性质、结构和功能的复杂性，需要借助于化学分析、光谱和色谱等多种技术进行分析，获得肽的物理化学和生物活性指纹特征。由于肽的生物活性与分子质量分布、氨基酸组成、疏水性等多项因素有关，因此生物活性肽的肽图谱须综合多个方面的指标，包括原料特征、分子质量分布、氨基酸组成、理化性质、二级结构特征、功能活性等，从而可较充分地反映出生物活性肽混合体系的整体状况，以及对生物活性肽的原料区分、品质保证和工艺监测，实现实际生产上的更广泛的应用。

本节详细阐述了肽图谱分析技术中的电泳技术、色谱技术、质谱技术以及这些技术的联用及应用。

11.1.1　电泳技术

电泳技术是一种先进的检测手段，与其他先进技术相配合，能创造出惊人的成果，可使人们用较少代价获得最优效益。在解决当前人类所面临的食品、能源、环境和疾病等一系列迫切问题方面，都有积极作用，并显示出了强大的生命力。因此电泳技术越来越被人们重视，广泛应用于多个领域。电泳技术种类很多，早在肽图谱分析被称为指纹术时，就有研究人员将纸电泳和纸层析技术用在血红蛋白 A 和血红蛋白 S 的分子病研究中，得到这两种蛋白的肽图谱，通过比较到肽斑点上的差别，分析出氨基酸序列上的差异。目前应用于肽图谱研究的电泳技术主要是以下几种：①聚丙烯酰胺凝胶电泳（PAGE）；②双向凝胶电泳（2-DE）；③毛细管电泳（CE）。

1. 聚丙烯酰胺凝胶电泳

聚丙烯酰胺凝胶电泳是以聚丙烯酰胺凝胶作为支持介质的一种常用电泳技术，由于聚丙酰胺凝胶为网状结构，具有分子筛效应，所以常用于分离蛋白质和寡核苷酸。聚丙烯酰胺凝胶电泳有两种形式，分为非变性聚丙烯酰胺凝胶电泳（native-PAGE）和变性聚丙烯酰胺凝胶电泳（即十二烷基硫酸钠-聚丙烯酰胺凝胶电泳，SDS-PAGE）。SDS-PAGE 早期主要用于遗传工程产品的肽图谱分析，这种分析方式相对简单，但该技术对小分子肽的分辨能力有限，易在染色脱色过程发生丢失。姜先刚等（2008）利用 SDS-PAGE 得到人参水溶性蛋白的电泳胶片，利用凝胶电泳图像分析软件生成谱图后，再经计算机辅助相似度评价系统进行评价，从而建立了人参药材的水溶性蛋白的指纹图谱，为人参药材的质量评价提供了依据。牛放等（2010）利用同样的方法技术建立了梅花鹿鹿角托盘蛋白的 SDS-PAGE 指纹图谱，可用于梅花鹿鹿角托盘蛋白及其药材的质量评价。

2. 双向凝胶电泳

双向凝胶电泳（2-DE）是目前蛋白质组研究中最有效的分离技术。它由两向电泳组成，第一向是以蛋白质电荷差异为基础进行分离的等电聚焦凝胶电泳，第二向是以蛋白质分子质量差异为基础的 SDS-PAGE。目前，所应用的双向凝胶电泳体系主要是根据蛋白质的两个一级属性的差异，即等电点和相对分子质量的特异性，将蛋白质混合物在电荷（采用等电聚焦方式）和相对分子质量（采用 SDS-PAGE 方式）两个方向上进行分离。

自 1975 年双向凝胶电泳诞生，该技术就成为蛋白质组学研究最常见的工具，也成为肽图谱分析技术之一。吴燕玲（2014）利用双向凝胶电泳的方法将可口革囊星虫中的水溶性蛋白分离，通过胶内酶解、质谱分析和蛋白查库等方法，鉴定出蛋白质的种类以及氨基酸序列，然后利用其他技术对该蛋白中的降压肽进行结构和功能的分析。肖玥惠（2005）摸索出了适用于果蝇全蛋白分析的双向凝胶电泳的条件与技术并获得了黑腹果蝇种组的 15 个种 17 个单雌系果蝇成虫的双向凝胶电泳图谱。陈平和梁宋平（2000）利用双向凝胶电泳、基质辅助激光解吸电离（MALDI）技术和飞行时间质量分析器进行了肽质谱指纹图的分析。

3. 毛细管电泳

毛细管电泳又称为高效毛细管电泳（HPCE），是一类根据样品中不同组分在毛细管中分离的差异，以高压直流电场为驱动力进行高效、快速分离的新型液相分离技术。虽然毛细管电泳技术于 20 世纪 80 年代才发展，但很快就被广泛应用于各种物质的分离，包括蛋白质、多肽、小分子、氨基酸等（Klepclrnck et al.，2010；Scriba，2011；刘文清等，2012）。科学家通过对毛细管电泳的不断研究使得毛细管电泳技术已经成为多肽分析最常见的有效工具之一。

测定多肽组分的方法有很多种，如高效液相色谱法、质谱、电泳和核磁共振等。其中最常用的是反相高效液相色谱法，但此法对相对分子质量较小、疏水性相同或相近的多肽分离效果不太理想。而毛细管电泳可以胜任，其操作简单，快速高效，样品和缓冲液消耗少，可选择多种工作模式，因而应用范围广泛。

随着对多肽研究的需要，毛细管电泳分离模式也日新月异，毛细管电泳根据分离模式不同可以归结出多种不同类型，目前主要有毛细管凝胶电泳、毛细管区带电泳、毛细管胶束电动色谱、芯片毛细管电泳、毛细管等速电泳、毛细管电色谱、毛细管阵列电泳、亲和毛细管电泳、非水毛细管电泳等，它们也可以和其他技术联用，如毛细管电泳-二极管阵列（齐云龙，2013）、毛细管电泳-液相色谱、毛细管电泳-质谱、毛细管电泳-化学发光等（宿振国等，2011）。毛细管电泳对多肽的分析主要包含以下几个方面：①分离多肽，例如，程燕等（2006）通过毛细管电泳技术分离出了 16 种二肽，并研究了不同因素对二肽衍生物分离的影响。

②对多肽纯度的鉴定，虽然研究人员通常会采用 HPLC 测定多肽的纯度，但是该方法分析时间长，效率不高。宫菲菲等（2015）利用毛细管区带电泳测定了艾塞那肽纯度，发现测定结果与 HPLC 基本一致，但是分离效果和效率都高了很多；Wang 等（2012）用聚二甲基丙烯酸酰胺动态涂层修饰毛细管，加上短端进样等其他技术快速测定叶酸对应体的纯度。③对多肽性质的研究，多肽性质的研究主要包括多肽分子质量、稳定性及结构。在分子质量的测定方面，有研究利用葡萄糖为分离介质，测定 15 种蛋白质分子质量，发现其测定结果与 SDS-PAGE 测定的结果基本一致（廖海明等，1999）；在结构分析方面，李峰等（2011）通过高效毛细管法获得了蜈蚣药材的"指纹图谱"，区分了蜈蚣药材商品的种类，并对其质量进行控制。

11.1.2　色谱技术

色谱法又称为"色谱分析""色谱分析法""层析法"，是一种分离和分析方法，利用不同物质在不同相态的选择性分配，以流动相对固定相中的混合物进行洗脱，混合物中不同的物质会以不同的速度沿固定相移动，最终达到分离的效果。目前多肽分离与分析常用的色谱方法主要有：①反相高效液相色谱法（RP-HPLC）；②离子交换色谱（IEXC）；③尺寸排阻色谱（SEC）；④疏水作用色谱（HIC）；⑤亲和色谱（AC）；⑥多维高效液相色谱（MD-HPLC）等。

1. 反相高效液相色谱

HPLC 在肽图谱技术中的应用主要是 RP-HPLC，根据肽段的大小、疏水性来分离。使用易挥发的有机溶剂作流动相，与电喷雾电离（ESI）质谱有较好的匹配性。通常 RP-HPLC 的固定相为表面非极性载体，流动相一般为比固定相极性强的溶剂，可以用来分离大多数的可溶于极性溶剂的有机物。有研究者利用 RP-HPLC 分析了酪蛋白水解产物组分的肽谱。近来又有研究人员利用羟基磷灰石（HA）、SEC 和 RP-HPLC 纯化来自南极磷虾的钙螯合肽，并使用 LTQ 轨道运载器（LTQ Orbitrap XL）鉴定一种或多种新型螯合肽，为南极磷虾蛋白质钙螯合肽作为功能性食品成分提供理论依据（Hou et al.，2018）。与此同时，Abdelhedi 等（2018）通过 RP-HPLC 分离不同肽段，以及 LC-MS/MS 分析以鉴定肽序列，系统的肽研究鉴定了许多新的序列。

2. 离子交换色谱

IEXC 是以离子交换树脂或化学键合离子交换剂为固定相，利用被分离组分离子交换能力的差别或选择性系数的差别而实现分离的色谱方法。

IEXC 根据多肽或者蛋白质在溶液中所带电荷的正负，通过不同的阴、阳离子柱产生的静电作用来实现对多肽的分离。按照可交换离子所带电荷符号的不同，IEXC 又可分为阴离子交换色谱法（AEC）和阳离子交换色谱法（CEC），这两种离子交换色谱法是分离多肽混合物的重要手段。IEXC 最为明显的优势在于它的分离条件最接近生物的生理环境，对生物分子有一定的兼容性，以便于保存多肽的生物活性。Bouhallab 等（1996）通过强离子交换色谱法分离阳离子生物活性小肽；Doultani 等（2010）利用阳离子交换色谱技术从甜乳清中回收乳清蛋白分离物，并将流出物送入阴离子交换剂从而回收了糖巨肽。

3. 尺寸排阻色谱

尺寸排阻色谱是色谱分离模式中最简单、最单纯的一种类型。在尺寸排阻色谱中，溶质即待测样品组分，与固定相或填料、流动相之间没有额外的相互作用，只依据分子的体积（流动力学体积）大小而分离。

尺寸排阻色谱又称为凝胶排阻色谱或体积排阻色谱，主要应用于多肽的相对分子质量的分级分析以及相对分子质量分布的测试。目前，一种较适宜分离多肽的尺寸排阻色谱柱（SuperdexPeptide, Pharmacia, Piscataway, NJ）问世，分离范围为 0.1～7kDa，提高了该方法在纯化合成肽时的分离效率。尺寸排阻色谱是最早应用于分离纯化混合肽的方法。相比于其他测定相对分子质量的方法，如质谱法、凝胶电泳法、超滤法等，尺寸排阻色谱分离方法简单，速度快捷且产物不容易变性。尺寸排阻高效液相色谱（SE-HPLC）使得肽的纯化和分析能够比软琼脂（如 Sephadex G-25）的传统凝胶过滤快 10～100 倍。该技术在肽研究方面的主要应用是：①纯度的纯化和分析；②分子质量的估计；③研究相互作用，无论是自我关联或与其他分子关联（Irvine，1997）。

4. 疏水作用色谱

HIC 是一种广泛使用的色谱技术，可用于下游加工的不同阶段（Eriksson，2018）。它是采用具有适度疏水性的填料，以含盐水溶液作流动相，借助于溶质与固定相间的疏水相互作用实现分离的色谱方法。其保留机理与 RP-HPLC 基本相同，所不同的是其固定相的疏水性不如反相固定相强，多为低密度分布的甲基、乙基、丙基、丁基和苯基等。HIC 主要用于蛋白质的分离与纯化。HIC 作为反相色谱（RPC）的替代方法用于通过高效液相色谱进行肽分离。对于小肽，HIC 和 RPC 两种模式的选择性相似（Alpert，1988）。

5. 亲和色谱

亲和色谱也称为亲和层析，是一种利用固定相与物质的特异性结合来实现分离和纯化目的的方法。亲和色谱在凝胶过滤色谱柱上连接与待分离的物质有一定结合能力的分子，并且它们的结合是可逆的，在改变流动相条件时两者还能相互分离。亲和色谱可以从混合物中纯化或浓缩某一分子，也可以去除或减少混合物中某一分子的含量。Bécamel 等（2002）基于肽亲和色谱、双向电泳、质谱和免疫印迹的方法来鉴定直接或间接与 G 蛋白偶联受体（GPCR）的细胞内结构域或任何其他膜结合受体相互作用的多蛋白复合物的组分。

6. 多维高效液相色谱

多维高效液相色谱是指将两种或两种以上不同的分离模式色谱柱通过特殊的方式组合起来，这样就可以发挥不同色谱技术各自所特有的分离技术，从而能够将具有复杂成分的混合物中的几种组分进行快速的分离。Mifune 等（1999）在氰化物离子存在下用萘-2,3-二甲醛预柱进行衍生化之后，多维高效液相色谱分离阿片样肽，初步结果确定了大鼠脑纹状体区域亮氨酸和甲硫氨酸脑啡肽样荧光。

7. 超临界流体色谱

SFC 是指以接近或超过临界的温度和压力的高压流体为流动相，以固体吸附剂或键合到载体上的高聚物为固定相的色谱技术。超临界流体的高扩散性和低黏性使得混合物中不同组分的分离速度加快。SFC 拆分药物一般来说可分为直接分离法和间接分离法，而对于氨基酸、多肽等物质的分离一般是采用直接分离法中的手性固定相（CSP）。Patel 等（2012）利用离子对 SFC 与蒸发光散射检测和质谱检测相结合，分离氨基酸排列不同的水溶性未封端异构肽对。Tognarelli 等（2010）探索了多种肽，SFC 不仅用于检测，而且用于分离，在不到 12min 的时间内，通过 SFC 获得了相对分子质量从 238.2 到 1046.2 的五种肽，相比之下，HPLC 使用了 50min。与 HPLC 相比，SFC 分析时间减少了 4 倍多，进一步说明 SFC 对更广泛的各种化合物都适用。

8. 径向色谱

径向色谱（RFC）是近年新兴的一种色谱技术，能够对复杂的样品进行快速分离，尤其是在生物复杂样品的分离等方面。与传统色谱技术相比，径向色谱技术速度快，容易放大生产，成本低，使用寿命长（张拥军等，2008）。径向色谱不仅可以用于分离纯化基因工程中的产品，而且径向流动方式对蛋白质、肽类的分离具有速度快、分离效果好、可以放大、处理量大的特点。Church 等（1986）利用径向色谱技术纯化牛或人凝血酶，发现牛凝血酶纯度提高了 30 倍，收率高达 96%；人凝血酶纯度提高 4 倍，收率高达 88%。

9. 毛细管电色谱

CEC 是在毛细管柱内填充固定相颗粒、管壁键合固定相或者制成连续床形式，以电渗流或者电渗流、压力共同驱动下使样品根据它们在固定相和流动相中分配系数不同以及电泳速率不同实现分离。CEC 技术具有快速分离、高选择性等特点。近年来 CEC 在分离分析生物大分子中应用较为广泛，包括核酸、蛋白质以及多肽等。Lin 等（2006）利用整体柱毛细管电色谱分离寡肽（包括血管紧张肽Ⅰ、血管紧张肽Ⅱ、Sar11、Thr8 血管紧缩素、催产素、抗利尿激素系、牛 β-酪蛋白的肽链片段、人 β-酪蛋白的肽链片段和苯丙-甲硫-精-苯丙氨酸多肽），并比较了模板聚合物和无模板聚合物的分离行为，指出这些寡肽的电色谱分离由电泳迁移和色谱保留介导。

11.1.3　质谱技术

随着软电离的出现，通过质谱分析肽和蛋白质等大分子变得可行。它通过测定样品离子的质荷比（m/z）来进行成分和结构分析。在整个电离过程中，软电离使分析物保持较低的内部能量，从而确保骨架多肽结构保持完整。最常用的蛋白质质谱软电离技术是基质辅助激光解吸电离（MALDI）（Karas et al.，1988）和电喷雾电离（ESI）（Fenn et al.，1989）；它们的原理机制如图 11.1 所示。在 MALDI 中，分析物与允许吸收特定波长的基质共结晶。在高真空下用激光照射样品时，基质材料吸收能量而消融。一般认为基质-样品之间发生电荷转移，会使样品分子电离，但 MALDI 中的确切电离机制仍有待澄清（Moon et al.，2015）。在 ESI 中，由于电离室内毛细管的正极和负极之间存在大的电位差，毛细管末端的样品溶液分散成精细气溶胶而产生离子，气溶胶中的微滴去溶剂化通过逆流加热气体的流动来实现，导致一系列库仑分裂形成尺寸减小的液滴和最终脱溶剂分析物离子的出现。然而，与 MALDI 一样，ESI 的确切机制仍有待阐明（Kebarle et al.，2000）。一旦电离，质谱仪记录所得肽或蛋白质离子的 m/z 值。串联质谱法（MS/MS）可提供有关的其他肽和蛋白质结构及组成的信息。在 MS/MS 中，前体离子先进行初始 MS 分析，再进行气相激活，最后 MS 分析所产生的离解"产物"离子。肽和蛋白质的常见离子激活类型包括碰撞诱导解离（CID）（Paizs et al.，2010）、电子转移解离（ETD）（Syka et al.，2004）和电子捕获解离（ECD）（Zubarev et al.，2000）。通过使气相分析物离子与中性气体原子（如 He、N_2 和 Ar）碰撞来实现 CID（Jennings et al.，1968）。这种方法的缺点在于不稳定的翻译后修饰（如磷酸化和糖基化）易于丢失，因为与糖苷键相比，蛋白质和肽的骨架中酰胺键需要更高的碰撞能量来破坏（Quan et al.，2012）。但是，使用 ETD 或 ECD 可以避免这些问题。对于 ETD，电子从自由基阴离子试剂转移到分析离子（Syka et al.，2004）；而在 ECD 的情况下，低自由能电子直接被分析离子捕获（Zubarev et al.，2000），再通过 ECD 或 ETD 促进了自由基引起的碎裂从而高效避免翻译后修饰的丢失，利用非遍历过程对产物离子进行质量分析，再翻译后修饰定位（Frank et al.，2003；Wiesner et al.，2008）。碎裂的类型不同，产生离子的种类不同；CID 导致 b-和 y-

离子，而 ETD 和 ECD 导致 c-和 z-离子的形成（图 11.1）。

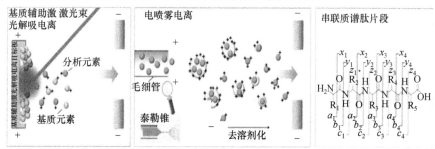

图 11.1　MALDI 和 ESI 电离的原理，以及通过串联质谱法导致形成 a-、b-、c-、x-、y-和 z-离子的肽片段化

电喷雾-四极杆-飞行时间串联质谱仪是近年面世的新型生物质谱仪，其一级质谱是电喷雾电离源四极杆质量分析器，第二极质谱改用飞行时间质量分析器，提高了仪器的分辨率和灵敏度，可对微量样品进行序列分析。

11.1.4　其他肽图谱技术

随着生命科学的不断发展，一方面，多肽在生化领域的地位越来越重要，对多肽的分离与纯化提出了更高的要求；另一方面，科学的发展与实践让人们意识到多种分析技术联用的优点，如高效液相色谱-质谱联用技术（朱财延等，2014），所以为了得到所需要的目标多肽，可以利用上述几种方法对目标产物进行分离分析和提纯。每种测试方法的侧重点不同，单一的分离分析方法在一定程度上并不能满足人们对多肽分离、分析、纯化的试验要求，而多种技术联合使用，不仅可以高效地对多肽进行分离分析，还可以提高试验结果的准确性。例如，将几种色谱方法结合使用，建立一个多维的色谱研究方法，或者建立毛细管电泳与高效液相色谱两者的优势结合起来的分析方法，以及高效液相色谱与质谱的联用技术。这些技术的联用将会在多肽的分离纯化分析中发挥极其显著且重要的作用。例如，在利用毛细管电泳分析多肽类药物时发现，多肽类药物中的杂质结构与多肽的结构非常相近，如果采用单一的分析方法，很难得到满意的结果。而利用毛细管电泳技术与其他技术联用分析多肽，则可以得到令人满意的结果（周国华等，1998）。采用何种方法对所提取的组织材料进行分离提纯，要根据所提取物质的性质来选择。而采用何种方法对多肽进行分离和分析，则由待测定多肽的性质确定。下面就常见的联用技术进行介绍。

1. 毛细管电泳与质谱联用

CE 的高分离效率与具有优越结构定性能力的 MS 结合，形成 CE-MS 联用技术，此技术已经可以与 HPLC-MS 技术媲美。特别是近几年 MS 的快速发展，尤其是灵敏度的大幅提高，很大程度上改善了由于 CE 进样量小而导致检测灵敏度低的缺点。相对于 HPLC-MS 联用，CE-MS 联用技术在实际的运用中更具有挑战性。因为 CE 的一端需要插入缓冲液中，另一端则要与质谱相连。而 CE 工作中必须要有闭合回路，形成一个高压电场。所以，这就要求 CE 和 MS 之间不仅要有很好的接触，还要具备高效的离子化效率（黄光明等，2015）。而 HPLC 与 MS 则可以通过分流技术，让流出色谱柱的流动相直接与质谱仪相连，离子化后检测，两者之间不需要电的接触（许崇峰等，2002）。CE-MS 联用技术能对多肽杂质进行结构鉴定，是表征多肽杂质的一种非常重要的分析手段。早在 1997 年，Hoitink 等（1997）就利用 CE-MS 法分析了戈舍瑞林在碱性条件和酸性条件下的降解产物的结构，为多肽杂质的研究提供了参考。Taichrib 等（2011）利用 CZE-ESI-Q-TOF-MS 联用技术研究了替可克肽及其杂质，分析出了 41 个相关肽的结构，并将 CE-MS 与 LC-MS 的结果进行对比，发现 CE-MS 对缺失肽有较好的分离效果。近来，Tempels 等（2010）利用一个在线的 SPE-CE-MS 系统进行肽的分析。分析物使用 C_{18} 微柱（5mm×0.5mm 内径）预浓缩，然后通过阀门接口引入 CE 系统。具有聚凝胺（乙烯基磺酸）双层涂覆毛细管的 CE 系统与使用同轴鞘液喷雾器的 ESI 及离子阱质谱仪组合。通过阀门接口在线耦合 SPE 和 CE 步骤是有利的，因为它允许系统部件独立运行，并使用 UV 检测进行 SPE-CE 系统的优化。随后，SPE-CE 系统连接到离子阱质谱仪。脑啡肽的测试溶液用于评估系统性能。此外，研究者通过分析细胞色素 c 的消化来证明在线 SPE-CE-MS 系统的潜力，从而证明了蛋白质的阳性鉴定已经实现，表明该系统用于蛋白质组学的可行性。CE-MS 联用技术用于多肽研究的发展趋势，主要取决于 CE 分析能力的提高以及更高效、更灵敏新型接口的开发。一方面，发展毛细管涂层技术，减少毛细管壁对多肽的非特异性吸附可以有效提高 CE 的分析能力；另一方面，要开发各种模式的接口，以满足 CE-MS 技术的发展需求，当今常用的接口技术主要是自对准负压混合液的电喷雾接口、无保套的金属鲁棒性和高灵敏度的样品定量涂布发射器接口（刘品多等，2017），这些接口技术远远不能满足 CE-MS 联用技术的发展需求，这也是现阶段限制 CE-MS 联用技术发展的因素。因此，开发更多接口技术对 CE-MS 联用技术的发展有重大的意义。

2. 毛细管电泳与色谱联用

毛细管凝胶电泳技术是基于分子筛原理进行多肽分离的。但利用该方法分离多肽时也存在一些缺点，例如，一次性处理样品的量较少，并且不能进行大量的样品收集和制备。而利用 CE 和色谱联用技术能够有效克服这些不足，例如，Dominguezvega 等（2011）通过将 CE 与 HPLC 联用，测试 CE-HPLC 的优化分离条件，发现用该方法能够有效提高大豆多肽的分离效率，为快速分离纯化不同大豆多肽提供了方法。叶淋泉等（2011）利用液滴作为接口技术偶联 HPLC 与 CE 构建二维分离系统，以蛋白质降解的复杂多肽混合物为样品，探究了液滴接口二维分离平台的可行性和有效性，获得了 3000 以上的峰容量，初步展示了该接口技术在多维分离分析领域的应用潜力。

3. 液相色谱与质谱联用

质谱技术因为具有高灵敏性和快速性等特点被广泛应用于多肽分离纯化后的分析。有研究人员发现质谱与液相色谱联用之后的液质联用技术（LC-MS），尤其适合多肽及蛋白质的分析。Melchior 等（2010）利用二维高效液相色谱-基质辅助激光解吸/电离串联质谱法对组织样品进行定性蛋白质组分析。高质量分辨率 LC-MS 数据的无标记定量已成为蛋白质组分析的一种有前途的技术。从 LC-MS 数据中准确提取肽信号并在不同样品的测量中跟踪这些特征需要计算方法，一个软件工具 SuperHirn 被开发，用于处理在高分辨率质谱仪上采集的 LC-MS 数据。这推动了无监督的方式自动检测分析趋势，并能够将蛋白质与其正确的理论稀释度相关联。

除了以上提到的联用技术，实际上还有很多其他联用技术，但不管是什么技术都存在自己的优缺点，怎样根据待测样品选取最适合的技术尤为关键。随着科学技术的发展，必将会衍生出更多先进的肽图谱分析技术，计算机技术和人工智能技术的不断推进，将会进一步推动肽图谱技术的发展。

11.2　肽组学技术

在过去的几年中，生物活性肽的鉴定和表征已成为新兴研究科目。食品肽组学是食品蛋白质组学的一个子领域，其重点在于食品基质中肽的组成、相互作用及性质的研究。在最近研究工作的基础上，本章内容主要强调肽组学作为食源性生物活性肽领域的重要工具在其发现、生物利用度、监测等方面起到的日益重要的作用。由有价值的质谱开发和高分辨率技术的常规使用所产生的增强的肽鉴定技术，支持了在经验生物活性肽鉴定工作流程中肽组学的应用。通过计算机分析、结构活性关系模型、化学计量学和多肽数据库管理的广泛应用，生物信息学/肽组学的方法逐渐获得了重视。关于生物活性肽修饰在消化、吸收、分布、代谢和排泄时所发生的变化，研究者利用肽组学技术进行了选择性或非靶向性的研究，包括细胞和动物模型的研究。肽组学技术在食源性生物活性肽的产生及多肽在按比例放大、工业处理和储存期间监测的应用实例也已经被广泛讨论。

11.2.1　概述

营养对人类健康形成重要的终身环境影响，并且营养和健康之间的这种相互作用已被广泛知晓（Kussmann et al.，2010）。膳食蛋白质来源的质量不仅取决于氨基酸组成，它们的消化、吸收和后续代谢合成的可利用度，还取决于所释放的肽（Awati et al.，2009）。生物体的许多生理功能由肽介导，这些肽可作为神经递质、激素或抗生素（Hruby and Balse，2000）。由于食源性多肽与这些内源多肽在结构上相似，所以它们可以与相同的受体相互作用，并在宿主生物体中扮演食物营养、生长因子、免疫调节剂或抗微生物剂的角色（Meisel，1998；Kamau et al.，2010）。生物活性肽可以在胃肠消化过程中通过宿主或微生物酶的作用在体内释放，但它们也可以来源于体外，无论是从成熟、发酵（天然存在的酶促反应）食物中获得，还是使用选定的酶进行靶向食物水解。此外，也可以使用重组 DNA 技术或化学合成来进行生物活性肽的制备（Hernandez-Ledesma et al.，2011）。一旦它们在体内被释放，生物活性肽可以作为具有激素样活性的调节化合物，表现出广泛的生物学活性，包括抗高血压、抗氧化、阿片类药物、抗微生物和免疫刺激活性（Hartmann and Meisel，2007）。

食品多肽组可以被定义为食品或原料中存在的或在加工和储存期间获得的全部多肽数据库。食品肽组学可以被认为是食品蛋白质组学的一个子领域，侧重于食物基质中多肽的组成、相互作用和性质的研究（Gagnaire et al.，2009）。食品蛋白质组学和食品肽组学领域存在一些共性问题，如非序列蛋白质的出现，使得蛋白质的测序必须从头进行。这种方法也可与复杂模型结合起来，用于鉴定新的单一氨基酸多态性。然而，食品蛋白质组学虽具有一定的覆盖率，足以找到所选择的蛋白质，而对食品肽组学来说，多肽可以是独特的（变体或修饰），在研究的基质中可以找到许多类似的物种。此外，与蛋白质组学试验中产生的胰蛋白酶肽不同，食品中的多肽是通过各种非特异性和特异性蛋白酶的作用释放的（Panchaud et al.，2012）。另外，不管是在食品基质中，还是在食物摄入吸收的过程中，对这些特定分子进行跟踪的需求也提高了食品肽组学的难度。

在生物标志物蛋白质组学中，鉴定和定量依赖于几种多肽，这几种多肽能够精准地追溯到亲本蛋白序列，从而说明关键的生物活性。相比之下，生物活性肽本身就是活性分子，对它们的识别依赖于对这种特定序列全长的检测（Panchaud et al.，2012）。此外，当计算有效剂量时，需要进行量化。多肽组学也可以在生物标志物搜索中发挥作用，例如，肽组学方法已经能够鉴定区分牛乳腺炎中两种细菌感染的肽组（Mansor et al.，2013）。

在过去的十年中，生物活性肽的鉴定和表征已成为新兴研究课题。由于质谱分析多功能性和结构解释能力以及量化程度高，其已成为食品中蛋白质组学和多肽整体评估的主要贡献者（Kussmann et al., 2010）。本节内容主要讲述了利用肽组学技术发现食源性功能肽，以及在生物利用度及监测等领域的研究，强调了肽组学技术已成为实现这些研究目标不可或缺的工具。

11.2.2　食源性功能肽的发现

目前，许多研究的重点仍然是发现新的食源性功能肽，主要依据经验策略，包括先进的分析技术，如不同配置的质谱。尽管经验方法在当下比较流行，在过去的几年中，新兴的生物信息学工具通过预测多肽的生物活性和对经验程序的优化，在发现食源性功能肽方面起到越来越重要的作用。

1. 经验方法

高分辨率分离技术的使用，以及结合了质谱方法和数据库的肽段识别技术，能够大大提高发现食源性功能肽的概率。通常，经验方法涉及一系列步骤：①释放生物活性序列；②初步筛选靶向的生物活性；③纯化和分离；④进一步确定生物活性；⑤通过质谱鉴定肽；⑥生物活性的体外和体内验证。这一工作流程代表性的例子是具有抗高血压特性的酪蛋白衍生肽的发现（Contreras et al., 2009）。首先，进行酪蛋白的消化水解，在不同的时间间隔监测其血管紧张素转换酶抑制活性，一旦确定了活性，水解产物首先进行超滤，然后通过半制备型反相高效液相色谱进行分级分离，再通过与串联质谱偶联的反相高效液相色谱分析具有相关血管紧张素转换酶抑制活性的色谱组分，并鉴定活性组分中包含的肽，最后，除了验证它们的体内抗高血压活性之外，还验证了所选肽的 ACE 抑制活性。

由于蛋白质水解产物、发酵产物或消化物的复杂性以及设备的分析能力有限，为了更好地进行分离和鉴定，有必要对样品实施预处理以去除干扰成分和浓缩肽（Poliwoda and Wieczorek, 2009）。例如，在研究奶酪中的生物活性肽时，在水相或有机溶剂中匀浆，对于肽的提取是很有必要的；接着通过选择性沉淀、过滤或离心进行脱蛋白处理。关于样品分离步骤，所采用的具有代表性的主要技术包括用不同分子质量截留膜、固相萃取柱、低压液相色谱和半制备型 RP-HPLC（Martinez-Maqueda et al., 2013）。在优化生物活性肽鉴定过程中，可组合具有不同选择性的技术。例如，在测定来源于牦牛奶酪蛋白的血管紧张素转换酶抑制肽时，先通过低压尺寸排阻色谱，再进行一步分级系列超滤（10kDa 和 6kDa），最后采用 RP-HPLC 进行测定（Jiang et al., 2007）。类似地，在从羊的 α_{s2}-酪蛋白中分离抗菌肽时，先使用低压离子交换层析，然后进行半制备 RP-HPLC 处理（Lopez-Exposito et al., 2006）。

研究样品中的众多肽通常在进行质谱鉴定前先进行分离。高效液相色谱由于其多样性、高效率和自动化能力，已成为在不同模式下分离肽的首选技术

（Hernandez-Ledesma et al.，2013）。RP-HPLC 由于具有有效分离小肽的能力，成为分析食源性生物活性肽的最常用方法（Recio and Lopez-Fandino，2010）。尽管如此，其他高效液相色谱模式也已用于生物活性肽的分离，如低压离子交换层析、尺寸排阻色谱、亲水相互作用色谱、疏水作用色谱及亲和色谱（Hernandez-Ledesma et al.，2013）。毛细管电泳由于多功能性和较低的样品、试剂及时间的消耗，也成为一种分离手段（Herrero et al.，2008）。Catala-Clariana 等（2010）使用毛细管电泳-质谱技术在婴儿配方奶粉中鉴定了几种生物活性肽。小型化技术，如毛细管电泳迁移色谱和纳米液相色谱也逐渐成为一种很有前途的分离策略，并有可能越来越多地应用于生物活性肽的探索发现中（Issaq et al.，2009）。

　　在过去的十年中，质谱在生物活性肽鉴定中得到了显著发展，并成为无可争议的工具，减少了氨基酸分析仪和蛋白质测序仪等其他鉴定技术的使用（Picariello et al.，2012）。有时，质谱还会联合一些传统的鉴定方法进行使用，例如，Pihlanto 等（2010）通过使用基质辅助激光解吸电离飞行时间质谱和埃德曼降解测序对发酵乳中 ACE 抑制肽进行鉴定。质谱具有较多的优点，能够提供大量敏感且准确的结构分析数据且耗时短（D'siva and Mine，2010）。

　　一旦观察到多肽具有潜在的目标活性，就需要验证相同的合成肽在体外或体内的生物学活性，从而确定该多肽的生物活性，这通常在探索发现多肽的研究中进行。例如，在最近的研究报道中，通过确定合成序列的活性来证实两种新型 β-乳球蛋白衍生肽的二肽基肽酶（DPP-IV）抑制活性（Silveira et al.，2013）。类似地，Tsopmo 等（2011）在模拟人乳胃肠消化中发现八种合成肽，筛选它们的活性后采用了相同的策略来鉴定两种新的抗氧化肽。此外，食品肽组学也有助于研究多肽的生物利用度和生物活性肽监测的相关问题，本章后续内容将会介绍。

　　2. 生物信息学驱动的方法

　　随着计算机工具和生物活性肽数据库的联合使用及发展，在探索发现生物活性肽方面计算机分析法及生物信息学驱动法显示了显著的重要性。与通常涉及巨额费用的经验方法不同，生物信息学通过减少传统工作流程的步骤提供了一种具有成本效益的策略（Saavedra et al.，2013）。正如用计算机分析 34 种蛋白质作为 DPP-IV 抑制性肽的潜在来源中观察到的一样，在生物活性肽领域，计算机分析法的主要贡献是对生物活性的预测及食品源蛋白质作为潜在前体的评估（Lacroix and Li-Chan，2012）。此外，由于知道某些酶的特定切割位点，生物信息学研究在预测食源性蛋白质水解方面有了很多可能性（Panchaud et al.，2012）。肽活性的预测与目标受体和肽结构之间相互作用的研究密切相关。图 11.2 展示了 β-酪蛋白肽的两个构象以不同的方式与 ACE 活性位点相互作用，导致不同的抑制行为（Gómez-Ruiz et al.，2004）。近年来，Carrasco-Castilla 等（2012）综述了定量结构活性关系（QSAR）模型，它在发现生物活性肽领域中不断出现。QSAR 分析是基于物理化学术语阐明结构-活性关系来预测其他肽序列的生物活性。QSAR 方法已成功用于 ACE 抑制活性的研究，如应用于寡肽和三肽（Toropova et al.，2012；Sagardia et al.，2013），或用于评估不同食物蛋白质 ACE 抑制性肽前体（Gu et al.，2011）。Li 等（2013）通过 QSAR 分析利用 17 个物理化学术语评估了肽的抗氧化活性，此外，Li 等（2011）研究集中于对第二个 C-氨基末端位置以及抗菌肽进行预测。QSAR 方法广泛利用肽和蛋白质数据库，该数据库包含了肽的许多信息，如生物活性、物理化学参数、参考文献等。在生物活性肽数据库中，BIOPEP 作为最具价值的品种之一出现，其中超过 2500 种肽根据特定的生物活性进行分类（Minkiewica et al.，2008）。其他数据库有 Carrasco-Castilla 等（2012）报道描述的Pepbank、BioPD 和 SwePep。

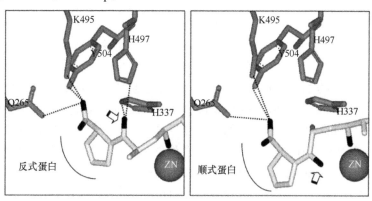

图 11.2　一种肽抑制剂（浅灰色）在反式及顺式结构下的 C 端与血管紧张素转换酶的活性位点（深灰色）间的相互作用

虚线标记表示氢键；黑色标记表示羧基；箭头所指处表示由顺式向反式的转变导致了残留抑制剂羧基团转向多肽链的另一侧，失去了它原来与酶之间的氢键

　　包括质谱在内的计算工具和分析设备的显著改进，提高了化学计量学分析法在探索发现食品生物活性领域的适用性（Minkiewicz et al.，2008）。在寻找特定活性时，响应面方法学（RSM）已被证实在优化蛋白水解变量（如时间、温度、pH、酶或细菌菌株及底物比）方面非常有用（Carrasco-Castilla et al.，2012）。例如，在生物活性肽鉴定之前，通过 RSM 方法用嗜热菌蛋白酶从乳清蛋白浓缩物中产生抗氧化剂水解产物（Contreras et al.，2011），以及通过瑞士乳酸杆菌发酵酸奶以获得 ACE 抑制活性（Pan and Guo，2010）。作为从过程中提取化学相关信息并将其转化为有价值数据的技术，化学计量学利用肽的理化性质和复杂的算法，能够预测肽的保留时间或迁移时间，从而鉴定识别生物活性肽。

11.2.3　生物利用度

在研究活性化合物可能对生物体产生的影响时，重要的是要确保化合物以活性形式到达目标器官。为此，必须评估消化稳定性。若化合物被吸收，则需要评估其分布、代谢和排泄，以便建立选定肽的生物利用度性质（Foltz et al.，2010）。

1. 胃肠消化过程中的改变

人体摄入由复杂分子组成的食物后通过物理和化学过程消化食物，吸收宏量和微量营养素，这主要发生在十二指肠和上空肠（Langerholc et al.，2011）。消化过程决定了食源性蛋白质中肽的形成，这种形成可以是生理上和代谢上的，并且与消化过程本身相关，肽能用于开发涉及营养、技术和毒理学方面的新型食物制剂（Wickham et al.，2009）。

MS 应用程序正在成为研究消化过程的有用工具，因为它不仅能获得描述性结果，也能对所得的产品进行识别鉴定。研究者采用这种技术来表征消化不同乳蛋白[如牛乳（Dupont et al.，2010；Picariello et al.，2010）、绵羊乳（Gómez-Ruiz et al.，2004）、山羊乳（Almaas et al.，2011）、驴乳（Bermeosolo-Bidasolo et al.，2011）和人乳（Hernández-Ledesma et al.，2007）]过程中形成的产物。利用 MS 技术可以对消化过程中某些感兴趣的产物进行鉴定（分析潜在的抗原表位、生物活性监测、某些部位的稳定性研究），或是彻底的非靶向分析，旨在阐明蛋白质消化动力学，最终开发和验证消化方案与模型。一些研究者使用这种靶向鉴定来评估几种肽在消化过程中的稳定性，如监测它们在奶酪中的 ACE 抑制活性（Gómez-Ruiz et al.，2004），或者监测人乳及婴儿配方奶粉在体外用猪胃蛋白酶和胰酶进行消化过程中产生的抗氧化剂和 ACE 抑制剂（Hernández-Ledesma et al.，2007）。De Noni 和 Cattaneo（2010）研究了在体外胃肠消化过程中使用猪胃蛋白酶并添加 Corolase PP™后乳制品中 β-酪啡肽-5 和 β-酪啡肽-7 的出现及稳定性。同样，Quirós 等（2009）采用猪胃蛋白酶和 Corolase PP™两步水解的方法，评估了 β-酪蛋白的某些抗高血压药物的存活期，结果证明它对体外消化具有抗性。然而，多肽在胃肠消化过程中可以被水解，并且可保持它们的活性，活性可能是减少或增加。例如，具有低体外活性的抗高血压序列 KLPVPQ 在用胰酶进行体外消化后通过失去其 C 端 Gln 残基而显示出更高的活性（Maeno et al.，1996）。

其他研究者已经利用基于 MS 的技术来鉴定胃肠消化过程中磷酸化肽的形成。例如，利用两种酶溶液（猪胃蛋白酶和胰酶胆汁溶液）对掺入 CPPs 的牛奶水果饮料或普通水果饮料进行消化时，监测 CPPs 对胃肠道消化的抵抗力（García-Nebot et al.，2010）。同样，Miquel 等（2005）使用来自胃黏膜的猪胃蛋白酶及来自猪胰和胆汁提取物中的胰酶，对 CPPs 进行体外胃肠道消化，并鉴定其在不同婴儿配方食品中的变化。另外，Adt 等（2011）使用选择性沉淀法对奶酪中的 CPPs

含量进行处理，然后将乳酪用胃蛋白酶酸溶液消化，接着与胰酶共同培养。该研究强调，用胃肠酶消化后所增加的 CPPs，大部分是单磷酸化的。

一些研究者也报道了通过使用 MS 技术来表征胃肠消化的非靶向分析。Qureshi 等（2013）使用纳米液相色谱（nanoLC）-ESI-QTOF 比较了两种挪威奶酪在用人类酶进行体外胃肠消化之前和之后的肽谱。在这项研究中，使用三阶段模型进行消化，包括样品经模拟咀嚼步骤，然后添加人胃和十二指肠液。据报道，一些肽的抗性，虽然有些肽在消化之后完全降解消失，但也有关于对消化过程具有抵抗性肽的报道。还有人指出，在这个过程中，游离氨基酸的产生会受到影响。胃消化导致蛋白质含量显著降低，然而芳香族氨基酸（如酪氨酸、苯丙氨酸和色氨酸）、带正电的氨基酸（精氨酸和赖氨酸）和亮氨酸都没有任何改变。相反，十二指肠消化使这些氨基酸显著增加。最近，Sánchez- Rivera 等（2014）使用 RP-HPLC-ESI 技术，通过添加猪胃蛋白酶，然后添加胰蛋白酶、胰凝乳蛋白酶、脂肪酶和胆汁盐，在两阶段体外静态消化之后研究蛋白水解的奶酪和脱脂奶粉的多肽组。在这项研究中发现的消化物同源性表明，处于不同蛋白水解状态的基质，在经过胃肠消化后所得的产物具有相似性。但是，由于肽前体的差异，对于生物活性序列的发现也有例外，这与所观察到的不同的生物活性相一致。Eriksen 等（2010）利用 nanoLC-ESI-QTOF 技术比较了来自山羊的乳清蛋白在经过人类胃和十二指肠液及猪酶（胃蛋白酶和 Corolase PP™）的两步静态体外消化后，肽的形成。尽管 SDS-PAGE 测定显示蛋白质消化水平没有很大差异，但是该研究报道了 β-乳球蛋白肽谱的差异性，且在相同条件下利用猪酶消化比用人酶消化具有更高的消化水平。Dupont 等（2010）使用 nanoLC-ESI-QTOF 评估了两种体外静态消化模型（婴儿和成人）的蛋白质消化模式对比。同样，Picariello 等（2010）使用 MALDI-TOF、nanoESI-QTOF 和 nanoLC-ESI-QTOF 研究了牛奶蛋白在体外多步静态消化模型中肽的存活情况。该研究中分析了用二氧化钛（TiO_2）柱获得富含 CPPs 的级分以增加蛋白质覆盖度。此外，作者强调了 β-乳球蛋白某些区域的相关性对蛋白水解的抗性及其对牛奶过敏的影响。为了解蛋白质在分解和消化过程中的动力学，研究者做了一些有价值的体内研究。Bouzerzour 等（2012）进行了仔猪消化婴幼儿配方奶粉的研究，以评估蛋白质消化动力学和肽释放。据报道，残基（74～91）之间的 β-酪蛋白区域在这些试验中对蛋白水解具有抗性，这与使用不同乳品基质（如未加工的、巴氏灭菌的、消毒的乳和酸奶）进行的婴儿消化的体外研究一致（Dupont et al.，2010）。此外，一些研究者对摄入牛奶或酸奶之后人体的消化过程进行了表征（Chabance et al.，1998），来自 α_{s1}-酪蛋白的序列（25～32）和（143～149）通过 Edman 降解后使用自动化的气相序列仪进行鉴定。同样，Boutrou 等（2013）在人体内进行了体内研究，以评估摄入酪蛋白或乳清蛋白后肽的释放，其中 356 个来自 β-酪蛋白的肽和 165 个来自乳清蛋白的肽在空肠中进行了鉴定。据称,餐后发现的几种肽,即不同的 β-酪蛋白,包括 β-酪蛋白片段(60～66)和(108～113)的量足以使这些肽发挥其已知的生物活性,众所周知的有阿片样肽和抗高血压肽。为了评估膳食肽可以在生物体中发挥的作用,消化过程应尽可能接近体内生理参数。在此意义上,Kopf-Bolanz 等(2012)使用 RP-HPLC-ESI-IT 通过将试验结果与来自肠肽转运、乳化甘油三酯消化和淀粉消化率有关研究的人体生理数据进行比较,验证了巴氏消毒奶的体外消化模型。在这项研究中,所使用的方法测定的大量营养素降解值与人体内发现的相似,故结果具有可信度。总之,这些体外静态消化研究产生了一些共同的特征。β-乳球蛋白和 α-乳白蛋白比其他乳蛋白更耐消化(Dupont et al.,2010;Picariello et al.,2010)。García-Nebot 等(2010)证实了一些区域似乎也具有抗性,如含有磷酸化片段的区域,这些结果在之前的其他研究中报道过(Hirayama et al.,1992)。同样,与先前的观察一致(Hausch et al.,2002),疏水性和脯氨酸区域抵抗消化,而中性和碱性氨基酸迅速水解。这些富含脯氨酸的结构域能够在物种中直接且很好地保存,并且有趣的是,一些已报道的生物活性序列也在这些区域中。

2. 吸收过程中的改变

在肠上皮中,吸收性肠细胞和杯状细胞是两种主要的细胞类型。肠上皮细胞的顶端特征在于含有几种酶的刷状边界,并增加了表面的营养吸收能力。杯状细胞分泌黏液,覆盖肠细胞的顶膜并部分限制了分子吸收(Meaney and O' Driscoll,1999)。在吸收之前,肠内腔中的任何食物肽必须横穿该环境。肽组学技术已经成为监测这种环境中食物肽最终转化的不可或缺的工具。在生理学上接近人类肠吸收的模型包括细胞系模型、固定在尤斯灌流室的切除组织(动物,离体)和肠灌注环(动物,原位)。

1)细胞系模型中的多肽组学

细胞系模型为体内动物试验提供了一种合适的替代方法。主要优势在于其简单性、实验室间可重复性和大规模测试能力。由于其可靠性,该模型已成为阐明肠道吸收机制不可或缺的工具。目前肠道细胞系模型多采用转化细胞系,其中应用最广泛的是 Caco-2 模型(Langerholc et al.,2011)。

对于稳定性试验,样品的消化能够在刷状边界继续进行,从而模拟与肠壁首次接触的情况。寡肽对刷状缘肽酶的易感性控制着顶端至基底外侧的跨上皮转运率(Shimizu et al.,1997)。在使用 Caco-2 细胞层吸收抗高血压 β-酪蛋白肽 LHLPLP 的情况下,显示六肽被刷状缘肽酶部分水解,刷状缘肽酶切割亮氨酸和组氨酸之间的肽键,释放出五肽 HLPLP,经历快速运输到基底外侧室。通过 RP-HPLC-ESI-IT 确定了肽在吸收发生之前必须先被肽酶水解。由于没有检测到其他序列,因此 HLPLP 可能是肽的最小活性形式(Quirós et al.,2008)。该序列的存在可以由肽酶的作用产生保护效应,这也解释了来自β-酪蛋白相对较长的17个残基肽片段(193～209),其未被刷状缘外肽酶显著水解的现象,正如采用三重四极杆(QqQ)-RP-HPLC-ESI作为质量分析仪对Caco-2单层溶液定量分析结果所示(Regazzo et al., 2010)。

使用Caco-2细胞模型具有一些局限性,如无黏液层、与人小肠相比更紧密、摄取转运蛋白表达低、糖蛋白过表达。与Caco-2共培养的黏蛋白分泌杯状细胞可能调节单层细胞的紧密性并形成模仿生理条件的乳晕凝胶层(Hilgendorf et al., 2000)。来自α_{s1}-酪蛋白的RYLGY与AYFYPEL和两个衍生片段RYLG及AYFYPE的抗高血压肽,在使用75% Caco-2/25% HT29-MTX共培养、用胃蛋白酶和Corolase PP™处理后鉴定显示, 它们可以在肠肽酶的作用下存活, 穿过黏液层, 并通过肠上皮完整吸收,因为它们在基底外侧溶液中被检测到。使用 RP-HPLC-ESI-IT 鉴定技术也显示这些肽的释放片段可被跨表皮吸收,因此可发挥生理效应(Contreras et al., 2012)。

最近的一项工作表征了由酪蛋白和乳清蛋白产生的整个肽组,该肽组在体外胃-胰消化(胃蛋白酶、胰蛋白酶、胰凝乳蛋白酶、弹性蛋白酶和羧肽酶的混合物)中存活, 并转位穿过Caco-2单层(Picariello et al., 2013)。将常规和微量流动的RP-HPLC和MS分析仪联合使用,与合成肽一起作为胃肠道抗性模型肽的组合,能够实现可靠的肽检测。先前描述的一些在Caco-2单层的基底外侧存在的牛奶生物活性肽可忽略不计。例如,虽然已经报道合成的人β-酪啡肽可以跨Caco-2单层移位(Iwan et al., 2008),但没有检测到β-酪啡肽。相比之下,来自α_{s1}-酪蛋白的(104～119)区域和β-酪蛋白的(33～52)区域的一些CPPs显示易穿过肠上皮细胞模型。此外,β-乳球蛋白(40～40)和(125～135)抗性区域也被大量检测到。

为了构建二肽的结构多样性数据库,评估它们的肠道稳定性、对Caco-2细胞的渗透性和ACE抑制活性,将QSAR模型应用于总共228种合成二肽。通过QqQ的多反应离子监测(MRM)方法与亲水相互作用液相色谱(HILIC)相结合,对消化和转运试验中得到的二肽进行定量,没有发现具有肽结构的肠渗透性的显著相关模型。然而,12种肽的肠道稳定性已被预测(Foltz et al., 2009)。

2)体外和原位模型中的多肽组学

尤斯灌流室技术利用安装在两个缓冲容器之间的小肠组织片与储存气体供应模拟生理条件。将测试化合物分别加入组织的黏膜或浆膜侧以研究其在吸收或分泌方向上的运输。

通过使用安装在尤斯灌流室上的兔远端回肠部分,监测β-酪蛋白衍生的阿片样肽吗啡感受素(YPFP-NH2)的转移。利用RP-HPLC跟踪、观察肽的降解,并没有发现相关释放片段的信息(Mahé et al., 1989)。相反,使用大鼠肠段,利用MRM方法在细胞培养基中选择性计算了抗高血压β-酪蛋白肽VPP和IPP的表观渗透性(Foltz et al., 2008)。研究者发现派伊尔氏病斑块VPP的值比空肠段和十二指肠段高 3 倍以上，这可能是由肽酶活性降低和上皮细胞渗漏所致。

原位灌注啮齿动物（大鼠或兔子）的肠段经常被用来研究药物的渗透性和吸收动力学。原位模型的主要优势在于将血液循环的动态成分、黏液层以及肠内容物中存在的所有其他因素整合在一起（Antunes et al.，2013）。

通过使用连接的大鼠十二指肠节段，Bouhallab 等（1999）证明，在十二指肠转运过程中，来自 β-酪蛋白片段（1~25）的 CPPs，无论是否与铁络合，都被包括蛋白酶/肽酶和磷酸酶在内的消化酶水解。每个 HPLC 峰含有几个对应于内腔组分的离子，但 QqQ-MS 将信号归因于 β-酪蛋白片段（1~25）衍生的肽。在这个过程中能够观察到，至少有 5 个 β-酪蛋白片段（1~25）的肽键被切割且 β-酪蛋白片段（15~25）连续去磷酸化。这表明需要进一步了解 CPPs 在铁供应中的积极作用与其对消化酶的易感性之间的关系。Ani-Kibangou 等（2005）证实碱性磷酸酶的抑制改善了 CPPs 结合铁的吸收。

为了更好地了解 IPP 和 VPP 的转运过程，研究人员对三种吸收模型 Caco-2 细胞模型、不同大鼠肠段的离体尤斯灌流室及大鼠原位肠灌注模型进行比较（Foltz et al.，2008）。随着模型的生理相关性增加，两种肽的肠渗透性增加。因此，之前研究观察到的 Caco-2 细胞模型低估了肠肽的通透性，而完整切除的肠组织和闭合灌注环模型中的渗透性则提高了 5~20 倍。

3. 吸收、分布、代谢和排泄

评估了肽对消化的稳定性以及细胞膜通透性后，需要进行吸收、分布、代谢和排泄研究，以确定生物体中潜在的生物活性肽。有研究已报道了二肽 VY 在人血液循环中的吸收（Matsui et al.，2002），血浆水平随着单次口服含有 VY 饮料及剂量的增大而增加，最大吸收发生在饭后 2h 消失，VY 的消除半衰期约为 3.1h。

MS 技术的应用使得开发用于定量肽的选择性和敏感性的方法并监测血浆中的细微变化成为可能。人体在摄入富含肽的饮料后，利用大气压电离 MRM 方法检测人血浆样品，能够检测到 17 种 ACE 抑制肽（含有 2、3 和 5 个氨基酸残基）。已报道的检测限为 0.01ng/mL，定量限为 0.05~0.2ng/mL（van Platerink et al.，2006）。其他研究者还应用 MRM 方法评估富含肽的饮料中 IPP 和其他七种 ACE 抑制肽的生物利用度，以及膳食摄入对 IPP 生物利用度的影响（Foltz et al.，2007）。结果显示，摄入富含肽的饮料后血浆中的最大肽浓度为 897±157pmol/L；当饮料在饭后被消化时，与安慰剂治疗相比，IPP 的最大浓度高于禁食状态下获得的最大浓度。van der Pijl 等（2008）报道了猪静电或灌胃给药中富含脯氨酸三肽（IPP、LPP 和 VPP）的动力学。该研究显示，在第一种情况下，三种肽的消除半衰期显著不同，IPP 高于其他肽。然而，在灌胃给药后没有发现消除半衰期的差异。检测到的最大浓度是 10nmol/L，当用盐溶液给药时，绝对吸收估计为 0.1%。此外，吸收和消除半衰期最长分别为 5min 和 15min，这表明在上述条件下肽的急性作用。

11.2.4　多肽组学用于生物活性肽的监测

1. 食品中肽的产生

许多商业食品都含有已被报道的生物活性肽，这些生物活性肽主要在发酵、成熟和其他加工过程（如热处理或储存期间）中释放（Hernández-Ledesma et al.，2011）。一些肽组学研究被用来监测某些已知活性的特定肽，而其他的肽组学研究旨在提供一组可识别生物活性序列的鉴定肽。

Dallas 等（2013）通过纳米 LC-ESI-QTOF 鉴定了 300 多种人乳中的肽，并证实其中一大组肽与已报道的抗微生物肽和免疫调节肽序列重叠。此外，MALDI-TOF 和纳米 LC-ESI 线性 IT 技术也能用来分析牛奶中肽酶谱并研究原位蛋白水解（Ho et al.，2010）。在已鉴定的 202 种肽中五种已被报道具有生物活性，如阿片活性、ACE 抑制活性或免疫调节活性。同样，通过使用优化的纳米 ESI-IT 方法能够鉴定和定量商品牛奶中的阿片样肽 β-CM-7（14μg/L）（Juan-García et al.，2009）。

以乳制品为例，奶酪是商业乳制品中生物活性肽的主要来源之一，这是由于凝乳酶、微生物菌群、天然乳蛋白酶和肽酶在奶酪成熟期间起到了蛋白水解作用。López-Expósito 等（2012）研究表明奶酪含有丰富的生物活性肽，特别是抗高血压肽、CPPs 和阿片样肽，因而对人体健康有很大的作用。例如，通过使用线性 IT 技术能够在几种商业可得的奶酪中发现 ACE 抑制肽 VPP 和 IPP（Bütikofer et al.，2007）。类似地，Ong 和 Shah（2008）通过使用 RP-HPLC 和 MALDI-TOF 确定了在不同发酵剂培养物中制备的切达干酪中几种 ACE 抑制肽的释放。此外，曼切戈干酪中具有 ACE 抑制和抗高血压活性的肽也能够通过 RP-HPLC-ESI-IT 进行检测（Gómez-Ruiz et al.，2004）。在墨西哥，一种用特定的乳酸菌菌株制造的非生奶酪品种中，ACE 抑制肽也能够通过对该水提物进行纳米 LC-ESI-IT 分析而鉴定出来（Torres-Llanez et al.，2011）。关于阿片样肽，De Noni 和 Cattaneo（2010）使用 RP-HPLC-ESI-IT 技术对不同干酪品种中的 β-CM-7 进行了定量分析，得到的检测浓度约为 0.15mg/kg。

酸奶是另一种重要的商业乳制品，由于通过微生物发酵进行乳蛋白水解，在酸奶的组成中都含有生物活性肽（Muro Urista et al.，2011）。例如，Hernández-Ledesma 等（2005）在对某些活性部分进行 RP-HPLC-ESI-IT 分析后，在商用发酵乳中鉴定出三种报道的强效 ACE 抑制肽 VPP、NIPPLTQTPV 和 RY。此外，一些已鉴定的肽显示出与其他描述的 ACE 抑制肽、免疫调节肽和抗氧化肽具有高度相似性的序列。在另一项研究中，Quirós 等（2005）在通过类似 MS 分析进行肽识别之后，由山羊奶制成的商业酸奶中获得两种 ACE 抑制性肽 PYVRYL 和

LVYPFEGPIPN。有趣的是，Jarmołowska 和 Krawczuk（2012）在两种市售酸奶中
检测到阿片样肽 β-CM-7、乳铁蛋白 A、酪新素 6 和酪新素 C。在这种情况下，采
用 ELISA 分析代替 MS 分析。微型 LC-ESI-TOF 在功能性抗高血压酸奶的肽酶分
析中的应用表明，除了 ACE 抑制肽和抗高血压肽之外，还发现了具有不同活性的
其他生物活性肽，如抗氧化肽、抗菌肽、阿片样肽或抗血栓肽（Kunda et al.，2012）。

2. 食品工业加工过程中肽的稳定性

　　食品加工过程可能会影响食品体系中肽的最终活性。氨基酸修饰的最终程度
和生物活性的变化在很大程度上取决于肽所存在的食品基质的组成、加工条件和
肽结构（López-Fandiño et al.，2006）。然而，关于加工和储存过程对存在于食品基
质中生物活性肽的影响的了解知之甚少。最近，一些研究已经报道了特定的生物
活性肽在发酵食品中的商业利用度有限，主要是由于它们在发酵过程中部分或完
全降解，这一过程受到肽序列、菌株和 pH 的影响。Paul 和 Somkuti（2009）分别
研究了乳酸链球菌和德氏乳杆菌在保加利亚亚种存在下，对乳铁蛋白和 α_{s1}-酪蛋
白衍生的抗菌肽（RRWQWRMKKLG）和抗高血压肽（FFVAPFPEVFGK）的降解
情况。通过 RP-HPLC 结合 MALDI-TOF 进行的监测表明，它们在 pH 4.5 时与在
pH 7.0 时相比具有更高的抗性。在模拟酸奶发酵的条件下它们遵循抗微生物肽卡
洛西丁和异槲皮苷的降解（Somkuti and Paul，2010）。结果表明，应在发酵结束时
添加肽或掺入可饮用的酸奶类产品。

　　对于生物活性肽的大规模应用，必须评估其在生产、包装和储存过程中的稳
定性。Contreras 等（2011）为了扩大抗高血压酪蛋白水解产物的产量，通过 RP-
HPLC-ESI-IT 对两种降压肽 α_{s1}-酪蛋白（90～94）和（143～149）片段，即 RYLGY
和 AYFYPEL，分别进行监测，发现它们在雾化、均质化和巴氏消毒过程中稳定。

　　在奶酪中，成熟时间会对生物活性肽的浓度产生重要影响。这可以通过 RP-
HPLC 和线性 IT 与 QqQ-MS 监测不同瑞士干酪品种成熟过程中降血压肽 IPP 和
VPP 的浓度变化得到验证（Meyer et al.，2009）。在其他的研究中，Sforza 等（2012）
对从凝乳到 24 个月生产期的奶酪中的寡肽部分进行研究并提供了一份详细的肽
组学数据，可以根据老化时间区分奶酪。在最近的研究中，包装技术和储存时间
对肽的影响也被考察，通过在 4℃下使用两种不同技术（真空包装和改性气氛包
装）包装的干酪，对肽进行监测（Sánchez-Rivera et al.，2013）。研究人员通过 RP-
HPLC-ESI-IT 半定量分析肽，揭示了不同包装技术之间的一些差异，并观察到肽
在储存过程中的共同趋势：在更长的储存时间（90d）中两种包装产品表现差异显
著，而在储存过程中肽的变化是类似的。

　　蛋白质糖基化是通过美拉德反应使乳蛋白的氨基酸改变的，其中还原糖（如
乳糖）的羰基主要与赖氨酸残基的 ε-氨基反应，形成内酰脲酰赖氨酸的非酶糖基

化产物。这种改变导致了牛奶营养价值的降低，因为它降低了必需氨基酸赖氨酸的生物利用度。MALDI-TOF 已用于探究热处理牛奶样品中蛋白质的糖基化（Siciliano et al.，2013）。同样，可以使用混合 QqQ/线性 IT 质谱仪，通过 MRM 方法分析储存 4 周的奶粉中的肽糖基化（Le et al.，2013）。量化肽糖基化能够在存储期间跟踪肽的降解，而这对确定基于生物活性肽的功能性食品的保质期具有重要意义。

11.3　生物信息学预测技术

越来越多的科学家致力于从食物中发现生物活性肽，并在临床评估系统的基础上发现其对人类健康的益处。因此，大量的生物活性肽被不断报道，并着重研究阐明其结构功能和分子机制。目前，由于食源性生物活性肽的多种食品和健康应用，用于发现和开发这些活性肽的新方法正在不断被探索。而随着"组学"时代的不断发展，两种计算和分析技术，即生物信息学和肽组学技术，与计算机手段结合对生物数据进行处理和解释，已经在生命科学领域得到广泛的整合。然而，在过去几年里，生物信息学已成为数据丰富的学科，但在食品和营养科学中的作用却不甚明显。

11.3.1　概述

源自食物的生物活性肽已引起食品和卫生部门的极大兴趣，然而，食品肽生产的经典方法（涉及蛋白质与不同蛋白酶反应并对水解产物进行生物活性分析）费时费力，因此在工业规模生产中不具有成本效益（Agyei and Danquah，2011；Udenigwe，2014；Agyei et al.，2016）。为了规避这些限制，生物信息学工具的使用已经成为从食物蛋白质生产已知和新型肽序列的策略方法，该方法用于指示在蛋白质序列中加密的生物活性肽的出现，并指示释放生物活性肽序列可能性高的蛋白酶的类型和特异性。采用这种方法，生物活性肽的初步挖掘是利用计算机模拟工具进行的，并且这使得研究人员能够专注于少量最有可能具有期望生物活性高效力的肽候选物。这种方法是非常令人满意的，因为它消除了猜测，并允许技术人员预先预测可以从食物蛋白释放的肽的种类和效力，以及最适合使用的蛋白酶，然后使用所选蛋白质和酶的组合（Carrasco-Castilla et al.，2012）。发现生物活性肽的生物信息学方法也使得生成的肽能够表征其理论物理化学、生物活性和感官特性（Udenigwe，2014）。生物信息学预测物理化学性质的能力可以帮助设计一系列纯化步骤，这些步骤适合在实验室阶段分离感兴趣的肽（Agyei et al.，2016）。此外，预测所需生物性质（如抗微生物、酶抑制）以及效能的能力对于开发新的生物活性肽序列是重要的。当肽旨在用于功能性食品或药物应用时，对不需要的生物学性质（如变应原性、毒性）的了解也是有必要的（Hayes et al.，2015）。这些信息将有助于食品技术人员采取措施去除或限制过敏或毒性肽的产生，或者将蛋白质-酶组合改变为低加密致敏肽或毒性肽。此外，由于味道会影响消费者对产品的可接受性，所以关于肽味道不良性（特别是苦味）的认知对于用于口服食品和药物制剂的开发至关重要（Temussi et al.，2012）。生物信息学方法已被用于研究谷类蛋白质中的加密生物活性肽（核酮糖-1,5-二磷酸羧化酶/加氧酶）（Udenigwe et al.，2013，2017）、大豆蛋白质（Gu et al.，2013）、鸡蛋蛋白质（Majumder et al.，2010）、乳蛋白质（Nongonierma et al.，2016）、奶酪（Sagardia et al.，2013）和肉蛋白质（Lafarga et al.，2014，2015；Keska et al.，2017）。

越来越多的研究者使用质谱技术对食品肽酶、多肽和食品蛋白水解产物进行分析、发现和定量（Panchaud et al.，2012）。多肽组学提供了一种无目标的方法来快速检测和定量各种肽（Liu et al.，2017），以及它们在体内的生物活性网络和信号系统（Boonen et al.，2009）。例如，考虑到人体含有多种蛋白酶，其可预计膳食肽在体内的某一点会发生降解，导致几种较小的肽或氨基酸的释放，伴随着生物学特性的丧失或保留。由于具备处理大量数据的能力，多肽组学可能有助于追踪食物肽序列的踪迹及其在人体内的吸收、消化、代谢和排泄特征，通过将生物信息学的预测能力和多肽的高通量分析能力相结合，能够开发食品来源的生物活性肽。

食物通过调节代谢、激素水平、身体和心理过程在维持人类健康方面起着至关重要的作用。此外，营养在各种慢性疾病发展中所起的作用也越来越受到重视，许多研究者也正在努力促进和提高各种食物来源的质量与营养潜力。食品作为预防或减轻医疗条件的手段显然已转化为消费者的消费习惯。与此同时，食品科学发展迅速，包括许多新兴技术，如"组学"技术套件，随着这种多样化的趋势发展，相关学科现在面临着解释和整合许多不同数据类型的挑战。

11.3.2　食品生物信息学:迄今的故事

尽管食品和营养科学领域综合数据库和专用资源的可用性有限，但许多生物信息学方法已经并即将继续建立在该领域。本节概述了生物信息学已经成功整合到该领域的一些方法。

1. "组学"技术

与许多其他生物领域的情况一样，开发特定生物信息学策略的需求主要源于高通量"组学"技术的出现，包括基因组学、蛋白质组学、代谢组学和最近的宏基因组学在内的"组学"技术，对生物学数据的积累做出了重大贡献。许多人转而使用生物信息学方法来管理和解释从这些所谓的"食品组学"技术产生的数据量（Cifuentes，2009；Herrero et al.；2010）。

　　蛋白质组学和生物信息学已成为内在联系的研究领域，因此它们在食品组学时代也成为强有力的合作技术。在食品和营养方面，蛋白质组学正迅速成为研究重要食物蛋白质浓度及其相关翻译后修饰的宝贵工具（Amiour et al.，2002）。例如，采用联合的蛋白质组学和生物信息学框架，有可能更全面地阐明食物来源的蛋白质组成（包括功能信息）（D'Alessandro et al.，2011），并开发用于食源性微生物表征的新方法（Fagerquist et al.，2009，2010）。

　　在研究细胞的整个（或至少大部分）代谢物特征的代谢组学领域，生物信息学正在成为同等价值的工具。不出所料，代谢组学有可能产生大量的数据，特别是在其"非目标"形式中（Oresic，2009）。生物信息学工具可用于代谢数据的管理、调整、分析和可视化，包括 Mzmime（Katajamaa et al.，2006）、MetAlign（Lommen，2009）和 MetExtract（Bueschl et al.，2012）。除了软件开发之外，生物信息学正在以更直接的方式应用，如发现与糖尿病相关的代谢物（Altmaier et al.，2008）。生物信息学还有助于将代谢组学整合到全基因组关联分析（GWAS）背景中，其中代谢物比值被用于与单核苷酸多态性（SNP）组合来确定与某些代谢性状相关的遗传变体（Gieger et al.，2008；Illig et al.，2010）。

　　2. 生物活性肽

　　现在已知各种食物衍生肽表现出一系列超过其基本营养作用的功能活性。因此，越来越多的学术科研人员和商业人员关注于使用富含生物活性肽的食物促进健康和缓解各种病症（Korhonen and Pihlanto，2006；Hartmann and Meisel，2007；Khaldi，2012）。大多数情况下，食品来源的生物活性肽通过细菌发酵或通过胃肠或其他蛋白水解酶的作用从其前体蛋白释放。尽管人们已经开发了许多方法来检测和表征以这种方式产生的肽（Matsui，et al.，1999；Mullally et al.，1997；Vermeirssen et al.，2002；Gibbs et al.，2004），很明显生物信息学的使用可以作为发现新型生物活性肽的有价值的方法。

　　目前已经有许多方法用于预测生物活性肽，虽然其设计的使用范围较小，但已经在食物来源方面取得了一些成功，如用于预测抗微生物肽的计算方法（Torrent et al.，2009，2011）。例如使用基于序列同源性的方法来鉴定鸡肉中具有各种性质的肽（Lynn et al.，2003，2004）；采用系统方法并结合计算机模拟抑制分析，开发用于检测血管紧张素转化酶抑制性肽的计算筛选（Vercruysse et al.，2009）。

　　定量结构-活性关系模型是一种回归模型，也被用于预测生物活性肽，特别是蛋中的抗血栓肽（Majumder et al.，2010）。最近，通过联合使用生物信息学和蛋白质组学技术，许多生物活性肽展现出一系列活性，包括抗氧化剂、细胞调节剂和心血管药物（Pampanin et al.，2012）。

3. 食品质量、口感和安全

生物信息学还以更加全面的方式影响食品科学和营养学，在味道、风味、食品安全和食品质量等方面发挥作用。就味觉而言，在分子进化的背景下，生物信息学对确定不同味觉受体的进化历史非常重要（Shi et al.，2006；Wooding et al.，2006；Dong et al.，2009）。GWAS 的研究也集中在味觉受体上，在该研究中苦味受体与葡萄糖调节之间建立了联系（Dotson et al.，2008）。

结构生物信息学和分子对接技术已被用来辨别激动剂与味觉受体结合背后的机制，该技术能应用于更多的功能框架（Biarnes et al.，2010；Brockhoff et al.，2010；Levit et al.，2012），而最近已经建立了与各种化合物味道和风味有关的化学性质的详尽电子数据库（Dunkel et al.，2009；Ahmed et al.，2010；Wiener et al.，2012）。此外，生物信息学序列相似性算法已被用于与味觉相关的领域，以确定甜味受体与脑谷氨酸受体之间的同源性（Talevi et al.，2012），以及在哺乳动物中鉴定酸味感受器（Huang et al.，2006）。此外，通过研究在各种发酵食品的调味中发挥作用的乳酸菌的基因序列，发现了其特定的风味形成潜力（Van Kranenburg et al.，2002；Liu et al.，2008）。

由于许多食源性致病菌一直是基因组测序项目的焦点，人们越来越重视生物信息学在食品安全和质量领域的潜力（Brul et al.，2006）。例如，美国食品和药品管理局最近开发了一种用于检测和鉴定细菌性食物病原体的基于生物信息学的工具（Fang et al.，2011）。除此之外，下一代测序技术的出现为生物信息学确定食源性疾病爆发的来源提供了新途径（Lienau et al.，2011）。此领域的其他计算应用包括使用神经网络，目的是预测给定食物来源中的微生物生长（Garcıa-Gimeno et al.，2002）。关于食品质量问题，计算机视觉领域由于不断取得重大进展，可以自动评估各种食品特性（Mery et al.，2012）。

4. 过敏原检测

由于不同来源的过敏原具有高度相似的序列和结构，常常引起类似的 IgE 应答，所以生物信息学在食物过敏原研究中构成越来越重要的资源。许多专门关注食物的专用过敏原数据库，如 AllerMatch（Fiers et al.，2004）和 FARRP（http://allergenonline.org）和 SDAP（Ivanciuc et al.，2003；Mari et al.，2006），这极大地促进了生物信息学在该领域的适用性。

常规生物信息学同源搜索除了结构生物信息学方法之外，还建立蛋白质的潜在变应原性和交叉反应性（Baderschneider et al.，2002；Hileman et al.，2002；Jenkins et al.，2005）。实际上，这些方法的实用性促使世界卫生组织将序列相似性搜索作为评估转基因食品变应原性指南的一部分，其他生物信息学研究领域包括使用支持向量机（Saha and Raghava，2006）、基于常见序列的结构域（Ivanciuc et al.，2009）和氨基酸特性（Dimitrov et al.，2013）。此外，生物信息学技术最近已经应用于过敏原的诊断，其中应用于花生过敏原的检测，目前已发展为机械化水平（Lin et al.，2012）。

5. 益生元

人类胃肠道中存在多种微生物菌群，这些菌群负责肠道的功能健康和对多种疾病的抵抗（Fuller，1989），深受消费者的喜爱。与上述讨论的很多主题类似，基因组时代的到来极大地推动了生物信息学在亲和益生元机制研究中的应用。例如，肠道益生菌的基因组测序有助于鉴定可能参与胃肠道相互作用的基因，并强调对胃肠道环境的各种适应性（Pridmore et al.，2004）。此外，各种双歧杆菌菌株的基因组分析揭示了人类口腔和远端肠的特定进化适应性（Turroni et al.，2009；Ventura et al.，2009）。结合质谱和分子技术，生物信息学应用为研究肠道微生物群提供了对由于与宿主相互作用而存在的代谢物的见解（Rath et al.，2012）。随着益生菌领域高通量测序的进展，一些研究人员现在可以提出基于受试者年龄选择益生菌的方法（Dominguez-Bello et al.，2011）。

同样，益生元由于具有癌症抑制、改善肥胖症和降低胆固醇等功效，其在人类健康领域具有非常重要的意义。尽管如此，似乎很少有专门对益生元进行探索的生物信息学研究，并且大多数研究都集中在亲和益生元上。也有工作者使用各种生物信息学技术（如系统发生微阵列）对肥胖和糖尿病小鼠在益生元给药后肠道微生物菌群进行研究（Everard et al.，2011）。

6. 食品成分数据库

尽管迄今生物信息学界尚未广泛探索，但全球正在进行的各种显著的食品成分数据库（FCDB）工作值得被讨论。这些数据库是卫生专业人员进行营养评估的重要工具（Pennington et al.，2007），通常是在国家或区域基础上编制的（Scrimshaw，1997）。在美国，主要的食物成分资源是美国农业部标准参考国家营养数据库（NNDSR：http://www.ars.usda.gov/ba/bhnrc/ndl），它是一个免费的开放获取资源的途径。NNDSR 定期更新和策划，目前拥有超过 8000 种食品的数据，使其成为最全面的食品成分数据库之一，因此，NNDSR 在全球范围内用于营养评估（Merchant and Dehghan，2006）。在欧洲，EuroFIR（http://www.eurofir.org/）为食品和营养科学界提供标准化的食品成分数据库。此外，EuroFIR 列出了其目标用户中的软件开发人员，展示了在这一领域进行基于计算的研究的进展情况；虽然由非盈利组织运行，但此资源需要以会员资格订阅才能访问数据。最后，联合国粮食及农业组织 INFOODS 分析食品成分数据库（http://www.fao.org/infoods/infoods/tables-and-databases/faoinfoods-databases/en/）为全球通用食品提供食品成分数据。

11.3.3　数据库和计算机工具用于生物信息学驱动的食源生物活性肽的发现

1. 用于蛋白质选择和计算机分析的数据库

蛋白质组学研究的进展之一是蛋白质结构的大型数据库。Sanger 在 1952 年对第一个蛋白质进行了测序，为其他几种蛋白质的特征化和序列存入可搜索的在线数据库奠定了基础（Xu D, 2004）。据估计，数据库中有超过八百万种蛋白质的氨基酸序列（Levitt, 2009）。这是用于发现生物活性肽的氨基酸序列的重要数据库。生物活性肽的生物信息学发现通常始于一些数据库，如 UniProtKB、Protein（国家生物技术信息中心）和 Protein Data Bank（结构生物信息学的研究合作），获得蛋白质的氨基酸序列（主要是食物蛋白质）。在选择已知一级序列的蛋白质之后，使用蛋白质消化数据库的蛋白/肽切割功能进行计算机内分析。这允许使用者选择单一蛋白酶或蛋白酶的组合，计算机在蛋白质裂解为肽的过程中考虑其裂解特异性。用于计算机蛋白质分析的两种最广泛使用的生物信息学工具是 BIOPEP "酶作用"和 ExPASy PeptideCutter。消化后，这些数据库生成蛋白质序列的图谱，其中含有切割位点的指示（ExPASy PeptideCutter）或用于进一步处理的切割肽（BIOPEP）的列表。为了鉴定从蛋白质释放生物活性肽的频率和合理性，通常也进行许多计算（也称为描述符）。例如，BIOPEP 数据库使用描述符或参数，如在式（11.1）～式（11.4）中出现的 A、B、A_E 和 W（Minkiewicz et al., 2008, 2011）。描述符 A 测量给定蛋白质序列中生物活性肽片段的出现频率，B 估计蛋白质具有特定生物学活性的可能性，如血管紧张素转换酶 ACE 抑制活性。参数 A 和 B 由式（11.1）和式（11.2）计算。

$$A = a/N \tag{11.1}$$

式中，a 表示具有特定生物活性的蛋白质序列中肽片段的数量；N 表示蛋白质中氨基酸残基的总数。

$$B = \frac{\sum_i^k \frac{a_i}{\mathrm{IC}_{50i}}}{N} \tag{11.2}$$

式中，a_i 表示蛋白质序列中第 i 个生物活性的重复次数；IC_{50i} 表示与其最大半数活性相对应的第 i 种生物活性的浓度，μmol/L；k 表示具有生物活性的不同片段的数目；N 表示蛋白质中氨基酸残基的数量。

此外，存在通过所选择的蛋白酶从蛋白质序列释放生物活性肽序列的频率（A_E）和相对频率（W）的描述符。这些参数按式（11.3）和式（11.4）计算。

$$A_E = d\big/ N \qquad\qquad (11.3)$$

式中，d 表示蛋白酶从蛋白质序列释放的特定生物活性的肽片段的数目；N 表示蛋白质中氨基酸残基的数目。

$$W = A_E \big/ A \qquad\qquad (11.4)$$

式中，A_E 表示所选择的蛋白酶对给定活性的肽片段的释放频率。

理论水解度（DH_t）也用于估计计算机分析过程的水解程度：

$$DH_t = \frac{d}{D} \times 100\% \qquad\qquad (11.5)$$

式中，d 表示水解肽键的数量；D 表示蛋白质一级序列中肽键的总数。

以下示例说明了这些描述符的意义。假设研究人员鉴定生物活性物质的种类和在给定蛋白质中发现的肽的生物活性，如 RuBisCO 长链、UniProtKB 登录号（P04991），在 BIOPEP 数据库中输入 P04991 的一级序列，"计算"选项下将显示 12 种不同的生物活性及其相应的 A 值。在生物活性中，DPP-IV 抑制活性和 ACE 抑制活性具有最高的 A 值（分别为 0.4967 和 0.3783），这意味着具有 DPP-IV 和 ACE 抑制活性的肽是 RuBisCO 长链。此外，为了鉴定释放 DPP-IV 和 ACE 抑制肽的最适合的蛋白酶，使用"酶作用"功能通过几种酶的试验来对该序列进行计算机分析并计算描述符，如 A_E、W 和 DH_t。例如，用枯草杆菌蛋白酶（EC 3.4.21.62）对 RuBisCO 长链进行计算机消化，DPP-IV 和 ACE 抑制活性的 A_E 值分别为 0.0214 和 0.0165，而糜蛋白酶（EC 3.4.21.1）分别给出 0.0165 和 0.0146。因此，枯草杆菌蛋白酶似乎是用于从 RuBisCO 长链生产 DPP-IV 和 ACE 抑制肽的更好的蛋白酶。因此 BIOPEP 描述符可用于对酶-蛋白质组合的适用性进行数值评估以给出具有所需生物学特定的肽序列。

2. 用于肽鉴定的计算机工具

消化后产生的肽的特征为物理化学性质（分子质量、理论等电点、脂肪指数、平均亲水性等）、生物活性毒性、潜在变应原性，以及存在甜味、苦味、鲜味和其他味觉诱导肽序列。计算机模拟表征肽使用化学计量学和化学信息学技术以及序列同源性来鉴定肽的潜在生物活性（Iwaniak et al.，2015）。总而言之，这些技术使用计算和统计工具来收集及分析生物化学数据，并设计用于理解和预测生化系统行为的模型（Wishart，2007；Bertacchini et al.，2013）。有可能使用计算机和计算工具来研究肽的性质及潜在的生物活性，因为肽表现出高度的结构-活性行为。某些氨基酸残基的存在和序列排列提供了肽的性质及潜在生物活性的指示。例如，具有大量半胱氨酸以及疏水、芳香族和/或两亲性氨基酸残基的肽序列可能在乳液中具有抗氧化性质（Freitas et al.，2013）。大多数肾素和 ACE 抑制肽在 N 端含有小体积疏水性氨基酸，在 C 端或 C 端第二位含有大体积或芳香族/脂肪族氨基酸（Wu et al.，2006）。抗菌肽通常具有较长的链，并且通常具有净正电荷的两亲性（Haney and Hancock，2013）。研究通常使用偏最小二乘回归、主成分分析和人工神经网络等技术进行回归分析，对物理化学或结构和生物特性（也称为"定量结构-活性关系"）之间的关系进行定量模拟（Li-Chan，2015）。定量结构-活性关系研究中用于对氨基酸残基/肽的主要性质进行评分的一些结构描述符的例子包括：①z 分数，其将描述符分数结合为亲水性/疏水性（$z1$）、分子大小/体积大小（$z2$）和分子的电子性质/电荷（$z3$）（Hellberg et al.，1987）；②分子表面加权整体不变量分子（WHIM）指数，基于 WHIM 指数的变体，其提供关于氨基酸/肽-配体相互作用的简洁的"整体"三维分子表面识别信息，如分子大小、形状、对称性和原子分布（Zaliani and Gancia，1999；Todeschini et al.，1994）；③马尔可夫化学计算机模拟设计（MARCHINSIDE）描述符，它使用马尔可夫（随机或概率）链理论来模拟分子内电子离域和基于时间的振动衰变，并将这些信息编码为分子结构的数字描述（de Armas et al.，2004）；④疏水性、空间和电子性质（VHSE）（Mei H et al.，2005）的载体，它们利用分子的疏水性、立体性和电子性质来预测其活性/性质；⑤分离的物理化学性质评分（DPPS）描述符（Tian F et al.，2009），其除氢键外还使用与 VHSE 相同的结构特性。

肽的生物活性预测也可以通过分子对接研究来实现。分子对接通常用于生物活性分子的虚拟筛选和候选药物的合理设计（Jimsheena and Gowda，2010；Meng et al.，2011）。该技术已被用于许多研究中，在多肽组学分析之后选择用于生物学评估的肽。例如，来自薏苡属谷蛋白水解产物的六种肽经药效鉴定发现，VGQLGGAAGGAF 和 QSGDQQEF 是潜在的 ACE 抑制剂（Li et al.，2017）。然后使用计算机做蛋白水解的分子对接模拟和优化来证明 GGAAGGAF 可能具有源自肽的所有片段的最高 ACE 抑制活性。体内研究表明，八肽有效降低了高血压大鼠的收缩压。在另一项研究中，从纤维蛋白水解产物部分鉴定了九种肽，然后进行了计算机模拟对接，预测了仅有肽 FFGT 和 LSRVP 的结合活性，然后证实这两种肽具有良好的体外 ACE 抑制活性（Pattarayingsakul et al.，2017）。此外，有研究通过分子对接和结合相互作用的计算以及结合自由能解释了来源于四角蛤蜊（Liu et al.，2014）和马克斯克鲁维酵母（Mirzaei et al.，2017）蛋白的 ACE 抑制肽的机制和效力。

　　显然，生物信息学的进步为有效发现具有生物活性的食源性肽提供了重要工具，特别是预选蛋白酶/蛋白质前体候选物、分析蛋白质和肽数据库，以及了解生物靶标和结构-活性关系的相互作用。但是，在使用计算机工具方面存在许多实际限制。考虑到食源性肽（主要是二肽和三肽）的短链长度，搜索其他蛋白质中生物活性序列受到当前相似性搜索工具（如 BLAST）能力的限制，其需要输入较长的肽链返回结果。此外，除 BIOPEP 外，计算机平台不具备全面肽分析的完整能力（如缺乏多酶水解功能），这就需要在肽分析中使用多种工具。由于平台目前尚未连接，因此将数据从一个平台导入另一个平台进行进一步分析非常麻烦。

11.4　应用展望

　　食源性生物活性肽是功能性食品中重要的功效成分之一。随着对食源性生物活性肽研究的深入，生物活性肽的应用也越来越广，包括在多肽类药物和保健食品方面。这些生物活性肽的结构和性质一般都比较复杂，所以先进的肽图谱技术对深入研究食源性生物活性肽发挥着重要作用。肽图谱技术已经成为食源性生物活性肽研究领域的一个重要手段，从生物活性肽的纯化到结构鉴定均涉及肽图谱技术。另外，肽图谱技术还可以用于监测活性肽加工和储存过程中的变化，像利用多维液相色谱技术、毛细管电泳色谱技术以及串联质谱技术可以跟踪和监测食源性生物活性肽结构变化一样，从而为产品质量提供有效的技术保障。随着生物活性肽基础研究的深入，研究多肽类的肽图谱技术也越来越丰富。分离纯化的方法也从最初单一形式，变得多种多样，如大孔吸附树脂法、圆盘凝胶电泳法等都已经应用于多肽类物质的分离纯化中。

　　但是由于单一技术的局限性，而且很多多肽都具有相似性，所以往往选取一种技术达不到理想的多肽研究目的。例如，离子交换色谱技术一般分离效率比较低；而毛细管电泳技术分离处理样品量有限，不能达到制备效果；反向高效液相色谱技术虽然能够大规模制备，分离效率高，但价格昂贵，耗时长。因此，未来关于多肽研究的肽图谱技术主要会朝着以下几个方面发展：①根据多肽的性质和种类差异，建立多肽分离纯化方法的数据库（包括电泳、色谱、质谱等），从而收集肽图谱，制作出多肽分离和纯化预测软件，便于后续多肽的分离纯化研究以及对比分析；②利用合适载体将目标多肽与其结合，从而转化为易分离的物质，待分离出目标多肽后，再去除载体以获得更纯的多肽；③多种技术联用已显示出强大的优越性，尤其是利用多种技术联用的方法分离纯化多肽方面。多种技术联用可以组合更多的多肽研究手段，并且优势互补，发挥强大的力量。例如，利用 RP-HPLC-MS 技术分离多肽，通过质谱技术实现了自动分离纯化的效果；相对于单一技术，RP-HPLC-CE 联用技术具有选择性高、灵敏度好、快速简便的特点，适用于梯度洗脱，尤其在多肽的分离和纯化方面具有巨大的优势；而 RP-HPLC-生物传感器的组合形式让快速在线分析多肽成为可能，并且实现了对多肽分子质量、纯度及活性的实时分析；利用 RP-HPLC-MS-CE 组合可实现对多组分多肽分离，并且已经取得一定效果；而且利用高效毛细管电泳和 CZE 可以对复杂多肽进行分离。因此，在多肽的研究过程中，采用多种技术联用，可提高多肽研究的效率和效果，使多肽研究的周期大大缩短。同时，多种技术联用丰富了肽图谱技术，为今后生物活性肽的研究和应用提供了更广阔天地。

在生物活性肽领域，多肽是一个重要的研究领域，同时也是生物活性肽研究的热点。除了提供合适的质谱仪器外，液相色谱法和毛细管电泳法将通过对组分的微量化而取得研究成果，也成为在明确肽序列方面十分有利的分析工具。对于可以达到血液循环的吸收肽，必须遵循它们在生物体中的过程来确定其在生物体中的代谢和动力学，逐步研究观察到的效应与体液甚至靶器官中肽的浓度之间的相关性。此外，可能发挥生物活性的衍生肽的体内形成以及探索最小活性片段值得关注。当肽在肠腔内或通过肠细胞壁受体介导时，只需要获得肽在肠道环境中的稳定性数据。迄今，这类数据还很少被报道，这些肽通常指的是最广泛的研究 ACE 抑制肽。在食品消化领域，消化肽酶的分析将根据酶活性提供关于分解性状的数据，这有助于理解每种食物基质必须经历的生理路径。在这方面特别吸引人的是体内消化数据与在体外模型中获得的数据之间的相关性。此外，基于衍生肽标志物的鉴定成为值得探索的新型研究路线。由于肽与其他食物组分间的相互作用及其降解，在此过程中可能形成有毒的或过敏原物质，并且为了维持肽正常所需剂量从而优化开发这一宝贵资源，在加工或储存过程中对生物活性肽的稳定性进行仔细检测显得十分必要。

用于研究和开发生物活性肽的生物信息学与肽组学以全面和有效的方式促进了肽的发现和分析。由于上述原因，并且计算机模拟结果在实验室分析中并不总是可重复的，因此需要建立实际的预测准确度并比较不同计算机模拟工具和方法的有效性。使用最新的肽组学技术来发现和分析食源性生物活性肽还需要进一步的工作。此外，还可以开发集成了所有计算机模拟工具和步骤（蛋白质/蛋白酶选择、水解、生物活性筛选、苦味、毒性、变应原性预测、构效关系分析等）的一站式平台，以增强其能力和生物信息学在食源性生物活性肽发现和分析中的效率。此外，建立一个集中式的同行评审平台也是必要的，在这个平台上，一旦发现了新的肽序列，研究人员即可直接从文献中输入新的肽序列。这种众包方式将产生一个关于功能肽的全面、最新的开放访问数据库。最后，生物信息学的预测能力和多肽组学的高通量分析能力可以结合成一个新的强大的工具，用于发现和分析食物及其他复杂生物基质中存在的功能性多肽。

参 考 文 献

陈平, 谢锦云, 梁宋平. 2000. 双向凝胶电泳银染蛋白质点的肽质谱指纹图分析[J]. 生物化学与
　　生物物理学报, 32(4): 387-391.
程燕, 白敏, 陈彦, 等. 2006. 高效毛细管电泳分离二肽化合物[J]. 曲阜师范大学学报(自然科学
　　版), 32(2): 85-88.
宫菲菲, 张玉芬, 孙雯, 等. 2015. 毛细管区带电泳法测定艾塞那肽纯度及在稳定性研究中的应
　　用[J]. 药物分析杂志, (3): 447-453.
姜先刚, 赵雨, 张巍, 等. 2008. 人参水溶性蛋白 SDS-聚丙烯酰胺凝胶电泳指纹图谱研究[J]. 药
　　物分析杂志, (6): 873-876.
李峰, 王成芳, 包永睿. 2011. 蜈蚣药材高效毛细管电脉指纹图谱研究[J]. 时珍国医国药, 22(12):
　　2835-2836.
廖海明, 杨昭鹏, 徐康森. 1999. 用 SDS-填充胶毛细管电泳法测定蛋白质分子质量[J]. 药物分析
　　杂志, (6): 363-366.
刘文清, 尤慧艳. 2012. 毛细管电泳法拆分二氧异丙嗪对映体的条件研究[J]. 分析仪器, (2): 33-
　　36.
牛放, 赵雨, 唐任能, 等. 2010. 梅花鹿鹿角托盘蛋白 SDS-聚丙烯酰胺凝胶电泳指纹图谱研究[J].
　　中国药业, 19(10): 21-23.
齐云龙. 2013. 胶束毛细管电泳-二极管阵列快速分离和检测 5 种"瘦肉精"类药物[J]. 分析仪器,
　　(5):65-75.
宿振国, 周玉明, 高梅兰, 等. 2011. 高效毛细管电泳的临床应用[J]. 国际检验医学杂志, 32(10):
　　1083-1084.
吴燕玲. 2014. 可口革囊星虫降血压肽的制备以及其抑制机制研究[D]. 华东理工大学硕士学位
　　论文.
肖玥惠. 2005. 黑腹果蝇种组蛋白质二维凝胶电泳技术和图谱比较[D]. 湖北大学硕士学位论文.
张拥军, 蒋家新, 杜琪珍. 2008. 径向色谱及其在生物大分子快速分离中的应用[J]. 食品科技,
　　(10): 101-104.
周国华, 罗国安. 1998. 毛细管电泳质谱联用技术及其应用[J]. 分析科学学报, (4): 338-344.
朱财延, 李炳辉, 罗成员, 等. 2014. 高效液相色谱-质谱法分析植物玛咖中的玛咖烯和玛咖酰胺[J].
　　分析仪器, (5):44-49.
Abdelhedi O, Nasri R, Mora L, et al. 2018. In silico analysis and molecular docking study of angiotensin
　　I-converting enzyme inhibitory peptides from smooth-hound viscera protein hydrolysates
　　fractionated by ultrafiltration[J]. Food Chemistry, 239: 453-463.
Adt I, Dupas C, Boutrou R, et al. 2011. Identification of caseinophosphopeptides generated through *in
　　vitro* gastro-intestinal digestion of Beaufort cheese[J]. International Dairy Journal, 21: 129-134.
Agyei D, Danquah M K. 2011. Industrial-scale manufacturing of pharmaceutical-grade bioactive
　　peptides[J]. Biotechnol Advance, 29(3): 272-277.
Agyei D, Ongkudon C M, Wei C Y, et al. 2016. Bioprocess challenges to the isolation and purification
　　of bioactive peptides[J]. Food Bioprod Process, 98: 244-256.
Ahmed J, Preissner S, Dunkel M, et al. 2010. Supersweet—a resource on natural and artificial

sweetening agents[J]. Nucleic Acids Research, 39: 377-382.

Almaas H, Eriksen E, Sekse C, et al. 2011. Antibacterial peptides derived fromcaprine whey proteins, by digestion with human gastrointestinal juice[J]. British Journal of Nutrition, 106: 896-905.

Alpert A J. 1988. Hydrophobic interaction chromatography of peptides as an alternative to reversed-phase chromatography[J]. Journal of Chromatography, 444(7): 269-274.

Altmaier E, Ramsay S L, Graber A, et al. 2008. Bioinformatics analysis of targeted metabolomics—uncovering old and new tales of diabetic mice under medication[J]. Endocrinology, 149: 3478-3489.

Amiour N, Merlino M, Leroy P, et al. 2002. Proteomic analysis of amphiphilic proteins of hexaploid wheat kernels[J]. Proteomics, 2: 632-641.

Ani K B, Bouhallab S, Mollé D, et al. 2005. Improved absorption of caseinophosphopeptide-bound iron: role of alkaline phosphatase[J]. The Journal of Nutritional Biochemistry, 16: 398-401.

Antunes F, Andrade F, Ferreira D, et al. 2013. Models to predict intestinal absorption of therapeutic peptides and proteins[J]. Current Drug Metabolism, 14: 4-20.

Awati A, Rutherfurd S M, Plugge W, et al. 2009. Ussing chamber results for amino acid absorption of protein hydrolysates in porcine jejunum must be corrected for endogenous protein[J]. Journal of the Science of Food and Agriculture, 89: 1857-1861.

Baderschneider B, Crevel R W R, Earl L K, et al. 2002. Sequence analysis and resistance to pepsin hydrolysis as part of an assessment of the potential allergenicity of ice structuring protein type III HPLC 12[J]. Food and Chemical Toxicology, 40: 965-978.

Bécamel C, Galéotti N, Poncet J, et al. 2002. A proteomic approach based on peptide affinity chromatography, 2-dimensional electrophoresis and mass spectrometry to identify multiprotein complexes interacting with membrane-bound receptors[J]. Biological Procedures Online, 4(1): 94-104.

Bermeosolo B I, Ramos M, Gomez R J A. 2011. *In vitro* simulated gastrointestinal digestion of donkeys' milk. Peptide characterization by high performance liquid chromatography-tandem mass spectrometry[J]. International Dairy Journal, 24: 146-152.

Bertacchini L, Cocchi M, Li Vigni M, et al. 2013. The impact of chemometrics on food traceability//Marini F. Chemometrics in Food Chemistry Data Handling in Science and Technology. Oxford: Elsevier: 371-410.

Biarnes X, Marchiori A, Giorgetti A, et al. 2010. Insights into the binding of phenyltiocarbamide(PTC) agonist to its target human TAS2R38 bitter receptor[J]. PLoS One, 5(8): e12394.

Boonen K, Creemers J W, Schoofs L. 2009. Bioactive peptides, networks and systems biology[J]. Bioessays, 31(3): 300-314.

Bouhallab S, Henry G, Boschetti E. 1996. Separation of small cationic bioactive peptides by strong ion-exchange chromatography[J]. Journal of Chromatography A, 724(1): 137-145.

Bouhallab S, Oukhatar N A, Mollé D, et al. 1999. Sensitivity of β-casein phosphopeptide-iron complex to digestive enzymes in ligated segment of rat duodenum[J]. The Journal of Nutritional Biochemistry, 10: 723-727.

Boutrou R, Gaudichon C, Dupont D, et al. 2013. Sequential release of milk protein derived bioactive peptides in the jejunum in healthy humans[J]. The American Journal of Clinical Nutrition, 97: 1314-1323.

Bouzerzour K, Morgan F, Cuinet I, et al. 2012. *In vivo* digestion of infant formula in piglets: protein digestion kinetics and release of bioactive peptides[J]. British Journal of Nutrition, 108: 2105-2114.

Brockhoff A, Behrens M, Niv M Y, et al. 2010. Structural requirements of bitter taste receptor activation[J]. Proceedings of the National Academy of Sciences, 107: 11110-11115.

Brul S, Schuren F, Montijn R, et al. 2006. The impact of functional genomics on microbiological food quality and safety[J]. International Journal of Food Microbiology, 112: 195-199.

Bueschl C, Kluger B, Berthiller F, et al. 2012. MetExtract: a new software tool for the automated comprehensive extraction of metabolite-derived LC/MS signals in metabolomics research[J]. Bioinformatics, 28: 736-738.

Bütikofer U, Meyer J, Sieber R, et al. 2007. Quantification of the angiotensin-converting enzyme-inhibiting tripeptides Val-Pro-Pro and Ile-Pro-Pro in hard, semi-hard and soft cheeses[J]. International Dairy Journal, 17: 968-975.

Carrasco Castilla J, Hernández Álvarez A J, Jiménez M C, et al. 2012. Use of proteomics and peptidomics methods in food bioactive peptide science and engineering[J]. Food Engineering Reviews, 4: 224-243.

Català C S, Benavente F, Giménez E, et al. 2010. Identification of bioactive peptides in hypoallergenic infant milk formulas by capillary electrophoresis-mass spectrometry[J]. Analytica Chimica Acta, 683: 119-125.

Chabance B, Marteau P, Rambaud J C, et al. 1998. Casein peptide release and passage to the blood in humans during digestion of milk or yogurt[J]. Biochimie, 80: 155-165.

Church F C, Whinna H C. 1986. Rapid sulfopropyl-disk chromatographic purification of bovine and human thrombin[J]. Analytical Biochemistry, 157(1): 77-83.

Cifuentes A. 2009. Food analysis and foodomics[J]. Journal of Chromatography A, 1216: 7109.

Contreras M D M, Sancho A, Recio I, et al. 2012. Absorption of casein antihypertensive peptides through an *in vitro* model of intestinal epithelium[J]. Food Digestion, 3: 16-24.

D'Alessandro A, Zolla L, Caloni A. 2011. The bovine milk proteome: cherishing, nourishing and fostering molecular complexity. An interactomics and functional overview[J]. Molecular BioSystems, 7: 579-597.

Dallas D C, Guerrero A, Khaldi N, et al. 2013. Extensive *in vivo* human milk peptidomics reveals specific proteolysis yielding protective antimicrobial peptides[J]. Journal of Proteome Research, 12: 2295-2304.

De Noni I, Cattaneo S. 2010. Occurrence of β-casomorphins 5 and 7 in commercial dairy products and their digests following *in vitro* simulated gastro-intestinal digestion[J]. Food Chemistry, 119: 560-566.

del Mar Contreras M, Carrón R, Montero M J, et al. 2009. Novel casein-derived peptides with antihypertensive activity[J]. International Dairy Journal, 19: 566-573.

del Mar Contreras M, Sevilla M, Monroy R J, et al. 2011. Food-grade production of an antihypertensive casein hydrolysate and resistance of active peptides to drying and storage[J]. International Dairy Journal, 21: 470-476.

Dimitrov I, Flower D, Doytchinova I. 2014. AllerTOP v.2—server for *in silico* prediction of allergens[J]. Journal of Molecular Modeling, 20: 2278.

Dominguez B M G, Blaser M J, Ley R E, et al. 2011. Development of the human gastrointestinal microbiota and insights from high-throughput sequencing[J]. Gastroenterology, 140: 1713-1719.

Dong D, Jones G, Zhang S. 2009. Dynamic evolution of bitter taste receptor genes in vertebrates[J]. BMC Evolutionary Biology, 9: 12.

Dotson C D, Zhang L, Xu H, et al. 2008. Bitter taste receptors influence glucose homeostasis[J]. PLoS One, 3: e3974.

Dougherty J J, Jr, Snyder L M, Sinclair R L, et al. 1990. High-performance tryptic mapping of recombinant bovine somatotropin[J]. Analytical Biochemistry, 190(1): 7-20.

Doultani S, Turhan K N, Etzel M R. 2010. Whey protein isolate and glyco-macropeptide recovery from whey using ion exchange chromatography[J]. Journal Food Science, 68(4): 1389-1395.

Dunkel M, Schmidt U, Struck S, et al. 2009. SuperScent-a database of flavors and scents[J]. Nucleic Acids Research, 37: 291-294.

Dupont D, Mandalari G, Molle D, et al. 2010a. Comparative resistance of food proteins to adult and infant *in vitro* digestion models[J]. Molecular Nutrition & Food Research, 54: 767-780.

Dupont D, Mandalari G, Molle D, et al. 2010b. Food processing increases casein resistance to simulated infant digestion[J]. Molecular Nutrition & Food Research, 54: 1677-1689.

Eriksen E K, Holm H, Jensen E, et al. 2010. Different digestion of caprine whey proteins by human and porcine gastrointestinal enzymes[J]. British Journal of Nutrition, 104: 374-381.

Eriksson K O. 2018. Hydrophobic interaction chromatography//Jagschies G, Lindskog E, Łącki K, et al . Biopharmaceutical Processing . Amsterdam: Elsevier: 401-408.

Everard A, Lazarevic V, Derrien M, et al. 2011. Responses of gut microbiota and glucose and lipid metabolism to prebiotics in genetic obese and diet-induced leptin-resistant mice[J]. Diabetes, 60: 2775-2786.

Fagerquist C K, Garbus B R, Miller W G, et al. 2010. Rapid identification of protein biomarkers of *Escherichia coli* O157:H7 by matrix-assisted laser desorption ionization-time-of-flightetime-of-flight mass spectrometry and top-down proteomics[J]. Analytical Chemistry, 82: 2717-2725.

Fagerquist C K, Garbus B R, Williams K E, et al. 2009. Web-based software for rapid top-down proteomic identification of protein biomarkers, with implications for bacterial identification[J]. Applied and Environmental Microbiology, 75: 4341-4353.

Fang H, Xu J, Ding D, et al. 2011. An FDA bioinformatics tool for microbial genomics research on molecular characterization of bacterial foodborne pathogens using microarrays[J]. BMC Bioinformatics, 11: S4.

Fenn J B, Mann M, Meng C K, et al. 1989. Electrospray ionization for mass spectrometry of large biomolecules[J]. Science, 246(4926): 64-71.

Fiers M, Kleter G, Nijland H, et al. 2004. Allermatch™, a webtool for the prediction of potential allergenicity according to current FAO/WHO Codex alimentarius guidelines[J]. BMC Bioinformatics, 5: 133.

Foltz M, Cerstiaens A, van Meensel A, et al. 2008. The angiotensin converting enzyme inhibitory tripeptides Ile-Pro-Pro and Val-Pro-Pro show increasing permeabilities with increasing physiological relevance of absorption models[J]. Peptides, 29: 1312-1320.

Foltz M, Meynen E E, Bianco V, et al. 2007. Angiotensin converting enzyme inhibitory peptides from a lactotripeptide-enriched milk beverage are absorbed intact into the circulation[J]. Journal of Nutrition, 137: 953-958.

Foltz M, van Buren L, Klaffke W, et al. 2009. Modeling of the relationship between dipeptide structure and dipeptide stability, permeability, and ACE inhibitory activity[J]. Journal of Food Science, 74: 243-251.

Foltz M, van der Pijl P C, Duchateau G S M J E. 2010. Current *in vitro* testing of bioactive peptides is not valuable[J]. The Journal of Nutrition, 140: 117-118.

Kjeldsen F, Haselmann K F, Budnik B A, et al. 2003. Complete characterization of posttranslational modification sites in the bovine milk protein PP3 by tandem mass spectrometry with electron capture dissociation as the last stage[J]. Analytical Chemistry, 75(10): 2355-2361.

Freitas A C, Andrade J C, Silva F M, et al. 2013. Antioxidative peptides: trends and perspectives for future research[J]. Current Medicinal Chemistry, 20(36): 4575-4594.

Fuller R. 1989. Probiotics in man and animals[J]. The Journal of Applied Bacteriology, 66: 365-378.

Gagnaire V, Jardin J, Jan G, et al. 2009. Invited review: proteomics of milk and bacteria used in fermented dairy products: fromqualitative to quantitative advances[J]. Journal of Dairy Science, 92: 811-825.

García G R M A, Hervas M C, De S. 2002. Improving artificial neural networks with a pruning methodology and genetic algorithms for their application in microbial growth prediction in food[J]. International Journal of Food Microbiology, 72: 19-30.

García N M J, Alegría A, Barberá R, et al. 2010. Milk versus caseinophosphopeptides added to fruit beverage: resistance and release from simulated gastrointestinal digestion[J]. Peptides, 31: 555-561.

Gibbs B F, Zougman A, Masse R, et al. 2004. Production and characterization of bioactive peptides from soy hydrolysate and soy-fermented food[J]. Food Research International, 37: 123-131.

Gieger C, Geistlinger L, Altmaier E, et al. 2008. Genetics meets metabolomics: a genome-wide association study of metabolite profiles in human serum[J]. PLoS Genetics, 4: e1000282.

Gómez R J A, Ramos M, Recio I. 2004a. Angiotensin converting enzyme-inhibitory activity of peptides isolated from Manchego cheese. Stability under simulated gastrointestinal digestion[J]. International Dairy Journal, 14: 1075-1080.

Gómez R J A, Ramos M, Recio I. 2004b. Identification and formation of angiotensin-converting enzyme-inhibitory peptides in Manchego cheese by high-performance liquid chromatography-tandem mass spectrometry[J]. Journal of Chromatography A, 1054: 269-277.

Gómez R J A, Recio I, Belloque J. 2004c. ACE-inhibitory activity and structural properties of peptide Asp-Lys-Ile-His-Pro [*β*-CN f(47-51)]. Study of the peptide forms synthesized by different methods[J]. Journal of Agricultural and Food Chemistry, 52: 6315-6319.

Gu Y, Majumder K, Wu J. 2011. QSAR-aided in silico approach in evaluation of food proteins as precursors of ACE inhibitory peptides. Food Research International, 44: 2465-2474.

Gu Y, Wu J. 2013. LC-MS/MS coupled with QSAR modeling in characterising of angiotensin I - converting enzyme inhibitory peptides from soybean proteins[J]. Food Chemistry. 141(3): 2682-2690.

Haney E F, Hancock R E W. 2013. Peptide design for antimicrobial and immunomodulatory applications[J]. Peptide Science, 100(6):572-583.

Hartmann R, Meisel H. 2007. Food-derived peptides with biological activity: from research to food applications[J]. Current Opinion in Biotechnology, 18: 163-169.

Hausch F, Shan L, Santiago N A, et al. 2002. Intestinal digestive resistance of immunodominant gliadin peptides[J]. American Journal of Physiology-Gastrointestinal and Liver Physiology, 283: 996-1003.

Hayes M, Rougé P, Barre A, et al. 2015. In silico tools for exploring potential human allergy to proteins[J]. Drug Discovry Today Disease Models, 17-18(Suppl C):3-11.

Hellberg S, Sjoestroem M, Skagerberg B, et al. 1987. Peptide quantitative structure-activity relationships, a multivariate approach[J]. Journal Meddicinal Chemistry, 30(7):1126-1135.

Hernández L B, Contreras M D M, Recio I. 2011. Antihypertensive peptides: production, bioavailability and incorporation into foods[J]. Advances in Colloid and Interface Science, 165: 23-35.

Hernández L B, Martínez M D, Miralles B, et al. 2013. Peptides//Nollet M L, Toldrá F. Food Analysis by HPLC. Amsterdam: Elsevier: 69-95.

Hernández L B, Miralles B, Amigo L, et al. 2005. Identification of antioxidant and ACE-inhibitory peptides in fermentedmilk[J]. Journal of the Science of Food and Agriculture, 85: 1041-1048.

Hernández L B, Quiros A, Amigo L, et al. 2007. Identification of bioactive peptides after digestion of human milk and infant formula with pepsin and pancreatin[J]. International Dairy Journal, 17: 42-49.

Herrero M, Ibañez E, Cifuentes A. 2008. Capillary electrophoresiselectrospray-mass spectrometry in peptide analysis and peptidomics[J]. Electrophoresis, 29: 2148-2160.

Herrero M, Garcıa C V, Simo C, et al. 2010. Recent advances in the application of capillary electromigration methods for food analysis and foodomics[J]. Electrophoresis, 31: 205-228.

Hileman R E, Silvanovich A, Goodman R E, et al. 2002. Bioinformatic methods for allergenicity assessment using a comprehensive allergen database[J]. International Archives of Allergy and Immunology, 128: 280-291.

Hilgendorf C, Spahn L H, Regårdh C G, et al. 2000. Caco-2 versus Caco-2/HT29-MTX co-cultured cell lines: permeabilities via diffusion, inside- and outside-directed carrier-mediated transport[J]. Journal of Pharmaceutical Sciences, 89: 63-75.

Hirayama M, Toyota K, Hidaka H, et al. 1992. Phosphopeptides in rat intestinal digests after ingesting casein phosphopeptides[J]. Bioscience, Biotechnology, and Biochemistry, 56: 1128-1129.

Ho C H, Chang C J, Liu W B, et al. 2010. In situ generation of milk protein-derived peptides in drying-off cows[J]. Journal of Dairy Research, 77: 487-497.

Hou H, Wang S, Zhu X, et al. 2018. A novel calcium-binding peptide from Antarctic krill protein hydrolysates and identification of binding sites of calcium-peptide complex[J]. Food Chemistry, 243: 389-395.

Hruby V J, Balse P M. 2000. Conformational and topographical considerations in designing agonist peptidomimetics from peptide leads[J]. Current Medicinal Chemistry, 7: 945-970.

Huang A L, Chen X, Hoon M A, et al. 2006. The cells and logic for mammalian sour taste detection[J]. Nature, 442: 934-938.

Illig T, Gieger C, Zhai G, et al. 2010. A genome-wide perspective of genetic variation in human metabolism[J]. Nature Genetics, 42: 137-141.

Irvine G B. 1997. Size-exclusion high-performance liquid chromatography of peptides: a review[J]. Analytica Chimica Acta, 352(1-3): 387-397.

Issaq H J, Chan K C, Blonder J, et al. 2009. Separation, detection and quantitation of peptides by liquid chromatography and capillary electrochromatography[J]. Journal of Chromatography A, 1216: 1825-1837.

Ivanciuc O, Garcia T, Torres M, et al. 2009. Characteristic motifs for families of allergenic proteins[J]. Molecular Immunology, 46: 559-568.

Ivanciuc O, Schein C H, Braun W. 2003. SDAP: database and computational tools for allergenic proteins[J]. Nucleic Acids Research, 31: 359-362.

Iwan M G, Jarmołowska B, Bielikowicz K, et al. 2008. Transport of micro-opioid receptor agonists and antagonist peptides across Caco-2 monolayer[J]. Peptides, 29: 1042-1047.

Iwaniak A, Minkiewicz P, Darewicz M, et al. 2015. Chemometrics and cheminformatics in the analysis of biologically active peptides from food sources[J]. Journal of Functional Foods, 16:334-351.

Jarmołowska B, Krawczuk S. 2012. The influence of storage on contents of selected antagonist and agonist opioid peptides in fermented milk drinks[J]. Milchwissenschaft, 67: 130-133.

Jenkins J A, Griffiths J S, Shewry P R, et al. 2005. Structural relatedness of plant food allergens with specific reference to cross-reactive allergens: an in silico analysis[J]. Journal of Allergy and Clinical Immunology, 115: 163-170.

Jennings K R. 1968. Collision-induced decompositions of aromatic molecular ions[J]. International Journal of Mass Spectrometry and Ion Physics, 1(3): 227-235.

Jiang J, Chen S, Ren F, et al. 2007. Yakmilk casein as a functional ingredient: preparation and identification of angiotensin- I -converting enzyme inhibitory peptides[J]. Journal of Dairy Research, 74: 18-25.

Jimsheena V K, Gowda L R. 2010. Arachin derived peptides as selective angiotensin I -converting enzyme(ACE) inhibitors: structure-activity relationship[J]. Peptides, 31(6):1165-1176.

Juan G A, Font G, Juan C, et al. 2009. Nanoelectrospray with ion-trap mass spectrometry for the determination of β-casomorphins in derived milk products[J]. Talanta, 80: 294-306.

Kamau S M, Lu R R, Chen W, et al. 2010. Functional significance of bioactive peptides derived from milk proteins[J]. Food Reviews International, 26: 386-401.

Karas M, Hillenkamp F. 1988. Laser desorption ionization of proteins with molecular masses exceeding 10, 000 daltons[J]. Analytical Chemistry, 60(20): 2299-2301.

Katajamaa M, Miettinen J, Oresic M. 2006. MZmine: toolbox for processing and visualization of mass spectrometry basedmolecular profile data[J]. Bioinformatics, 22: 634-636.

Kebarle P, Peschke M. 2000. On the mechanisms by which the charged droplets produced by electrospray lead to gas phase ions[J]. Analytica Chimica Acta, 406(1): 11-35.

Keska P, Stadnik J. 2017. Antimicrobial peptides of meat origin-an in silico and *in vitro* analysis[J]. Protein and Peptide Letters, 24(2):165-173.

Khaldi N. 2012. Bioinformatics approaches for identifying new therapeutic bioactive peptides in food[J]. Functional Foods in Health and Disease, 2: 325-338.

Klepclrnck K, Boek P. 2010. Electrophoresis today and tomorrow: helping biologists' dreams come true[J]. Bioessays: News and Reviews in Molecular, Cellular and Developmental Biology, 32(3):

218-226.

Kopf B K A, Flurina S F, Gijs M, et al. 2012. Validation of an *in vitro* digestive system for studying macronutrient decomposition in humans[J]. The Journal of Nutrition, 142: 245-250.

Korhonen H, Pihlanto A. 2006. Bioactive peptides: production and functionality[J]. International Dairy Journal, 16: 945-960.

Kris E P M, Hecker K D, Bonanome A, et al. 2002. Bioactive compounds in foods: their role in the prevention of cardiovascular disease and cancer[J]. American Journal of Medicine, 113(9):71-88.

Kunda P B, Benavente F, Catalá C S, et al. 2012. Identification of bioactive peptides in a functional yogurt by micro liquid chromatography time-of-flight mass spectrometry assisted by retention time prediction[J]. Journal of Chromatography A, 1229: 121-128.

Kussmann M, Panchaud A, Affolter M. 2010. Proteomics in nutrition: status quo and outlook for biomarkers and bioactives[J]. Journal of Proteome Research, 9: 4876-4887.

Lacroix I M E, Li-Chan E C Y. 2012. Evaluation of the potential of dietary proteins as precursors of dipeptidyl peptidase(DPP)-Ⅳ inhibitors by an in silico approach[J]. Journal of Functional Foods, 4: 403-422.

Lafarga T, O'Connor P, Hayes M. 2014. Identification of novel dipeptidyl peptidase-Ⅳ and angiotensin-Ⅰ-converting enzyme inhibitory peptides from meat proteins using in silico analysis [J]. Peptides, 59: 53-62.

Lafarga T, O'Connor P, Hayes M. 2015. In silico methods to identify meat-derived prolyl endopeptidase inhibitors[J]. Food Chemistry, 175:337-343.

Langerholc T, Maragkoudakis P A, Wollgast J, et al. 2011. Novel and established intestinal cell linemodels—an indispensable tool in food science and nutrition[J]. Trends in Food Science & Technology, 22: 11-20.

Le T T, Deeth H C, Bhandari B, et al. 2013. Quantification of lactosylation of whey proteins in stored milk powder using multiple reaction monitoring[J]. Food Chemistry, 141: 1203-1210.

Levit A, Barak D, Behrens M, et al. 2012. Homology model-assisted elucidation of binding sites in GPCRs[J]. Methods in Molecular Biology, 2012, 914: 179-205.

Levitt M. 2009. Nature of the protein universe[J]. Proceedings of the National Academy of Sciences of the United States of America, 106(27):11079-11084.

Li B, Qiao L, Li L, et al. 2017. A novel antihypertensive peptides derived from adlay(*Coix* larchryma-jobi L. var. ma-yuen Stapf) glutelin[J]. Molecules, 22(1):534.

Li-Chan E C Y. 2015. Bioactive peptides and protein hydrolysates: research trends and challenges for application as nutraceuticals and functional food ingredients[J]. Current Opinion Food Science, 1:28-37.

Li Y, Li B. 2013. Characterization of structure-antioxidant activity relationship of peptides in free radical systems using QSAR models: key sequence positions and their amino acid properties[J]. Journal of Theoretical Biology, 318: 29-43.

Li Y, Li B, He J, et al. 2011. Structure-activity relationship study of antioxidative peptides by QSAR modeling: the amino acid next to C-terminus affects the activity[J]. Journal of Peptide Science, 17: 454-462.

Lienau E K, Strain E, Wang C, et al. 2011. Identification of a salmonellosis outbreak by means of molecular sequencing[J]. New England Journal of Medicine, 364: 981-982.

Lin J, Bruni F M, Fu Z, et al. 2012. A bioinformatics approach to identify patients with symptomatic peanut allergy using peptide microarray immunoassay[J]. Journal of Allergy and Clinical Immunology, 129: 1321-1328.

Liu H, Xu B, Ray M K, et al. 2008. Peptide mapping with liquid chromatography using a basic mobile phase[J]. Journal of Chromatography A, 1210(1): 76-83.

Liu M, Nauta A, Francke C, et al. 2008. Comparative genomics of enzymes in flavor-forming pathways from amino acids in lactic acid bacteria[J]. Applied and Environmental Microbiology, 74: 4590-4600.

Liu R, Zhu Y, Chen J, et al. 2014. Characterization of ACE inhibitory peptides from *Mactra veneriformis* hydrolysate by nano-liquid chromatography electrospray ionization mass spectrometry(Nano-LC-ESI-MS) and molecular docking[J]. Marine Drugs, 12:3917-3928.

Liu Y, Forcisi S, Lucio M, et al. 2017. Digging into the lowmolecular weight peptidome with the OligoNet web server[J]. Scientific Reports, 7:1-9.

Lommen A. 2009. MetAlign: interface-driven, versatile metabolomics tool for hyphenated full-scan mass spectrometry data preprocessing[J]. Analytical Chemistry, 81: 3079-3086.

López-Expósito I, Amigo L, Recio I. 2012. Amini-review on health and nutritional aspects of cheese with a focus on bioactive peptides[J]. Dairy Science and Technology, 92: 419-438.

López-Expósito I, Gómez-Ruiz J A, Amigo L, et al. 2006. Identification of antibacterial peptides from ovine α_{s2}-casein[J]. International Dairy Journal, 16: 1072-1080.

López-Fandiño R, Otte J, van Camp J. 2006. Physiological, chemical and technological aspects of milk-protein-derived peptides with antihypertensive and ACE-inhibitory activity[J]. International Dairy Journal, 16: 1277-1293.

Lynn D J, Higgs R, Gaines S, et al. 2004. Bioinformatic discovery and initial characterization of nine novel antimicrobial peptide genes in the chicken[J]. Immunogenetics, 56: 170-177.

Lynn D J, Lloyd A T, O'Farrelly C. 2003. In silico identification of components of the toll-like receptor(TLR) signaling pathway in clustered chicken expressed sequence tags(ESTs)[J]. Veterinary Immunology and Immunopathology, 93: 177-184.

Maeno M, Yamamoto N, Takano T. 1996. Identification of an antihypertensive peptide from casein hydrolysates produced by a proteinase from *Lactobacillus helveticus* CP790[J]. Journal of Dairy Science, 79: 1316-1321.

Mahé S, Tomé D, Dumontier A M, et al. 1989. Absorption of intact morphiceptin by diisopropylfluorophosphate-treated rabbit ileum[J]. Peptides, 10: 45-52.

Majumder K, Wu J. 2010. A new approach for identification of novel antihypertensive peptides from egg proteins by QSAR and bioinformatics[J]. Food Research International, 43(5):1371-1378.

Mansor R, Mullen W, Albalat A, et al. 2013. A peptidomic approach to biomarker discovery for bovine mastitis[J]. Journal of Proteomics, 85: 89-98.

Mari A, Scala E, Palazzo P, et al. 2006. Bioinformatics applied to allergy: allergen databases, from collecting sequence information to data integration. The allergome platform as a model[J]. Cellular Immunology, 244: 97-100.

Martínez-Maqueda D, Hernández-Ledesma B, Amigo L, et al. 2013. Extraction/fractionation techniques for proteins and peptides and protein digestion//Toldrá F, Nollet M L. Proteomics in

Foods: Principles and Applications Boston: Springer: 21-50.

Matsui T, Li C H, Osajima Y. 1999. Preparation and characterization of novel bioactive peptides responsible for angiotensin I -converting enzyme inhibition from wheat germ[J]. Journal of Peptide Science, 5: 289-297.

Matsui T, Tamaya K, Seki E, et al. 2002. Val-Tyr as a natural antihypertensive dipeptide can be absorbed into the human circulatory blood system[J]. Clinical and Experimental Pharmacology and Physiology, 29: 204-208.

Meaney C, O'Driscoll C. 1999. Mucus as a barrier to the permeability of hydrophilic and lipophilic compounds in the absence and presence of sodium taurocholate micellar systems using cell culture models[J]. European Journal of Pharmaceutical Sciences, 8: 167-175.

Mei H, Liao Z H, Zhou Y, et al. 2005. A new set of amino acid descriptors and its application in peptide QSARs[J]. Biopolymers, 80:775-786.

Meisel H. 1998. Overview on milk protein-derived peptides[J]. International Dairy Journal, 8: 363-373.

Melchior K, Tholey A, Heisel S, et al. 2010. Protein-versus peptide fractionation in the first dimension of two-dimensional high-performance liquid chromatography-matrix-assisted laser desorption/ionization tandem mass spectrometry for qualitative proteome analysis of tissue samples[J]. Journal of Chromatography A, 1217: 6159-6168.

Meng X Y, Zhang H X, Mezei M, et al. 2011. Molecular docking: a powerful approach for structure-based drug discovery[J]. Current Computer-Aided Drug Design, 7:146-157.

Merchant A, Dehghan M. 2006. Food composition database development for between country comparisons[J]. Nutrition Journal, 5: 2.

Mery D, Pedreschi F, Soto A. 2013. Automated design of a computer vision system for visual food quality evaluation[J]. Food and Bioprocess Technology, 6: 2093-2108.

Meyer J, Bütikofer U, Walther B, et al. 2009. Hot topic: changes in angiotensin-converting enzyme inhibition and concentrations of the tripeptides Val-Pro-Pro and Ile-Pro-Pro during ripening of different Swiss cheese varieties[J]. Journal of Dairy Science, 92: 826-836.

Mifune M, Krehbiel D K, Stobaugh J F, et al. 1989. Multi-dimensional high-performance liquid chromatography of opioid peptides following pre-column derivatization with naphthalene-2,3-dicarboxaldehyde in the presence of cyanide ion. Preliminary results on the determination of leucine- and methionine-enkeph[J]. Journal of Chromatography B, Biomedical Sciences and Applications, 496: 55-70.

Minkiewicz P, Dziuba J, Iwaniak A, et al. 2008. BIOPEP database and other programs for processing bioactive peptide sequences[J]. Journal of AOAC International, 91: 965-980.

Minkiewicz P, Dziuba J, Michalska J. 2011. Bovine meat proteins as potential precursors of biologically active peptides — a computational study based on the BIOPEP database[J]. Food Science and Technology International, 17: 39-45.

Miquel E, Gomez J A, Alegria A, et al. 2005. Identification of casein phosphopeptides released after simulated digestion of milk-based infant formulas[J]. Journal of Agricultural and Food Chemistry, 53: 3426-3433.

Mirzaei M, Mirdamadi S, Ehsani M R, et al. 2017. Production of antioxidant and ACE-inhibitory peptides from *Kluyveromyces marxianus* protein hydrolysates: purification andmolecular docking[J].

Journal of Food Drug Analysis, 26: 696-705.

Moon J H, Yoon S, Bae Y J, et al. 2015. Formation of gas-phase peptide ions and their dissociation in MALDI: insights from kinetic and ion yield studies[J]. Mass Spectrometry Reviews, 34: 94-115.

Mullally M M, Meisel H, Fitzgerald R J. 1997. Identification of a novel angiotensin- I -converting enzyme inhibitory peptide corresponding to a tryptic fragment of bovine β-lactoglobulin[J]. FEBS Letters, 402: 99-101.

Muro U C, Álvarez F R, Riera R F, et al. 2011. Review: production and functionality of active peptides from milk[J]. Food Science and Technology International, 17: 293-317.

Nongonierma A B, FitzGerald R J. 2016. Structure activity relationship modelling of milk protein-derived peptides with dipeptidyl peptidase IV(DPP-IV) inhibitory activity[J]. Peptides, 79: 1-7.

Ong L, Shah N P. 2008. Release and identification of angiotensin-converting enzyme-inhibitory peptides as influenced by ripening temperatures and probiotic adjuncts in Cheddar cheeses[J]. Food Science and Technology, 41: 1555-1566.

Oresic M. 2009. Metabolomics, a novel tool for studies of nutrition, metabolism and lipid dysfunction[J]. Nutrition, Metabolism and Cardiovascular Diseases, 19: 816-824.

Paizs B, Suhai S. 2005. Fragmentation pathways of protonated peptides[J]. Mass Spectrometry Reviews, 24: 508-548.

Pampanin D M, Larssen E, Provan F, et al. 2012. Detection of small bioactive peptides from Atlantic herring(*Clupea harengus* L.)[J]. Peptides, 34: 423-426.

Panchaud A, Affolter M, Kussmann M. 2012. Mass spectrometry for nutritional peptidomics: how to analyze food bioactives and their health effects[J]. Journal of Proteomics, 75: 3546-3559.

Patel M A, Riley F, Ashraf K M, et al. 2012. Supercritical fluid chromatographic resolution of water soluble isomeric carboxyl/amine terminated peptides facilitated via mobile phase water and ion pair formation[J]. Journal of Chromatography A, 1233: 85-90.

Pattarayingsakul W, Nilavongse A, Reamtong O, et al. 2017. Angiotensin-converting enzyme inhibitory and antioxidant peptides from digestion of larvae and pupae of Asian weaver ant, *Oecophylla smaragdina*, Fabricius[J]. Journal of the Science of Food and Agriculture, 97: 3133-3140.

Paul M, Somkuti G A. 2009. Degradation of milk-based bioactive peptides by yogurt fermentation bacteria[J]. Letters in Applied Microbiology, 49: 345-350.

Pennington J A T, Stumbo P J, Murphy S P, et al. 2007. Food composition data: the foundation of dietetic practice and research[J]. Journal of the American Dietetic Association, 107: 2105-2113.

Picariello G, Ferranti P, Fierro O, et al. 2010. Peptides surviving the simulated gastrointestinal digestion of milk proteins: biological and toxicological implications[J]. Journal of Chromatography B, 878: 295-308.

Picariello G, Iacomino G, Mamone G, et al. 2013. Transport across Caco-2 monolayers of peptides arising from *in vitro* digestion of bovine milk proteins[J]. Food Chemistry, 139: 203-212.

Poliwoda A, Wieczorek P P. 2009. Sample pretreatment techniques for oligopeptide analysis from natural sources[J]. Analytical and Bioanalytical Chemistry, 393: 885-897.

Pridmore R D, Berger B, Desiere F, et al. 2004. The genome sequence of the probiotic intestinal bacterium *Lactobacillus johnsonii* NCC 533[J]. Proceedings of the National Academy of Sciences of the United States of America, 101: 2512-2517.

Quan M L, Liu M. 2013. CID, ETD and HCD fragmentation to study protein post-translational modifications[J]. Modern Chemistry and Applications, 1: 1-5.

Quirós A, Contreras M M, Ramos M, et al. 2009. Stability to gastrointestinal enzymes and structure-activity relationship of β-casein-peptides with antihypertensive properties[J]. Peptides, 30: 1848-1853.

Quirós A, Dávalos A, Lasunción M A, et al. 2008. Bioavailability of the antihypertensive peptide LHLPLP: transepithelial flux of HLPLP[J]. International Dairy Journal, 18: 279-286.

Quirós A, Hernández L B, Ramos M, et al. 2005. Angiotensin-converting enzyme inhibitory activity of peptides derived from caprine kefir[J]. Journal of Dairy Science, 88: 3480-3487.

Qureshi T M, Vegarud G E, Abrahamsen R K, et al. 2013. Angiotensin I -converting enzyme-inhibitory activity of the Norwegian authocthonus cheeses Gamalost and Norvegia after *in vitro* human gastrointestinal digestion[J]. Journal of Dairy Science, 96: 838-853.

Ramos A R, González D H, Molina R, et al. 2004. Stochastic-based descriptors studying peptides biological properties: modeling the bitter tasting threshold of dipeptides[J]. Bioorganic & Medicinal Chemistry Letters, 12: 4815-4822.

Rath C, Alexandrov T, Higginbotton S, et al. 2012. Molecular analysis of model gut microbiotas by imaging mass spectrometry and nano-desorption electrospray ionization reveals dietary metabolite transformations[J]. Analytical Chemistry, 84: 9259-9267.

Recio I, López F R. 2010. Handbook of dairy foods analysis[J]. Peptides, 90: 33-77.

Regazzo D, Mollé D, Gabai G, et al. 2010. The(193-209)17-residues peptide of bovine β-casein is transported through Caco-2 monolayer[J]. Molecular Nutrition & Food Research, 54: 1428-1435.

Roepstorff P, Fohlman J. 1984. Proposal for a common nomenclature for sequence ions in mass spectra of peptides[J]. Biomedical Mass Spectrometry, 11: 601.

Saavedra L, Hebert E M, Minahk C, et al. 2013. An overview of "omic"analytical methods applied in bioactive peptide studies[J]. Food Research International, 54: 925-934.

Sagardia I, Iloro I, Elortza F, et al. 2013a. Quantitative structure-activity relationship based screening of bioactive peptides identified in ripened cheese[J]. International Dairy Journal, 33:184-190.

Sagardia I, Roa U R H, Bald C. 2013b. A new QSAR model, for angiotensin I -converting enzyme inhibitory oligopeptides[J]. Food Chemistry, 136: 1370-1376.

Saha S, Raghava G P S. 2006. AlgPred: prediction of allergenic proteins and mapping of IgE epitopes[J]. Nucleic Acids Research, 34: 202-209.

Sánchez R L, Diezhandino I, Gómez R J A, et al. 2014. Peptidomic study of Spanish blue cheese(Valdeón) and changes after simulated gastrointestinal digestion[J]. Electrophoresis, 35: 1627-1636.

Sánchez R L, Recio I, Ramos M, et al. 2013. Short communication: peptide profiling in cheeses packed using different technologies[J]. Journal of Dairy Science, 96: 3551-3557.

Sanger F. 1952. The arrangement of amino acids in proteins[J]. Advances in Protein Chemistry, 7: 1-67.

Scriba G K. 2011. Fundamental aspects of chiral electromigration techniques and application in pharmaceutical and biomedical analysis[J]. Journal of Pharmaceutical and Biomedical Analysis, 55: 688-701.

Scrimshaw N S. 1997. INFOODS: the international network of food data systems[J]. The American Journal of Clinical Nutrition, 65: 1190-1193.

Sforza S, Cavatorta V, Lambertini F, et al. 2012. Cheese peptidomics: a detailed study on the evolution of the oligopeptide fraction in Parmigiano-Reggiano cheese from curd to 24 months of aging[J]. Journal of Dairy Science, 95: 3514-3526.

Shi P, Zhang J. 2006. Contrasting modes of evolution between vertebrate sweet/umami receptor genes and bitter receptor genes[J]. Molecular Biology and Evolution, 23: 292-300.

Shimizu M, Tsunogai M, Arai S. 1997. Transepithelial transport of oligopeptides in the human intestinal cell, Caco-2[J]. Peptides, 18: 681-687.

Siciliano R A, Mazzeo M F, Arena S, et al. 2013. Mass spectrometry for the analysis of protein lactosylation in milk products[J]. Food Research International, 54: 988-1000.

Somkuti G, Paul M. 2010. Enzymatic fragmentation of the antimicrobial peptides casocidin and isracidin by *Streptococcus thermophilus* and *Lactobacillus delbrueckii* ssp. Bulgaricus[J]. Applied Microbiology and Biotechnology, 87: 235-242.

Syka J E P, Coon J J, Schroeder M J, et al. 2004. Peptide and protein sequence analysis by electron transfer dissociation mass spectrometry[J]. Proceedings of the National Academy of Sciences of the United States of America, 101: 9528-9533.

Talevi A, Enrique A V, Bruno-Blanch L E. 2012. Anticonvulsant activity of artificial sweeteners: a structural link between sweet-taste receptor T1R3 and brain glutamate receptors[J]. Bioorganic & Medicinal Chemistry Letters, 22: 4072-4074.

Temussi P A. 2012. The good taste of peptides[J]. Journal of Peptide Science, 18: 73-82.

Tian F, Yang L, Lv F, et al. 2009. In silico quantitative prediction of peptides binding affinity to human MHC molecule: an intuitive quantitative structure-activity relationship approach[J]. Amino Acids, 36: 535-554.

Todeschini R, Lasagni M, Marengo E. 1994. Newmolecular descriptors for 2D and 3D structures Theory[J]. Journal of Chemometrics, 8: 263-272.

Tognarelli D, Tsukamoto A, Caldwell J, et al. 2010. Rapid peptide separation by supercritical fluid chromatography[J]. Bioanalysis, 2: 5-7.

Toropova A P, Toropov A A, Rasulev B F, et al. 2012. QSAR models for ACE-inhibitor activity of tri-peptides based on representation of the molecular structure by graph of atomic orbitals and SMILES[J]. Structural Chemistry, 23: 1873-1878.

Torrent M, Andreu D, Nogues V M, et al. 2011. Connecting peptide physicochemical and antimicrobial properties by a rational prediction model[J]. PLoS One, 6: e16968.

Torrent M, Nogues V, Boix E. 2009. A theoretical approach to spot active regions in antimicrobial proteins[J]. BMC Bioinformatics, 10: 373.

Torres L M J, González C A F, Hernandez M A, et al. 2011. Angiotensin-converting enzyme inhibitory activity in Mexican fresco cheese[J]. Journal of Dairy Science, 94: 3794-3800.

Turroni F, Marchesi J R, Foroni E, et al. 2009. Microbiomic analysis of the bifidobacterial population in the human distal gut[J]. ISME Journal, 3: 745-751.

Udenigwe C C. 2014. Bioinformatics approaches, prospects and challenges of food bioactive peptide research[J]. Trends Food Science & Technology, 36: 137-143.

Udenigwe C C, Aluko R E. 2012. Food protein-derived bioactive peptides: production, processing, and potential health benefits[J]. Journal of Food Science, 77: 11-24.

Udenigwe C C, Gong M, Wu S. 2013. In silico analysis of the large and small subunits of cereal RuBisCO as precursors of cryptic bioactive peptides[J]. Process Biochemistry, 48: 1794-1799.

Udenigwe C C, Okolie C L, Qian H, et al. 2017. Ribulose-1,5-bisphosphate carboxylase as a sustainable and promising plant source of bioactive peptides for food applications[J]. Trends Food Science & Technology, 69: 74-82.

Van der Pijl P C, Kies A K, Ten H G A M, et al. 2008. Pharmacokinetics of proline-rich tripeptides in the pig[J]. Peptides, 29: 2196-2202.

Van Kranenburg R, Kleerebezem M, Van Hylckama Vlieg J, et al. 2002. Flavour formation from amino acids by lactic acid bacteria: predictions from genome sequence analysis[J]. International Dairy Journal, 12: 111-121.

Van Platerink C, Janssen H G M, Horsten R, et al. 2006. Quantification of ACE inhibiting peptides in human plasma using high performance liquid chromatography-mass spectrometry[J]. Journal of Chromatography B, 830: 151-157.

Ventura M, Turroni F, Zomer A, et al. 2009. The Bifidobacterium dentium Bd1 genome sequence reflects its genetic adaptation to the human oral cavity[J]. PLoS Genetics, 5: e1000785.

Vercruysse L, Smagghe G, Van Der Bent A, et al. 2009. Critical evaluation of the use of bioinformatics as a theoretical tool to find high-potential sources of ACE inhibitory peptides[J]. Peptides, 30: 575-582.

Vermeirssen V, Van Camp J, Verstraete W. 2002. Optimisation and validation of an angiotensin-converting enzyme inhibition assay for the screening of bioactive peptides[J]. Journal of Biochemical and Biophysical Methods, 51: 75-87.

Wang Z, Kang J, Hu Z. 2012. Separation and determination of stereoisomeric impurity of folinic acid diastereomers by CE with vancomycin as a selector[J]. Chromatographia, 75: 1211-1215.

Wickham M, Faulks R, Mills C. 2009. In vitro digestion methods for assessing the effect of food structure on allergen breakdown[J]. Molecular Nutrition & Food Research, 53: 952-958.

Wiener A, Shudler M, Levit A, et al. 2012. BitterDB: a database of bitter compounds[J]. Nucleic Acids Research, 40: 413-419.

Wiesner J, Premsler T, Sickmann A. 2008. Application of electron transfer dissociation(ETD) for the analysis of posttranslational modifications[J]. Proteomics, 8: 4466-4483.

Wishart D S. 2007. Introduction to cheminformatics[J]. Current Protocols in Bioinformatics, 53: 14.1.1-14.1.9.

Wooding S, Bufe B, Grassi C, et al. 2006. Independent evolution of bittertaste sensitivity in humans and chimpanzees[J]. Nature, 440: 930-934.

Wu J, Aluko R E, Nakai S. 2006. Structural requirements of angiotensin I converting enzyme inhibitory peptides: quantitative structure-activity relationship study of di- and tripeptides[J]. Journal of Agricultural Food Chemistry, 54: 732-738.

Xu D. Protein databases on the Internet[J]. Current Protocols in Molecular Biology, 68: 19.4.1-19.4.15.

Yan B, Valliere D J, Brady L, et al. 2007. Analysis of post-translational modifications in recombinant monoclonal antibody IgG1 by reversed-phase liquid chromatography/mass spectrometry[J]. Journal of Chromatography A, 1164: 153-161.

Zaliani A, Gancia E. 1999. MS-WHIMscores for aminoAcids: a new 3D description for peptide QSAR and QSPR studies[J]. Journal of Chemical Information Computer Sciences, 39: 525-533.

Zubarev R A, Horn D M, Fridriksson E K, et al. 2000. Electron capture dissociation for structural characterization of multiply charged protein cations[J]. Analytical Chemistry, 72: 563-573.

附录 中英文缩略词

英文缩写	英文全称	中文全称
2-DE	two-dimensional gel electrophoresis	双向凝胶电泳
ACAT	acyl coenzyme A-cholesterol acyltransferase	脂酰辅酶 A 胆固醇酰基转移酶
ACE	angiotensin converting enzyme	血管紧张素转化酶
acetyl CoA	acetyl coenzyme A	乙酰辅酶 A
ACTH	adrenocorticotropic hormone	促肾上腺皮质激素
ADP	adenosine diphosphate	二磷酸腺苷
AEC	anion exchange chromatography	阴离子交换色谱法
AFGP	antifreeze glycoprotein	抗冻糖蛋白
AFP	antifreeze protein	抗冻蛋白
ALS	amyotrophic lateral sclerosis	肌萎缩侧索硬化
ALT	alanine aminotransferase	谷丙转氨酶
AMP	antimicrobial peptide	抗菌肽
ANP	atrial natriuretic peptide	心房钠尿肽
APC	antigen-presenting cell	抗原呈递细胞
AST	aspartate aminotransaminase	天冬氨酸转氨酶
ATGL	adipose triglyceride lipase	甘油三酯脂肪酶
BCAA	branched chain amino acid	支链氨基酸
BHA	butyl hydroxyl anisd	丁基羟基茴香醚
BHT	butylated hydroxytoluene	二丁基羟基甲苯
BF	bursa of Fabricius active peptide	法氏囊活性肽
BTT	bestatin	苯丁酰亮氨酸
Caco-2	human colorectal adenocarcinoma cell	人结直肠腺癌细胞
cAMP	cyclic adenosine monophosphate	环磷酸腺苷
CAT	catalase	过氧化氢酶
CD	cluster of differentiation	分化抗原簇

续表

英文缩写	英文全称	中文全称
CE	capillary electrophoresis	毛细管电泳
CEC	cation exchange chromatography	阳离子交换色谱法
CH	cholesterol	胆固醇
CID	collision induced dissociation	碰撞诱导解离
CK	creatine kinase	肌酸激酶
CM	chylomicron	乳糜微粒
ConA	concanavalin	伴刀豆球蛋白
COX-2	cyclooxygenase-2	环氧合酶-2
CPPs	casein phosphopeptides	酪蛋白磷酸肽
CSP	chiral stationary phase	手性固定相
CyA	cyclosporin A	环孢素 A
DBP	diastolic blood pressure	舒张压
DCFH-DA	2′,7′-dichlorodihydrofluorescein diacetate	2′,7′-二氯荧光素双乙酸盐
DH	degree of hydrolysis	水解度
DPPH	1,1-diphenyl-2-picrylhydrazyl	1,1-二苯基-2-三硝基苯肼
DPP-Ⅳ	dipeptidyl peptidase-Ⅳ	二肽基肽酶-Ⅳ
ECD	electron capture dissociation	电子捕获解离
eNOS	endothelial nitric oxide synthase	内皮型一氧化氮合酶
ERK	extracellular signal-regulated kinase	胞外信号调节激酶
ESI	electrospray ionization	电喷雾电离
ESI-Q-TOFMS/MS	electrospray ionization quadrupole time-of-flight tandem mass spectrometer	电喷雾-四极杆-飞行时间串联质谱仪
ETD	electron transfer dissociation	电子转移解离
FCDB	food composition database	食品成分数据库
Fe(Ⅱ)-FPH	protein hydrolysate-Fe^{2+} complexes	鱼糜亚铁螯合肽
FL	fluorescein disodium	荧光素钠
GPCR	G-protein-coupled receptor	G 蛋白偶联受体
GSH	glutathione	谷胱甘肽
GSH-Px	glutathione peroxidase	谷胱甘肽过氧化物酶

续表

英文缩写	英文全称	中文全称
GWAS	genome-wide association study	全基因组关联分析
HaCaT	human immortalized epidermal cell	人永生化表皮细胞
HCA	hydrophobic clustering analysis	疏水聚类分析
HDL	high density lipoprotein	高密度脂蛋白
HIC	hydrophobic interaction chromatography	疏水作用色谱
HILIC	hydrophilic interaction chromatography	亲水相互作用液相色谱
HIM	hemopoietic inductive microenvironment	造血诱导微环境
HMG-CoA	3-hydroxy-3-methylglutaryl coenzyme A	3-羟基-3-甲戊二酸单酰辅酶 A
HO-1	heme oxygenase -1	血红素氧合酶-1
HPCE	high performance capillary electrophoresis	高效毛细管电泳
HSF	human skin fibroblasts	人皮肤成纤维细胞
HSL	hormone-sensitive lipase	激素敏感脂肪酶
IEXC	ion exchange chromatography	离子交换色谱
IFN	interferon	干扰素
IL	interleukin	白细胞介素
IL-6	interleukin-6	白细胞介素-6
IMAC	immobilized metal affinity chromatography	固定化金属亲和色谱
LDH	lactic dehydrogenase	乳酸脱氢酶
LDL	low density lipoprotein	低密度脂蛋白
LDLR	low density lipoprotein receptor	低密度脂蛋白受体
LOOH	lipid hydroperoxide	脂氢过氧化物
LPS	lipopolysaccharide	脂多糖
LTQ Orbitrap XL	light-triggered and light-quenched orbital launch vehicle	LTQ 轨道运载器
MALDI-TOFMS	matrix assisted laser desorption ionization-time of flight mass spectrometry	基质辅助激光解吸电离-飞行时间质谱
MAPK	mitogen-activated protein kinase	促分裂原活化蛋白激酶
MCR	melanocortin receptors	黑皮质素受体
MD	Marek's disease	马立克氏病
MDA	malondialdehyde	丙二醛

续表

英文缩写	英文全称	中文全称
MD-HPLC	multidimensional high performance liquid chromatography	多维高效液相色谱
MDP	muramyl dipeptide	胞壁酰二肽
MGL	monoglyceride lipase	单甘油酯脂肪酶
MHC	major histocompatibility complex	主要组织相容性复合体
MS	mass spectrum	质谱
nanoLC	nano liquid chromatography	纳米液相色谱
NK	natural killer	自然杀伤
NNDSR	national nutrient database for standard	（美国）国家营养数据库
NPC1L1	Niemann-Pick protein C1-like 1	C 型尼曼-皮克蛋白
OD	optical density	光密度
ORAC	oxygen radical absorbance capacity	氧自由基吸收能力
OX-LDL	oxidized low density lipoprotein	氧化型低密度脂蛋白
PAGE	polyacrylamide gel electrophoresis	聚丙烯酰胺凝胶电泳
PD	Parkinson disease	帕金森病
PepT1	proton-coupled oligopeptide transporter 1	质子偶联的小肽转运载体 1
PF	placental factor	胎盘因子
PHA	phytohemagglutinin	植物凝集素
PL	phospholipid	磷脂
PMS	5-methylphenazinium methosulfate	吩嗪二甲酯硫酸盐
PNA	peanut agglutinin	花生凝集素
POMC	opioid melanocortin	阿片黑皮质素
POV	peroxide value	过氧化值
PPARγ	peroxisome proliferator-activated receptors γ	过氧化物酶体增殖物激活受体γ
QqQ	triple quadrupole	三重四极杆
QSAR	quantitative structure activity relationship	定量构效关系
QTOFMS	quadrupole time-of-flight mass spectrometry	四极杆飞行时间质谱
RAS	renin-angiotensin system	肾素-血管紧张素系统
RFC	radial-flow chromatography	径向色谱
RNS	reactive nitrogen species	活性氮
RPC	reversed-phase chromatography	反相色谱
RSM	response surface methodology	响应面方法学

续表

英文缩写	英文全称	中文全称
sACE	somatic ACE	体细胞型 ACE
SBP	systolic blood pressure	收缩压
SDS-PAGE	sodium dodecylsulfate polyacrylamide gel electrophoresis	十二烷基硫酸钠-聚丙烯酰胺凝胶电泳
SEC	size exclusion chromatography	尺寸排阻色谱
SE-HPLC	size exclusion high performance liquid chromatography	尺寸排阻高效液相色谱
SFC	supercritical fluid chromatography	超临界流体色谱
SHR	spontaneously hypertensive rats	自发性高血压大鼠
SLC15	solute carrier 15	载体家族 15
SMC	smooth muscle cell	平滑肌细胞
SNP	single nucleotide polymorphism	单核苷酸多态性
SREBP	sterol regulatory element-binding proteins	固醇调控元件结合蛋白
SS	somatostatin	生长抑素
STF	spleen active peptide	脾脏活性肽
tACE	testicular ACE	睾丸型 ACE
TC	total cholesterol	总胆固醇
TD	thymus-dependent	胸腺依赖性
TdR	thymidine	胸腺嘧啶核苷
THA	thermal hysteresis activity	热滞活性
TI	thymus-independent	非胸腺依赖性
TiO_2	titanium dioxide	二氧化钛
TMD	transmembrane domain	跨膜区
TNF-α	tumor necrosis factor-α	肿瘤坏死因子-α
TP5	thymopentin	胸腺五肽
TRPV	transient receptor potential vanillin receptor	瞬时性受体电位香草精受体
Tα1	thymosin-α	胸腺素α
VIP	vasoactive intestinal peptide	血管活性肠肽
VLDL	very low density lipoprotein	极低密度脂蛋白
VLDL-C	very low density lipoprotein cholesterol	极低密度脂蛋白胆固醇
WB	Western blotting	蛋白质印迹
WHIM	weighted holistic invariant molecular	加权整体不变量分子

续表

英文缩写	英文全称	中文全称
WHO	World Health Organization	世界卫生组织
WSP	water soluble peptide	水溶性肽
α-MSH	α-melanocyte stimulating hormone	α-促黑细胞激素
β-CMs	β-casomorphins	β-酪啡肽
β-CN	β-casein	β-酪蛋白
β-LG	β-lactoglobulin	β-乳球蛋白

索　引